Einführung in die Mathematikdidaktik

Mathematik Primar- und Sekundarstufe

Herausgegeben von
Prof. Dr. Friedhelm Padberg
Universität Bielefeld

Bisher erschienene Bände:

Didaktik der Mathematik

A.-M. Fraedrich: Planung von Mathematikunterricht in der Grundschule (P)
M. Franke: Didaktik der Geometrie (P)
M. Franke: Didaktik des Sachrechnens in der Grundschule (P)
K. Hasemann: Anfangsunterricht Mathematik (P)
G. Krauthausen/P. Scherer: Einführung in die Mathematikdidaktik (P)
G. Krummheuer/M. Fetzer: Der Alltag im Mathematikunterricht (P)
F. Padberg: Didaktik der Arithmetik (P)

R. Danckwerts/D. Vogel: Analysis verständlich unterrichten (S)
G. Holland: Geometrie in der Sekundarstufe (S)
F. Padberg: Didaktik der Bruchrechnung (S)
H.-J. Vollrath/H.-G. Weigand: Algebra in der Sekundarstufe (S)
H.-J. Vollrath: Grundlagen des Mathematikunterrichts in der Sekundarstufe (S)
H.-G. Weigand/T. Weth: Computer im Mathematikunterricht (S)

Mathematik

F. Padberg: Einführung in die Mathematik I – Arithmetik (P)
F. Padberg: Zahlentheorie und Arithmetik (P)
M. Stein: Einführung in die Mathematik II – Geometrie (P)
M. Stein: Geometrie (P)

J. Appell/K. Appell: Mengen – Zahlen – Zahlbereiche (P/S)
S. Krauter: Erlebnis Elementargeometrie (P/S)
H. Kütting: Elementare Stochastik (P/S)
F. Padberg: Elementare Zahlentheorie (P/S)
F. Padberg/R. Danckwerts/M. Stein: Zahlbereiche (P/S)

Weitere Bände in Vorbereitung:

Mathematisch begabte Grundschulkinder (P)
Unterrichtsentwürfe Mathematik (P)

Didaktik der Geometrie (S)
Didaktik des Sachrechnens (S)
Elementare Funktionen und ihre Anwendungen (S)

P: Schwerpunkt Primarstufe
S: Schwerpunkt Sekundarstufe

Günter Krauthausen / Petra Scherer

Einführung in die Mathematikdidaktik

3. Auflage

Autoren:
Prof. Dr. Günter Krauthausen
Universität Hamburg
Fakultät 4, Fachbereich Erziehungswissenschaft

Prof. Dr. Petra Scherer
Universität Bielefeld
Fakultät für Mathematik

Wichtiger Hinweis für den Benutzer
Der Verlag, der Herausgeber und die Autoren haben alle Sorgfalt walten lassen, um vollständige und akkurate Informationen in diesem Buch zu publizieren. Der Verlag übernimmt weder Garantie noch die juristische Verantwortung oder irgendeine Haftung für die Nutzung dieser Informationen, für deren Wirtschaftlichkeit oder fehlerfreie Funktion für einen bestimmten Zweck. Der Verlag übernimmt keine Gewähr dafür, dass die beschriebenen Verfahren, Programme usw. frei von Schutzrechten Dritter sind. Die Wiedergabe von Gebrauchsnamen, Handelsnamen, Warenbezeichnungen usw. in diesem Buch berechtigt auch ohne besondere Kennzeichnung nicht zu der Annahme, dass solche Namen im Sinne der Warenzeichen- und Markenschutz-Gesetzgebung als frei zu betrachten wären und daher von jedermann benutzt werden dürften. Der Verlag hat sich bemüht, sämtliche Rechteinhaber von Abbildungen zu ermitteln. Sollte dem Verlag gegenüber dennoch der Nachweis der Rechtsinhaberschaft geführt werden, wird das branchenübliche Honorar gezahlt.

Bibliografische Information der Deutschen Nationalbibliothek
Die Deutsche Nationalbibliothek verzeichnet diese Publikation in der Deutschen Nationalbibliografie; detaillierte bibliografische Daten sind im Internet über http://dnb.d-nb.de abrufbar.

Springer ist ein Unternehmen von Springer Science+Business Media
springer.de

3. Auflage 2007
© Spektrum Akademischer Verlag Heidelberg 2008
Spektrum Akademischer Verlag ist ein Imprint von Springer

08 09 10 11 12   5 4 3 2

Das Werk einschließlich aller seiner Teile ist urheberrechtlich geschützt. Jede Verwertung außerhalb der engen Grenzen des Urheberrechtsgesetzes ist ohne Zustimmung des Verlages unzulässig und strafbar. Das gilt insbesondere für Vervielfältigungen, Übersetzungen, Mikroverfilmungen und die Einspeicherung und Verarbeitung in elektronischen Systemen.

Planung und Lektorat: Dr. Andreas Rüdinger, Barbara Lühker
Herstellung: Andrea Brinkmann
Umschlaggestaltung: SpieszDesign, Neu-Ulm
Satz: Autorensatz
Druck und Bindung: Krips b.v., Meppel

Printed in The Netherlands

ISBN 978-3-8274-1611-7

Inhalt

Einleitung 1

1 Inhaltsbereiche 6

1.1 Arithmetik 6

    1.1.1 Der Zahlbereich der natürlichen Zahlen 7

    1.1.2 Zahlenräume 8

    1.1.3 Komplexität des Zahlbegriffs (Zahlaspekte) 8

    1.1.4 Zählfähigkeit und Zählprinzipien 10

    1.1.5 Dekadischer Aufbau des Zahlensystems 16

        1.1.5.1 Stellenwertsysteme 16

        1.1.5.2 Dekadisches und nicht dekadische Stellenwertsysteme ... 18

        1.1.5.3 Rechnen in Stellenwertsystemen 19

    1.1.6 Rechenoperationen und Gesetzmäßigkeiten 24

        1.1.6.1 Addition und Subtraktion 24

        1.1.6.2 Multiplikation und Division 27

        1.1.6.3 Rechengesetze 40

    1.1.7 Rechenverfahren 43

        1.1.7.1 Kopfrechnen 43

        1.1.7.2 Halbschriftliches Rechnen 46

        1.1.7.3 Schriftliche Rechenverfahren 49

        1.1.7.4 Taschenrechner 51

        1.1.7.5 Zum Verhältnis der vier Rechenmethoden 51

1.2 Geometrie 53

    1.2.1 Zur Situation des Geometrieunterrichts in der Grundschule ... 55

    1.2.2 Fundamentale Ideen der Elementargeometrie 61

    1.2.3 Verteilung der Inhalte 74

1.3 Sachrechnen 76

    1.3.1 Mathematisierung und Modellbildung 78

    1.3.2 Funktionen des Sachrechnens 80

    1.3.3 Typen von Sachaufgaben 83

1.3.3.1	Sachbilder	83
1.3.3.2	Eingekleidete Aufgaben	84
1.3.3.3	Textaufgaben und Denkaufgaben	85
1.3.3.4	Erfinden von Rechengeschichten	88
1.3.3.5	Sachprobleme	89
1.3.3.6	Sachstrukturiertes Üben	91
1.3.3.7	Sachtexte	92
1.3.3.8	Projekte	95
1.3.3.9	Rückschau	98

1.3.4 Schätzen und Überschlagen 99

1.3.5 Größen 101

1.3.5.1	Größenbereiche im Lehrplan	101
1.3.5.2	Größenvorstellungen	105
1.3.5.3	Zur unterrichtlichen Behandlung von Größen	106
1.3.5.4	Dezimalzahlen	107

2 Grundideen des Mathematiklernens 109

2.1 Entdeckendes Lernen und Produktives Üben 111

2.1.1 Lernen: kleinschrittig auf vorgegebenen Wegen vs.
ganzheitlich auf eigenen Wegen 112

2.1.2 Üben: Reproduktion und Quantität vs. Produktivität und Qualität 119

2.1.3 Spielerisches Lernen und Üben 125

2.2 Didaktische Prinzipien 132

2.3 Übergreifende Ziele des Mathematikunterrichts 150

2.3.1 Allgemeine Lernziele 150

2.3.1.1 Versuch einer Begriffsklärung 150

2.3.1.2 Welche allgemeinen Lernziele gibt es? 151

2.3.1.3 Zur Realisierung allgemeiner Lernziele 157

2.3.2 Soziales Lernen 161

2.3.2.1 Einführendes Unterrichtsbeispiel 161

2.3.2.2 Theoretische Hintergründe 163

2.3.2.3 Begründungen des sozialen Lernens 165

2.3.2.4 Didaktische Folgerungen 166

2.3.2.5 Ein Mut machendes Beispiel 171

3 Organisation von Lernprozessen 175

3.1 Anforderungen an die Organisation von Lernprozessen 175

   3.1.1 Standortbestimmungen/Vorkenntnisse 175

      3.1.1.1 Ein Einführungsbeispiel 175

      3.1.1.2 Ziele von Standortbestimmungen und Vorkenntniserhebungen 176

      3.1.1.3 Methodische Überlegungen 179

      3.1.1.4 Ausgewählte Untersuchungsergebnisse 181

   3.1.2 Vergleichsuntersuchungen und Bildungsstandards 189

   3.1.3 Didaktische Gestaltung von Lernumgebungen 196

      3.1.3.1 Zum Begriff der substanziellen Lernumgebung 197

      3.1.3.2 ›Gute‹ Aufgaben und ›neue‹ Aufgabenkultur 199

      3.1.3.3 Merkmale guter Aufgaben und einer sachgerechten Aufgabenkultur 200

   3.1.4 Fehler und Lernschwierigkeiten 202

      3.1.4.1 ›Fehleranfällige‹ Lernbereiche? 206

      3.1.4.2 Ursachen von Lernschwierigkeiten 208

      3.1.4.3 Diagnostik 209

      3.1.4.4 Folgerungen für Förderung und Unterricht 212

   3.1.5 Motivation 215

   3.1.6 Differenzierung 224

      3.1.6.1 Heterogene Lerngruppen 224

      3.1.6.2 ›Natürliche‹ Differenzierung 226

   3.1.7 Rolle und Fachkompetenz der Lehrenden 235

      3.1.7.1 Angebote der Lehrerbildung 236

      3.1.7.2 Folgen mangelnder Fachkompetenz 237

3.2 Arbeitsmittel und Veranschaulichungen 240

   3.2.1 Das Qualitätsproblem 241

   3.2.2 Versuch einer Begriffsklärung 242

   3.2.3 Mentale Bilder und mentales Operieren 245

   3.2.4 Konkretheit, Symbolcharakter und theoretische Begriffe 247

   3.2.5 Ablehnung und Ablösung von Arbeitsmitteln
und Veranschaulichungen 254

   3.2.6 Funktionen von Arbeitsmitteln und Veranschaulichungen 257

   3.2.7 Beurteilung von Arbeitsmitteln und Veranschaulichungen 261

3.3 Elektronische Medien..263

    3.3.1 Taschenrechner...263

        3.3.1.1 Zum Forschungsstand..265

        3.3.1.2 Mögliche Gründe für die Zurückhaltung in den Schulen...................265

        3.3.1.3 Entweder – oder?..266

        3.3.1.4 Perspektiven...267

        3.3.1.5 Beispiele für einen sinnvollen Taschenrechnereinsatz.....................270

    3.3.2 Computer...273

        3.3.2.1 Vorbemerkungen...273

        3.3.2.2 Fragwürdige Suggestionen..276

        3.3.2.3 Entprofessionalisierungs-Tendenzen.................................281

        3.3.2.4 Beispiele für einen sinnvollen Computereinsatz...................288

        3.3.2.5 Perspektiven...295

4 Spannungsfelder des Mathematikunterrichts............................299

4.1 Anwendungs- & Strukturorientierung...299

4.2 Fertigkeiten & Fähigkeiten..303

4.3 Schülerorientierung & Fachorientierung..305

4.4 Eigene Wege & Konventionen...306

4.5 Offene & geschlossene Aufgaben..309

4.6 Individuelles Lernen & Leistungsbewertung..312

Literatur..316

Schlagwortverzeichnis..342

Einleitung (und Vorwort zur 1. Auflage)

»Lehre ist immer ein *Lernangebot* und kann deswegen misslingen. Erfolgreich gelernt wird nur, wenn es dem Schüler gelingt, die äußerlich präsentierte Struktur der Information innerlich in eine adäquate Repräsentation zu überführen« (Edelmann 2000, 8; Hervorh. i. Orig.). Dies gilt sowohl für die Lehre in der Schule als auch in der Hochschule. In diesem Sinne ist auch das vorliegende Buch als *Angebot* zu verstehen. Für das Lernen trägt letztlich die Leserin bzw. der Leser selbst die Verantwortung. Das notwendige Selbstverständnis, dass nämlich ständiges Weiterlernen und Reflektieren zur Professionalität des Lehrberufs gehören, möchten wir ausdrücklich betonen: »Fertige Modelle oder allgemeine Strategien für das Lehren von Mathematik allein reichen nicht aus, um ein reflektierender Lehrer zu werden« (Runesson 1997, 164; Übers. GKr/PS).

Der vorliegende Band richtet sich primär an Studierende für das Lehramt der Primarstufe[1], die in einigen Bundesländern verpflichtend das Fach Mathematik studieren müssen und es anderenfalls auch nicht unbedingt freiwillig wählen würden. Die Mathematik ist unter Studierenden oftmals wenig beliebt, manchmal auch gehasst (s. u.; vgl. auch Wielpütz 1999, 14). In der späteren Unterrichtspraxis wechselt dann häufig der Charakter dieses Faches: »Als Unterrichtsfach ist Mathematik jedoch akzeptiert bis begehrt. Alles ist klar, und es gibt viele Aufgaben. Das erleichtert manches im Alltag« (ebd., 14). Das hierbei vorliegende Verständnis von Mathematik, von Mathematiklernen und -lehren ist natürlich mehr als fragwürdig.

Bevor wir dieses Dilemma und die möglicherweise zugrunde liegenden Vorstellungen von der Mathematik beleuchten, möchten wir festhalten, dass für uns die Berücksichtigung der individuellen Lernbiografie der Studierenden wesentlich ist.

Hierzu haben wir in verschiedenen Veranstaltungen in Anlehnung an Fiore (1999, 404) folgende Aufgabe gestellt[2]:

Schreiben Sie eine Art Kurzaufsatz (1 DIN-A4-Seite) mit dem Titel »Ich und die Mathematik«, in dem Sie die folgenden Fragen beantworten:

- Welche Inhalte der Mathematik mögen Sie, welche nicht?
- Welche Personen haben in Ihrem ›mathematischen‹ Leben eine positive Rolle gespielt, welche eine negative?
- Beschreiben Sie Ihre guten Erfahrungen in Mathematik und Ihre schlechten!
- In welcher Art von (Lern-)Umgebung, d. h. unter welchen Rahmenbedingungen lernen Sie am besten? Welche Umgebung behindert Sie?

---

1   Mittlerweile wurde das Stufenlehramt in NRW, wie auch in anderen Bundesländern, durch ein stufenübergreifendes Lehramt ersetzt. Die vorrangigen Adressaten sind daher Studierende des Lehramts GHR mit dem Berufsziel der Grundschullehrerin.

2   Vgl. hierzu Krauthausen/Scherer 2004.

2

Zur Illustration seien hier stellvertretend zwei dieser Kurzaufsätze abgedruckt, die die unterschiedlichen Voraussetzungen der Studierenden verdeutlichen können.

4. Semester; Mathematik als weiteres Unterrichtsfach[3]:
»Ich studiere Mathe, weil ich es muss. Jedenfalls hatte ich immer während meiner Schulzeit (7. – 10. Klasse) ein schlechtes Verhältnis zu Mathe. Meine Lehrer waren älter, und es gab nur richtig und falsch. Zwischenschritte, die in die richtige Richtung führten, waren ebenfalls falsch. In der Oberstufe wurde das Fach aber erträglicher. Ich verstand den Stoff und schrieb auch gute Noten. In der Uni ist Mathe Pflicht – jedenfalls für mich –, aber hier gab es auch ganz positive Ergebnisse. Ich habe mein Grundstudium Mathe geschafft und auch den Arithmetikschein [...] im letzten Semester erhalten. Mathe gelernt habe ich nie sehr gern und wenn ich musste, dann möglichst in kleinen Gruppen, mit Freunden oder in Ruhe zu Hause.

Arithmetik und Geometrie ziehe ich auf jeden Fall der Stochastik vor, mit der ich gar nichts anfangen kann. Im letzten Semester hat mir Mathe sogar manchmal Spaß gemacht – besonders wenn die Übungszettel gut ausgefallen sind. Mich interessiert, wie ich Kindern Mathe spannend und interessant vermitteln kann und wie ich Kindern, die nicht so gut im Fach sind, helfen kann, sich zu steigern.«

7. Semester; Mathematik als weiteres Unterrichtsfach
»a) Eigentlich mag ich alles, was ich bisher an Inhalten in Mathematik kennengelernt habe. Ausnahmen sind dort nur alles, was Schulstoff ab Klasse 11 ist (Funktionen, Vektoren usw.), was aber wahrscheinlich daran liegt, dass ich zu dieser Zeit andere Dinge im Leben interessanter fand und nie richtig verstanden habe, worum es bei Funktionen u. Co. geht. Besonders mag ich: Geometrie und Beweise, da sie am ehesten einem Kreuzworträtsel gleichen.

b) Personenbeeinflusst war ich nicht. Mathe fand ich so interessant genug, sogar hier an der Uni noch (Scherz!). Spaß beiseite, obwohl ich manche Mathe-Lehrer nicht mochte und teilweise heftig mit ihnen aneinander geraten bin, habe ich Mathe immer gemocht.

c) Vielleicht will ich mich nicht so sehr an Schule erinnern, aber da gab´s kein besonders ›gut‹ oder ›schlecht‹ in Sachen Mathematik. Insgesamt, das habe ich auch hier in der Uni festgestellt, sind gute Erfahrungen gelöste mathematische Probleme, schlechte mein Defizit im Ausdruck, etwas zu beschreiben. Deshalb glaube ich, dass eine Didaktik-Klausur zu den schlechten Erfahrungen zählen könnte.

d) Am besten lerne ich entweder durch Motivation durch interessante Themen, die nicht zu langweilig nahe gebracht werden oder Druck, es tun zu müssen. Eigentlich bin ich auch eher Einzelkämpfer, da selten jemand meine Begeisterung für Mathe teilt (im Arithmetik-Kurs wurde ich von Kommilitonen schon des ›entdeckenden Lernens‹ beschimpft!). Ich lerne am besten, wenn ich ein Rätsel habe, die Werkzeuge zur Lösung erklärt bekomme, selber ausprobieren darf und dann diskutiere bzw. die richtige Lösung vorgestellt wird. Mit einem oder zwei Partnern geht das meistens am besten. Behindert haben mich eher zu viele Leute, die an einem Problem arbeiten. Da ich meine Mathe-Begeisterung ›trotz‹ Frontalunterricht behielt, gibt es für mich wohl auch keine spezielle Lernumgebung.«

---

3   In NRW konnte Mathematik für die Primarstufe als Schwerpunktfach (42 SWS) oder wie in diesem Beispiel mit geringerem Studienumfang (22 SWS) als weiteres Unterrichtsfach studiert werden.

In vielen Ausführungen der Studierenden zeigte sich, wie prägend die schulischen Erfahrungen, insbesondere in der S I und S II, waren. Deutlich wurde auch, dass die *Verpflichtung*, Mathematik zu studieren, in vielen Fällen Druck auslöst. Die Pflicht der Auseinandersetzung hat aber manchmal auch zu positiven Erfahrungen verholfen und das Bild von Mathematik revidiert. In unseren Augen ist das Studium der Mathematik empfehlenswert und unabdingbar, da die späteren Lehrerinnen und Lehrer dieses Fach in jedem Fall unterrichten werden.

In diesem Band stehen didaktische Probleme im Vordergrund der Diskussion. Wir möchten jedoch hervorheben und auch an einigen Stellen verdeutlichen, wie wichtig die *Fachwissenschaft* ist, um fach*didaktische* Probleme zu bewältigen und in der Folge auch methodisch angemessen agieren zu können. In verschiedenen Untersuchungen wurde gezeigt, dass Lehrerinnen und Lehrern häufig ein bereichsspezifisches Wissen (hier: Mathematik bzw. Mathematikdidaktik) fehlt, um bspw. Innovationen des Lehrplans umsetzen zu können und dass solche mangelnden Kenntnisse vermutlich in allen Ländern und unabhängig von Schul- und Beurteilungssystemen festzustellen sind (vgl. Gutiérrez/Jaime 1999, 254 u. die dort angegeb. Lit.).

Die Komplexität des Berufsbildes erfordert Erfahrungen in unterschiedlichen Kompetenzbereichen, die in einem ausgewogenen Verhältnis berücksichtigt werden müssen, wobei Erfahrungen im Rahmen eigenständiger, substanzieller Aktivitäten Vorrang vor bloßem Buchwissen haben müssen. Wer zukünftig in der Schule Lernende zum aktiv-entdeckenden Vorgehen anleiten muss, sollte selbst auf diese Weise gelernt haben. Daher sind auch (spätestens!) in der Lehrerausbildung aktiv-entdeckende Lernformen (und dazu kompatible Lehr- und Organisationsformen) notwendig – und dies umso dringlicher, je mehr die jeweilige Lernbiografie der Studierenden noch durch ›traditionelle Belehrungsmuster‹ geprägt ist. Die Forschung zeigt, dass in solchen Fällen die Tendenz besteht, in Unterrichtssituationen wieder in alte Belehrungsmuster zurückzufallen, obwohl man in universitären Veranstaltungen andere Lehr-/Lernformen kennengelernt hat (vgl. z. B. Brayer Ebby 2000, 70 u. die dort angegeb. Lit.; auch Wahl 1991). Brayer Ebby (2000) berichtet von einer erfolgreichen *parallelen Durchführung* von theoretischen Kursen und praktischen Unterrichts- bzw. Lehrsituationen, wobei die theoretischen Kurse durchaus Eigenaktivitäten wie das Problemlösen o. Ä. enthielten. Allein die gleichzeitigen Erfahrungen reichen aber nicht aus, es bedarf schon entsprechender Bezüge in den universitären Veranstaltungen (ebd., 94). In diesem Sinne verstehen auch wir dieses Buch, bei dem es um mathematikdidaktische Grundlagen aus z. T. theoretischer Perspektive geht, die aber wenn möglich in konkreten Lehrsituationen reflektiert werden sollen.

Die Beispiele in diesem Buch sind einerseits für die Unterrichtspraxis der Grundschule gedacht, andererseits für die Lehrerbildung. Die Übergänge zwischen diesen beiden Typen sind jedoch fließend, und – entsprechend aufbereitet – in beiden Lernkontexten geeignet.

Im ersten Teil des Buches werden die drei für den Mathematikunterricht der Grundschule zentralen Bereiche *Arithmetik, Geometrie* und *Sachrechnen* beleuchtet. Für die ersten beiden finden sich jeweils ihre fundamentalen Ideen, z. T. mit Konkretisierungen für den Unterricht. Diese Ausführungen sind notwendig, um einerseits spätere Beispiele einordnen und reflektieren zu können. Auf der anderen Seite kann bei den später behandelten didaktischen Themen die jeweils spezifische Rolle und Bedeutung eines Bereichs herausgearbeitet werden.

Kapitel 2 beschäftigt sich mit *Grundideen des Mathematiklernens.* Beleuchtet werden hierbei etwa ein zeitgemäßes Verständnis von Lernen und Üben mit entsprechenden Konkretisierungen (Kap. 2.1). Des Weiteren finden sich hier Ausführungen zu didaktischen Prinzipien (Kap. 2.2) und übergreifenden Zielen des Mathematikunterrichts (Kap. 2.3).

Kapitel 3 thematisiert Fragen der *Organisation von Lernprozessen* und geht zunächst auf spezifische Anforderungen ein, wie etwa die Berücksichtigung von Vorkenntnissen und Standortbestimmungen, Lernschwierigkeiten, Motivation und Differenzierung, aber auch auf die Rolle der Fachkompetenz der Lehrperson. Im zweiten Abschnitt (Kap. 3.2) finden sich Ausführungen zu Arbeitsmitteln und Veranschaulichungen inkl. der elektronischen Medien Taschenrechner und Computer (Kap. 3.3).

Das Buch schließt mit *Spannungsfeldern des Mathematikunterrichts (Kap. 4).* Exemplarisch wurden in diesem Kapitel, das als Schlusskapitel fungieren soll, einerseits traditionelle Aspekte wie etwa ›Anwendungs- & Strukturorientierung‹, ›Fähigkeiten & Fertigkeiten‹ herausgegriffen. Andererseits Spannungsfelder, die das veränderte Verständnis von Lernen und Lehren mit sich gebracht hat, wie etwa ›Eigene Wege & Konventionen‹ oder ›Individuelles Lernen & Leistungsbewertung‹. Zudem erfolgt ein Rückblick auf Spannungsfelder, die in den vorangegangenen Kapiteln ausgeführt wurden.

Die Ausführungen in diesem Buch sind u. a. geprägt durch jahrelange Erfahrungen in Unterricht und Lehrerbildung, eigene und die anderer Kollegen. Insbesondere möchten wir an dieser Stelle die Dortmunder Kollegen Gerhard N. Müller, Heinz Steinbring und Erich Ch. Wittmann nennen, mit denen wir viele Veranstaltungen gemeinsam durchgeführt haben und deren Ideen sich zwangsläufig an verschiedenen Stellen des Buches wiederfinden. Wir haben allen durch die gemeinsame Arbeit viel zu verdanken.

Hamburg/Bielefeld, September 2000   Günter Krauthausen/Petra Scherer

Zur 2. Auflage

In der 2. Auflage wurden einige Druckfehler beseitigt, kleinere Änderungen, Ergänzungen oder Präzisierungen vorgenommen, das Literaturverzeichnis aktualisiert sowie die Qualität der Abbildungen verbessert. Wesentliche inhaltliche Anregungen verdanken wir dazu unserem Kollegen Hartmut Spiegel aus Paderborn.

Hamburg/Bielefeld, August 2002   Günter Krauthausen/Petra Scherer

Zur 3. Auflage

In der 3. Auflage haben wir neben kleineren Änderungen und Ergänzungen einige aktuelle Entwicklungen im Mathematikunterricht der Grundschule berücksichtigt und mehrere Unterkapitel ergänzt, wie etwa ›Bildungsstandards und Vergleichsuntersuchungen‹ (Kap. 3.1.2), ›Didaktische Gestaltung von Lernumgebungen‹ (Kap. 3.1.3) oder das Spannungsfeld ‹Offene & geschlossene Aufgaben‹ (Kap. 4.5). Auch dem Thema ›Computer‹ ist nun ein umfangreicheres Kapitel gewidmet (Kap. 3.3.2).

Des Weiteren wurde eine Aktualisierung der Literatur vorgenommen. Daneben möchten wir auf einige *Sammelbände* hinweisen, die seit Erscheinen der letzten Auflage zum Mathematikunterricht der Grundschule allgemein oder zu spezifischen Aspekten erschienen sind. Dies sind u. a.:

Baum, M./Wielpütz, H. (2003, Hg.): Mathematik in der Grundschule. Ein Arbeitsbuch. Seelze

Grüßing, M./Peter-Koop, A (2006, Hg.): Die Entwicklung mathematischen Denkens in Kindergarten und Grundschule: Beobachten – Fördern – Dokumentieren. Offenbach

Krauthausen, G./Scherer, P. (2004, Hg.): Mit Kindern auf dem Weg zur Mathematik – Ein Arbeitsbuch zur Lehrerbildung. Festschrift für Hartmut Spiegel. Donauwörth

Rathgeb-Schnierer, E./Roos, U. (2006, Hg.): Wie rechnen Matheprofis? Erfahrungsberichte und Ideen zum offenen Unterricht. München

Ruwisch, S./Peter-Koop, A. (2003, Hg.): Gute Aufgaben im Mathematikunterricht der Grundschule. Offenbach

Scherer, P./Bönig, D. (2004, Hg.): Mathematik für Kinder – Mathematik von Kindern. Frankfurt/M.

Diese Bände sind aus unserer Sicht angehenden wie auch praktizierenden Lehrerinnen und Lehrern zur Lektüre empfohlen.

Für diese Neuauflage haben wir von verschiedenen Kolleginnen und Kollegen aus Schule und Hochschule wie auch von Studierenden hilfreiche Anregungen und Hinweise erhalten. Ihnen allen sei an dieser Stelle herzlich gedankt.

Hamburg/Bielefeld, November 2006   Günter Krauthausen/Petra Scherer

1 Inhaltsbereiche

Wenn im Folgenden den drei zentralen Inhaltsbereichen Arithmetik, Geometrie und Sachrechnen jeweils ein eigenes Kapitel gewidmet wird, so geschieht dies, um die jeweiligen Spezifika zu verdeutlichen. Keiner dieser Bereiche kann aber als isoliert von den weiteren Kapiteln des Buches verstanden werden; im Gegenteil: Wo immer sinnvoll und möglich, sollen Interdependenzen und Vernetzungen genutzt und bewusst gemacht werden.

In den einzelnen Abschnitten, nicht nur des 1. Kapitels, wird darauf auch immer wieder ausdrücklich hingewiesen bzw. die Querverbindungen werden durch konkrete Beispiele illustriert. Was Oehl (1962) für den Rechenunterricht erkannt hat (s. u.), gilt für den heutigen Mathematikunterricht gleichermaßen. Und da Oehl auch zugleich das manchmal schwierige Verhältnis von Studienanfängern zu den mathematischen Inhalten anspricht, stellen wir seine wichtige Empfehlung diesem 1. Kapitel voran:

»Jedes Fach wird in seiner Struktur durch die ihm eigentümlichen Gesetzlichkeiten bestimmt. Für den Gegenstand des Rechenunterrichts sind die mathematischen Strukturen bestimmend. Der Rechenunterricht auf jeder Stufe muss darum *mathematischer* Unterricht sein. Aufgabe einer Didaktik des Rechenunterrichts muss es darum sein, diese mathematische Sicht der elementaren Stoffe des Volksschulrechnens zu erhellen. Aus der Sicht der Erwachsenen (Abiturienten) erscheint dieser Stoff so einfach und unkompliziert, dass durchweg alles Rechnen als reine Technik angesehen wird. ›Im elementaren Rechnen ist doch alles so selbstverständlich, dass ich mir gar nicht vorstellen kann, warum eine Rechenmethodik überhaupt notwendig ist‹, sagte mir einmal ein Student des ersten Semesters. Der Abiturient erkennt von seinem mathematischen Standpunkt aus nicht die mathematischen Strukturen in den elementaren Stoffen. Darum müssen am Anfang aller didaktischen Überlegungen *gegenstandstheoretische* und gegenstandslogische Betrachtungen (Breidenbach spricht von Sachanalyse) stehen. Dieses Zurückführen uns so selbstverständlicher rechnerischer Formen und Denkgewohnheiten auf ihre *inneren Zusammenhänge* verschafft uns didaktische Einsicht und gibt uns Fingerzeige, auf welche Momente wir bei der Behandlung besonderen Wert zu legen haben« (Oehl 1962, 11; Hervorh. GKr/PS; vgl. auch Kap. 3.1.7).

1.1 Arithmetik

Es ist angesichts der vielfach implizit angenommenen Plausibilität oder ›Schlichtheit‹ der arithmetischen Inhalte in der Grundschule sinnvoll darauf hinzuweisen, dass der Weg zum verständigen, geläufigen und flexiblen Rechnen keineswegs so trivial ist, wie es zunächst scheinen mag. Schließlich werden hierbei von den Kindern Dinge erwartet, die in der Geschichte der Menschheit eine bedeutende kulturgeschichtliche Leistung darstellen und deren Entwicklung viele Jahrhunderte, ja Jahrtausende gedauert hat. Wir können hier die Prozesse im Einzelnen natürlich nicht auffächern, sondern werden nur an zentrale Aspekte erinnern und ggf. auf entsprechende Quellen verweisen, die sich detaillierter mit speziellen Fragen auseinandersetzen.

1.1.1   Der Zahlbereich der natürlichen Zahlen

Im Mathematikunterricht der Grundschule haben wir es vorrangig mit dem Zahlbereich der natürlichen Zahlen N zu tun (vgl. Padberg et al. 1995), genauer N_o, denn die Null gehört wesentlich mit dazu. Aber es wäre naiv zu glauben, dass Grundschulkindern andere Zahlbereiche völlig verschlossen wären: Negative Zahlen gehören ebenso zu ihrem Erfahrungsbereich (Minusgrade auf dem Thermometer, Aussteuerungs-Skala am CD-Player, ...) wie alltägliche Bruchzahlen ($^1/_2$ l

Abb. 1/1: »underground numbers« (Groves 1999, 10)

Milch, Viertelstunde, 0,7-l-Flaschen, ...) sowohl in Bruch- wie in Dezimalschreibweise (Stehliková 1999). Groves (1999) berichtet von Kylic (Kindergarten), die beim Rückwärtszählen die negativen Zahlen (»underground numbers«; Abb. 1/1) entdeckte. Bereits in der Grundschule kann also durchaus der Zahlbereich der ganzen oder auch der rationalen Zahlen, zumindest anhand gängiger Repräsentanten, in den Mathematikunterricht einbezogen werden (vgl. auch ›Zone der nächsten Entwicklung‹ in Kap. 2.2). Verfrüht wäre hingegen das *formale* Operieren, also Rechnen mit Bruchzahlen (z. B. Multiplizieren, Dividieren, Erweitern, Kürzen von Brüchen) oder z. B. formale Klammerregeln beim Rechnen mit negativen Zahlen[4].

Die besondere Bedeutung des Zahlbereichs N_O in der Grundschule darf also nicht im Sinne von ›Abgeschlossenheit‹ verstanden werden. Wo immer sinnvoll, wäre die Einsicht in die *prinzipielle* Erweiterbarkeit zu gewährleisten bzw. Möglichkeiten zur Erweiterung ausdrücklich in den Blick zu nehmen (z. B. bei der Wahl von Arbeitsmitteln

---

4   Vgl. dazu aber die grundschulgemäße Praxis für eine Vorzeichenumkehrung in der Klammer bei einem Minuszeichen vor der Klammer in Abb. 3/20, Kap. 3.2.4!

8

und Veranschaulichungen zur Zahldarstellung, zum Operieren mit Zahlen), d. h. im Hinblick auf und zum Nutzen weiterführender Lernprozesse zur Verfügung zu stellen.

1.1.2 Zahlenräume

Der Zahlbereich der natürlichen Zahlen wird in der Grundschule i. W. durch Erschließung sukzessive immer größer werdender Zahlenräume[5] erarbeitet. Diese Zahlenraum-*erweiterungen* werden traditionell wie folgt behandelt.

1. Schuljahr: Zahlenraum bis 20 (und Zehnerzahlen bis 100)
2. Schuljahr: Zahlenraum bis 100
3. Schuljahr: Zahlenraum bis 1000
4. Schuljahr: Zahlenraum bis 1 Million (ggf. darüber hinaus)

Die so benannten Zahlenräume »stellen keine Beschränkung, sondern einen Orientierungsrahmen für die einzelnen Klassenstufen dar« (MSJK 2003, 75. Vgl. auch Kap. 2.2 ›Zone der nächsten Entwicklung‹ oder Kap. 3.1.6 ›Differenzierung‹). Die Tatsache, dass Schulbücher in aller Regel eine solche Aufteilung vorgeben oder nahelegen, sollte die Lehrerin dennoch nicht daran hindern, im konkreten unterrichtlichen Vollzug flexibel auf die spezifischen Gegebenheiten *ihrer* Klasse zu reagieren (vgl. Kap. 3.1.1 ›Vorkenntnisse‹). Schulbuchvorgaben sollten als solche keinen dogmatischen Vorrang vor den Lernbedürfnissen der Kinder haben. Schmidt (1992) weist unter Bezug auf umfangreiche Literatur darauf hin, dass empirische Studien zu den arithmetischen (Vor-)Kenntnissen und Vorgehensweisen von Kindern im Vor- und Grundschulalter ebenso wie informelle Beobachtungen deutlich machen, »dass manche ›bewährten‹ Abgrenzungen der ›Zahlenräume‹ – ›Wir rechnen jetzt (nur) bis 4 (5, 6)‹! – eher behindernd denn fördernd und motivierend wirken können« (ebd. 58; vgl. auch Kap. 2.1.1 ›ganzheitliche Zugänge‹ sowie Kap. 3.1.1).

1.1.3 Komplexität des Zahlbegriffs (Zahlaspekte)

Eine fundamentale Aufgabe des mathematischen Anfangsunterrichts ist der Ausbau, die Festigung und Systematisierung des Zahlbegriffsverständnisses. Aus Sicht der Mathematik als Fachwissenschaft ließe sich einfach angeben (definieren), was wir unter Zahlen bzw. dem Zahlbegriff verstehen (vgl. z. B. die Charakterisierung der natürlichen Zahlen mithilfe der Peano-Axiome; Padberg et al. 1995).

---

5   Die Begriffe ›Zahlbereich‹ und ›Zahlenraum‹ werden manchmal verwechselt, sollten aber der begrifflichen Klarheit wegen auseinandergehalten werden, da sie in der Tat Unterschiedliches bedeuten.

Zahlaspekte	Beschreibung	Beispiele	Addition	Subtraktion
Kardinal-zahlaspekt	Zahlen beschreiben die Mächtigkeit von Mengen, die *Anzahl* von Elementen einer Menge	3 Äpfel, 5 Gongschläge, 9 Zahlen, 10^{13} Möglichkeiten,	vereinigen, zusammenlegen	wegnehmen, Unterschied berechnen, ergänzen
Ordinalzahlaspekt	*Zählzahl:* Folge der nat. Zahlen, die beim Zählen durchlaufen werden	»eins, zwei, drei, vier, ...« »zehn, neun, acht, ...«	weiterzählen	rückwärts zählen
Ordinalzahlaspekt	*Ordnungszahl:* Rangplatz in einer geordneten Reihe	»Ich bin der Fünfte im Wartezimmer.«		
Maßzahl-aspekt	Maßzahlen für Größen	10 Minuten, 2 Meter, 5 Euro	aneinanderlegen entsprechender Repräsentanten	abtrennen entsprechender Repräsentanten, Unterschied
Operator-aspekt	Bezeichnung der Vielfachheit einer Handlung oder eines Vorgangs	noch fünfmal schlafen bis zu den Ferien[6]	Hintereinanderausführung, nacheinander vervielfachen	Umkehroperator, wie oft noch?
Rechenzahlaspekt	*Algebraischer Aspekt:* (IN,+) ist eine algebraische Struktur (mit bestimmten Eigenschaften)	$36+(17+4) =$ $(36+4)+17$ Kommutativität/Assoziativität $23 \cdot 27 = 625-4$ $(a-b) \cdot (a+b) = a^2-b^2$	Rechnen mit Ziffern (schriftliche Rechenverfahren) statt Rechnen mit Zahlen (halbschriftliche Strategien)	
Rechenzahlaspekt	*Algorithmischer Aspekt:* Rechnen als ›Ziffernmanipulation‹ nach festgelegten Regeln	628 +563 1191	Rechnen mit Ziffern (schriftliche Rechenverfahren) statt Rechnen mit Zahlen (halbschriftliche Strategien)	
Kodie-rungs-aspekt	Bezeichnung von Objekten	33501 Bielefeld, Tel. 428383704, ISBN 3-8274-1019-3	(macht keinen Sinn)	

Tab. 1/1: Aspekte des Zahlbegriffs

---

6 Analog zur Bedeutung von ›zweimal so groß‹ ließe sich auch eine Maßzahl wie ›65 kg‹ als 65 mal 1 kg oder das 65-fache eines Kilogramms verstehen. Dieses Beispiel zeigt: Hier wie auch in anderen Kontexten sind die Zahlaspekte nicht immer trennscharfe und disjunkte Kategorien.

10

In der Folge mag man versucht sein anzunehmen, dass es keiner großen Mühe bedürfe, den Zahlbegriff – ›angemessen‹ elementarisiert – Kindern nahezubringen. Muss man ihnen nicht letztlich einfach nur zeigen, ›wie es geht‹?[7] Die Komplexität des Zahlbegriffs wird in der mathematikdidaktischen Literatur gemeinhin (u. a.) mit der Vielfalt der Zahlaspekte verbunden. Um den Zahlbegriff in seiner Ganzheit zu erfassen, was nicht zuletzt auch die vielfältigen Verwendungszusammenhänge der Zahlen im Alltag erfordern, ist es nötig, den Aspektreichtum der Zahlen aufzugreifen, zu systematisieren und zu vertiefen.

Wir haben in Tab. 1/1 die (in den Beispielen von uns leicht veränderte) Übersicht über die Aspekte des Zahlbegriffs in Anlehnung an Radatz/Schipper (1983, 49) wieder gegeben (vgl. auch Neubrand/Möller 1999). Die Zahlaspekte verstehen sich als Hintergrundwissen der Lehrerin. Sie müssen im Mathematikunterricht zwar vollständig und angemessen repräsentiert sein, um Einseitigkeiten vorzubeugen und der Vielfalt der potenziellen Zahlverwendungssituationen gerecht werden zu können. Das bedeutet jedoch nicht, dass sie als solche auch begrifflich thematisiert würden, die Kinder sprechen also nicht vom ›Operatoraspekt‹ oder dem ›Zählzahlaspekt‹.

1.1.4   Zählfähigkeit und Zählprinzipien

Für Kinder stellt das Zählen eine erste komplexe Anforderung dar. Die Entwicklung des Zählens beginnt mit etwa 2 bis 3 Jahren und durchläuft verschiedene Entwicklungsstufen und Kontexte, in denen die Kinder mit Zahlwörtern konfrontiert werden (vgl. Maclellan 1997):

a) In einem *sequenziellen Kontext* geht es ›nur‹ um die korrekte (Re-)Produktion der sprachlichen Ausdrücke für Zahlen in der richtigen Reihenfolge (s. u. das Zählprinzip der stabilen Ordnung). Beispiele finden sich etwa in zahlreichen Abzählreimen, Kinderversen oder -liedern (vgl. auch Radatz et al. 1996, 59 ff. oder Geering/Kunath 2006, 70 u. 72). Im nebenstehenden Beispiel (Abb. 1/2: »fünfter sein«) geht es um das Rückwärtszählen, wobei es weniger nahe-

fünfter sein

Ernst Jandl/Norman Junge

tür auf
einer raus
einer rein
vierter sein

tür auf
einer raus
einer rein
dritter sein

tür auf
einer raus
einer rein
zweiter sein

tür auf
einer raus
einer rein
nächster sein

tür auf
einer raus
selber rein
tagherrdoktor

Abb. 1/2: »Fünfter sein«
(Jandl/Junge 1999)

---

7   In dieser Trivialisierung – sowohl der Sache als auch der eigentlichen Anforderungen und Schwierigkeiten des Mathematiklernens wie -lehrens – liegt, sofern sie gar von (angehenden) Lehrerinnen selbst adaptiert und vertreten wird, die Ursache für manche Probleme des mathematischen Anfangsunterrichts.

liegend als in den üblichen Zählversen ist, die Zahlwortfolge nur mechanisch aufzusagen.

Bereits das Lernen der korrekten Abfolge der Zahlwörter ist für Kinder keineswegs so trivial, wie es uns Erwachsenen scheinen mag, weil wir dies schon sehr lange verinnerlicht haben. (Vorschläge für Zählaktivitäten im Unterricht finden sich u. a. bei Radatz et al. 1996.) Sie selbst können aber einen Eindruck von dieser Schwierigkeit bekommen, wenn Sie das Zählen in einer Ihnen unbekannten Sprache, z. B. japanisch, versuchen:

Lernen Sie japanisch zu zählen: von 1 bis 20, von 60 rückwärts bis 45, ...
Hier sind die erforderlichen Zahlwörter:

- *1: itchi; 2: ni; 3: san; 4: schi, jon; 5: go; 6: loku; 7: schitchi, nana; 8: hatchi; 9: kju; 10: dju;*
- *11: dju-itchi; 12: dju-ni; 13: dju-san; 14: dju-schi, dju-jon; 15: dju-go; 16: dju-loku; 17: dju-schitchi, dju-nana; 18: dju-hatchi; 19: dju-kju; 20: ni-dju; 21: nidju-itchi; 22: nidju-ni;*
- *30: san-dju; 40: jon-dju, schi-dju; 50: go-dju; 60: loku-dju; 70: nana-dju, schitschi-dju; 80: hatchi-dju; 90: kju-dju; 100 hjaku; 200: ni-hjaku*

Im Japanischen liegt offensichtlich eine sehr konsistente linguistische Struktur der Zahlwortbildung vor (vgl. auch das Türkische oder andere asiatische Sprachen; z. B. Fuson/Kwon 1992). In der deutschen Sprache gibt es demgegenüber einige linguistische Unregelmäßigkeiten, die das Erlernen der Zahlwortreihe erschweren können. Neueste Ergebnisse der Hirnforschung belegen diesen Einfluss der Muttersprache, speziell der jeweiligen Zahlwörter. Für das Gehirn ist es offensichtlich nicht egal, in welcher Sprache gezählt oder gerechnet wird, was Leistungsunterschiede in der Zählfähigkeit bspw. zwischen europäischen, amerikanischen und chinesischen Kindern erklären soll (Fayol 2006).

Die folgenden Beispiele (Tab. 1/2; in Anlehnung an Spiegel 1996; vgl. auch Spiegel/Selter 2003) geben an, welche sprachlichen Bezeichnungen Kinder für bestimmte Zahlzeichen benutzt haben. Solche ›Sprachschöpfungen‹ mögen auf den ersten Blick als erheiternde Regelverstöße wirken; sie folgen aber durchaus einer plausiblen Systematik: Die Kinder nutzen zur Generierung neuer Zahlwörter Analogien (›Bezüge‹) zu bereits bekannten Zahlwörtern aus – ein Vorgehen, das ebenso sinnvoll wie geschickt ist und nur den Nachteil hat, dass es mit den sprachlichen Konventionen der Erwachsenenwelt nicht übereinstimmt.

Zahlzeichen	Bezeichnung von Kindern	mögliche Bezüge
10	einszig	vierzig
	nullzehn	vierzehn
12	zehnzwei	hundertzwei
	zweiundzehn	zweiundzwanzig
	zweizehn	dreizehn
20	zweizig	vierzig
	zweizehn	zweihundert
30	dreizehn	dreihundert
103	dreihundert	dreizehn
1000	zehnhundert	zehntausend

Tab. 1/2: Sprachschöpfungen zu Zahlwörtern (vgl. Spiegel 1996)

Die unregelmäßige linguistische Struktur der Zahlwortbildung im Deutschen macht es den Kindern u. U. aber auch schwieriger, die *mathematische* Struktur bei der Zahldarstellung mithilfe strukturierter Materialien effektiv auszunutzen (vgl. Scherer 2005a, 128).

b) Im *Zählkontext* werden Zahlwörter realen Gegenständen (Bonbons, Treppenstufen, Personen bei Abzählversen u. Ä.) zugewiesen. Auch dieser Prozess ist von großer Komplexität, denn er erfordert mehr als das bloße verbale Aufsagen von Zahlwörtern, die sich ja letztlich auch als lautliche Abfolge auswendig lernen ließe. Man hat in der Forschung sogenannte ›Zählprinzipien‹ identifiziert (vgl. Gelman/Gallistel 1978), die als elementare Muster und Strategien beim korrekten Zählen für die weitere Entwicklung und den Ausbau/die Differenzierung des Zahlbegriffs verantwortlich sind.

1. Eindeutigkeitsprinzip (Eins-Eins-Prinzip; one-to-one-principle):

Jedem der zu zählenden Gegenstände darf nur ein Zahlwort zugeordnet werden. Kein Gegenstand darf vergessen oder doppelt gezählt werden; kein Zahlwort darf mehreren Gegenständen zugeordnet werden; kein Zahlwort darf mehrfach benutzt werden (Hilfe: Antippen oder Weglegen der gezählten Objekte).

2. Prinzip der stabilen Ordnung (stable-order-principle):

Die Liste der Zahlworte hat eine feste Reihenfolge, d. h., die Abfolge der Zählzahlen muss stets die Gleiche sein.

3. Kardinalzahlprinzip (cardinal principle):

Die zuletzt benutzte Zahl im Abzählprozess gibt die Anzahl der Elemente (die ›Mächtigkeit‹) der abgezählten Menge an. Ansonsten wäre durch das Zählen nicht entscheidbar, ob gleich viele, mehr oder weniger Zählobjekte vorhanden sind.

4. Abstraktionsprinzip (abstraction principle):

Alle beliebigen Elemente – gleichgültig, welche Merkmale sie haben – können zu einer Menge (von ›Zähldingen‹) zusammengefasst und gezählt werden. D. h. die drei bisherigen Zählprinzipien lassen sich auf jede beliebige Menge, auf ›alles Zählbare‹ anwenden: konkrete Materialien (Kastanien, Perlen, Bauklötze etc.), Personen, Tiere, Gegenstände, Lichtsignale, Glockenschläge, Klingelzeichen usw.), die in keinem naheliegenden Bezug zueinander stehen müssen (Abb. 1/3) aber gleichwohl gezählt werden können (13 ›Zähldinge‹). Dies ist für Kinder nicht unbedingt selbstverständlich (vgl. Strehl 2002).

Abb. 1/3: Verschiedene ›Zähldinge‹

5. Prinzip der beliebigen Reihenfolge (Irrelevanz der Anordnung; order-irrelevance principle):

Die Reihenfolge, in der die Elemente einer Menge abgezählt werden, und die Anordnung der zu zählenden Elemente, sind für das Zählergebnis irrelevant. Die Zahlwörter sind nicht Eigenschaften der Zählobjekte. Bei einer anderen Abzählreihenfolge können die Objekte jeweils andere ›Etiketten‹ (Zahlnamen) bekommen, und dennoch ergibt sich immer das gleiche Zählergebnis.

Dieses (theoretische) Wissen über die Zählprinzipien versetzt die Grundschullehrerin in die Lage, sinnvoll auf entsprechende Förderbedürfnisse von Kindern zu reagieren. Dazu muss sie die jeweils vorliegenden individuellen Ursachen für spezifische Schwierigkeiten beim Zählen diagnostizieren und dafür angemessene Übungen bereitstellen. Um ein Gefühl für solche Zusammenhänge zu bekommen, sollten Sie selbst einmal über folgende Fragen nachdenken:

- Wie kann es sich äußern, wenn ein Kind gegen das 1., das 2., ... Zählprinzip ›verstößt‹? Beschreiben Sie die Phänomene an einem Beispiel. Woran erkennen Sie also, welches Zählprinzip noch nicht verlässlich grundgelegt ist?
- Welche Fördermaßnahmen würden Sie vorschlagen? Begründen Sie Ihre Entscheidung mit fachdidaktischen Argumenten.

Abb. 1/4: Felddarstellung von 6·3 Münzen

Sobald Kinder über eine flexible Zählfähigkeit verfügen, können sie nicht nur präzise Entscheidungen über Anzahlen machen, sondern sie können die Zählfähigkeit auch nutzen, um komplexere Anforderungen zu bewältigen, denen eine *Addition oder Subtraktion* zugrunde liegt (Maclellan 1997). Selbst Erfahrungen mit der *Multiplikation* können die Kinder über das Zählen machen, indem sie anzahlgleiche Gruppierungen von Objekten vornehmen und dabei evtl. erkennen, dass sie besser die Gruppen als die einzelnen Objekte zählen (= Zählen in Schritten). Am einfachsten fällt das dort, wo es sozusagen eine ›natürliche Verbindung‹ zwischen den Objekten gibt, wie bei Schuhpaaren, Fahrradreifen o. Ä. Kinder benutzen hier häufig die Finger als Anschauungshilfe, und zwar in einer durchaus elaborierten Weise, wie Anghileri (1997, 45 ff.) beschreibt, deren Beispiel wir im Folgenden zum besseren Verständnis durch Skizzen ergänzt haben:

Nachdem geklärt war, wie viele Reihen und Spalten von Münzen in einem 6·3-Feld zu sehen waren (Abb. 1/4), wurde die Karte umgedreht (verdeckt) und es galt, das Ergebnis zu ermitteln. Jenny (8;11 Jahre) ging wie folgt vor:

1. Versuch (Abb. 1/5): Nachdem sie die mittleren drei Finger ihrer linken Hand gezählt hatte (»eins, zwei, drei«), streckte Jenny einen Finger ihrer rechten Hand aus als Merkhilfe (›Zählstrich‹). Dann konzentrierte sie sich wieder auf ihre linke Hand, zählte »vier, fünf, sechs«. Und erhob einen zweiten Merkfinger an ihrer rechten Hand.

Mit der Linken ging es wie zuvor weiter (»sieben, acht, neun«). Als sie den dritten Finger ihrer rechten Hand ausstreckte, wanderte ihr Blick von den drei Fingern der rechten Hand zu den drei Fingern der linken Hand und wieder zurück. Dann brach sie ihren Versuch ab – offensichtlich war sie verwirrt über die unterschiedlichen Funktionen bzw. Bedeutungen der drei Finger der linken bzw. rechten Hand.

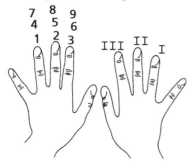

Abb. 1/5: Jennys 1. Zählversuch

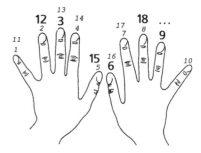

Abb. 1/6: Jennys 2. Zählversuch

2. *Versuch* (Abb. 1/6): Jenny zählte jetzt rhythmisch jeweils drei Finger (eins, zwei, *drei*, vier, fünf, *sechs*, ...), beginnend mit der linken Hand, weiter über die rechte Hand und wieder zurück zur linken Hand. Sie zählte in diesen ›Dreierschritten‹ bis zur 27 (also weit über das angestrebte Ergebnis). Die Lehrerin unterbrach und bat sie, sich doch noch einmal an die zuvor gesehene Münzdarstellung zu erinnern.

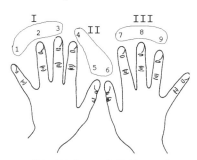

3. *Versuch* (Abb. 1/7): Erneut startete Jenny mit drei Fingern der linken Hand (»eins, zwei, drei«). Sie bündelte sie zusammen und sagte: »ein Päckchen« (*one lot*). Dann streckte sie die restlichen zwei

Abb. 1/7: Jennys 3. Zählversuch

Finger der linken und den ersten Finger der rechten Hand aus und sagte »eins, zwei, drei ... zwei Päckchen«. So fuhr sie fort mit beiden Händen, einzelne Finger zählend bis zu »ein, zwei, drei ... sechs Päckchen«. Dann ging sie an den Anfang zurück und zählte erfolgreich alle Finger zusammen, die sie zuvor ausgestreckt hatte, wobei sie sich offensichtlich noch erinnerte, wie viele es insgesamt gewesen waren. In diesem letzten erfolgreichen Versuch hatte Jenny also mentale ›Zählstriche‹ für abgearbeitete Gruppierungen benutzt und die Gesamtanzahl dann in Einerschritten ausgezählt.

Das Beispiel zeigt, um wie viel komplexer der Zählvorgang bei der Multiplikation im Vergleich zur Addition ist, denn die Zahlen haben hier unterschiedliche Bedeutungen: Zum einen repräsentieren sie die Anzahl der *Einheiten* in einer Gruppierung; zum anderen geben sie die Anzahl solcher *Gruppierungen* an. Wenn diese Art des Zählens benutzt wird, müssen also drei konkurrierende Zählprozesse unternommen werden:

Verbales Zählen:	1, 2, 3 ...	4, 5, 6 ...	7, 8, 9 ...	10, 11, 12
Internes Zählen:	1, 2, 3	1, 2, 3	1, 2, 3	1, 2, 3
Zählen der Zählstriche:	1	2	3	4

So bedeutsam die Zählfähigkeit ist, so sehr sollte man sich aber auch ihrer *Grenzen* bewusst sein. Die *Überbetonung des Zählens* kann fundamentale Ziele, Fertigkeiten und Fähigkeiten behindern.

- Erstellen Sie eine Stichwort-Liste zu möglichen Behinderungen, Nachteilen oder Grenzen des Zählens im Hinblick auf das weitere Mathematiklernen.
- Vergleichen Sie Ihre Aufstellung mit jener bei Krauthausen (1995b, 91).
- Entwickeln Sie zu den einzelnen Aspekten jeweils ein konkretes Beispiel.

1.1.5 Dekadischer Aufbau des Zahlensystems

Wir alle sind wohl ausnahmslos – durch ›Ingebrauchnahme‹, d. h. (größtenteils unbewusste) Teilhabe an unserer Kultur – in das Zehnersystem hineingewachsen und entsprechend sozialisiert worden, denn unsere zahlenmäßige, mathematische Umwelt basiert nahezu durchgängig auf dieser Art der Zahldarstellung. Ausnahmen bzw. Überreste anderer Zahldarstellungssysteme sind zwar auch heute durchaus noch vorhanden (s. u.), wir nehmen sie häufig aber gar nicht als solche wahr, was die große Selbstverständlichkeit bezeugt, mit der die gewohnte dekadische Praxis verinnerlicht wurde. Eine Kehrseite dieser tief verwurzelten Selbstverständlichkeit im Gebrauch der dekadischen Struktur unseres Zahlsystems ist es aber gleichzeitig, dass es durchaus schwer fallen kann, die dahinterstehenden grundlegenden Prinzipien wieder in den Bewusstseinshorizont zu rufen und mit wirklichem Verstehen zu füllen.

Ein solides Grundlagenwissen über den dekadischen Aufbau unseres Zahlsystems ist unabdingbar, um Kindern die durchgängig geltenden Prinzipien des Zahlsystemaufbaus zu verdeutlichen, ihnen sinnvolle Aktivitäten dazu anzubieten und ggf. durch angemessene Übungen helfen zu können.

- Warum braucht man beim Verzehnfachen einer Zahl lediglich eine Null anzuhängen?
- Verfassen Sie einen Text mit einer detaillierten Begründung, die auf die zugrunde liegenden mathematischen Gesetzmäßigkeiten/Beziehungen verweist. Tipp: Was bedeutet eine Verzehnfachung in der Stellentafel? Stichworte: Bündeln (›Übertrag‹), Stellenwert

Als ›Rechentrick‹ ist dieses Vorgehen sicher jedem geläufig. Um aber zu *verstehen*, warum diese Praxis des Verzehnfachens (analog des Vervielfachens mit anderen Zehnerpotenzen) gilt, d. h. auf welchen mathematischen Einsichten er beruht, »reicht es sicher nicht aus, die Regel über das ›Anhängen einer Null‹ zu lernen. Warum es am Ende so einfach geht, kann man nur einsehen, wenn man gründlicher über das Stellenwertsystem nachdenkt« (Floer (Hg.) 1985, 113). Dass dies nicht unbedingt trivial zu sein scheint, kann man den Antwortversuchen von Studierenden mittleren Semesters entnehmen (ebd., 114).

1.1.5.1 Stellenwertsysteme

Grundlegend für unser heutiges dezimales Zahlsystem ist die Darstellung von Zahlen in einem *Stellenwertsystem* (zur fachwissenschaftlichen Darstellung vgl. etwa Müller/ Wittmann 1984, 193 ff.; Neubrand/Möller 1999, Padberg 1997). Bei der Behandlung von Stellenwertsystemen werden die Zeichen und die Art der Zahldarstellung thematisiert. Es geht also nicht in erster Linie um die Zahlen selbst, sondern um ihre Schreibfiguren. Stellenwertsysteme sind durch zwei grundlegende Prinzipien gekennzeichnet (vgl. Padberg 1997; Radatz et al. 1998):

a) das Prinzip der fortgesetzten Bündelung

›Bündeln‹ bedeutet, die Elemente einer vorgegebenen Menge (z. B. eine große Anzahl Tischtennisbälle) zu gleich großen (›gleichmächtigen‹) Gruppierungen zusammenzufassen. Wie groß diese Teilmengen sein sollen, d. h. wie viele Tischtennisbälle in jeweils einer Packung zusammengefasst werden sollen, das schreibt die ›Basis‹ der Bündelungsvorschrift vor. Das Bündelungsprinzip zur Zahldarstellung ist also nicht auf den (Spezial-)Fall des Zehnersystems begrenzt, sondern gilt *allgemein* (s. u.). Im Zehnersystem gehören *immer 10* Tischtennisbälle in eine ›Packung‹, im Dreiersystem beinhaltet eine Packung jeweils 3 Bälle. Bleiben nun nach diesem Verpackungsvorgang 1. Stufe noch Bälle übrig, die keine komplette Packung füllen würden, dann werden diese einzeln (als ›Einer‹) notiert. Die komplett gefüllten Packungen sind die Zehner bzw. im Dreiersystem die Dreier oder allgemein ›Bündel 1. Ordnung‹.

Wesentlich ist nun beim Bündelungsprinzip, dass es *prinzipiell* durchgeführt werden muss, mit anderen Worten: *solange es geht*. Allgemein gilt also, dass eine der Basis *b* entsprechende Anzahl Bündel 1. Ordnung wiederum zusammengefasst werden muss zu einem Bündel 2. Ordnung mit jeweils b^2 Elementen, und dies, so lange es möglich bleibt, Bündel *n*-ter Ordnung zu größeren Bündeln *n+1*-ter Ordnung zusammenzufassen. Der Bündelungsprozess geht also so lange weiter, bis kein Bündel nächsthöherer Ordnung mehr gebildet werden kann.

Der Vorteil besteht darin, dass man nur zehn (allgemein: *b*) unterscheidbare Ziffern benötigt (0, 1, 2, 3, …, 9), um *beliebig* große Zahlen zu notieren. Größere Anzahlen lassen sich zu Bündeln höherer Ordnung zusammenfassen und darstellen, ohne dass der Ziffernvorrat erweitert werden müsste. Als vereinbart gilt dabei für die Notation großer Zahlen, dass die einzelnen Ziffern nach dem Wert ihrer Bündel (›Stufenzahlen‹) sortiert werden, wobei die Werte von rechts nach links ansteigen (s. u.).

Für die Grundschule wird der Wert auch nicht dezimaler Bündelungsaktivitäten in der Mathematikdidaktik nicht bestritten, so lange die Behandlung nicht bloß formal vonstatten geht oder eine Anwendung auf die Grundrechenarten in diesen Systemen beinhaltet. Für die Lehrerbildung hingegen stellen Übungen in nicht dezimalen Stellenwertsystemen eine gehaltvolle Gelegenheit dar, das Verständnis der grundlegenden Prinzipien zu reaktivieren oder zu vertiefen, da z. B. klassische Anforderungen für Grundschulkinder auf diese Weise strukturerhaltend auf das Niveau der angehenden Lehrerinnen hochtransformiert werden können (s. u. sowie Kap. 1.1.7.2).

18

b) das Stellenwertprinzip

Bei der Notation solcher Bündelungsergebnisse erhält man eine bestimmte Ziffernfolge. Dabei hat jede Ziffer neben ihrem Anzahlaspekt (»*Wie viele* dieser Bündel sind es?«) auch noch einen Stellenwert: Die Position oder die Stelle (daher der Name Positions- oder Stellenwertsystem) einer Ziffer innerhalb einer Zahl gibt Aufschluss über den Wert dieser Ziffer: Die Ziffer 2 hat in den Zahlen 12, 527 oder 3209 jeweils einen anderen Wert – einmal sind es zwei Einer, im zweiten Beispiel zwei Zehner, und im dritten Beispiel ist die Ziffer 2 zwei Hunderter ›wert‹. Das dekadische wie auch alle nicht-dekadischen Stellenwertsysteme unterliegen der o. g. Systematik. Fachlich gibt es also keinen Grund für die Bevorzugung einer bestimmten Basis.

Die Wert-zuweisenden Stellen nennt man Stufenzahlen; sie lauten im Zehnersystem 1, 10, 100, 1000 etc., also Potenzen von 10. Die Zahl 4817 bedeutet im Zehnersystem: $4 \cdot 10^3 + 8 \cdot 10^2 + 1 \cdot 10^1 + 7 \cdot 10^0 = 4 \cdot 1000 + 8 \cdot 100 + 1 \cdot 10 + 7 \cdot 1$. Das Ganze lässt sich wie in Tab. 1/3 darstellen:

b^4	b^3	b^2	b^1	b^0
10^4	10^3	10^2	10^1	10^0
10000er	1000er	100er	10er	1er
ZT	T	H	Z	E
3	7	0	9	4

Tab. 1/3

Wenn Sie die Tab. 1/3 zeilenweise von unten nach oben betrachten, so werden sie die zunehmende Abstrahierung bzw. Verallgemeinerung erkennen. In der Grundschule ist es üblich, (große) Zahlen (= letzte Zeile der Tabelle) in die sogenannte Stellenwerttafel (= vorletzte Zeile) einzutragen, deren Spalten mit den Kürzeln für Einer, Zehner, Hunderter, Tausender, Zehntausender usw. bezeichnet sind (alternativ wird im Unterricht zunächst auch manchmal der Klartext in der mittleren Zeile benutzt). Die beiden oberen Zeilen (Potenzschreibweise des ›Spezialfalls‹ zur Basis 10 und der allgemeinen Notation) sind in der Grundschule nicht üblich, gleichwohl sollten sie zum Verständnis- und Handlungsrepertoire von (angehenden) Grundschullehrerinnen gehören.

1.1.5.2   Dekadisches und nicht dekadische Stellenwertsysteme

Handelt es sich bei den Stufenzahlen um Potenzen zur Basis 2, 3, 4, 5, …, dann spricht man vom Dualsystem (Binärsystem, Zweiersystem), Dreiersystem, Vierersystem, Fünfersystem, … bzw. allgemein vom b-System, wenn b die Basis des Stellenwertsystems ist. Dabei stammt der Ziffernvorrat des jeweiligen Systems aus der Menge $\{0, 1, 2, …, b\text{-}1\}$. Im Sechsersystem gibt es also z. B. nur die Ziffern 0 bis 5. Für das Vierersystem ergäbe sich also Tab. 1/4[8].

---

8   V = Vierer, VV = Vierer-Vierer, VVV = Vierer-Vierer-Vierer, …

b^4	b^4	b^2	b^1	b^0
4^4	4^3	4^2	4^1	4^0
256er	64er	16er	4er	1er
VVVV	VVV	VV	V	E
1	1	3	0	2

Tab. 1/4

Es gab in der Geschichte und gibt auch heute noch Anwendungen solcher nichtdekadischer Stellenwertsysteme (vgl. Ifrah 1991; Menninger 1990). »Sicherlich geht der fast universelle Gebrauch der Zehn als Basis auf den ›Zufall der Natur‹, die Anatomie unserer beiden Hände zurück, denn der Mensch hat nun einmal das Zählen anhand seiner zehn Finger gelernt« (Ifrah 1991, 55). Hätte uns die Natur beispielsweise mit sechs Fingern an jeder Hand ausgestattet, dann wäre unser Zahlsystem vermutlich ein duodezimales, also mit der Basis $b=12$. Viele, den Kindern vertraute Comic-Figuren haben etwa vier Finger an jeder Hand (Abb. 1/8). Gleichwohl hat die Basis Zehn unübersehbare Vorteile (vgl. Ifrah 1991, 58).

Abb. 1/8: Viele Comicfiguren haben vier Finger an jeder Hand (aus Radatz et al. 1999, 46).

Die Hände in Abb. 1/8 sollen eine Zifferndarstellung in einem Stellenwertsystem repräsentieren (rechts die Einer, nach links fortlaufend die nächsthöheren Stufenzahlen).
- Welche Zahl ist dargestellt, wenn es sich um das 6er-, 7er-, 8er- oder 9er-System handelt?
- Notieren Sie die entsprechenden Stellentafeln mit ihren jeweiligen Stufenzahlen.

1.1.5.3 Rechnen in Stellenwertsystemen

Die Durchführung von Rechenoperationen in nicht dekadischen Stellenwertsystemen, also die (geläufige) Handhabung der vier Grundrechenarten, gehört nicht zum Inhaltskanon der Grundschule[9]. Allerdings gibt es Kontexte (vgl. Steinweg et al. 2004), die es auch von Kindern – und daher im Vorfeld erst recht von ihren Lehrerinnen – verlangen, gründlicher über das Stellenwertprinzip nachzudenken und entsprechende Erfahrungen und Einsichten gewonnen zu haben: z. B. die schriftlichen Rechenverfahren (vgl. hierzu

---

[9] Für die Lehrerbildung kann es aber ein ausgesprochen sinnvolles Erfahrungsfeld sein; vgl. Ende dieses Abschnitts.

20

Scherer/Steinbring 2004b) oder die Kommaschreibweise bei Größen[10]. Auch manche Übungsaufgaben (z. B. ›Möglichst nahe an‹ bei Wittmann/Müller 1992, 119 f.; s. auch Kap. 2.3.1.1), v. a. wenn es um die *Begründung* von Auffälligkeiten geht, beruhen auf Erklärungen, die auf eine Stellentafel verweisen und bei entsprechenden Einsichten in das Stellenwertprinzip auch bereits auf Grundschulniveau Begründungen ermöglichen. Genannt sei auch die Begründung etwa von Teilbarkeitsregeln (vgl. Neubrand/Möller 1999) oder die Bedeutung von ›Schiebeoperationen‹ an der Stellentafel (Wie verändert sich der Wert einer Zahl, wenn ein oder mehrere Plättchen zwischen einzelnen Spalten hin- und her geschoben werden? Vgl. Kap. 3.2.6 sowie die Aufgabe am Ende von Kap. 2.2), die wiederum Grundlage für gewisse Übungsaufgaben sein können.

Folgende Aufgabe dazu wollen wir Ihnen anbieten. Versuchen Sie sie zunächst zu bearbeiten, *bevor* sie weiterlesen. Im Anschluss finden Sie dann ggf. Hilfestellungen sowie Zielsetzungen und didaktische Begründungen einer solchen Aufgabe.

- Stellen Sie die beiden Zahlen 435 und 281 im Siebenersystem dar. Dokumentieren Sie die entsprechenden ›Übersetzungsvorgänge‹ in nachvollziehbarer Weise (s. Kap. 1.1.5.1 ›Prinzip der fortgesetzten Bündelung‹).
- Berechnen Sie die Summe aus den so erhaltenen Zahlen nach dem für die Grundschule vorgeschriebenen Algorithmus der schriftlichen Addition, allerdings im Siebenersystem.
- Beobachten Sie sich selbst: Wann und wobei treten für Sie kritische Situationen auf? Wie gehen Sie damit um? Was fällt Ihnen schwer?

Die Umrechnung einer Zahl vom Zehnersystem in das *b*-System kann (vor dem Hintergrund von Kap. 1.1.5.1) auf verschiedene Arten vonstatten gehen (vgl. auch Schuppar et al. 2004):

a) fortgesetzte Division durch b (mit Rest)

Die umzurechnende Zahl wird durch fortgesetzte Division[11] durch *b* (im u. g. Beispiel 7) in die jeweiligen Potenzen (Stufenzahlen des 7er-Systems) zerlegt; die jeweils auftretenden Reste ergeben die Ziffernfolge in diesem (7er-)System. Wir ›übersetzen‹ im Folgenden die o. g. Beispielzahlen 435 und 281 aus dem Dezimalsystem in das 7er-System und – um die Analogie bzw. die Unabhängigkeit von der konkreten Basis zu demonstrieren – zusätzlich die Zahl 435 aus dem 10er-System in das 10er-System, was im Prinzip natürlich wenig Sinn macht, hier aber das Prinzipielle des Vorgehens zur Gewin-

---

10 Hier wird leider häufig statt des Stellenwertprinzips bzw. der Stellentafel die fatale »Fehlstrategie« (Steinbring 1997a, 287) ›Das Komma trennt in die beiden Größen Euro und Cent‹ angewandt (vgl. Kap. 1.3.5.4).

11 Es handelt sich hier um die multiplikative Schreibweise, gleichwohl aber um eine Division.

nung der Ziffernfolge durch Anbindung an vertraute Vorstellungen parallel illustrieren soll:

$$435 = 10 \cdot 43 + 5 \qquad 435 = 7 \cdot 62 + 1 \qquad 281 = 7 \cdot 40 + 1$$
$$43 = 10 \cdot 4 + 3 \qquad 62 = 7 \cdot 8 + 6 \qquad 40 = 7 \cdot 5 + 5$$
$$4 = 10 \cdot 0 + 4 \qquad 8 = 7 \cdot 1 + 1 \qquad 5 = 7 \cdot 0 + 5$$
$$1 = 7 \cdot 0 + 1$$

$$\underline{435}_{10} \qquad\qquad \underline{1161}_7 \qquad\qquad \underline{551}_7$$

b) ›Auswiegen‹

Die Stufenzahlen des 7er-Systems lauten: 2401er / 343er / 49er / 7er / 1er. Stellt man sich diese jeweils als entsprechende Gewichtssteine vor (im Zehnersystem lägen analog Gewichte vor mit 1 g, 10 g, 100 g, 1000 g, …), dann erhält man die Ziffernfolge im 7er-System über die Anzahl der jeweils benötigten Gewichtssteine, wobei die Bedingung gilt, immer möglichst große Gewichtssteine zu benutzen (analog im Zehnersystem: 100 g muss durch ein 100 g-Gewicht und darf nicht durch zehn 10 g-Gewichte aufgewogen werden). Natürlich ist das keine völlig andere Methode als unter *a)*, wie Sie sich selbst klarmachen können. Die ›Übersetzung‹ unserer beiden Zahlen ins 7er-System sieht nun wie folgt aus: 435 besteht aus einem 343er-Gewichtsstein, wobei ein Rest von 92 bleibt; diesen Rest kann man weiter auswiegen mit einem 49er-Gewichtsstein; den jetzt verbleibenden Rest von 43 wiegt man aus mit sechs 7er-Gewichtssteinen, und übrig bleibt ein Rest von einem 1er. => 1161_7. Entsprechend gilt: 281 besteht aus fünf 49ern (Rest 36), fünf 7ern (Rest 1), einem 1er => 551_7.

Nun können wir mit den so erhaltenen Zahlen im Siebenersystem rechnen, z. B. gemäß den Verfahrensvorschriften für schriftliche Rechenverfahren. Die Beschreibung für den Ablauf der Rechenschritte, z. B. der schriftlichen Addition, lautet dabei in jedem Stellenwertsystem gleich:

* Schreibe die beiden Zahlen stellengerecht untereinander.

* Ermittle stellenweise (von rechts nach links) die Summen durch Addition der Ziffern gleicher Stellenwerte.

* Beachte notwendige Überträge, falls die Summe aus dem letzten Schritt die Basis *b* übersteigt.

$$\begin{array}{r} 1\ 1\ 6\ 1 \\ +\ \ 5\ 5\ 1 \\ \hline 2\ 0\ 4\ 2 \end{array}$$

Lösungsprotokoll: Wir beginnen bei der Einerstelle (rechts). 1 plus 1 gleich 2 (wird als Ergebnis in der Einerspalte notiert); 5 plus 6 gleich 11 (beachten Sie: wir rechnen und sprechen zunächst in der uns vertrauten ›Zehnersprache‹), 11 bedeutet im Siebenersystem 1 Siebener und 4 Einer, daher notieren wir die 4 als Ergebnis und nehmen 1 (Siebener) als Übertrag mit in die nächste Spalte; 1 (= Übertrag) plus 5 plus 1 gleich 7. Die Zahl 7 im Siebenersystem wird notiert als 10 (1 Siebener, 0 Einer), wir notieren die 0 und nehmen die 1 als Übertrag mit in die nächste Spalte, die zusammen mit der dort bereits stehenden 1 zu 2 summiert wird. Die Kontrolle der Rechnung lässt sich u. a. durch Rückübersetzung ins Zehnersystem bewerkstelligen.

Versuchen Sie dies selbst anhand der entsprechenden Stellentafel und überlegen Sie, welche anderen Kontrollmöglichkeiten es noch gäbe ...

Die *Multiplikation* in nicht dezimalen Stellenwertsystemen erfolgt ebenfalls wie gewohnt. Schwierigkeiten bereitet allerdings die Tatsache, dass man das kleine Einmaleins für andere Basen nicht so perfekt verinnerlicht hat wie im Zehnersystem, so dass die fehlende Geläufigkeit den Rechenfluss erheblich bremsen kann: Was bedeutet $6 \cdot 5 = 30$ im 7er-System? 42_7 (4 Siebener + 2 Einer). Weiter unten erhalten Sie die Aufgabe, eine schriftliche Multiplikation mithilfe des dafür vorgeschriebenen Verfahrens zu lösen. Sie werden an sich selbst erfahren, was eine solche Anforderung im Zehnersystem für Grundschulkinder bedeuten kann. Auch dort behindern häufig die zu wenig geläufigen Einmaleinskenntnisse zur Ermittlung der Teilprodukte das Aufgabenlösen und weniger das Verständnis des Verfahrens als solches. Eine mögliche Hilfestellung für den Fall, dass es im Unterricht primär auf das Multiplikations*verfahren* ankommt und die Einmaleinskenntnisse eher ›Werkzeugcharakter‹ haben, wäre es, den Kindern eine komplett ausgefüllte Einmaleinstafel (vgl. Tab. 1/5) zur Verfügung zu stellen, aus der sie die Einmaleins-Ergebnisse für die einzelnen Teilprodukte ablesen können. Da auch Ihnen wohl kaum das Einmaleins im Sechsersystem geläufig sein dürfte, kann Ihnen die folgende Aufgabe eine sinnvolle Hilfe sein:

·	1	2	3	4	5	10
1						
2		4				
3						
4		12				
5					41	
10						

Tab. 1/5: Noch unvollständig ausgefüllte Einmaleinstabelle im Sechsersystem

Erstellen Sie eine Einmaleinstabelle für das *Sechsersystem*, indem Sie die abgebildete Tafel (Tab. 1/5) entsprechend ergänzen.

Bereits beim Erstellen dieser Tabelle vertiefen Sie Ihre Einsichten in das Stellenwertprinzip. Für die konkrete Berechnung der folgenden Aufgabe sollten Sie die Berechnung möglichst *ohne* Rückgriff auf die soeben entwickelte Hilfestellung durchführen, denn dadurch können Sie besonders deutlich Ihr *wirkliches* Verständnis erproben:

Berechnen Sie nach dem in der Grundschule üblichen Standardverfahren des schriftlichen Multiplikations-Algorithmus (informieren Sie sich ggf. darüber im entsprechenden Mathematik-Lehrplan oder Fachrahmenplan Ihres Bundeslandes) die folgende Aufgabe im *Sechsersystem*, und kontrollieren Sie Ihr so erhaltenes Ergebnis mit einem selbst gewählten mathematischen Verfahren selbst: $12054_6 \cdot 2304_6$

Es gibt keinerlei *prinzipielle* Unterschiede im Vorgehen; beachten Sie insbesondere die Fälle, in denen es zu Stellenüberschreitungen kommt, da Überträge nun nicht mehr bei 10 wie im Zehnersystem stattfinden, sondern bei *b*, der Basis des vorgegebenen Stellenwertsystems. Es gibt verschiedene Wege, um das Ergebnis der o. g. Aufgabe selbst zu *kontrollieren*, z. B. über die Berechnung der kommutativen Aufgabe (vgl. Kap. 1.1.6.3) oder über eine Umrechnung beider Faktoren und des Ergebnisses ins Zehnersystem (s. o.); die Probe über die Umkehraufgabe einer Division bietet sich hier weniger an, da ein mehrstelliger Divisor auftritt; bereits ein einstelliger erfordert aber eine recht hohe Geläufigkeit im Einmaleins des betreffenden Stellenwertsystems, erst recht dann ein zweistelliger Divisor, denn wer hat schon das *große* Einmaleins in einem nicht-dekadischen Stellenwertsystem abrufbereit im Gedächtnis?! Und warum jemand zwecks Probe vergeblich zum Taschenrechner griff, können Sie ebenfalls sicher selbst erklären.

In welchen Stellenwertsystemen sind die folgenden Aufgaben richtig gelöst?

a) $14 + 2 = 21$;   b) $10101 - 100 = 10001$;   c) $2 \cdot 10 = 20$;   d) $11 \cdot 11 = 1001$

Nennen Sie jeweils alle infrage kommenden Basiszahlen und begründen Sie Ihre Aussage.

Solche Aufgaben sind in der Lehrerbildung sinnvoll[12], um die *eigene Routinisierung* mit dem Dezimalsystem aufzubrechen und sich die relevanten Prinzipien wieder bewusst zu machen, denn die Einsichten sind hier häufig auf die Fertigkeitsebene begrenzt: Man kann zwar mit dem Zehnersystem geläufig umgehen, eine Erklärung des ›Warum‹ oder der dahinterstehenden Regelhaftigkeiten fällt hingegen oft schwer. Darüber hinaus, so haben uns Studierende immer wieder rückgemeldet, sind wichtige Erfahrungen bei einem solchen Vorgehen möglich, bspw. für den Umgang mit Lernschwierigkeiten von Kindern: »Ich habe beobachtet, wie wir – erwachsene Menschen – plötzlich wieder mit Fingern rechneten, wie sich manche, fast verschämt, kleine Nebenrechnungen oder Zwischenergebnisse an den Rand des Blattes notierten; mir fiel auf einmal auf, wie störend Nebengeräusche für mich waren, als meine Nachbarinnen sich über die Lösung unterhielten.« Solche Selbsterfahrungen gilt es stets im Hinblick auf unterrichtliche Konsequenzen zu reflektieren. Interessant war auch die Tatsache, dass die Mehrheit der Teilnehmenden offensichtlich großen Wert auf eine Bestätigung von außen (Fremdkontrolle) legte (»Ist das richtig so?«). Möglichkeiten der Selbstkontrolle, obgleich in der Aufgabenstellung explizit nahegelegt, wurden nur sehr zurückhaltend genutzt.

---

12 Zum Aspekt der Verfremdung als sinnvolle Methode für die Lehrerbildung und ein entsprechendes Beispiel vgl. auch Gellert (2000).

1.1.6 Rechenoperationen und Gesetzmäßigkeiten

›Rechenoperationen‹ meint im Rahmen der Grundschule die vier sogenannten Grundrechenarten: Addition, Subtraktion, Multiplikation und Division (i. W. in N_0 und den jeweiligen Zahlenräumen). Die Grundrechenarten lassen sich z. B. bei einer Beschreibung der natürlichen Zahlen über die Peano-Axiome definieren (vgl. Padberg et al. 1995, 26 f.; Walther/Wittmann 2004). Wir wollen uns hier aber auf ausgewählte didaktische Aspekte beschränken (vgl. darüber hinaus z. B. Radatz et al. 1996/1998/1999; Schipper et al. 2000; Wittmann/Müller 1990/1992).

1.1.6.1 Addition und Subtraktion

Die Grundlegung der Addition und Subtraktion erfolgt im 1. Schuljahr, nachdem zuvor ausgiebig sogenannte *Orientierungsübungen* im Zahlenraum stattgefunden haben sollten (vgl. Scherer 2005a, Kap. 3; Wittmann/Müller 1990, Kap. 1), die auf die wachsende Vertrautheit mit dem strukturellen Aufbau des neuen Zahlenraums abzielen. Das Ziel ist alsdann *nicht* eine möglichst schnelle Beherrschung und Automatisierung isolierter Zahlensätze (Rechenfertigkeiten), bei der ausschließlich das richtige Ergebnis zählt. Vielmehr geht es darum, allen Kindern eine *Grundlegung des Operationsverständnisses* zu ermöglichen, d. h. Einsichten darüber zu gewinnen, was bspw. die Addition/die Subtraktion (als mathematische Idee) ausmacht, und wie man lernt, sie *flexibel* zu handhaben, was v. a. ein situationsbezogen *geschicktes* Rechnen unter Ausnutzung von Rechengesetzen und strukturellen Regelhaftigkeiten der jeweiligen Operation meint (Rechenfähigkeit; vgl. Kap. 4.2).

Dies geschieht *ganzheitlich* (vgl. Kap. 2.1.1), was für das 1. Schuljahr eine Öffnung des Zwanzigerraums von Anfang an bedeutet, anstelle des schrittweisen Vorgehens zunächst bis 5, dann bis 10 und erst dann bis 20. Große Bedeutung kommt dabei vielfältigen Aktivitäten mit unstrukturierten, aber v. a. auch strukturierten Materialien zu. Am Beispiel der Addition im Zwanzigerraum wollen wir zeigen, wie mithilfe des Zwanzigerfelds[13] ein flexibles Operationsverständnis grundgelegt werden kann. Entsprechende Übertragungen gelten auch für die Subtraktion.

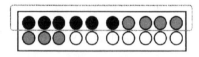

6 + 7 = 6 + (4 + 3) = (6 + 4) + 3 = 10 + 3 = 13

Abb. 1/9: Darstellung der Aufgabe 6+7 am Zwanzigerfeld

---

13 Grundsätzlich können die meisten der hier oder auch in der Literatur vorgeschlagenen Übungen auch mit anderen, isomorphen, also strukturgleichen Materialien durchgeführt werden. Zur Auswahl und spezifischen Eignung alternativer Arbeitsmittel vgl. Kap. 3.2.

Wir sind hier an einem Punkt, für den traditionell im Unterricht viel Zeit und Energie aufgewandt wird: Gemeint ist der sogenannte *Zehnerübergang*. Eine Aufgabe wie 6+7 wird klassischerweise am Zwanzigerfeld wie in Abb. 1/9 gelegt: Der erste Summand belegt die obere Reihe, der zweite füllt zunächst diese Reihe auf und ein ggf. vorhandener Rest wird in die zweite Reihe gelegt. Man nennt dies das ›Teilschrittverfahren‹, und es ist in allen Schulbüchern zu finden. Manchmal ist es das einzige Verfahren, das dort angeboten wird. Die *ausschließliche* Nutzung dieses Verfahrens oder die *vorschnelle Festlegung* darauf ist – ungeachtet der Bedeutung auch dieses Teilschrittverfahrens – aus verschiedenen Gründen diskussionswürdig: Zum einen, weil das Teilschrittverfahren mathematisch ausgesprochen anspruchsvoll ist, denn es erfordert eine Vielzahl von Überlegungen (Floer 1996, 55):

- die Ergänzung zum nächsten Zehner als sinnvolle Strategie erkennen (dies ist nicht automatisch immer der Fall, sondern aufgabenabhängig!);
- die passende Ergänzung zum nächsten Zehner finden;
- den 2. Summanden demgemäß richtig zerlegen;
- die Ergänzung ausführen;
- wissen, zu welchem Zehner man dann gelangt;
- den Rest des zerlegten 2. Summanden richtig behalten haben;
- diesen Rest richtig zum neu erzielten Zehner addieren.

Der Zahlensatz (die Termdarstellung) zu Abb. 1/9 zeigt die entsprechenden Teilleistungen auf der noch anspruchsvolleren symbolischen Ebene. »Alle diese Überlegungen müssen – und das ist sicher nicht die geringste Leistung – auch noch sinnvoll ›zusammengebaut‹ werden, was mit einer Fülle von Informationsverarbeitungs- und -speicherungsprozessen verbunden ist« (ebd., 55). Man kann sich gut vorstellen, dass insbesondere Kinder mit Lernschwierigkeiten hier leicht überfordert sein können, wogegen auch die häufige Wiederholung des schwierigen Verfahrens allein kaum helfen wird.

Die *vorschnelle Festlegung* auf das Teilschrittverfahren ist aber auch problematisch im Hinblick auf die Zielsetzung einer flexiblen, situationsangemessenen und geschickten Rechenfähigkeit: Ignoriert werden nämlich dabei die subjektiven, ›*informellen Strategien*‹ der Kinder, d. h., das vorgeschriebene Verfahren kann ein ganz anderes sein, als es das jeweilige Kind zunächst einmal *spontan von sich* aus benutzen würde (vgl. Kap. 2.1.1 ›Eigene Wege‹). Damit *produziert* man u. U. geradezu Lernschwierigkeiten. Die individuellen Lösungswege der Kinder sollten demgegenüber aufgegriffen und zum Ausgangspunkt für gemeinsame Überlegungen gemacht werden. Additionsaufgaben können am 20er-Feld grundsätzlich auf mehrere Weisen *gelegt* werden. Auch die mit diesen Legeweisen verbundenen *Sichtweisen* sind wiederum vielfältig. Schauen wir uns diese Vielfalt möglicher Sichtweisen und damit einige Lösungswege am Beispiel unserer Aufgabe 6+7 einmal an (vgl. u. a. Krauthausen 1995b u. Abb. 1/10):

(a) hintereinander/zeilenweise legen, Zehner als Zeile interpretieren

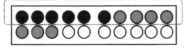

$6 + 7 = 6 + (4 + 3) = (6 + 4) + 3 = 10 + 3 = 13$

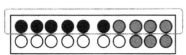

(b) gleiche Legeweise, aber Zehner als Doppelfünfer interpretieren

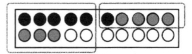

$(10 + 5) - 2 = 15 - 2 = 13$

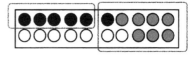

(c) übereinanderliegende Summanden, Strategie ›Fastverdoppeln‹

$6 + 7 = (6 + 6) + 1 = 12 + 1 = 13$ bzw.
$6 + 7 = (7 + 7) - 1 = 14 - 1 = 13$

(d) gleiche Legeweise, Doppelfünfer ausnutzen

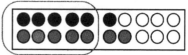

$6 + 7 = (5 + 1) + (5 + 2)$
$= (5 + 5) + (1 + 2) = 10 + 3 = 13$

(e) Summanden spaltenweise gelegt, in zwei Doppelfünfern

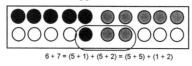

$6 + 7 = (5 + 1) + (5 + 2) = (5 + 5) + (1 + 2)$
$= 10 + 3 = 13$

Abb. 1/10: Verschiedene Leg- und Sichtweisen zur Aufgabe 6+7 (aus Krauthausen 1995b)

Die Vielfalt der materialgestützten Lösungswege, die insbesondere das 20er-Feld ermöglicht, dient der Ausbildung und Förderung *innerer (mentaler) Bilder* von Zahlen und Operationen (vgl. Kap. 3.2.3). Daher sollte nicht zu früh zum formalen Umgang mit Zahlen auf Kosten der Anschaulichkeit übergegangen werden. (Der oben den Bildern jeweils zugeordnete Zahlensatz dient der Erläuterung der Leserin.) Das Ziel besteht darin (und dieses kostet nun einmal Zeit!), dass die Kinder angesichts einer Rechenaufgabe wie 6+7 diese als mentales Bild vor ihrem *geistigen* Auge, also ohne konkret vorliegendes Material, sehen und auch die erforderlichen Handlungen an den Plättchen (später) *alleine in der Vorstellung* durchführen können, gleichsam mit geschlossenen Augen am 20er-Feld operieren (vgl. Kap. 3.2.3). Das ist eine zentrale Voraussetzung für die

Ablösung vom zählenden Rechnen. Wichtige Übungen sind daher, Aufgaben auf verschiedene Weisen zu legen, *operativ* abzuwandeln (Verschieben oder Umlegen; vgl. Kap. 2.2), das Vorgehen zu beschreiben, zu erklären (»Warum ist dieser oder jener Weg *für mich* einfacher/schwieriger?«), die Lösungswege anderer nachzuvollziehen und zu verstehen.

Die Beispiele zeigen, dass die sogenannte ›Kraft der Fünf‹ (vgl. die Zäsur zwischen dem 5. und 6. Feld) ein effektives und wichtiges Mittel zur Vermeidung eines unangemessen langen Verweilens beim zählenden Rechnen ist (vgl. Flexer 1986; Isaacs/Carroll 1999; Krauthausen 1995b; Sugarman 1997; Thompson/Van de Walle 1984a/b; Thornton/Smith 1988; Van de Walle 1994). Dem Aufbau mentaler Vorstellungsbilder kommt sie sehr entgegen und ist als Unterstruktur des Zehners flexibel nutzbar, d. h. in Form verschiedener Lesarten wiederzufinden (senkrecht und waagerecht; vgl. Doppelfünfer und Zehnerreihe). Als Unterstruktur des Zehners kann sie zudem bezogen auf *alle* Stufenzahlen des dekadischen Zahlensystems in höhere Zahlenräume ›mitwachsen‹ und genutzt werden (Hunderterfeld, Tausenderbuch).

Zahlreiche Anregungen zur Grundlegung und Übung der Addition und Subtraktion – auch für das eigene Mathematiktreiben – finden Sie wie gesagt in den Handbüchern von Radatz et al. (1996/1998/1999); Scherer (2005a); Schipper et al. (2000); Wittmann/Müller (1990/1992).

1.1.6.2   Multiplikation und Division

Auch die Einführung und Grundlegung der Multiplikation im 2. Schuljahr beginnt mit dem Erkennen und Beschreiben diesbezüglich relevanter Sachsituationen oder -kontexte in der Umwelt der Kinder. Evtl. müssen Sie erst selbst Ihre Aufmerksamkeit einmal gezielt darauf richten, wo überall multiplikative Strukturen aufzufinden sind.

Legen Sie eine Sammlung zu multiplikativen Strukturen in der Umwelt an: Fotos, Abbildungen, Zeitungsausschnitte, Werbeprospekte, Verpackungen, Vorschläge für diesbezügliche Unterrichtsgänge etc. (vgl. auch Selter 1994; Scherer 2005b).

Für das Identifizieren und Beschreiben multiplikativer Strukturen müssen den Kindern vielfältige Situationen angeboten werden. Diese sind ihnen in vielen Fällen nicht wirklich neu, denn häufig verfügen Zweitklässler bereits über mehr oder weniger umfangreiche Vorkenntnisse zum Verständnis der Multiplikation (vgl. Kap. 3.1.1). Andererseits muss die Lehrerin darauf achten, dass die angebotenen Sachsituationen die Breite der Modell- oder Grundvorstellungen der Multiplikation repräsentieren (vgl. u. a. Bönig 1995; Radatz et al. 1998, 82 f.), um ein begriffliches Verständnis zu ermöglichen und zu systematisieren. Man unterscheidet dazu drei *Modellvorstellungen der Multiplikation:*

1.) Zeitlich-sukzessives Modell

Wie der Name schon sagt, entsteht das Ergebnis der Multiplikation (das Produkt) in diesem Fall im Laufe einer bestimmten Zeit nach und nach (sukzessive). Beispiel (Abb. 1/11): Vier mal zwei Flaschen in den Keller bringen. In dieser Modellvorstellung tritt die Rückführung der Multiplikation auf das Verständnis einer fortgesetzten Addition deutlich zu Tage: 2+2+2+2 = 4·2 = 8. Es wird mehrfach (der 1. Faktor gibt die Häufigkeit dieses Tuns an) immer das Gleiche (2. Faktor) addiert. Die ›Multiplikation als wiederholte Addition‹ sollte neben den erwähnten Sachsituationen (Nachspielen) auch durch geeignete (strukturierte) Anschauungsmittel unterstützt werden.

Abb. 1/11: 4 mal 2 Flaschen (aus Gierlinger (Hg.) 2001, 66)

2.) Räumlich-simultanes Modell

In diesem Fall wird das Produkt sogleich (simultan) als Ganzes dargestellt und nicht nach und nach aufgebaut (Abb. 1/12). Felddarstellungen eignen sich hierzu besonders (z. B. das Hunderter-Punktefeld), da die ›Kraft der Fünf‹ (s. o.) und die dekadische Struktur (s. o.) als Orientierungen hilfreich sein können. Darüber hinaus ist es sinnvoll, die Felddarstellung als konventionalisierte Darstellungsform für Malaufgaben zu verabreden[14], um sie in späteren Kontexten des Mathematiklernens z. B. als Argumentations- und Beweismittel, z. B. im Rahmen von Mustern in der Einmaleinstafel nutzen zu können (s. u.; vgl. auch Abb. 2/20 in Kap. 2.3.1.3).

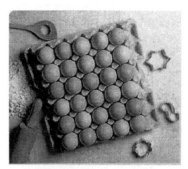

Abb. 1/12: 6 mal 5 Eier (aus Rinkens/Hönisch (Hg.) 1999, 48)

---

[14] 1. Faktor = Anzahl der Zeilen; 2. Faktor = Anzahl der Objekte einer Zeile

Die Berechtigung, derartige Modelle zu unterscheiden, ergibt sich aus der Anforderung, dass die Kinder lernen sollen, in den unterschiedlichsten Situationen oder Kontexten vorhandene multiplikative Strukturen aufzudecken. Anderenfalls hätten sie z. B. bei bestimmten Sachaufgaben Probleme, die anzuwendende Rechenoperation (hier: Multiplikation) zu identifizieren. Das tritt z. B. leicht auf in Fällen, die der folgenden, dritten Modellvorstellung zuzurechnen sind:

3.) Kartesisches Produkt (oder Kreuzprodukt)

Hierzu tauchen in vielen Schulbüchern meist ähnliche Standardbeispiele auf:»Gabi hat 4 verschiedenfarbige Röcke und 3 verschiedenfarbige T-Shirts in ihrem Kleiderschrank. Wie viele verschiedene Kombinationen kann sie anziehen?« Manchmal neigen Kinder bei solchen Aufgaben dazu, unerwartete Antworten zu geben, z. B. mit der Begründung, dass doch braun und blau (modisch) nicht zusammen ›passe‹. Wie sollen sie bei einer solchen Aufgabe auch wissen, dass jetzt allein auf die multiplikative Struktur zu fokussieren ist? (vgl. das Spannungsfeld von Anwendungs- und Strukturorientierung in Kap. 4.1) Oftmals eignen sich daher etwas abstraktere Fragestellungen besser:»Eine Flagge mit drei Streifen soll unterschiedlich gefärbt werden. Für die Streifen stehen insgesamt vier verschiedene Farben zur Verfügung. Wie viele mögliche Flaggen kann es geben?[15] Derartige Aufgaben werden von den Kindern manchmal nicht als multiplikativ erkannt (sie addieren dann z. B. die gegebenen Zahlenwerte), wenn sie im Unterricht nicht frühzeitig auch mit solchen kombinatorischen Fragestellungen konfrontiert werden.

Auch geeignete Darstellungsmittel sollten hier thematisiert werden. Das kartesische Produkt birgt nämlich ein spezifisches Problem: Benutzt man konkrete Materialien (wie z. B. Spielzeugautos und -anhänger), dann lässt sich die gesuchte Anzahl an Lastzügen (das Produkt) nicht komplett darstellen, da man zur Bildung eines neuen Gespanns ein bereits gebildetes wieder trennen muss (die rote Zugmaschine gibt es nur einmal, und sie muss mal an den grünen, mal an den blauen Anhänger gekoppelt werden). Versucht man es mithilfe einer Tabelle, dann kann es verwirren, dass in den einzelnen Zellen (in denen die Kombinationen stehen) der blaue Anhänger mehrfach auftaucht, obwohl es ihn doch nur einmal gibt.

Geeigneter sind hier Baumdiagramme, die allerdings zuerst als solche kennen gelernt werden müssen, bevor sie zu einem effektiven Werkzeug werden können. Im Zahlenbuch 2 (Wittmann/Müller 2004b, 127) soll Osterschmuck gebastelt werden. Dazu müssen aus einem gelben, roten und blauen Ausschneidebogen jeweils drei Eier und drei ›Schleifen‹ ausgeschnitten und paarweise zusammengeklebt werden. Zur Beantwortung der Frage nach der Anzahl möglicher Schmuckeier wird das Baumdiagramm angeboten

---

15 Es geht also hier weniger um Realitätsnähe, sondern um ein Verständnis der Modellvorstellung des kartesischen Produktes bzw. kombinatorischer Fragestellungen.

(vgl. Abb. 1/13), welches sich auch leicht variieren lässt, wenn eine weitere mögliche Farbe hinzukommt (ebd.).

Insbesondere diese Modellvorstellung des kartesischen Produktes gilt es also sehr sorgfältig zu erarbeiten, wenn sie auch nicht unbedingt geeignet für die erste *Einführung* der Multiplikation sein mag. Wir glauben aber, dass sie – gerade *wegen* der häufig fehlenden Vorerfahrungen bei Kindern (und auch Erwachsenen) – im weiteren Verlauf des Mathematiklernens gezielt Berücksichtigung finden sollte.

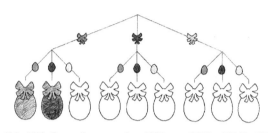

Abb. 1/13: Baumdiagramm (aus Wittmann/Müller 2004b, 127)

Der Division können unterschiedliche Situationstypen zugrunde liegen, das Aufteilen und das Verteilen (vgl. Padberg 2005, 141 ff.; Radatz et al. 1998, 98 f.; Fromm 1995; Hefendehl-Hebeker 1982; Scherer 2005b; Spiegel/Fromm 1996), für die es vor nicht allzu langer Zeit sogar unterschiedliche Rechenzeichen gab (der uns heute geläufige ›Doppelpunkt‹ : sowie das ähnlich aussehende Zeichen ÷).

Modellvorstellungen der Division:

1. Aufteilen

Beispiel 20:4	allgemeine Kennzeichnung
In einer Turnhalle sind 20 Kinder.	Grundmenge: vorgegeben.
Es sollen Vierer-Gruppen gebildet werden.	Elementeanzahl der einzelnen Teilmengen: vorgegeben.
Wie viele Vierer-Gruppen können gebildet werden?	Anzahl der Teilmengen: *gesucht.*

2. Verteilen

Beispiel 20:4	allgemeine Kennzeichnung
In einer Turnhalle sind 20 Kinder.	Grundmenge: vorgegeben.
Es sollen vier gleich große Gruppen gebildet werden.	Anzahl der Teilmengen: vorgegeben.
Wie viele Kinder sind in einer Gruppe?	Elementeanzahl der einzelnen Teilmengen: *gesucht.*

Diese Unterscheidung mag zunächst ›haarspalterisch‹ anmuten. Aber für die Kinder kommt es dabei »weniger auf ein begriffliches Unterscheiden dieser beiden Operationen als vielmehr auf das Anlegen eines breiten begrifflichen Verständnishintergrundes über vielfältige Handlungserfahrungen an« (Radatz et al. 1998, 97). Für die Lehrerin hingegen ist die o. g. Systematik der beiden Modellvorstellungen als Hintergrundwissen wichtig, um bei der Auswahl entsprechender Sachsituationen bzw. Rechenanforderungen vor Einseitigkeiten geschützt zu sein. Kinder müssen beide Modellvorstellungen kennenlernen, um die Rechenoperationen flexibel und vorteilhaft nutzen zu können, Zusammenhänge zwischen verschiedenen Zahlensätzen zu erkennen und – wie letztlich bei allen Grundrechenarten gefordert – die Operationen in ihrer jeweiligen Ganzheit kennenzulernen.

Ganzheitlicher Zugang zum Einmaleins

Für die weitere Vertiefung und Übung nach dem Herausarbeiten der jeweiligen Grundvorstellungen wird in fachdidaktischen Publikationen und Erfahrungsberichten im Wesentlichen ein ganzheitliches Vorgehen vorgeschlagen (s. Kap. 2.1.1), v. a. was die Behandlung des Einmaleins betrifft (Doebeli/Kobel 1999; Müller 1990; Radatz et al. 1998; Röhr 1992; Scherer 2005b; Wittmann/Müller 1990/2004b). *Traditionell* haben wahrscheinlich viele von Ihnen aus der eigenen Grundschulzeit noch eine Praxis in Erinnerung, derzufolge die einzelnen Reihen isoliert ›durchgenommen‹ wurden und dann recht bald auswendig gelernt werden sollten.

Vieles spricht jedoch nach heutigen Erkenntnissen deutlich für ein ganzheitliches, aktiventdeckendes Vorgehen, bei dem die Kinder allmählich, gemäß ihrem individuellen Vermögen und auf natürliche Weise in die Struktur des Einmaleins hineinwachsen (Kap. 3.1.1 Vorkenntnisse; vgl. auch Selter 1994; Scherer 2002). Ein solcher Ansatz beinhaltet *naturgemäß* (aus der Natur der Sache heraus!) vielfältigere Aktivitäten und Gelegenheiten zum denkenden Rechnen und zur inhaltlichen Diskussion als das traditionelle Vorgehen gemäß dem Prinzip der kleinen und kleinsten Schritte.

So können die Kinder bspw. am 100er-Feld und mithilfe des Einmaleinswinkels ihnen bereits bekannte Malaufgaben darstellen, nennen und ggf. berechnen. D. h., es wird gleich das kleine Einmaleins *in toto* für die individuelle Arbeit geöffnet. Das bedeutet – ähnlich wie bei der sofortigen Öffnung des Zwanzigerraumes im 1. Schuljahr – nicht ein ›Muss‹ für alle Kinder i. d. S., dass alle möglichst schnell alle Reihen beherrschen sollten (man sollte nicht vergessen, dass dies in vielen Lehrplänen erst für das 1. Halbjahr des 3. Schuljahres angestrebt wird). Die ganzheitliche Umgebung des Einmaleins stellt vielmehr den Orientierungsrahmen dar, innerhalb dessen die Lernenden sich ihrem Vermögen gemäß bewegen können. Außerdem schließt dieses ganzheitliche Vorgehen keineswegs aus, dass man sich zu gegebener Zeit an gegebener Stelle auch einmal genauer mit einzelnen Reihen beschäftigen kann und soll sowie mit den Zusammenhängen zwischen speziellen (›verwandten‹) Reihen.

Die Kinder können erste Beziehungen zwischen einzelnen Aufgaben (Reihen) erkennen wie z. B. die Kommutativität der Multiplikation (s. Kap. 1.1.6.3), die der Lehrerin dann nicht nur >geglaubt< zu werden braucht, sondern von den Kindern selbst – wenn auch an einigen exemplarischen Fallbeispielen, so dennoch allgemein gültig begründbar – anschaulich entdeckt werden kann (Drehen des Feldes, Abb. 1/14). Hierzu sollte die o. g. konventionalisierte Leseweise von multiplikativen Punktefeldern (1. Faktor: Anzahl der Zeilen; 2. Faktor: Anzahl der Objekte einer Zeile) im Vorfeld verabredet sein. Solange man den Kindern geeignete Arbeitsmittel und Veranschaulichungen als Stützen bereitstellt (z. B. 100er-Feld), ist die Befürchtung vor einer evtl. Überforderung i. d. R. unbegründet, da ja nicht zuletzt die *Kinder* entscheiden, wie weit sie sich vorwagen möchten.

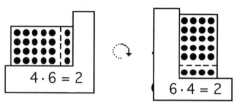

Abb. 1/14: Kommutativgesetz der Multiplikation

»Wichtigstes Ziel bei der Behandlung des >Kleinen 1x1< muss es sein, dass die Kinder Grundvorstellungen des multiplikativen Rechnens gewinnen, die es ihnen ermöglichen, den Sinn der Multiplikation zu erfassen, Zusammenhänge und Strukturen von Aufgaben zu erkennen sowie Rechenstrategien zu entwickeln und zu nutzen. Die wichtigsten Rechenstrategien ergeben sich aus der Anwendung von Rechengesetzen. Erst wenn diese Grundvorstellungen zur Multiplikation aufgebaut sind, kann man mit Automatisierungsübungen zur gedächtnismäßigen Verankerung des 1x1 beginnen« (Röhr 1992, 26). Ein verfrühter Übergang zum Auswendiglernen kann sich also (mit durchaus langfristigen Folgen!) negativ auf das Verständnis des strukturellen Beziehungsreichtums auswirken.

Systematische Einsichten in die Gesamtstruktur des Einmaleins

Nachdem Malaufgaben wie beschrieben gelegt und benannt worden sind, beginnt die systematische Erarbeitung der Gesamtstruktur und der Reihen. Die sogenannten >kurzen Reihen< (vgl. Wittmann/Müller 1990, 114) sind hierzu besonders wichtig. Es sind die Aufgaben $1 \cdot n$, $2 \cdot n$, $5 \cdot n$ und $10 \cdot n$. Sie sollten als Erstes gedächtnismäßig verfügbar gemacht werden. Der Grund dafür liegt zum einen darin, dass sie leicht zu merken sind, denn sie bestehen aus den >trivialen< Multiplikationen $1 \cdot n$ und $10 \cdot n$ sowie aus der Verdopplung der ersten und der Halbierung der zweiten dieser einfachen Aufgaben; das Verdoppeln und Halbieren wiederum sollte den Kindern bereits aus früheren Aktivitäten wohlbekannt sein[16].

---

16 Die große Bedeutung des Verdoppelns und Halbierens spiegelt sich nicht zuletzt darin wider, dass beide in früheren Zeiten eigenständige Grundrechenarten neben den uns heute bekannten (Addition/Subtraktion/Multiplikation/Division) waren.

Zum anderen liegt die Bedeutung der ›kurzen Reihen‹ in ihrer hilfreichen Funktion zur Generierung weiterer, der übrigen Aufgaben des Einmaleins: Aufgaben, die als schwieriger empfunden werden, lassen sich nämlich auf Aufgaben der ›kurzen Reihen‹ bzw. Kombinationen aus diesen zurückführen. Die überschaubaren Aufgaben der ›kurzen Reihen‹ können unterschiedlich kombiniert werden, um alle übrigen Aufgaben der vollständigen Einmaleinsreihen zu konstruieren. Hilfreich für ein ökonomisches Ableiten von zeitweise vielleicht nicht mehr erinnerten Aufgaben ist es natürlich, möglichst wenige Aufgaben der ›kurzen Reihe‹ zu benutzen, und die Lehrerin sollte zu gegebener Zeit eben dies anregen. *Eine* Möglichkeit für eine effektive Nutzung der ›kurzen Reihen‹ zeigt bspw. Abb 1/15:

$1 \cdot n$				Aufgabe der ›kurzen Reihe‹
$2 \cdot n$				Aufgabe der ›kurzen Reihe‹
$3 \cdot n$	$=$	$1 \cdot n + 2 \cdot n$		
$4 \cdot n$	$=$	$2 \cdot n + 2 \cdot n$		
$5 \cdot n$				Aufgabe der ›kurzen Reihe‹
$6 \cdot n$	$=$	$5 \cdot n + 1 \cdot n$		
$7 \cdot n$	$=$	$5 \cdot n + 2 \cdot n$		
$8 \cdot n$	$=$	$10 \cdot n - 2 \cdot n$		
$9 \cdot n$	$=$	$10 \cdot n - 1 \cdot n$		
$10 \cdot n$				Aufgabe der ›kurzen Reihe‹

Abb. 1/15: Herleitung von Einmaleinsreihen aus den ›kurzen Reihen‹

Einmaleinstafeln

Um Einsichten in die beziehungsreiche Struktur des Einmaleins zu gewinnen sowie das Argumentieren und anschauliche Begründen in diesem Rahmen zu üben, bietet sich die sogenannte Einmaleinstafel an. Sie ist in Form der Verknüpfungstabelle bereits seit Langem bekannt und allerorten im Unterricht benutzt worden (Abb. 1/16): Die Randzeile und -spalte wird gebildet aus den Zahlen (Faktoren) von 1 bis 10 und in den einzelnen Zellen der Tabelle stehen die Ergebnisse der Produkte aus den Faktoren im Schnittpunkt einer Zeile mit einer Spalte. In den letzten Jahren werden zunehmend mehr oder weniger veränderte Einmaleinstafeln benutzt:

·	1	2	3	4	5	6	7	8	9	10
1	1	2	3	4	5	6	7	8	9	10
2	2	4	6	8	10	12	14	16	18	20
3	3	6	9	12	15	18	21	24	27	30
4	4	8	12	16	20	24	28	32	36	40
5	5	10	15	20	25	30	35	40	45	50
6	6	12	18	24	30	36	42	48	54	60
7	7	14	21	28	35	42	49	56	63	70
8	8	16	24	32	40	48	56	64	72	80
9	9	18	27	36	45	54	63	72	81	90
10	10	20	30	40	50	60	70	80	90	100

Abb. 1/16: Klassische Einmaleinstafel (pythagoreisches Zahlenfeld)

Besondere Verbreitung gefunden hat jene rautenförmige Version (Abb. 1/17) aus dem Handbuch produktiver Rechenübungen (Wittmann/Müller 1990, 119 ff. bzw. Wittmann/Müller 2004b). Ihre besonderen Kennzeichen gegenüber der genannten Verknüpfungstafel sind v. a.

a) die geometrische ›Verzerrung‹ in Form einer Raute,
b) die Belegung der Zellen durch die entsprechenden Mal*aufgaben* statt durch die *Ergebnisse*,
c) die Kennzeichnung farbig hervorgehobener Aufgaben.

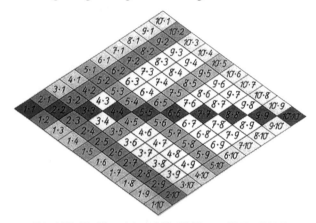

Abb. 1/17: Die Einmaleinstafel bei Wittmann/Müller (1990)

Die Rautenform unterstützt das Erkennen impliziter Strukturen oder gewisser strukturierter Übungen, wenngleich diese natürlich in der quadratischen Ausrichtung ebenso vorhanden sind (s. u.), da die strukturellen Beziehungen innerhalb des Einmaleins unabhängig von Layoutfragen Gültigkeit behalten. Manche Zusammenhänge mögen bei dieser oder jener Form als nahe liegender oder übersichtlicher empfunden werden. Für die geometrische Verformung gelten analog zur Einspluseins-Tafel (Wittmann/Müller 1990, 43) folgende Argumente:

- Die Ergebnisse der Aufgaben werden in Leserichtung von links nach rechts größer.
- Die schwierigeren Aufgabenserien (beide Faktoren ändern sich) sind in den Hauptrichtungen von links nach rechts und von oben nach unten geordnet.
- Die leichteren Aufgabenserien (nur ein Faktor ändert sich) stehen in den etwas ungewohnteren Diagonalen.

In den einzelnen Zellen stehen nicht die Ergebnisse wie im pythagoreischen Zahlenfeld, sondern die entsprechenden Aufgaben. Dies hat den Vorteil, dass die Tafel als Aufgabendisplay zu benutzen ist und vielfältige strukturierte Übungen möglich werden (vgl. Wittmann/Müller 1990, 42–50 u. 119–126).

Die beziehungsreiche Struktur des Einmaleins wird auch durch eine farbliche Kennzeichnung von ›Kernaufgaben‹ unterstützt, die u. a. als Ankerpunkte zur Ableitung von ›schwierigeren‹ Aufgaben genutzt werden können. Diese Kernaufgaben sind:

- die Malaufgaben mit 1 und 10 (›Randaufgaben‹, grün gefärbt);
- die Malaufgaben mit 2 (›Verdopplungsaufgaben‹, blau gefärbt);
- die Malaufgaben mit 5 (›Kraft der Fünf‹, gelb gefärbt);
- die Malaufgaben mit gleichen Faktoren (›Quadratzahlaufgaben‹, rot gefärbt).

»Beim Berechnen der 1x1-Aufgaben erkennt man, dass sich die algebraischen Gesetze, insbesondere das Vertauschungsgesetz (Kommutativgesetz) und das Verteilungsgesetz (Distributivgesetz), in der Tafel widerspiegeln« (Wittmann/Müller 1990, 120).

- Erläutern Sie, illustriert durch entsprechende Beispiele, diese Aussage. Welche algebraischen Gesetze können Sie entdecken, und wie werden diese in der Tafel repräsentiert?

•	0	1	2	3	4	5	6	7	8	9	10
0	0·0	0·1	0·2	0·3	0·4	0·5	0·6	0·7	0·8	0·9	0·10
1	1·0	1·1	1·2	1·3	1·4	1·5	1·6	1·7	1·8	1·9	1·10
2	2·0	2·1	2·2	2·3	2·4	2·5	2·6	2·7	2·8	2·9	2·10
3	3·0	3·1	3·2	3·3	3·4	3·5	3·6	3·7	3·8	3·9	3·10
4	4·0	4·1	4·2	4·3	4·4	4·5	4·6	4·7	4·8	4·9	4·10
5	5·0	5·1	5·2	5·3	5·4	5·5	5·6	5·7	5·8	5·9	5·10
6	6·0	6·1	6·2	6·3	6·4	6·5	6·6	6·7	6·8	6·9	6·10
7	7·0	7·1	7·2	7·3	7·4	7·5	7·6	7·7	7·8	7·9	7·10
8	8·0	8·1	8·2	8·3	8·4	8·5	8·6	8·7	8·8	8·9	8·10
9	9·0	9·1	9·2	9·3	9·4	9·5	9·6	9·7	9·8	9·9	9·10
10	10·0	10·1	10·2	10·3	10·4	10·5	10·6	10·7	10·8	9·10	10·10

Abb. 1/18: Einmaleinstafel aus Radatz et al. (1998, 89)

Radatz et al. (1998), schlagen demgegenüber eine quadratische Version vor, die sie ›Multiplikationstabelle‹ nennen (Abb. 1/18). Der Vergleich mit der o. g. Einmaleinstafel zeigt Folgendes:

- Die Multiplikationstabelle ist nicht als Raute geformt, sondern greift die bekannte quadratische Form des pythagoreischen Zahlenfeldes auf.
- Sie stellt eine Verknüpfungstafel dar, deren Randzahlen jeweils die einzelnen Faktoren ausweisen.
- Wie in der o. g. Einmaleinstafel stehen in ihren Zellen keine Ergebnisse, sondern die Mal*aufgaben*.

- Es wurden, anders als bei der o. g. Einmaleinstafel, auch Aufgaben mit dem Faktor Null aufgenommen.
- Auch hier wird den Kernaufgaben eine herausgehobene Stellung zugesprochen; sie werden hier ›Königsaufgaben‹ genannt.
- Im Gegensatz zu der Kennzeichnung der Kernaufgaben mit unterschiedlichen Farben in der Einmaleinstafel (s. o.) werden in der Multiplikationstabelle *alle* Königsaufgaben einheitlich grau unterlegt, wobei die Quadratzahldiagonale in einem dunkleren Grauton noch zusätzlich betont wird.

Studierende, insbesondere jüngerer Semester, zeigen sich – so unsere Erfahrungen aus Lehrveranstaltungen – manchmal irritiert angesichts unterschiedlicher Realisierungen oder Bezeichnungen an sich vergleichbarer Sachverhalte. »Welche Einmaleinstafel soll man denn nun nehmen? Welche ist ›besser‹? Warum gibt es überhaupt unterschiedliche Begriffe für denselben Sachverhalt (Kernaufgaben/Königsaufgaben/Schlüsselrechnungen)? Verwirrt das nicht auch die Kinder? Muss man sich vorab grundsätzlich für das eine und gegen das andere entscheiden? Nach welchen Kriterien soll ich mich entscheiden? ...«

Studierende können daraus lernen, dass es eigener fachlicher, fachdidaktischer und pädagogischer Kompetenzen bedarf, um sich an solchen Stellen selbst eine begründete Meinung zu bilden, eine eigene Position zu beziehen und letztlich eine vertretbare Entscheidung für die eigene Klasse zu fällen (vgl. Kap. 3.2)[17]. Ein solcher Kompetenzerwerb benötigt zweifellos eine Reihe spezifischer Aktivitäten und mithin Zeit. Als kontraproduktiv hingegen sähen wir es an, auf der Basis erster diffuser ›Eindrücke‹ eine voreilige Meinung zu zementieren oder gar von ›höherer Autorität‹ zu erwarten, dass man gesagt bekommt, dieses oder jenes ›sei besser‹.

Flexibilität im Umgang mit Einmaleinsaufgaben

Flexibilität im hier gemeinten Sinne bedeutet mehr und beginnt bereits sehr viel früher als beim Rechnen auf der symbolischen Ebene. Von Anfang an sollen Kinder erfahren, dass es unterschiedliche Wege zur Ergebnisermittlung und auch bereits unterschiedliche Sichtweisen für ein und dieselbe Aufgabe geben kann. Der Wert derartiger Aufgaben besteht u. a. darin, dass sie eine Verknüpfung von konkreten Handlungen (Legeaufgaben), ikonischen Darstellungen (Punktebilder) und symbolischen Zahlensätzen (Malaufgaben) leisten und dabei (auf allen diesen Ebenen) Regelhaftigkeiten, Strukturen und Rechengesetze transparent und verstehbar machen können.

---

17 Auf der anderen Seite wäre es wünschenswert und hilfreich, wenn auch Autoren die Bezüge zu jenen Materialien, Darstellungen oder Vorgehensweisen häufiger explizieren würden (anstatt sie einfach zu ignorieren), die ihren eigenen Vorschlägen im genannten Sinne ähneln.

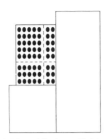
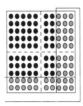

Abb. 1/19: Verschiedene Sichtweisen einer multiplikativen Darstellung

Am Beispiel von 8·7=56 soll dies exemplarisch gezeigt werden (Abb. 1/19). Die *Aufgabe* kann (gemäß Konvention) wie nebenstehend gezeigt z. B. am 100er-Punktfeld mit dem Einmaleinswinkel dargestellt werden (8 Zeilen à 7 Punkte). Zur *Ergebnisermittlung* gibt es nun unterschiedliche Wege, jeweils bedingt durch variable Sichtweisen der so dargestellten Aufgabe, genauer: ihrer einzelnen Teilbereiche, in die sich die Darstellung gliedern lässt. Jede Sichtweise oder jeder Weg zum Ergebnis lässt sich durch einen zugehörigen Zahlensatz (Term) repräsentieren und damit interpretieren. Welche Sichtweise liegt demnach folgenden Termen zugrunde?

- 25 + 10 + 15 + 6: Die vier Teilergebnisse repräsentieren hier die Punktebereiche der vier ›Quadranten‹, die sich durch die Begrenzungen des Einmaleinswinkels und der gestrichelten Linie des 100er-Feldes (Fünferzäsur) ergeben. Die Felddarstellung der Aufgabe 8·7 wird also mittels ›Kraft der Fünf‹ (Kap. 1.1.6.1) in vier (Teil-)Punktebereiche gegliedert, was einer distributiven Zerlegung von 8·7 entspricht (Rechengesetz: Distributivität der Multiplikation bzgl. der Addition (vgl. 1.1.6.3):

$$8·7 = (5+3)·(5+2) = 5·5 + 5·2 + 3·5 + 3·2 = 25 + 10 + 15 + 6$$

Auf der Ebene der Zahlzeichen ist diese distributive Struktur des Zusammenhangs zwischen Einmaleins-Aufgaben für Kinder nur schwer nachvollziehbar oder gar begründbar; mit dem 100er-Punktefeld hingegen lässt sie sich exemplarisch (und dennoch allgemeingültig) verdeutlichen.

- 25 + 25 + 6: In diesem Fall wird das Ergebnis aus drei Teilaufgaben zusammengesetzt, was einer Sichtweise auf drei Punktebereiche entspricht: Der *geübte* Blick – und Mathematiklernen heißt vielfach auch ›sehen lernen‹![18] – erkennt nicht nur den oberen linken Quadranten (ein Viertel 100er-Feld, 5·5=25), sondern auch, dass sich der rechte obere und der linke untere zu einem weiteren kompletten Quadranten, also einem weiteren 25er, ergänzen. Beide Quadranten können durch *mentales* Drehen/Umlegen vor dem geistigen Auge (vgl. Kap. 3.2.3) zu einem 25er zusammengedacht werden. Das dritte Teilergebnis liefert der vierte Quadrant mit dem 3·2-Feld.

---

18 »Nur der lernt vorteilhaft rechnen, der diesen *Zahlenblick* entwickelt« (Menninger 1992, 18; Hervorh. i. Orig.).

- 100 – 30 – 14: Bei manchen Aufgaben (Bei welchen eigentlich? Suchen Sie ein noch prägnanteres Beispiel, und führen Sie das entsprechende Procedere selbst durch!) kann das Distributivgesetz der Multiplikation auch bzgl. der *Subtraktion* ausgenutzt werden, also das Punktefeld der Aufgabe bezogen auf das komplette 100er-Feld (ergänzt) zu sehen bzw. vom 100er-Feld die nicht benötigten Punkte-Teilfelder zu subtrahieren (vgl. den rechten Teil der Abb. 1/19). Für diesen Fall ist es günstig, den Einmaleinswinkel in einer transparenten Version (Folie) zu benutzen, so dass die Aufgabe *und* das gesamte 100er-Feld aber auch in Relation zueinander betrachtet werden können. Der o. g. Zahlensatz ist dann wie folgt zu deuten: Vom 100er-Feld wird zunächst der (durch den Folienwinkel bedeckte) senkrechte Teil (10·3) subtrahiert und dann der noch verbleibende waagerechte Teil am unteren Rand (2·7). Eng verwandt mit dieser Sichtweise, aber dennoch eine für sich eigenständige Wahrnehmungsleistung ist die Folgende:

- 100 – 30 – 20 + 6: Der Vorteil hierbei (vgl. wiederum den rechten Teil der Abb. 1/19) liegt gegenüber der vorigen Variante darin, dass man ausschließlich glatte Zehner zu subtrahieren hat (die Addition der Einer kann ebenso als problemlos gelten). Auf der Handlungsebene begeht man dabei zunächst – bewusst, weil aus strategischen Gründen – einen ›Fehler‹: Nimmt man (wie oben) den 10·3-Streifen rechts weg und anschließend den 2·10-Streifen unten, dann hat man damit das 2·3-Feld in der unteren rechten Ecke *zweimal* weggenommen. Um dies zu korrigieren, muss es *einmal* wieder zurückgelegt werden (+6). Betrachten wir die entsprechende distributive Zerlegung auf der Ebene der Zahlzeichen, …

$$8 \cdot 7 = (10 - 2) \cdot (10 - 3) = 10 \cdot 10 - 10 \cdot 3 - 2 \cdot 10 + 2 \cdot 3 = 100 - 30 - 20 + 6$$

… dann wird hier (vielleicht noch mehr als im zuvor betrachteten Fall) deutlich, welche ›Handlung‹[19] der formalen, möglicherweise unverstandenen arithmetischen Regel (»Minus mal Minus gibt Plus, Minus mal Plus gibt Minus.«) entspricht bzw. warum diese Regel überhaupt gilt.

Zum Zusammenhang zwischen Multiplikation und Division

Neben kontextbezogenen Sachsituationen zur Grundlegung und Durcharbeitung von Rechenoperationen bedarf es zwingend der innermathematischen Durchdringung und Strukturierung des Beziehungsreichtums einer Rechenoperation, aber auch zwischen Rechenoperationen (insbesondere der jeweiligen Umkehroperation). Das bedeutet hier exemplarisch: Man muss Multiplikations- und Divisionsaufgaben ›aus beiden Richtungen‹ kennen und verständnisvoll deuten können; man muss vom Ergebnis einer Mal- oder Geteiltaufgabe ›zurückarbeiten‹ können, d. h. die Multiplikation und Division als jeweilige Umkehroperation verstehen lernen – und das nicht nur formalistisch auf der

---

19 Das ist natürlich eine gedankliche Hilfskonstruktion, die sich nur mental, nicht aber direkt mit konkretem Material vollziehen lässt.

Ebene der Zahlzeichen (»Die Zahl rutscht nach da und die nach da, und dann noch das andere Rechenzeichen dazwischen.«), sondern in den vielfältigen Beziehungen und Sachbezügen, die in den möglichen Deutungen und Bedeutungen der Variablen einer Gleichung der Art $a \cdot b = c$ bzw. ihren Umkehrungen enthalten und möglich sein können. Betrachten wir ein Beispiel (Vorlesungsmanuskript Steinbring), wie eine solche operative Durcharbeitung aussehen könnte und welche Fragen oder Bedeutungen die einzelnen Gleichungstypen implizieren (s. Kap. 2.2 ›Operatives Prinzip‹):

$$\Box \cdot 6 = 42$$

Wie viel mal 6 ist 42? Es handelt sich um eine *Aufteil*aufgabe (s. o.), d. h.: Wie viele 6er gibt es in 42? oder: Wie oft passt die 6 in die 42? Man kann die gesuchte Zahl in der 6er-Reihe finden.

$$7 \cdot \Box = 42$$

7 mal wie viel ist 42? Es handelt sich um eine *Verteil*aufgabe (s. o.), d. h.: Wie groß ist das ›Stück‹ oder wie viele Punkte hat die Punktereihe, die versiebenfacht 42 ergibt? 42 Ballons werden an 7 Kinder verteilt: Wie viele bekommt jedes Kind? Man kann die gesuchte Zahl finden, indem man mit dem Lineal im Einmaleins-Plan (vgl. Wittmann/ Müller 1990, 114 ff.) die 42 abdeckt und dann die Reihe sucht, bei der die 42 gerade das 7-fache ist.)

$$\Box \cdot \Box = 42$$

Alle Aufgaben mit dem Ergebnis 42; man kann im Einmaleins-Plan das Lineal (senkrecht) auf die 42 legen und in allen Reihen nachschauen, wo es auf (ganzzahlige) Vielfache trifft.

$$\Box \cdot 6 = \Box$$

Alle Ergebnisse der 6er-Reihe => die 6er-Reihe erkunden

$$7 \cdot \Box = \Box$$

Alle Ergebnisse der Multiplikationen mit 7, das 7-fache aller Zahlen

$$7 \cdot 6 = \Box$$

Ein spezielles Ergebnis der 6er-Reihe => in der 6er-Reihe nachschauen

Zusammenfassend: Für ein wünschenswertes Verständnis der Rechenoperationen sind *beide* Grundlagen wichtig:

- *Sachkontexte,* welche die Breite der entsprechenden Modell- oder Grundvorstellungen repräsentieren und abdecken, sowie
- *strukturelle Kontexte,* die es ermöglichen, den innermathematischen strukturellen Beziehungsreichtum herauszuarbeiten.

Für wirkliches *Verstehen* reicht keine dieser beiden Ebenen allein aus; Sachbezüge können inhaltliche Vorstellungen fördern und stützen, und strukturelle Mathematisierungen ermöglichen es oftmals erst, den Sachverhalt mathematisch zu verstehen oder sogar auch neues Wissen über Sachkontexte zu erwerben. Wir haben es also mit einem sich gegenseitig stützenden, fördernden und herausfordernden Wechselspiel der Ebenen zu tun (vgl. Kap. 4.1 ›Anwendungs-/Strukturorientierung‹ sowie Kap. 2.2 ›Operatives Prinzip‹).

1.1.6.3 Rechengesetze

Geschicktes Rechnen beruht ganz wesentlich auf dem Ausnutzen struktureller Merkmale der konkreten Aufgabenstellung auf der Basis von Rechengesetzen (formale Beweise dazu u. a. bei Padberg 1997). Die in diesem Abschnitt genannten werden bereits in der Grundschule ausdrücklich thematisiert.

> Stellen Sie alle im Folgenden genannten Rechengesetze oder Gesetzmäßigkeiten mit geeigneten Arbeitsmitteln (Wendeplättchen, Steckwürfeln, Cuisenaire-Stäben, Punktfeldern o. Ä.) dar und zeichnen Sie die entsprechenden ikonischen Darstellungen (vgl. das Beispiel in Abb. 1/20).

Kommutativgesetz (Vertauschungsgesetz) der Addition und Multiplikation

Der Wert einer Summe (eines Produktes) ändert sich nicht, wenn die Reihenfolge ihrer Summanden (seiner Faktoren) vertauscht wird:

$$a+b = b+a \quad \text{bzw.} \quad a \cdot b = b \cdot a \quad \text{(vgl. Abb. 1/14)}$$

Assoziativgesetz (Verbindungsgesetz) der Addition und Multiplikation

Die Summanden einer Summe bzw. die Faktoren eines Produktes dürfen beliebig zusammengefasst werden.

Dies wird üblicherweise durch Klammersetzung angedeutet. Abb. 1/20 zeigt ein Beispiel für die viergliedrige Summe 3+8+4+2 =, dargestellt mit Steckwürfeln:

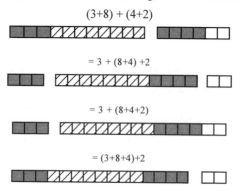

Abb. 1/20: Das Assoziativgesetz der Addition

Distributivgesetz (Verteilungsgesetz)

Das Distributivgesetz beschreibt den Zusammenhang einer Punktrechnung (Multiplikation oder Division) mit einer Strichrechnung (Addition oder Subtraktion). Man sagt: Die Multiplikation oder die Division ist distributiv bzgl. der Addition oder Subtraktion. Formal[20]: $a \cdot (b \pm c) = a \cdot b \pm a \cdot c$ bzw. $(a \pm b) : c = a:c \pm b:c$

Beispiel: $3 \cdot 8 = 3 \cdot (5+3) = 3 \cdot 5 + 3 \cdot 3$ Die (›schwere‹) Aufgabe $3 \cdot 8$ kann in zwei ›einfache‹ Aufgaben zerlegt werden (Ableiten einer Aufgabe aus den ›Kurzen Reihen‹): Die Aufgabe mit 5 ist eine Kernaufgabe, 3 ist als ›kleiner‹ Faktor <5 leicht zu berechnen[21], indem der Faktor 8 in 5+3 zerlegt wird und diese beiden neuen Faktoren jeweils mit 3 multipliziert werden.

Die allgemeinere Form einer distributiven Zerlegung kennen Sie sicher noch aus dem Zusammenhang von Aufgaben des großen Einmaleins, z. B. $14 \cdot 13$. Auf der symbolischen Ebene werden beide Faktoren zerlegt (meist in ihre Stellenwerte), d. h., die Aufgabe lautet: $(10+4) \cdot (10+3) = ?$ Ältere Kinder rechnen dies häufig nach dem (oft unverstanden ausgeführten) Merksatz aus »Jedes Glied der ersten Klammer mit jedem Glied der zweiten Klammer malnehmen«.

- Erklären Sie, bevor Sie weiterlesen, auf Grundschulniveau, warum diese Regel generell gelten muss.
- Welche Logik verbirgt sich hinter der Schülerlösung $14 \cdot 13 = 112$, und wie können Sie dem Kind sinnvoll helfen? (Hilfe zur Selbsthilfe, keine Erklärungsideologie!)

Die algebraische Notation des Sachverhaltes $(a+b) \cdot (c+d) = a \cdot c + a \cdot d + b \cdot c + b \cdot d$ hilft dem Kind natürlich nicht, und auch die beispielgebundene Beschreibung kann im Grunde der Lehrerin nur ›geglaubt‹ werden.

Eine anschauliche Begründung ermöglicht hingegen das 400er-Feld mit dem Malwinkel (Abb. 1/21). Der o. g. Schüler mit der Lösung $14 \cdot 13 = 112$ wird daran unschwer *selbst* erkennen können, dass er lediglich zwei dieser Teilergebnisse berücksichtigt hat: $10 \cdot 10 + 4 \cdot 3$, also den linken oberen und den rechten unteren Quadranten. Alle vier Quadranten mit einzubeziehen, ist *synonym* mit dem o. g. Merksatz, jedes Glied der ersten Klammer mit jedem Glied der zweiten Klammer zu multiplizieren und die so erhaltenen Teilprodukte zu addieren. Die Ergebnisermittlung selbst, also die Addition der vier Teilprodukte, ist insofern ›leicht‹, als es sich beim linken oberen Quadranten um ein komplettes 100er-Feld handelt (muss nicht berechnet werden) und beim rechten oberen wie beim

---

20 Wir gehen hier nicht im Detail auf die spezifischen Bedingungen ein, die gegeben sein müssen, wenn wir in N_0 arbeiten.

21 Vgl. das sogenannte ›Mini-Einmaleins‹ (Aufgaben von $1 \cdot 1$ bis $5 \cdot 5$), das bereits Ende des 1. Schuljahres thematisiert werden kann (vgl. Tab. 1/6, 10. Blitzrechenübung).

linken unteren Quadranten jeweils um ›leichte‹ Aufgaben mit einem Faktor 10. Das einzige evtl. zu ›berechnende‹ Teilprodukt birgt der rechte untere Quadrant; hier aber steht bei einer stellenweisen Zerlegung der Faktoren *immer* eine Aufgabe des *kleinen Einmaleins*. Beschriftet man die Ränder und die Teilfelder der Abbildungen in diesem Sinne, dann erkennt man die Möglichkeit für eine anschauliche Grundlegung des ›Malkreuzes‹:

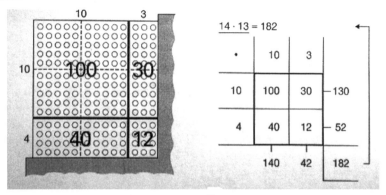

Abb. 1/21: Vom 400er-Feld zum Malkreuz[22] (aus Wittmann/Müller 1992, 59)

Man denke sich dazu das Punktfeld und die Beschriftung auf zwei übereinander liegenden Folien geschrieben; wird die Punktfeld-Folie nun weggezogen, dann bleibt das Malkreuz als symbolische Notation des Sachverhaltes stehen. Der Bezug auf die Felddarstellung muss jederzeit möglich sein; nicht zuletzt lässt sich daran ggf. zeigen, worin das Missverständnis einiger Kinder beruht, wenn sie am Malkreuz die Gesamtsumme dadurch ermitteln, dass sie die Summe aller vier Teilsummen bilden (zwei Zeilen- und zwei Spaltensummen).

Konstanzsätze (Ausgleichsgesetze)

Konstanzsätze gibt es für alle vier Grundrechenarten. Für die Addition lautet er wie folgt: Der Wert einer Summe bleibt gleich, wenn ein Glied der Summe um den gleichen Betrag vergrößert wird, um den gleichzeitig ein zweites Glied der Summe verkleinert wird (›gegensinniges Verändern‹).

> Überlegen Sie selbst, wie die Konstanzsätze für die übrigen Grundrechenarten lauten und wie man diesen Sachverhalt jeweils *anschaulich* darstellen könnte!

---

22 Das Malkreuz ist als eine Strategie des halbschriftlichen Rechnens und als Argumentationsmittel für bestimmte Auffälligkeiten von großer Bedeutung und sollte daher gewissenhaft und einsichtsvoll thematisiert werden (vgl. Wittmann/Müller 1992, 59 ff.).

1.1.7 Rechenverfahren

In der Grundschule kommen vier grundsätzliche Methoden für die Bewältigung von Rechenanforderungen in Betracht (vgl. Plunkett 1987):

- *Kopfrechnen*, bei dem ohne eine Notation von Zwischenschritten die Lösung einer Aufgabe im Kopf erfolgt (dies geschieht unter Ausnutzung von Strategien, die – im Falle ihrer Notation – dann ›halbschriftlich‹ genannt werden; s. u.);

- *Halbschriftliches (oder gestütztes Kopf-)Rechnen*, welches durch die Notation von Zwischenschritten oder Teilergebnissen gekennzeichnet ist;

- *Schriftliches Rechnen*, welches auf konventionalisierten Verfahren (Algorithmen, Normalverfahren) beruht und Ergebnisse auf der Grundlage des Stellenwertsystems ziffernweise ermittelt;

- *Taschenrechner*, der als Rechengerät im Alltag und auch von Kindern immer selbstverständlicher benutzt wird.

1.1.7.1 Kopfrechnen

Traditionell assoziiert man mit Kopfrechenübungen das Aufsagen von Einmaleinsaufgaben, die Addition/Subtraktion zweistelliger Zahlen im Hunderterraum u. Ä. – sei es, dass diese Aufgaben in unsystematischer Weise von der Lehrerin am Stundenbeginn mündlich gestellt oder in Form diverser ›Rechenspiele‹ (z. B. Eckenrechnen) angeboten werden.

Ein wichtiges Ziel des heutigen Mathematikunterrichts ist es, Kinder zu sogenannten Zahlenalphabeten zu erziehen, ihnen *number sense*, ein Gefühl für Zahlen und den Umgang mit ihnen zu vermitteln. In diesem Zusammenhang kommt dem Kopfrechnen nach wie vor eine herausragende Bedeutung zu – auch wenn es gesellschaftlich ›chic‹ zu sein scheint, mit diesbezüglichen Defiziten öffentlich zu kokettieren[23]. Auch im Zeitalter des Taschenrechners und Computers sowie des entdeckenden Lernens besteht in der Mathematikdidaktik Konsens über die schulische wie außerschulische Bedeutung solider Kopfrechenfertigkeiten und -fähigkeiten (Krauthausen 1993; Schipper 1990; Wittmann/Müller 1990/1992).

So unbestritten die Begründung des Kopfrechnens in der Fachdidaktik und wohl auch in der Schulpraxis theoretisch ist, so zuverlässig haftet ihm vielfach aber immer noch das Image an, lediglich eine (z. T. ungeliebte) Pflichtübung zu sein. Dafür lassen sich verschiedene Gründe anführen:

---

23 Die Gottschalks und Jauchs der Fernsehlandschaft führen uns das immer wieder vor, wobei immer das Motto mitschwingt: »Und trotzdem ist etwas aus uns geworden.« (vgl. auch das Beispiel bei Treffers/de Moor 1996, 17).

a) *Methodische Fragen*: Wie soll das Kopfrechnen gestaltet werden? Häufig erhofft man sich bereits allein von der Regelmäßigkeit eine verstärkte Behaltensleistung. Indizien *scheint* es dafür auch zu geben – zumindest zeitweise, denn gehäuftes Üben führt hier (temporär) zu erwartbaren Reproduktionsleistungen. Da aber die Aufgabentypen vergleichsweise isoliert geübt werden und auch bald wechseln, fällt die oft dramatische Vergessenskurve u. U. kaum auf. Ein zweiter Punkt ist die Art und Weise der Abfolge, in der die Aufgaben den Kindern gestellt werden; oft ist sie rein zufällig und entsteht aus der situativen Eingebung; systematische Abfolgen i. S. operativer Aufgabenserien (vgl. die Einführungsbeispiele zu Kap. 2) werden erfahrungsgemäß in diesen Phasen seltener realisiert. Und nicht zuletzt besteht die Gefahr einer vorschnellen Ablösung von Anschauungs- und Einsichtsprozessen: wenn Kinder gehäuft richtige Ergebnisse produzieren, mag man geneigt sein, zur Automatisierung überzugehen mit dem Ziel, verlässliche Reiz-Reaktions-Mechanismen aufzubauen. Diese muss es ab einer gewissen Stelle im Lernprozess und bzgl. bestimmter Inhalte durchaus geben (z. B. Einmaleins, Einspluseins), das Problem ist allerdings der verfrühte Übergang dorthin (s. u.).

b) *Automatisierendes Üben vs. entdeckendes Lernen*: Üben als solches, insbesondere aber das automatisierende Üben wird (fälschlicherweise!) als unverträglicher Gegensatz zu Postulaten eines zeitgemäßen Mathematikunterrichts gesehen (vgl. auch Kap. 2.1). Aber bei aller Berechtigung der nachdrücklichen Forderung, entdeckend zu üben und übend zu entdecken (Winter 1984), gibt es nach wie vor – wenn auch wenige – Inhalte der Grundschulmathematik, die ab einer bestimmten Stelle des Lernprozesses *auch* einer Automatisierung zugeführt werden müssen. Die zunehmende Beherrschung grundlegender Rechenfertigkeiten (erworben durch vielfältiges aktiv-entdeckendes Lernen und produktives Üben) soll zu *Routinen* führen, durch die Rechenanforderungen kognitiv handhabbar werden. Von daher ist das automatisierende Üben nicht *als solches* abzulehnen; allerdings müssen die Fragen gestellt werden, *wann* automatisiert werden soll (didaktischer Ort) und *was* für so wichtig erachtet wird, dass es einer Automatisierung wert ist.

c) *Diffuse inhaltliche Zugehörigkeit vs. didaktisch begründeter Kopfrechenkurs*: Ein weiterer Grund für die ›Spröde‹ der Kopfrechenpraxis beruht auf einer recht diffusen inhaltlichen Zugehörigkeit einzelner Fertigkeiten zum Übungsbestand. Bereits früh forderte Oehl, »gewisse grundlegende Stoffe, Zahlbeziehungen und Rechenfunktionen« (1962, 100) zu üben, und um deren möglichst gleichmäßige Berücksichtigung sicherzustellen, hätte die Lehrerin einen monatlichen Plan über diese Übungen anzufertigen. Trotz konkreter Beispiele (ebd.) kann aber noch nicht von einem konsistenten Kurs gesprochen werden, und so war es lange Zeit noch nicht gelungen, den Stellenwert des Kopfrechnens *integrativ* in ein Gesamtkonzept des Mathematiklernens einzubinden (Feiks et al. 1988).

Der sogenannte ›Blitzrechen‹-Kurs (ursprünglich Wittmann/Müller 1990/1992) mit seinen 10 didaktisch ausgewählten Aufgabenkategorien pro Klasse bzw. die Integration in das Zahlenbuch kann als ein Versuch verstanden werden, diese Beliebigkeit auf konzeptionelle Füße zu stellen (vgl. die konzeptionellen Hintergründe des Kurses in den Lehrerbänden zum Zahlenbuch; Wittmann/Müller 2004c/d/2006a und Tab. 1/6). Die jeweiligen Aufgaben bleiben als solche über die Klassenstufen fortführbar bzw. bauen aufeinander auf, decken zentrale arithmetische Lehrplaninhalte der jeweiligen Jahrgangsstufe ab und sind bezogen auf die fundamentalen Ideen der Arithmetik (vgl. Kap. 2.2).

	1. Schuljahr	2. Schuljahr	3. Schuljahr	4. Schuljahr
B 1	Wie viele?	Wie viele? Welche Zahl?	Einmaleins umgekehrt	Zahlen zeigen und nennen
B 2	Zahlenreihe	Ergänzen zum Zehner	Verdoppeln und Halbieren im Hunderter	Ergänzen bis 1 Million
B 3	Zerlegen	Zählen in Schritten	Wie viele? Welche Zahl?	Stufenzahlen teilen
B 4	Immer 10/ Immer 20	Ergänzen bis 100	Zählen in Schritten	Subtraktion von Stufenzahlen
B 5	Verdoppeln	100 teilen	Ergänzen bis 1000	Zahlen lesen und schreiben
B 6	Kraft der Fünf	Verdoppeln und Halbieren	1000 teilen	Zählen in Schritten
B 7	Einspluscins und Umkehrung	Einfache Plus- und Minusaufgaben	Verdoppeln und Halbieren im Tausender	Einfache Plus- und Minusaufgaben
B 8	Halbieren	Zerlegen	Einfache Plusaufgaben, einfache Minusaufgaben	Verdoppeln und Halbieren
B 9	Zählen in Schritten	Einmaleinsreihen (am Feld und Plan)	Zehner-Einmaleins und Umkehrung	Stelleneinmaleins
B 10	Mini-Einmaleins	Einmaleins vermischt	Mal 10, durch 10	Einfache Malaufgaben, einfache Divisionsaufgaben

Tab. 1/6: Die Übungen des Blitzrechen-Kurses[24] (nach Wittmann/Müller 2004c/d/2005b/2006a)

---

24 Einzelne Übungen wurden in Laufe der Jahre seit 1990 geringfügig umgestellt oder anders zusammengefasst. Wir stellen hier die aktuelle Version zum Erscheinungstermin dieser 3. Auflage des vorliegenden Bandes dar.

Jede dieser Blitzrechen-Übungen wird i. S. einer ›Zwei-Phasen-Übung‹ bearbeitet und aufgebaut:

a) *Grundlegungsphase:* Die Übungsform wird an gegebener Stelle vorgestellt und im Unterricht erarbeitet. Vorrangiges Ziel dieser Phase ist die *Einsicht* in die jeweilige Operation – üben lässt sich nur, was vorher verstanden wurde, und solide Zahlvorstellungen sind Voraussetzung auch für blitzartig verfügbares Wissen! Ein vorschneller Übergang zur Automatisierungsphase ist also möglichst zu vermeiden, auch wenn die sich dort zunächst durchaus abzeichnenden Lernerfolge dazu verleiten mögen. Diese sind aber häufig nur vordergründiger und kurzlebiger Natur; langfristig gesehen aber untergraben sie den Aufbau verlässlicher und flexibler Rechenfähigkeiten und -fertigkeiten.

b) *Automatisierungsphase:* Ihr didaktischer Ort liegt am *Ende* der jeweiligen Lernprozesse, nachdem eine tragfähige Verständnisgrundlage sichergestellt ist. Hier kann nun unter behutsamem und bewusstem Verzicht auf anschauliche Hilfen der Übergang zum ›denkenden Rechnen‹ in Angriff genommen werden, d. h. zu einem Rechnen mit *verinnerlichten* Vorstellungen von Zahldarstellungen und Operationen.

Der Blitzrechenkurs ist zz. die einzige *ausgearbeitete* Konzeption für die Kopfrechenpraxis[25]. Gleichwohl wird in der gesamten Mathematikdidaktik übereinstimmend und nachdrücklich die Bedeutung des Kopfrechnens betont.

1.1.7.2 Halbschriftliches Rechnen

»Halbschriftliches Rechnen ist ein flexibles, je auf die Besonderheit der vorliegenden Aufgaben und des Zahlenmaterials bezogenes Rechnen unter Verwendung geeigneter Strategien. Es werden Zwischenschritte, Zwischenrechnungen, Zwischenergebnisse fixiert bzw. Rechenwege verdeutlicht sowie Rechengesetze und Rechenvorteile ausgenützt« (Bauer 1998, 180). Entscheidend ist dabei, dass die Art und Weise dieser *Notation nicht festgelegt* ist, auch wenn die in manchen Schulbüchern vorzufindende Praxis der ›Musteraufgaben‹ das Gegenteil suggerieren kann. Beim halbschriftlichen Rechnen sind auch die Wege zur Lösung nicht vorgeschrieben, was dem Aufgabenlöser größere Freiräume beim Verfolgen eigener Wege erlaubt. Und da es i. d. R. stets mehrere Lösungswege gibt, besteht gerade für Grundschulkinder die Chance, ihrem eigenen Können und Zutrauen gemäß vorzugehen anstatt vorgeschriebenen (und möglicherweise unverstandenen) Wegen folgen zu müssen.

---

25 Für die (auch schulbuchunabhängige) unterrichtliche Umsetzung wurden ›Die ›Blitzrechenkarteien Basiskurs Zahlen‹ entwickelt (Wittmann/Müller 2006b) sowie eine CD-ROM (Krauthausen 1998a/b) für die Automatisierungsphase (vgl. Kap. 3.3.2).

Halbschriftliches Rechnen setzt ein solides Zahlverständnis voraus und macht, v. a. im Zusammenhang mit geschicktem Rechnen vielfachen Gebrauch von Zahlvorstellungen, Zahlbeziehungen und Rechengesetzen. Man spricht deshalb auch von ›halbschriftlichen *Strategien*‹ und nicht von ›*Verfahren*‹ wie beim schriftlichen Rechnen,»da beim halbschriftlichen Rechnen keine Normalverfahren angestrebt werden, sondern es darum geht, geschickt (›strategisch‹) vorzugehen« (Wittmann/Müller 1992, 20).

Die Tatsache, dass Rechenweg und Notation weitgehend freigestellt sind, hat dennoch keine Willkür zur Folge; die Lehrerin muss also in ihrer Klasse nicht mit 28 verschiedenen Lösungswegen und ebenso vielen Notationsweisen rechnen. Wenn Kindern eine Aufgabe vorgelegt und die Art und Weise ihrer Bearbeitung freigestellt wird, dann lassen sich die individuellen Vorgehensweisen in aller Regel einer überschaubaren Anzahl von ›Kategorien‹ zuordnen, wenn auch nicht immer nur in Reinform. Man nennt sie daher *Hauptstrategien* (informieren Sie sich darüber im Detail bei Wittmann/Müller 1992, 20 f. u. 58 ff.), um damit anzudeuten, dass es einerseits *spontan* bevorzugte Vorgehensweisen sind, die aber zum anderen auch fundamentalen *innermathematischen Strukturen, Beziehungen oder Gesetzen* entsprechen. Das Benennen der verschiedenen Strategien ist zur späteren Kommunizierbakeit nicht unerheblich und kann für die Kinder das Charakteristische bestimmter Strategien verdeutlichen (vgl. z. B. Scherer/Hoffrogge 2004).

Erfahrungsgemäß fällt es Studierenden häufig schwer, sich insofern auf die Vielfalt möglicher Strategien einzulassen, dass sie auch *selbst* flexibler mit ihnen umzugehen lernen und sich von einem evtl. gewohnten starren Rechenweg zu emanzipieren, wenn es die Aufgabenstellung nahelegen würde. Sie sollten also halbschriftliche Strategien nicht nur ›lehren‹, sondern auch selbst flexibel nutzen können. Der Nachvollzug der o. g. halbschriftlichen ›Hauptstrategien‹ (z. B. in einer Vorlesung oder bei der Lektüre der Fachliteratur) suggeriert nämlich häufig, man hätte sie (natürlich!) verstanden. Werden sie aber einmal unversehens gebraucht, dann stellen Studierende ebenso häufig fest, dass ein selbstverständlicher Gebrauch eben ohne hinreichende Übung doch nicht möglich ist. Wir empfehlen Ihnen daher exemplarisch die ausdauernde Bearbeitung der folgenden Aufgabe[26]:

---

26 Natürlich ist auch damit allein noch keine Handlungskompetenz oder Performanz zu erzielen, so dass Sie weitere Gelegenheiten nutzen sollten, eine entsprechende Geläufigkeit und Flexibilität im Gebrauch der Strategien zu erwerben.

- Berechnen Sie die Aufgaben 710–645 und 599+342 im Zehnersystem mit den halbschriftlichen Strategien Stellenwerte extra, Schrittweise, Vereinfachen, Hilfsaufgabe sowie Ergänzen (die Strategien finden Sie z. B. bei Wittmann/Müller 1992, 20 f. u. 58 ff.).
- Übersetzen Sie die Zahlen beider Aufgaben ins Neunersystem (vgl. Kap. 1.1.5.2), und wenden Sie die genannten Strategien erneut an. (Diese Verfremdung lenkt Ihren Blick besonders auf die essenziellen Aspekte.)

Weitere Übungsformen zum halbschriftlichen Rechnen finden Sie u. a. in Wittmann/Müller 1990/1992.

Radatz et al. (1998) bevorzugen statt des Begriffs ›halbschriftliches Rechnen‹ den Terminus ›gestütztes Kopfrechnen‹, weil es sich beim halbschriftlichen Rechnen im Grunde ja um ein Kopfrechnen handelt, das durch Notationen abgestützt wird (ebd., 42). In der Tat geht es um ein Rechnen mit »halbschriftlichen Methoden im Kopf [...]. Kopfrechnen und halbschriftliche Methoden stehen also in einem sehr engen, sich *wechselseitig* befruchtenden Zusammenhang« (Krauthausen 1993, 201; Hervorh. i. Orig.).

Nachdem Sie sich in der o. g. Aufgabe einen gewissen praktischen Erfahrungshintergrund zu den halbschriftlichen Hauptstrategien erworben haben, können Sie diese Fähigkeiten in der folgenden Aufgabe zur Analyse von Schülerdokumenten anwenden:

Einer 4. Klasse wurde die Aufgabe gestellt: »Wie viele Stunden hat ein Jahr?« (Walther 1982; Krauthausen 1995c[27]). Die Gruppenergebnisse wurden auf Plakaten vorgestellt und führten zu den in Abb. 1/22 gezeigten Vorgehensweisen.
- Studieren Sie diese Strategien der vier Gruppen.
- Welche Hauptstrategien (bezogen auf die Multiplikation) nach Wittmann/Müller lassen sich darin finden? Zeigen Sie die jeweiligen Entsprechungen und Unterschiede.

---

27 Die schriftliche Multiplikation war noch nicht eingeführt, und Erfahrungen mit einer *Vielfalt* an halbschriftlichen Strategien lag in dieser Klasse auch nicht vor.

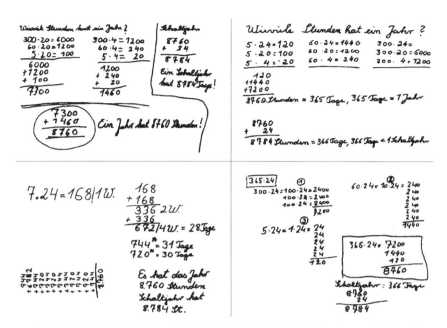

Abb. 1/22: Ergebnisse: »Wie viele Stunden hat ein Jahr?« (aus Krauthausen 1995c, 18)

1.1.7.3 Schriftliche Rechenverfahren

Beim schriftlichen Rechnen handelt es sich im Wortsinn um ›Verfahren‹ bzw. Algorithmen. Ein Algorithmus ist ein für seine spezifischen Anwendungsfälle (z. B. Multiplikationen) allgemein gültiges, in seiner Abfolge festgelegtes, eindeutig beschriebenes Verfahren, das nach endlich vielen Schritten und unabhängig von der Person, die diesen Algorithmus durchführt, zur Lösung führt (vgl. Krauthausen 1993, 192). Im Gegensatz zu den erwähnten halbschriftlichen Strategien sind also der Lösungsgang und auch die Notation festgeschrieben, wobei es sich um Konventionen handelt (in anderen Ländern weichen diese durchaus ab; vgl. Glumpler 1986; Padberg 2005). Selbst die Sprechweise, die die Kinder bei der Erstbegegnung mit schriftlichen Rechenverfahren im Unterricht erlernen, ist vorgeschrieben (vgl. die Lehrpläne der Bundesländer). Ein weiterer Unterschied zu halbschriftlichen Strategien besteht darin, dass bei schriftlichen Rechenverfahren mit Ziffern gerechnet wird, d. h., die Voraussetzungen an die Differenziertheit des Zahlverständnisses und der Zahlvorstellungen sind geringer als beim halbschriftlichen Rechnen (s. o.).

Das mag ein Grund sein für die hohe Motivationskraft des schriftlichen Rechnens bei Kindern, die ansonsten eher zu den langsamer oder erschwerter Lernenden gezählt werden: Wer die Funktionsweise des Verfahrens nicht verstanden hat, kann es dennoch aufgrund des algorithmischen Charakters (›Rechen-Rezept‹) praktizieren, da die ›Regeln‹ für die Ziffernmanipulation und die Notation vergleichsweise einfach zu behalten und die Teilaufgaben (aus dem Einmaleins oder Einspluseins) leicht zu berechnen sind. Die schriftlichen Rechenverfahren sollen allerdings unter ausdrücklicher Anbindung an das Kopfrechnen und die halbschriftlichen Strategien entwickelt werden (vgl. z. B. Scherer/Steinbring 2004b), also *verständnisgestützt* ausgeführt werden können, und zwar (u. U. mit Ausnahme der schriftlichen Division, die nur verstanden werden soll) bis zur sicheren Beherrschung und Anwendung (z. B. MSJK 2003, 76). Und hier besteht potenziell die Gefahr einer vorschnellen Abkopplung von Einsichtsprozessen zugunsten einer verfrühten Geläufigkeitsschulung und auf Kosten des Verstehens. Das dabei angeführte ›Argument‹: »Wenn sie schon nicht verstehen, warum das Verfahren so funktioniert, dann sollen sie es doch wenigstens durchführen können.«

Intensivere Diskussionen in der Fachdidaktik über das eine oder andere schriftliche Rechenverfahren betrafen seltener die Addition oder die Multiplikation, sondern v. a. die schriftliche Division (multiplikative oder Divisionsschreibweise, Notation von Resten; vgl. u. a. Sorger 1984; Winter 1978) sowie die schriftliche Subtraktion. Für Letztere gibt es selbst in den deutschsprachigen Ländern fünf verschiedene Kombinationen (vgl. Wiegard 1977) aus Verfahren (abziehen, ergänzen) und – im Falle von Überträgen – Techniken (auffüllen, erweitern, borgen/zerlegen). Zur schriftlichen Subtraktion gab es in der jüngeren Vergangenheit eine angeregte Diskussion (u. a. Bedürftig/Koepsell 1998; Lorenz 1995c; Mosel-Göbel 1988; Padberg 1998; Radatz/Schipper 1997; Wittmann 1997d/e, 1998b), insbesondere um die Frage ›Abziehverfahren oder Ergänzungsverfahren?‹ bzw. die Möglichkeit einer generellen Freigabe des Verfahrens. Nach Jahren verpflichtender Reglementierung des Verfahrens und der Übertragstechnik inkl. der jeweiligen Schreib- und Sprechweise sind neuere Lehrpläne i. d. R. dazu übergegangen, den Lehrerinnen größere Entscheidungsräume zu belassen und ihnen die Wahl des Verfahrens freizustellen, so z. B. NRW, Bremen und Hamburg (MSJK 2003, 76; SBW 2001, 56 u. 64; BBS 2003, 26). Bayern bezeichnet das Abziehverfahren als »Richtverfahren« und lässt nur »in Einzelfällen« auch das Ergänzungsverfahren zu (BSUK 2000, 31). In der Endform ist auch die Sprechweise vorgeschrieben (ebd., 300).

Gemessen an der jeweiligen Bedeutung von halbschriftlichem und schriftlichem Rechnen in der Grundschule, die durch ein weitgehend übereinstimmendes Plädoyer zur Stärkung des Ersteren und zur Relativierung des Letzteren in der fachdidaktischen Diskussion gekennzeichnet ist (s. u.), gehört ein ›Streit‹ zum Pro und Contra des Ergänzungs- vs. des Abziehverfahrens unserer Meinung nach jedenfalls nicht zu den drängendsten Fragen der Mathematikdidaktik.

Eine Aufgabe, mit der Sie Ihr eigenes (tatsächliches!) Verständnis für die Funktionsweise der schriftlichen Rechenverfahren überprüfen können, haben wir bereits in Kap. 1.1.5.3 angegeben. Wir erweitern sie hier wie folgt:

- Führen Sie zu jeder Grundrechenart einige Berechnungen nach dem in Ihrem Bundesland vorgeschriebenen schriftlichen Verfahren durch, wobei Sie zunächst im Zehnersystem rechnen können, dann aber (zur Verfremdung und Konzentration auf das Prinzipielle) die Berechnungen in einem nicht-dezimalen Stellenwertsystem vornehmen sollten (also bspw. zur Basis 5, 6, 7, oder 8).
- Berechnen Sie jeweils auch die Probe (mithilfe unterschiedlicher Verfahren).
- Führen Sie schriftliche Subtraktionen auch nach den bei Wiegard (1977) aufgeführten alternativen Verfahren durch – wahlweise im Zehner- oder einem nicht dezimalen Stellenwertsystem.

1.1.7.4 Taschenrechner

Hierzu verweisen wir auf Kap. 3.3.1, in dem wir uns intensiver mit diesem Rechengerät auseinandersetzen werden. Zudem wird im folgenden Abschnitt noch etwas zu seiner Einordnung bzw. seiner Beziehung zu den anderen Rechenmethoden gesagt werden.

1.1.7.5 Zum Verhältnis der vier Rechenmethoden

Zurückgreifend auf einen Aufsatz von Plunkett (1987) und vor dem Hintergrund des Paradigmas aktiv-entdeckenden und sozialen Lernens hat Krauthausen (1993) sich intensiver mit dem Stellenwert befasst, der den o. g. Rechenmethoden traditionell und im Hinblick auf zeitgemäßes Mathematiklernen zugesprochen wird bzw. werden sollte. Demnach wird im Rahmen einer traditionellen Sichtweise das Kopfrechnen als ›Pflichtübung‹, das halbschriftliche Rechnen als (eher unelegante) ›Durchgangsstation‹ zur Vorbereitung auf das schriftliche Rechnen beschrieben und das schriftliche Rechnen als ›Krönung‹ oder Höhepunkt des Rechenunterrichts in der Grundschule bezeichnet. Konsequenterweise kann der Taschenrechner kaum anders denn als ›Rechenvermeidungsgerät‹ verstanden werden, was auch seine lange Abstinenz in unterrichtlichen Zusammenhängen erklärt. Demgegenüber wird die relativierte Sichtweise wie folgt skizziert: Das Kopfrechnen ist ›Grundbaustein‹ des Rechnens (insbesondere mit den Kriterien, wie sie in 1.1.7.1 zum Blitzrechnen formuliert wurden). Die halbschriftlichen Strategien als eine ökonomische Rechenart für eine Vielzahl von Rechenanforderungen rücken ins ›Zentrum‹, und die schriftlichen Normalverfahren stellen (als *eine* weitere Rechenart) eine ›Abrundung‹ dar. Der Taschenrechner erhält dann unter dem Primat der Didaktik eine wichtige ›Hilfsmittel‹-Funktion.

Die Vormachtstellung der schriftlichen Rechenverfahren im Rahmen der traditionellen Sichtweise lässt sich u. a. durch ihre Effizienz und ihre schulische Tradition erklären. Gleichzeitig lassen sich aber ebenso Gründe für ihre schwindende Bedeutung angeben, wie auch im Gegenzug für eine Aufwertung des halbschriftlichen Rechnens. Die Forderung nach einer *Schwerpunktverlagerung* scheint weitgehend konsensfähig in der fachdidaktischen Diskussion zu sein, und auch neuere Schulbücher räumen (wenn auch mit unterschiedlicher Konsequenz) dem halbschriftlichen Rechnen mehr Zeit und ein breiteres Spektrum ein. Bauer (1998) bringt sein Anliegen zum Ausdruck, »dass es trotz dieser Umorientierung nach wie vor wichtige Argumente gibt, die auch künftig eine gründliche Behandlung der Normalverfahren des schriftlichen Rechnens erforderlich machen« (ebd., 179). Er plädiert daher dafür, »bei dem gegenwärtig stattfindenden Vorgang der Austarierung der Gewichte verschiedener Formen des Rechnens die Bedeutung der Normalverfahren des schriftlichen Rechnens nicht aus dem Auge zu verlieren, sondern angemessen zu entfalten und zu berücksichtigen« (ebd., 182).

Zusammenfassend lässt sich festhalten, dass es in der Diskussion nicht um eine Eliminierung schriftlichen Rechnens aus dem Grundschulcurriculum geht, sondern um das *»Plädoyer für eine Neubestimmung des Stellenwertes* der angesprochenen Bereiche. Angesichts heutiger Erkenntnisse ist eine Revision erforderlich, die sich auf die *spezifischen* Merkmale, Zielsetzungen und Stärken der jeweiligen Methoden besinnt. In gewisser Weise ist dazu der Rückgriff auf bewährte Ideen aus der Geschichte der Rechenbzw. Mathematikdidaktik hilfreich, weshalb hier bewusst von ›Revision‹ und nicht von ›Revolution‹ gesprochen wird« (Krauthausen 1993, 190; Hervorh. i. Orig. Eine erneute Analyse der aktuellen Situation liefert Krauthausen 2003a u. 2004b; vgl. auch Threlfall 2002, der einige neue Aspekte in die Diskussion eingebracht hat). Angesichts der vielfältigen Argumente (vgl. Bauer 1998), welche die unbestreibare Bedeutung von Algorithmen (im Unterricht, in der Mathematik, für außerschulische Aspekte) darlegen, wäre aber zu bedenken, dass es auch hierbei *schulstufenspezifisch unterschiedliche Gewichtungen* geben kann. So stellen etwa schriftliche Rechenverfahren leicht zugängliche Beispiele für algorithmisches Vorgehen in der Mathematik dar, deren Analyse und auch Konstruktion im Mathematikunterricht (v. a. der Sekundarstufen) thematisiert werden sollte; in der Grundschule ist das nur mit Einschränkungen möglich. Effizienzargumente mögen auch bereits in der Grundschule in *gewissen* konkreten Anwendungszusammenhängen angebracht sein; für das *Erlernen* der schriftlichen Rechenverfahren allerdings treten sie zunächst einmal in den Hintergrund. Die Frage nach einer Schwerpunktverlagerung oder Austarierung der Gewichte hätte also stets ihren jeweiligen ›didaktischen Ort‹ und die damit verbundenen spezifischen und primären Zielsetzungen zu berücksichtigen.

- Studieren Sie die Texte von Krauthausen (1993/2003a/2004b), Bauer (1998) und Threlfall (2002).
- Sammeln Sie Pro- und Contra-Argumente zum halbschriftlichen Rechnen und zu den schriftlichen Normalverfahren.

- Simulieren Sie zu zweit ein ›Streitgespräch‹ zwischen Lehrerinnen über die in 1.1.7.5 skizzierte Problematik. Nehmen Sie dazu gegensätzliche Positionen ein und führen Sie vielfältige Argumente für ›Ihre‹ Position ins Feld.
- Evtl. als Zuschauer teilhabende Personen sollten anschließend das ›Streitgespräch‹ kommentieren und auswerten.

1.2 Geometrie

Wir wollen dieses Kapitel einleiten durch ein Beispiel, welches einige zentrale Inhalte und Ziele des Geometrieunterrichts realisieren kann. Es handelt sich um Aktivitäten am *Geobrett* (Nagelbrett), einem ebenso gehaltvollen wie wahrscheinlich unterschätzten, jedenfalls häufig vernachlässigten Arbeitsmittel (vgl. Radatz/Rickmeyer 1991; Rickmeyer 1997/ 2000; Senftleben 1996a u. 2001a/b; Steibl 1997). Es ist in verschiedenen Größen erhältlich (z. B. 3x3, 4x4 oder 5x5; vgl. Abb. 1/23), die entweder in einer Holz- oder Kunststoffversion (auch für den Tageslichtprojektor geeignet) gekauft oder aber aus Holz selbst hergestellt werden können. Benötigt werden zusätzlich noch handelsübliche Gummiringe.

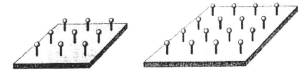

Abb. 1/23: 3x3- bzw. 4x4-Geobrett (aus Rickmeyer 2000, 20)

Eine wesentliche Einsatzmöglichkeit ist die *Herstellung* und *Beschreibung* ebener Figuren. Mögliche Aktivitäten bspw. am 3x3-Brett wären das Spannen bestimmter Formen, z. B. Dreiecke, oder das (Nach-)Spannen vorgegebener Figuren (Abb. 1/24; vgl. auch Götze/Spiegel 2006): Bezeichnet man die Nägel des Brettes (z. B. mit Buchstaben[28]), dann lassen sich diese gezielt ansprechen und damit für ›Spanndiktate‹ nutzen, bei denen ein Kind den Spannverlauf durch das Diktat der entsprechenden Buchstaben vorgibt und von den anderen Kindern befolgt wird (vgl. Radatz et al. 1999, 148 f.). Natürlich lässt sich Vergleichbares auch mit Raumorientierungsbegriffen wie rechts, links, waagerecht, senkrecht, diagonal, hoch, runter, schräg und/oder Angabe von Nägelanzahlen bewerkstelligen. Diese Variante hat den Vorteil, dass begleitend diese wichtigen Begrifflichkeiten geübt werden, die ja in weiteren (geometrischen und arithmetischen) Zu-

---

28 Eine im Handel erhältliche (transparente und damit für den OHP geeignete) Plastikversion des Geobrettes hat diese Buchstaben bereits aufgedruckt.

sammenhängen des Grundschulunterrichts immer wieder auftauchen[29]; vgl. auch die Möglichkeit der Koordinatendarstellung.

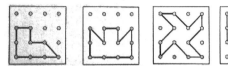

Abb. 1/24: Spanndiktate am 4x4-Brett (aus Radatz et al. 1999, 149)

In einem nächsten Schritt könnten *alle* (wesentlich verschiedenen) *Dreiecke* (oder auch Vierecke) gesucht werden (vgl. Rickmeyer 2000; Senftleben 2001a/b). Abb. 1/25 zeigt (ausschnittweise) das Arbeitsblatt von Pasko (1. Kl.), dem dies für die Dreiecke am 3x3-Brett in der Tat gelang und zwar nicht zuletzt durch sein systematisches Vorgehen, das er in seinen Protokollskizzen durch Pfeile andeutete (ein Dreieck bestimmter Größe kann durch Verschieben verschiedene Lagen auf dem Brett einnehmen[30]; ähnlich ging er für Dreiecke anderer Größen oder Formen bzw. für geklappte Figuren vor).

Das Geobrett eignet sich auch für Erfahrungen zur *Symmetrie*: Hierzu könnten symmetrische Figuren zu einer Achse (hier: Brettkante, -mittellinie, -diagonale) gespannt werden oder gespannte Figuren auf Symmetrie hin untersucht werden. Versuchen Sie einmal selbst, auf dem 3x3-Brett jeweils ein Sechseck mit genau einer, zwei oder gar keiner Symmetrieachse zu spannen (Gibt es mehrere?). Weitere denkbare Ziele und Inhalte, die mit dem Geobrett zu realisieren sind, betreffen erste Einsichten in Flächeninhalt und -umfang sowie zu Bruchteilen

Abb. 1/25: Paskos Strategie zum Auffinden verschiedener Dreiecke (1. Kl.)

---

29 Dass es sich hierbei nicht um eine Trivialität handelt, lässt sich u. a. daran ersehen, dass viele unserer Studierenden häufiger die Begriffe horizontal und vertikal verwechseln (ebenso wie die Begriffe Zeile, Spalte, Diagonale – z. B. bei Beschreibungen an der Einmaleinstafel).

30 Unter der Maßgabe, dass es sich um *wesentlich* verschiedene Dreiecke handeln soll, dürften seine abgebildeten vier Dreiecke natürlich nur als eines gezählt werden, da ›wesentlich‹ verschieden meint: in seinem Wesen anders. Demnach würden alle durch Drehung, Spiegelung oder Verschiebung erzeugten Dreiecke als gleich gelten.

(vgl. Besuden 1998; Radatz/Rickmeyer 1991; Radatz et al. 1998; Rickmeyer 1997/ 2000; Senftleben 1996a u. 2001a/b).

1.2.1 Zur Situation des Geometrieunterrichts in der Grundschule

Geometrie führt in der Praxis des Grundschulunterrichts gegenüber der Arithmetik und dem Sachrechnen auch heute manchmal noch ein *Mauerblümchendasein*, obwohl sich die Verhältnisse in den letzten Jahren doch auch spürbar verbessert haben, wie ein Blick in aktuelle Schulbücher oder Lehrpläne zeigt. Gleichwohl fallen geometrische Erfahrungsbereiche und Inhalte dem (vermeintlichen) Zeitdruck oft als Erste zum Opfer. Radatz/Rickmeyer (1991, 4) sahen dafür Anfang der 90-er Jahre folgende Gründe:

- *Vernachlässigung der Geometrie in der Lehrerausbildung:* Abgesehen von der Tatsache, dass für angehende Grundschullehrerinnen nicht in allen Bundesländern Mathematik zum Pflichtfach gehört, war die Geometrie (inkl. ihrer Didaktik) im Veranstaltungsangebot durchaus nicht immer hinreichend breit vertreten. In Kombination mit häufig fehlenden schulischen geometrischen Hintergründen der Studierenden kann daraus eine große fachliche und fachdidaktische Unsicherheit resultieren, und zwar sowohl bzgl. möglicher Inhalte wie auch bzgl. tragfähiger Eigenerfahrungen mit einem aktiven *Geometrietreiben*. In der Folge kann es nicht verwundern, dass Geometrie nur einen ›Intermezzo-Charakter‹ und punktuell z. B. zur ›Auflockerung nach anstrengender Rechenarbeit‹ in den Unterricht eingestreut wird. Die Fülle von Anregungen und v. a. ihre geometrisch-mathematische Substanz und Bedeutung, die der Geometrieunterricht de facto ermöglichen *könnte* (vgl. Radatz/Rickmeyer 1991; Franke 2000), wird aufgrund des mangelnden Hintergrundwissens nicht erkannt oder kaum gewürdigt. Das mag kurzfristig zu einem schlechten Gewissen führen, weil man etwas aus dem Buch weggelassen hat. Das Störgefühl verliert sich aber recht schnell, weil es ja nicht die für wichtiger erachtete Arithmetik betrifft.

- Geometrie gilt als *vergleichsweise schwer zu unterrichten*, was zum einen an dem eben genannten Verhältnis der Lehrerinnen zur Geometrie liegt, zum anderen aber ist Geometrieunterricht relativ aufwendig, da er vernünftigerweise kaum als Buchunterricht ablaufen kann, sondern den Einsatz von weiteren Materialien erfordert. Erhöhter Materialeinsatz geht aber auch mit größerer Lebendigkeit einher, die nicht von allen Lehrerinnen als normal bzw. als eine *produktive* Unruhe verstanden oder auch ertragen wird.

- In *Schulbüchern* stehen die Geometrieanteile möglicherweise willkürlich eingestreut und vergleichsweise isoliert von arithmetischen Fragestellungen, sinnvolle Interdependenzen werden dann zu wenig explizit gemacht und nahegelegt. Auch dieses unterstützt das erwähnte Überspringen oder Zurückstellen dieser Seiten.

- Geometrische Leistungen der Kinder sind *schwerer abprüfbar und zensierbar* als arithmetische, wo es durch subjektive Punkteverteilungen zumindest das Gefühl einer objektiven Leistungsbeurteilung gibt (vgl. aber hierzu auch Kap. 4.6).

Wie bereits angedeutet, hat sich seit 1991, als Radatz/Rickmeyer die o. g. Einschätzungen formulierten, an manchen Stellen durchaus einiges getan. Um sie also nicht unreflektiert fortzuschreiben, sollten jeweils die aktuellen Bedingungen in den Blick genommen werden (Lehrpläne, Schulbücher, Materialien, Fachliteratur, Angebote in der Lehrerbildung).

Backe-Neuwald (1998) hat die Einschätzungen aus der fachdidaktischen Literatur durch eine Befragung von über 120 Lehrerinnen und Lehramtsanwärterinnen ergänzt, um so eine Momentaufnahme der gegenwärtigen unterrichtlichen Praxis des Geometrieunterrichts zu gewinnen. Ihr Fragebogen umfasste die folgenden Leitfragen:

- »Welche geometrischen *Inhalte* sind den LehrerInnen besonders wichtig, welche werden in der Praxis umgesetzt?
- Wie bewerten die LehrerInnen das von ihnen eingesetzte *Schulbuch* im Hinblick auf Unterrichtsplanung und -durchführung?
- Mit welchen *Materialien* sind die LehrerInnen vertraut, und wie werden diese Materialien im Unterricht eingesetzt?
- Welche *Bedeutung* wird den *ausgewählten Zielen* ›Förderung des räumlichen Vorstellungsvermögens‹ und ›Beitrag zur Umwelterschließung‹ beigemessen?
- Gilt der Geometrieunterricht in den Augen der LehrerInnen als vernachlässigt? Wenn ja, welche *Ursachen* werden dafür verantwortlich gemacht?
- Welche geometrischen *Aktivitäten* werden in anderen Unterrichts-Fächern thematisiert?« (ebd., 1; Hervorh. GKr/PS).

Die Auswertung hat die o. g. Einschätzung der Geometrie im Mathematikunterricht der Grundschule bestätigt. Die Befragten verstehen sie in der Tat eher als einen ›Nebenschauplatz‹ des Mathematikunterrichts. »Hier erscheint Rechtfertigungsbedarf hinsichtlich der fundamentalen Ideen des Geometrieunterrichts, die trotz Zeitnot und Themenfülle wert sind, im Unterricht berücksichtigt zu werden« (ebd., 2; vgl. Kap. 1.2.2).

Ebenso bestätigt werden konnte das vergleichsweise isolierte Nebeneinander von Geometrie und Arithmetik. Auch wurden die Einflüsse negativer Erfahrungen mit Geometrie aus der eigenen Schulzeit der Befragten offenkundig: »Zu befürchten ist die Gefahr der ›Infizierung‹, indem die eigene emotionale Ablehnung der Geometrie von der Lehrperson auf die Kinder übertragen wird« (ebd. 3), und das kann u. U. auch unbewusst geschehen oder aber dadurch, dass man den Kindern entsprechende Angebote vorenthält.

Offensichtlich erfreuten sich v. a. Inhalte des 1./2. Schuljahres besonderer Beliebtheit, wohingegen solche der 3./4. Klasse eher vernachlässigt wurden, wofür u. a. die evtl. fehlende Fachkompetenz ein Erklärungsmuster sein mag. Dennoch stimmten knapp

80 % der Befragten der These zu, dass der Geometrieunterricht in der Grundschule vernachlässigt würde. Die Hauptursachen wurden zu 90 % in der Dominanz arithmetischer Inhalte und dem damit einhergehenden Zeitproblem gesehen, aber auch in der Materialintensität des Geometrieunterrichts (63 %). 43 % nannten diese beiden Gründe kombiniert.

Backe-Neuwald kommt zu dem Schluss, dass es bis heute nicht gelungen sei, ein überzeugendes Konzept für den Geometrieunterricht vorzulegen, das die Vorzüge, Möglichkeiten und Chancen der Geometrie für die kognitive und emotionale Entwicklung von Kindern plausibel machen würde.

Im Unterschied zur Arithmetik ist die Geometrie in der Grundschule nicht als Lehrgang konzipiert und wird daher nicht so systematisch entwickelt. Es wird eher der propädeutische Charakter des Geometrieunterrichts in der Grundschule betont. In *gewissem* Sinne ist er eine Vorbereitung und Grundlage für den systematischen Geometrieunterricht in der Sekundarstufe I; dies ist aber gemeint i. S. des Spiralcurriculums (vgl. Kap. 2.2) und nicht als Vorwegnahme inhaltlicher Systematik, Begrifflichkeiten oder formalerer Betrachtungsweisen und Berechnungen der Sekundarstufe, die möglicherweise in einen bloßen ›Figuren-Erkennungsdienst‹ oder das ›Abhandeln des Würfels‹ ausartet (De Moor/Van den Brink 1997, 16). Der Geometrieunterricht in der Grundschule hat also durchaus eine eigenständige Bedeutung: Er soll konkrete Handlungserfahrungen ermöglichen, Raumerfahrungen vertiefen und geometrische Verfahren und Techniken, das Geometrietreiben, erproben lassen. Das ist nicht gleichbedeutend mit bloßen ›Spielereien‹: »Leitziel für den Geometrieunterricht auf der Grundschule sei es, dass Geometrie unterrichtet werde […] Wird das ›ich sehe es so‹ durch Stammeln des Schülers oder durch auferlegte Erklärungen des Lehrers ersetzt, so ist man didaktisch keinen Schritt weiter. Jeder, der zu unterrichten hat, prüfe bei sich selber, wie schwer es sein kann, das, was man klar und deutlich sieht, auch noch zu begründen« (Freudenthal 1978, 267).

Kehrseite der Medaille eines nicht existierenden Lehrgangs ist allerdings die dann mögliche Beliebigkeit der Inhalte. Es sollte also darüber nachgedacht werden, ob nicht das Fehlen eines Lehrgangs – oder wenigstens einer plausiblen und stärkeren Strukturierung des geometrischen Programms in der Grundschule – z. T. auch *mitverursachend* für die genannten Probleme wirken kann. De Moor/Van den Brink (1997, 16) lehnen zwar einen stark strukturierten Lehrgang ab, wollen damit aber nicht so verstanden werden, »dass wir nicht zumindest eine globale Beschreibung des Programms benötigen.« Wittmann (1999b) wagt die Behauptung, »dass der Hauptgrund für die schwache Position der Geometrie im Unterricht aller Stufen im Fehlen eines stufenübergreifenden didaktischen Konzeptes zu suchen ist, das den fachlichen Strukturen der Geometrie, den jeweiligen psychologischen Voraussetzungen der Lernenden und auch den Erfordernissen der Lehrerinnen und Lehrer gleichermaßen gerecht wird« (ebd., 209). Damit ergäbe sich hier ein nicht triviales Aufgabengebiet für die zukünftige mathematikdidaktische Entwicklungsforschung.

Eine denkbare Strukturierung böte sich etwa an durch eine konsequentere Ausrichtung und Orientierung an den *fundamentalen Ideen der Geometrie*; vgl. Kap. 1.2.2). Diese ließen sich in natürlicher Weise entfalten, würde man »zunächst eher von schönen, motivierenden Beispielen und Aktivitäten ausgehen, die sozusagen eine *paradigmatische Wirkung* haben können« (De Moor/van den Brink 1997, 17; Hervorh. GKr/PS). Zu ›*Kernbereichen*‹ in dieser Hinsicht zählen die Autoren: Orientieren & Anvisieren; Anvisieren & Abbilden; Praktisches anschauliches Denken und ›Beweisen‹; Transformieren; Konstruieren & Messen (ebd., 16 f.).

In vergleichbarer Absicht schlagen Radatz/Rickmeyer (1991, 9 f.) die folgenden neun ›*Rahmenthemen*‹ vor:

- *Geometrische Qualitätsbegriffe*: Adjektive wie dick, dünn, hoch, spitz, schief etc. sind i. d. R. mehrdeutig. Hier liegt auch ein Vergleich von Umgangs- und Fachsprache unter geometrischen Aspekten nahe.

- *Räumliche Beziehungen*: dahinter, daneben, links/rechts von ..., gegenüber usw.

- *Ebene Figuren und Formen:* Quadrate, Rechtecke, Dreiecke, Kreise, (Haus der) Vierecke erkennen, legen, herstellen, Eigenschaften untersuchen, ...

- *Körperformen*: Würfel, Quader, Kugeln in der Umwelt finden, ihre Eigenschaften beschreiben, als Modelle herstellen, ...

- *Symmetrieeigenschaften*: Achsensymmetrie, aber auch die im Unterricht oft weniger berücksichtigte Dreh- und Schubsymmetrie (Bandornamente, Muster, ...)

- *Abbildungen und Bewegungen*: an und mit Objekten (vergrößern/verkleinern, drehen, verschieben, klappen, ... (vgl. Besuden 1985b: Kippbewegungen der Streichholzschachtel o. Ä.)

- *Netze und Wege, Strecken und Linien*: beschreiben und zeichnerisch darstellen; (unikursale) Durchlaufbarkeit von Netzen

- *Geometrische Größen*: Messen von Strecken, Flächen und Rauminhalten; Vermessen von Körpern

- *Geometrisches Zeichnen*: sachgerechter Umgang mit Lineal, Geodreieck, Zirkel, Schablonen; frühzeitiges Anleiten zum Freihandzeichnen geometrischer Figuren.

- Studieren Sie die soeben skizzierten Vorschläge zur Strukturierung des Geometrieunterrichts der Grundschule, d. h.: die fünf ›Kernbereiche‹ bei De Moor/Van den Brink (1997), die neun ›Rahmenthemen‹ bei Radatz/Rickmeyer (1991, 9 f.) und die ›fundamentalen Ideen der Geometrie‹ bei Wittmann/Müller 2004c, 8) bzw. in Kap. 1.2.2.

- Konkretisieren Sie die einzelnen Vorschläge durch selbst gewählte geeignete Unterrichtsbeispiele (geometrische Aktivitäten).
- Vergleichen Sie die Vorschläge der drei Autorenteams im Hinblick darauf, wo sie sich decken, wo sie miteinander vereinbar sind oder sich ggf. voneinander unterscheiden.

Ohne Zweifel gibt es zwingende Gründe für eine bewusste(re) Förderung geometrischer Fähigkeiten (vgl. u. a. Radatz/Rickmeyer 1991):

1. Der Geometrie kommt eine fundamentale Bedeutung für die generelle geistige Entwicklung zu.

Raumvorstellung wird in psychologischen Theorien als ein Primärfaktor für Intelligenz gesehen (vgl. Franke 2000, 29 ff.). Das Denken entwickelt sich durch die Verinnerlichung von Handlungen, d. h. in der aktiven Auseinandersetzung des Menschen mit seiner räumlichen Umwelt (Piaget). Begriffsbildung erfolgt dabei nicht durch das Ablesen relevanter Eigenschaften, sondern durch konkretes Umgehen mit Materialien im realen Raum. Das schlägt sich nicht zuletzt in unserer Sprache nieder, die mit zahlreichen geometrischen Bildern durchsetzt ist (vgl. u. a. Winter 1971): zurück*greifen* auf, da machst du dir keine *Vorstellung* von, *vordergründige* Argumentation, *oberflächliches* Denken, *Höhen*flug der Gedanken, *Dreiecks*verhältnis, *Kreis*lauf, *Parallel*schwung, Stoß*kante*, *kugelrund*, *Außen*stürmer, *Dreh*wurm, *Wendel*treppe, *Mittel*wert, *Kreuz*gang, *Netz*werk, *Rundweg* usw.

Zentral für die Stellung des Geometrieunterrichts ist v. a. die Tatsache, dass sich geometrische Fähigkeiten der Kinder gerade während ihrer Grundschulzeit *besonders stark* entwickeln. Es wäre ausgesprochen bedauerlich, ja unverantwortlich, würde man ausgerechnet diese sensible Phase ungenutzt lassen, denn es ist sehr wahrscheinlich, »dass wir etwas […] unwiderruflich verpassen, wenn wir Kinder im Grundschulalter nicht der Geometrie zuführen« (Freudenthal 1978, 265). Auch Clements/Sarama (2000) betonen, dass etwa die Fähigkeit, geometrische Muster spontan zu ›sehen‹, nicht der *Beginn*, sondern das *Ergebnis* geometrischer Wissensentwicklung sei; der Beginn liege in der frühen aktiven Einwirkung auf die uns umgebende Welt, und von daher sollte die geometrische Unterweisung frühzeitig beginnen. »Unsere Forschung und die von Gagatsis und Patronis (1990) zeigen, dass sich die konzeptionellen Vorstellungen von geometrischen Formengebilden bei jungen Kindern im Alter von 6 Jahren stabilisieren, wobei diese Konzepte nicht notwendigerweise korrekt sein müssen. Als Lehrerinnen und Lehrer können wir daher eine Menge dafür tun, um Lehrplanvorgaben stützend zu ergänzen, weil diese häufig nicht die Lösung, sondern Teil des Problems sind« (Clements/Sarama 2000, 487 u. die dort angegebene Lit.; Übers. GKr/PS).

60

2. Die Geometrie leistet einen bedeutsamen Beitrag zur Umwelterschließung.

Unsere Umwelt ist allerorten geometrisch strukturierbar. Grundlegende Fähigkeiten der Raumvorstellung, der Orientierung im Raum, der visuellen Informationsaufnahme und -verarbeitung sind unerlässlich, um sich in der Umwelt zurechtzufinden. Hierzu bedarf es gezielter Anregungen und Förderung. Dabei können Anwendungs- und Strukturorientierung (vgl. Kap. 4.1) in natürlicher und naheliegender Weise integriert werden.

3. Inhaltliche und allgemeine Ziele des Mathematikunterrichts

Beide Arten von Lernzielen (vgl. Kap. 2.3.1) können besonders im Geometrieunterricht integrativ verfolgt werden, z. B. durch Tätigkeiten des Vergleichens, Ordnens, Sortierens, Argumentierens und Begründens, durch Kreativ-sein und soziales Lernen etc.).

4. Geometrie als Voraussetzung zum Verständnis arithmetischer Kontexte und Veranschaulichungen

Geometrisches und arithmetisches Denken stehen in einem engen wechselseitigen Zusammenhang (vgl. Kap. 3.2.3). Daraus erklären sich u. a. manche spezifischen Schwierigkeiten beim Mathematiklernen (gleichzeitig lassen sich aus dieser Erkenntnis aber auch geeignete Fördermaßnahmen ableiten): Im Arithmetikunterricht werden immer wieder geometrische Gebilde, Darstellungen, Diagramme u. Ä. benutzt, um Zahlen, Zahlbeziehungen und Operationen zu veranschaulichen (Zahlenstrahl, Pfeildiagramme, Tabellen, Zahlentafeln ...). Die geometrischen Grundlagen, welche zu einer adäquaten Nutzung erforderlich sind, werden oft (bewusst oder unbewusst) als selbstverständlich vorausgesetzt, wenn man meint, das Kind könne die gemeinte Beziehung doch wohl ›sehen‹, denn das Bild erkläre sich doch selbst, was solle man daran missverstehen? Tatsächlich gehen dem vielfach aber begriffliche Voraussetzungen im geometrischen Denken voraus.

Nicht immer sind diese Grundlagen bei den Schulanfängern hinreichend genug ausgebildet oder tragfähig. Das bedeutet u. U., dass solche Kinder durch die in guter Absicht angebotenen Veranschaulichungen und Materialien in Wirklichkeit permanent überfordert werden können, die somit nicht nur keine Hilfe für das Lernen darstellen, sondern sogar eine zusätzliche Erschwernis bedeuten. Werden diese Ursachen oder Schwächen nicht erkannt, dann können sich die Probleme verfestigen, ausweiten und schließlich auf das ganze Mathematiklernen bzw. gar das Verhältnis zum Lernen überhaupt ausstrahlen.

Fördermöglichkeiten und -erfordernisse (konkrete Beispiele in Radatz/Rickmeyer 1991; Franke 2000) beziehen sich daher z. B. auf ...
- das Speichern visueller Informationen (visuelles Gedächtnis),
- das visuelle Operieren (Umstrukturieren im Kopf),
- Übungen zur Rechts-links-Orientierung,

• das Abzeichnen von Figuren und Mustern, Fortsetzen von Folgen (vgl. Wollring 2006).

Auf jeden Fall sollten die beiden Bereiche Arithmetik und Geometrie, wo immer es sinnvoll und möglich ist, explizit aufeinander bezogen und ihre wechselseitige Befruchtung und Stützung bewusst gemacht werden.

5. Die Geometrie schult die Funktionen der rechten Gehirnhälfte.

Die Erkenntnisse der modernen Gehirnforschung haben gezeigt, dass die rechte Hälfte des menschlichen Gehirns spezialisiert ist auf ganzheitliches, anschauliches, intuitives und kreatives Denken; die linke Gehirnhälfte hingehen für das formal-analytische, digitale, sprachlich-symbolische und regelhafte Denken zuständig ist. Hier könnte der Geometrieunterricht ein sinnvolles Gegengewicht bieten zu einem Unterricht, der üblicherweise eher die Fähigkeiten und Bereiche der linken Gehirnhälfte beansprucht.

6. Positive Einstellung zum Fach

Gerade über den Geometrieunterricht und v. a. das konkrete Geometrietreiben lässt sich eine positive Einstellung zum Fach vermitteln. Förderlich hierfür sind die zahlreichen Möglichkeiten konkreten Handelns, der spielerische Charakter vieler Aufgabenstellungen oder die oft kurze Lösungsdauer der gestellten Probleme. Des Weiteren können kompensatorische Effekte wirksam werden: Kinder mit Schwierigkeiten im Bereich der Arithmetik können hier häufig zu besonderen, von der Lehrerin oder den Mitschülern unerwarteten Erfolgserlebnissen kommen, was ihr Selbstwertgefühl, auch vor der Klasse, steigern kann; derartige Erfolgserlebnisse und das damit verbundene Selbstbewusstsein können wiederum zurückwirken auch auf jene Bereiche, in denen diese Kinder bislang als schwächer galten (vgl. die Rolle des Selbstkonzeptes in Kap. 3.1.4).

1.2.2 Fundamentale Ideen der Elementargeometrie

Analog zur Arithmetik (vgl. Wittmann/Müller 2004b, 8) wurden auch fundamentale Ideen für den Bereich der Geometrie ausgearbeitet (vgl. auch Wittmann 1999b). An diesen lassen sich Auswahlentscheidungen (im Sinne eines ›Weniger ist mehr‹) für die zu thematisierenden Unterrichtsinhalte ausrichten und strukturieren (vgl. Kap. 2.2). Zu jeder Idee (in der Formulierung und Erläuterung angelehnt an Wittmann/Müller 2004b) werden wir im Folgenden jeweils ein Unterrichtsbeispiel i. S. der erwähnten ›motivierenden Aktivitäten mit paradigmatischer Wirkung‹ (De Moor/Van den Brink 1997, 17) angeben.

1. *Geometrische Formen und ihre Konstruktion*: Die ein-, zwei- oder dreidimensionalen Formgebilde des Anschauungsraumes (Punkte, Linien, Flächen und Körper) lassen sich auf vielfältige Weise konstruktiv erzeugen.

Ein ergiebiges Unterrichtsbeispiel hierzu ist die Herstellung der Platonischen Körper mithilfe der Zeichenuhr[31] (vgl. Winter 1986b; Wittmann/Müller 2005b, 90 f.): Hierbei geht es zunächst um das Zeichnen regelmäßiger Vielecke (Dreieck, Quadrat, Fünfeck) mithilfe der kreisförmigen Zeichenschablone, die wie das Ziffernblatt einer Uhr in 60 Einheiten unterteilt ist (Abb. 1/26). Sie eignet sich gut zur Herstellung regelmäßiger Vielecke, weil die Zahl 60 über recht viele (ganzzahlige) Teiler verfügt, die zu regelmäßigen Vielecken führen, wenn man entsprechende Teilstriche der Zeichenuhr verbindet.

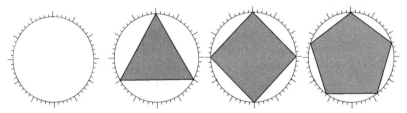

Abb. 1/26: Die Zeichenuhr mit regelmäßigen n-Ecken

Aus solchen regelmäßigen Vielecken können dann die fünf verschiedenen *Platonischen Körper*[32] hergestellt werden (Tetraeder, Hexaeder bzw. Würfel, Oktaeder, Dodekaeder und Ikosaeder; vgl. Wittmann/Müller 2005b, 90 f.). Diese *Polyeder* können sodann bzgl. der Anzahl ihrer Ecken, Flächen und Kanten verglichen werden. Hier lässt sich auf anschauliche Weise der *Euler'sche Polyedersatz* erfahren, demzufolge bei konvexen[33] Polyedern die Anzahlen der Ecken und Flächen stets der Kantenanzahl plus 2 entspricht (bzw.: $E + F - K = 2$; vgl. Wittmann 1987, 270 ff.)

2. *Operieren mit Formen*: Geometrische Gebilde lassen sich bewegen (verschieben, drehen, spiegeln,...), in ihrer Größe verändern (verkleinern, vergrößern), zerlegen etc., wodurch vielfältige Beziehungen entstehen.

Ein Unterrichtsbeispiel hierzu stellen die sogenannten ›Polyominos‹ (Mehrlinge) dar, die insbesondere der Schulung des kombinatorischen und räumlichen Denkens dienen (Müller/Wittmann 1984, 79 ff.). Als Material werden kleine Pappquadrate (gleicher Größe) und Tesafilm zum Zusammenkleben benötigt. Der einfachste ›Mehrling‹ ist der

---

31 Zur Herstellung der Platonischen Körper bieten sich verschiedene, auch für Grundschulkinder geeignete Möglichkeiten und Materialien an, z. B. das Effektsystem (Maier 1999).

32 Platonische Körper sind Polyeder (Vielflächner) mit Seitenflächen aus regelmäßigen *n*-Ecken gleichen Typs und gleicher Größe (regelmäßige oder reguläre Polyeder). Werden zwei verschiedene Arten von regelmäßigen *n*-Ecken als Seitenflächen zugelassen, dann heißen diese Körper halbreguläre oder archimedische Polyeder, wobei das wohl bekannteste Beispiel der sogenannte Europa-Fußball ist (bestehend aus 12 regulären Fünfecken und 20 regulären Sechsecken; vgl. Gerecke 1984; Herfort 1986; Wittmann 1987; Beutelspacher 1996, 71 ff., wo sich auch ein ›Bastelbogen‹ findet).

33 Man nennt eine Figur dann konvex, wenn für je zwei beliebig anzunehmende Punkte der Figur auch alle Punkte ihrer Verbindungslinie Element der Figur sind. Für einen grundschulgemäßen Zugang zum Begriff der Konvexität vgl. Müller/Wittmann (1984, 99–105).

›Einling‹, er besteht aus einem Quadrat. Der Zwilling besteht aus zwei gleich großen Quadraten, der Drilling entsprechend aus drei gleich großen Quadraten usw. Für die Begriffsklärung muss sichergestellt werden (Regel), dass die Quadrate jeweils mit einer ganzen Kante aneinanderliegen müssen. Bei den Drillingen gibt es erstmals mehr als eine Möglichkeit (vgl. Abb. 1/27). Setzt man an den ersten Drilling entsprechend ein weiteres Quadrat an, so erhält man einen Vierling, wobei dieses angesetzte vierte Quadrat um den bisherigen Drilling (bzw. entsprechend auch beim anderen) ›herumlaufen‹ kann und so zu weiteren Vierlingen führt (drei von ihnen sind als sogenannte ›Winkelplättchen‹ bekannt, zu denen es zahlreiche spezielle Aktivitäten gibt; vgl. Besuden 1975; Köhler 1999). Jene Figuren, die sich durch Drehung oder Spiegelung als deckungsgleich herausstellen (sie lassen sich ›genau aufeinanderlegen‹) sollen als überzählige Mehrfachexemplare ausgeschlossen werden. Ohne solche Dopplungen erhält man dann fünf ›wesentlich‹ (ihrem Wesen nach) verschiedene Vierlinge.

Ein Auftrag für die Kinder ist es nun, alle möglichen Fünflinge zu finden, d. h. zu legen und zusammenzukleben, wobei das geschilderte Vorgehen, das zusätzliche Quadrat um die bisherigen Formen herumwandern zu lassen, eine kindgemäße Strategie darstellt. An der Tafel werden schließlich die Exemplare gesammelt, auf Dopplungen untersucht und diese (jeweils begründend) aussortiert. Es bleiben 12 Formen übrig. Um sie sich besser merken zu können, schlagen Müller/Wittmann (1984, 81) vor, Assoziationen mit Buchstaben auszunutzen: Es lassen sich zum einen die Buchstaben von T bis Z finden (vgl. Abb. 1/27).»Für die restlichen Buchstaben F, I, L, N, P ist vielleicht die Eselsbrücke NILPF (als Anfang von ›Nilpferd‹ geeignet« (ebd.).

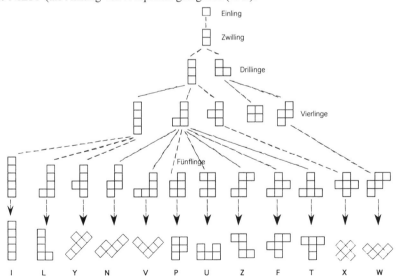

Abb. 1/27: Induktive Konstruktion von Polyominos

Einer möglichen Anschlussfrage (weitere Anregungen zur Bearbeitung bei Müller/Wittmann 1984, 83) können Sie durch die folgende Aufgabe nachgehen:

> Ermitteln Sie mit der angedeuteten induktiven Konstruktionsmethode[34] die Anzahl der wesentlich verschiedenen Sechslinge.
> - Wie viele von diesen Sechslingen sind Würfelnetze, d. h., aus welchen Sechslingen kann man durch Zusammenfalten Würfel bauen?
> - Übertragung in den Raum: Wie viele verschiedene Würfelfünflinge gibt es? (vgl. hierzu etwa Spiegel/Spiegel 2003)

3. *Koordinaten* (Zahlenstrahl, Kartesische Koordinaten): Koodinatensysteme auf Linien, Flächen und im Raum können die Lage von Punkten beschreiben. Dies ist eine Grundlage u. a. für die spätere grafische Darstellung von Funktionen sowie die analytische Geometrie.

Abb. 1/28: Der Straßenplan von Eckenhausen (aus Wittman/Müller 2004b, 106)

Bereits für das Lesen von Tabellen, die im Unterricht vielfach (zu) selbstverständlich benutzt werden (vgl. z. B. auch Kap. 1.3.3.5), sind Fähigkeiten vonnöten, wie sie das Lesen von Koordinaten ausmachen. Die Orientierung und das Auffinden von Straßen in Stadtplänen sind ein weiterer Zusammenhang von unmittelbarer Relevanz, der auch im folgenden Beispiel zum Koordinatengitter aufgegriffen wird (vgl. ›Gitter-City‹ in Radatz/Rickmeyer 1991, XI oder ›Eckenhausen‹ in Wittmann/Müller 2004b, 106 f.).

---

34 Die Methode mag sehr aufwendig anmuten, gleichwohl gibt es im Grunde keine Alternative, denn bis heute ist keine allgemeine Formel bekannt, mit deren Hilfe man für beliebige *n*-linge (*n*-ominos) durch Einsetzen von *n* ihre Anzahl berechnen könnte. Die hier gesuchte Anzahl der Sechslinge ist aber noch recht überschaubar (zu Ihrer Orientierung: Die korrekte Anzahl liegt zwischen 30 und 40).

Gefördert wird das vorstellungsmäßige Bewegen im Raum bzw. auf einem rechtwinklig angelegten (Straßen-)Plan. Es können Wege beschrieben werden von einer herausgehobenen Stelle zur anderen (Abb. 1/28). Grundbegriffe wie links und rechts werden thematisiert und in ihrer Relativität erfahren (liegt der Plan z. B. im Sitzkreis der Klasse, werden ihn die Kinder von verschiedenen Richtungen betrachten, was bei Wegbeschreibungen erfordert, die jeweilige Perspektive zu berücksichtigen). Bezeichnet man die Straßen mit Zahlen und Buchstaben, dann lassen sich Kreuzungen durch die Angabe einer Koordinate wie (B|4) leicht benennen. Wo wohnt etwa Eva? An welcher Kreuzung liegt die Post? Was findet man an der Kreuzung (F|3)? u. Ä.

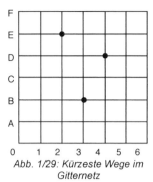

Abb. 1/29: Kürzeste Wege im Gitternetz

Weitere Aktivitäten mit reichhaltigem mathematischem Hintergrund ergeben sich bei der Suche nach ›kürzesten‹ Wegen in quadratischen Gitternetzen. Abb. 1/29 zeigt eine abstraktere Version des Plans von Eckenhausen[35]. In der linken unteren Ecke wird der Nullpunkt vereinbart. Außerdem sind nur Bewegungen nach rechts oder nach oben erlaubt. Gesucht ist die mögliche Anzahl verschiedener Wege vom Nullpunkt zu einem gegebenen Gitterpunkt im Raster.

- Bestimmen Sie die Anzahl aller Möglichkeiten, um vom Punkt (0|0) zu den Punkten (B|3), (E|2), (D|4) zu gelangen (erlaubte Bewegungen: nach rechts oder oben).
- Notieren Sie an jeden Kreuzungspunkt die entsprechende Anzahl der auf diese Weise zu ihm führenden Wege. Was fällt auf? In welcher Beziehung stehen die eingetragenen Zahlen zueinander?[36]

4. *Maße*: Maßeinheiten ermöglichen das Messen von Längen, Flächen, Volumina, Winkeln. Aus gegebenen Maßen lassen sich andere nach bestimmten Formeln berechnen.

Das Unterrichtsbeispiel ›Meterquadrate‹ (Abb. 1/30), vorgeschlagen im *Zahlenbuch* für das 3. Schuljahr (Wittmann/Müller 2005a, 16) soll exemplarisch verdeutlichen, was mit dieser Grundidee gemeint ist (vgl. auch Radatz et al. 1999, 153 f.; Ruwisch 2000): »Wie beim Meterstab im 1. Schuljahr sollen die Kinder ein Meterquadrat selbst erstellen und zum Ausmessen von Flächen verwenden, damit sie ein Gefühl für die Flächeneinheit ›1 Quadratmeter‹ und eine Grundlage für das Schätzen von Flächeninhalten entwickeln können.

---

35 Mögliche Wege in diesem Netz laufen über die schwarzen Linien, also nicht diagonal.
36 Stichwort: Pascal'sches Dreieck (vgl. Jäger 1985; Schönwald 1986; Schupp 1985; Selter 1985)

Das Auslegen von Flächen mit Meterquadraten stellt gleichzeitig eine gute Übungsmöglichkeit für das Einmaleins dar, da der Inhalt eines Rechtecks das Produkt von Länge mal Breite ist (Abb. 1/31). Es geht jedoch hier nicht primär um die Berechnungen von Flächeninhalten, sondern um die geometrische Anordnung und Berechnung der Anzahl der Meterquadrate über die Multiplikation« (Wittmann/Müller 2005a, 16).

Abb. 1/30: Selbst hergestelltes Meterquadrat (aus Wittmann/Müller 2005a, 16)

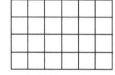
4 mal 6 Meterquadrate

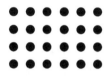
4 · 6 Punktfeld

Abb. 1/31: Die Entsprechung von Meterquadraten und Einmaleinsaufgaben am Punktfeld

Beim Auslegen von Flächen (z. B. des Klassenraums, des Kinderzimmers etc.) sollten nicht nur jene berücksichtigt werden, die sich tatsächlich vollständig auslegen lassen, sondern auch solche, bei denen dies (z. B. durch unverrückbare Möbel) nur partiell möglich ist; hier bietet es sich dann an, die komplette Anzahl der Meterquadrate *gedanklich* zu ergänzen (woran kann man sich dabei orientieren?). Auch für Flächen, die nicht als Rechteckform auftreten, kann die Anzahl benötigter Meterquadrate herausgefunden werden, indem Teilflächen geschickt (d. h. zu einem Meterquadrat) zusammengefasst werden (Abb. 1/32; vgl. hierzu auch die Möglichkeiten im Zu-

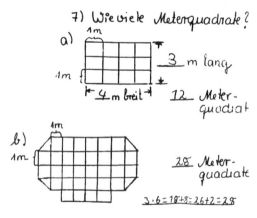

Abb. 1/32: Rosalies Versuche zum Auszählen mit (auch unvollständigen) Meterquadraten

sammenhang mit dem Tangram, das als weiteres Unterrichtsbeispiel zur folgenden Grundidee genannt wird).

Was die angestrebte Fähigkeit betrifft, Flächengrößen sachgerecht abschätzen zu können, so ist es weiterhin hilfreich (wie auch bei anderen Größen, z. B. 100 g wiegt eine Tafel Schokolade, ...), Repräsentanten von Standardgrößen zu kennen bzw. kennenzulernen (vgl. 1.3.4). Wie viele Meterquadrate messen die Wandtafel aus, wie viele einen durchschnittlichen Klassenraum? Wie viele Meterquadrate entsprechen einem Bett, der Stellfläche für ein Auto (Parkbucht) usw. Derartige Übungen sind nicht zuletzt deshalb von besonderer Bedeutung, da es erfahrungsgemäß auch Erwachsenen häufig schwer fällt, schwerer etwa als beim Schätzen von Längen/Entfernungen, realistische Schätzungen für die Größe von Flächen anzugeben (vgl. die folgende Aufgabe). Noch schwieriger wird es übrigens, wenn auch die dritte Dimension hinzukommt, d. h. beim Schätzen von Rauminhalten (vgl. Kap. 3.1.1).

In diesem Zusammenhang sei auf die mögliche Fortführung des Unterrichtsbeispiels ›Meterquadrate‹ im 4. Schuljahr hingewiesen, wo es um die Erarbeitung des Meterwürfels (Kubikmeter) mit entsprechenden Zielsetzungen geht (vgl. Abb. 1/33).

Abb. 1/33: Der Meterwürfel und sein konstruktiver Aufbau (aus Wittmann/Müller 2005b, 118)

Besorgen Sie sich einen Stadtplan von Hamburg und suchen Sie die Außenalster (ersatzweise können Sie natürlich auch die Wasserfläche, einen Platz o. Ä. einer anderen Stadt wählen).
• Schätzen Sie die Größe dieser Fläche![37]

---

37 Natürlich könnten Sie sich die gesuchte Größenangabe auch anderweitig beschaffen. Es geht uns hier aber um die Tätigkeit des *Schätzens*, die als solche einen Eigenwert hat (vgl. auch Kap. 1.3.4).

- Hamburg hat zz. rund 1,7 Millionen Einwohner. Gesetzt den Fall, die Alster würde über einen längeren Zeitraum zufrieren (was zuletzt im Winter 1996/97 geschah und zu einer Invasion von Flaneuren, Schlittschuhläufern, Glühwein- und Würstchenständen führte):
- Könnten *alle* Hamburger auf der Eisfläche Platz finden, wenn jeder sein Meterquadrat mitbringen und sich darauf stellen würde?
- Falls ja: Wie viele zusätzliche Gäste (mit ihren Meterquadraten) könnten noch eingeladen werden?
- Welche Kantenlänge hätte der Würfel, in dem jeder Hamburger mit seinem Meterwürfel vertreten wäre? Welche Kantenlänge hätte ein solcher Würfel, in dem die gesamte Erdbevölkerung Platz fände? (Sie werden vermutlich staunen.)

5. *Geometrische Gesetzmäßigkeiten und ›Muster‹ (Formeln und Lehrsätze)*: Durch Beziehungen zwischen geometrischen Gebilden und ihren Maßen entstehen Gesetzmäßigkeiten und Muster (i. S. von ›Strukturen‹), deren tiefere Zusammenhänge in geometrischen Theorien systematisch entwickelt sind (z. B. euklidische Geometrie der Ebene und des Raumes).

Hierzu wollen wir das Unterrichtsbeispiel ›Tangram‹ anführen (vgl. Floer 1989/1990; Köhler 1998; Radatz et al. 1996, 137ff.; Radatz et al. 1998, 145 ff.; Steibl 1997, 25 ff.; Wittmann/Müller 2004b, 32 f.; Wittmann 1997b u. 2003; Carniel et al. 2002; Knapstein et al. 2005). Das chinesische Tangram ist ein Legepuzzle mit 7 festgelegten Teilen (Basisformen); sie entstehen aus einer spezifischen Unterteilung des Quadrates, wobei die Halb-doppelt-Beziehung eine zentrale Rolle spielt (Abb. 1/34): Das mittlere Dreieck (unten rechts in der Abbildung), das Parallelogramm und das kleine Quadrat sind flächengleich (hier: 2 Flächeneinheiten) und alle mit den beiden kleinen Dreiecken (je 1 Flächeneinheit) auszulegen. Die beiden großen Dreiecke (4 Flächeneinheiten) haben den doppelten Flächeninhalt wie das Quadrat, das Parallelogramm oder das mittlere Dreieck; folglich ist ein großes Dreieck durch vier Exemplare des kleinsten auslegbar. Dann muss die gesamte Tangramfläche 16 der kleinen Dreiecke entsprechen. Schwierigkeiten beim Auslegen von Figuren (s. Aufgabe unten) entstehen häufig durch das Parallelogramm, denn es ist als einzige Grundform nicht spiegelsymmetrisch (vgl. Wittmann/Müller 2004d, 72). Die Teile des Tangrams

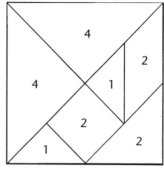

Abb. 1/34: Die Teile des chinesischen Tangrams und die Größenverhältnisse seiner Teile

lassen sich in der Klasse selbst herstellen, am einfachsten durch Zerschneiden einer vorbereiteten Schablone (wie Abb. 1/34).

Das chinesische Wort für Tangram wurde bereits in der Chu-Zeit nachgewiesen (740–330 v. Chr.), und Ende des 18. Jahrhunderts wurden die ersten Tangram-Bücher gedruckt (vgl. Elffers 1978). Der Sinn des Spiels besteht darin, aus den genannten 7 Grundformen bestimmte geometrische Figuren oder auch figürliche Darstellungen zu legen. »Bei den Chinesen heißt das Tangram ›Weisheitsbrett‹ oder ›Sieben-Schlau-Brett‹. Beide Namen sind zutreffend, denn ohne etwas Überlegung und eine gewisse Intelligenz kann man es nicht spielen« (ebd., 12). Die wichtigste Bedingung beim Tangram besteht darin, dass für jede (überlappungsfrei) zu legende Figur *alle sieben* Basisformen benutzt werden müssen.

Im Jahre 1942 bewiesen die beiden Chinesen Fu Traing Wang und Chuan Chih Hsiung, dass nicht mehr als dreizehn verschiedene konvexe[38] Formengebilde aus den sieben Tangramteilen gelegt werden können (Abb. 1/35; Elffers 1978; vgl. auch Wittmann 1997b). Legen Sie diese Formen mit einem Tangram nach.

Abb. 1/35: Die 13 möglichen konvexen Tangramme

Alle diese Figuren sind naturgemäß flächengleich, da sie aus den gleichen 7 Grundformen hergestellt wurden (Begriff der Zerlegungsgleichheit).[39] Die in der Beschreibung der 5. Grundidee erwähnten Theorien der Geometrie oder geometrischen Lehrsätze können also bereits in der Primarstufe vorbereitet und grundgelegt werden. Als Zielperspektive bzw. mathematische Endformen der Aktivitäten in der Grundschule seien als exemplarische Konzepte genannt: Achsensymmetrie, Punktsymmetrie (= Drehung um 180°), Flächeninhalt, Kongruenz, Winkel, (rationale und irrationale) Längen, Ähnlichkeit. Einen besonders schönen Zusammenhang stellt der Weg von ersten Falt-, Schneide- und Legeübungen (1. Klasse) zum Satz des Pythagoras dar (ebd.).

- Nehmen Sie ein handelsübliches Tangram-Spiel zur Hand oder stellen Sie sich ein solches selbst her.

---

38 Vgl. Fußnote 33.
39 S. o. zur 4. Grundidee ›Auslegen von Flächen mit Teilflächen‹ (Abb. 1/32).

- Leiten Sie mithilfe dieser Tangramteile die allgemeine Flächeninhaltsformel für ein Parallelogramm her.
- Schreiben Sie eine entsprechende Handlungsanweisung, die auch eine Begründung für dieses Vorgehen enthält.

Bei den vielfältigen Aktivitäten, die das Tangram ermöglicht, werden immer wieder die o. g. Beziehungen aktiviert und Zusammenhänge zwischen Flächen, Längen und Größenverhältnissen der Basisformen bewusst gemacht. Zahlreiche Hinweise und Anregungen für eine unterrichtliche Realisierung finden sich in der o. g. Tangram-Literatur.

6. *Formen in der Umwelt* (z. B. Erdkugel, Tischtennisball, Türe als Rechteck, Sechskantmutter, ...): Reale Gegenstände können durch geometrische Begriffe (z. T. angenähert oder idealisiert) beschrieben werden. Funktionale Aspekte der Geometrie liegen der Herstellung geometrischer Formen zugrunde, ästhetische Aspekte den vielfältigen Möglichkeiten der Kunst (vgl. z. B. Winter 1976).

Regelhaftigkeiten (z. B. Symmetrien) bei geometrischen Gebilden entsprechen zum einen dem *ästhetischen* Empfinden des Menschen. Gleichwohl sollten bei der unterrichtlichen Thematisierung von zwei- oder dreidimensionalen Gebilden auch ›Unregelmäßigkeiten‹ berücksichtigt werden, nicht zuletzt i. S. der Kontrastierung mit dem ›Regelfall‹. Auch für die Begriffsbildung ist es wichtig, dass z. B. die nicht konstituierenden Merkmale von Formen *variiert* werden, damit bspw. Kinder ein Quadrat auch dann noch als solches identifizieren, wenn es auf einer Spitze statt auf einer seiner Seiten steht (Abb. 1/37). Farbe, Form, Größe sind unerheblich für das ›Quadrat-sein‹ (und müssen daher variiert erlebt werden), nicht aber die vier gleich langen Seiten oder die vier rechten Winkel.

Betrachtet man handelsübliche Lernmaterialien für den Bereich der geometrischen Formen oder auch ihre Repräsentationen in Schulbüchern, dann kann man den Eindruck bekommen, dass die Kinder meist mit den ›besten Beispielen‹ konfrontiert werden sollen, also jenen, die die konstituierenden Merkmale besonders markant hervorheben: Rechtecke sind meistens horizontal/vertikal ausgerichtet, Dreiecke häufig gleichschenklig, gleichseitig oder rechtwinklig und stehen auf einer horizontalen Grundseite ebenso wie Quadrate; Vierecke kommen meist nur in der konvexen Variante vor usw. Clements/Sarama (2000) empfehlen, Kindern dabei zu helfen, solche Begrenzungen zu durchbrechen, indem man ihnen ein breites Spektrum von Beispielen und Gegenbeispielen anbietet: Man variiere Größe, Material und Farbe; Ausrichtung, Typus; man berücksichtige ungleiche Seiten und stumpfe Winkel, Konvexität und Nicht-Konvexität (›einspringende Ecken‹) bei Vierecken; man kontrastiere Beispiele und Gegenbeispiele (bis hin zu besonders prägnanten Grenzfällen, s. u.), um die Aufmerksamkeit auf die konstituierenden Merkmale zu lenken (s. Abb. 1/36). »Wir sollten uns selbst stets fragen, was Kinder *sehen*, wenn sie eine geometrische Form betrachten. Wenn wir ›Quadrat‹ sagen, mögen sie uns z. B. bei klassischen Prototypen zustimmen und können doch etwas ganz anderes meinen« (Clements/ Sarama 2000, 482; Hervorh. u. Übers. GKr/ PS; vgl. hierzu auch die gespannten Figuren am Geobrett in Kap. 1.2 auf S. 50 f.). Besondere Bedeutung kommt dabei den ›Grenzfällen‹ zu, also Beispielen, bei denen nicht auf Anhieb zu entscheiden ist, ob die bestimmenden Merkmale tatsächlich erfüllt sind: ein ganz leicht zum Parallelogramm geschertes Quadrat oder ein Rechteck, das ein Fast-Quadrat darstellt. Interessant sind auch sogenannte ›Extremisten‹, d. h. geometrische Gebilde, bei denen etwa ein Maß in eine extreme Proportion zu anderen gesteigert wird: ein Blatt Papier als extremer Repräsentant eines Quaders, ein Haar oder eine Münze (ein Wendeplättchen) als extreme Fälle eines Zylinders usw.

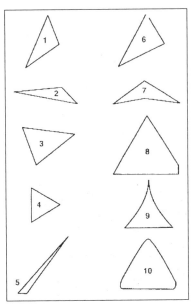

Abb. 1/36: »The Tricky Triangles sheet« (aus Clements/Sarama 2000, 486)

Ein weiterer Aspekt sind *Idealisierungen*, die in reale Objekte unserer Umwelt ›hineingedacht‹ werden: Wir sprechen von Spiel*würfeln* und Zucker*würfeln*, obwohl beide im geometrischen Sinne keine Würfel sind (abgerundete Ecken beim Spielwürfel; Zucker-*Quader*). Den Zuckerhut (abgerundete Spitze) für den Glühwein, die Pellonen (abgeschnittene Spitze zum Einstecken einer Lampe) zur Absperrung von Straßenbaustellen oder das Eishörnchen bezeichnen wir als ›Kegel‹ und meinen damit eigentlich eine kegel-*ähnliche* Form. Hier bieten sich nicht zuletzt Betrachtungen zu Unterschieden zwischen Umgangssprache und Fachsprache an (bis wann ist man noch geneigt, von ›Quader‹ zu sprechen, wann und warum wird diese Vorstellung schwieriger[40]; vgl. die o. g. Extremisten).

Abb. 1/37: Wirklich ein Quadrat, ein Rechteck, ein Dreieck?

---

40 In der Umwelt entspricht kein Objekt wirklich den mathematischen Begriffsdefinitionen, was ja auch in diesen Zusammenhängen gar nicht von Bedeutung ist. Ein jeder wird das 2. Schild von rechts in Abb. 1/37 auch trotz seiner abgerundeten Ecken als ›Dreieck‹ benennen und akzeptieren können. Lässt man Kinder geometrische Formen in der Umwelt aufsuchen – eine Standard-Aktivität in diesem Zusammenhang –, dann sollten solche Aspekte durchaus im Blick bleiben.

Auch der *Funktionalität* geometrischer Aspekte wäre Beachtung zu schenken (vgl. Winter 1976): Warum haben Bausteine die Form eines Quaders und nicht die eines Würfels? Warum ist in der Natur die Symmetrie eines der beherrschenden Prinzipien (vom Körperbau des Menschen bis zum Aufbau von Kristallen; vgl. auch das Beispiel zur Symmetrie in Kap. 4.1)? Wie symmetrisch ist eigentlich der Mensch (vgl. Spiegelungen von fotografierten Gesichtshälften)? Was würde geschehen, wenn ein Vogel zwei unterschiedlich lange Flügel hätte (vgl. auch Kap. 4.1)? Ist analog die Symmetrie, z. B. der Tragflächen, auch bei Flugzeugen funktional notwendig? Ein amerikanischer Konstrukteur entwarf ein fünfsitziges Passagierflugzeug mit zwei Tragflächen, »die genauso asymmetrisch sind wie fast alles an dem Flugzeug« (DER SPIEGEL 1997, 196). Ein Flügel ist um 1,50 m kürzer als der andere, und auch nur eine der Tragflächen trägt ein den Nasenpropeller ergänzendes Antriebsaggregat, das zudem noch mit dem hinteren Leitwerk verbunden ist (Abb. 1/38).[41]

Abb. 1/38: *Symmetrie als notwendige Bedingung des Fliegens?* (DER SPIEGEL 13/1997, 196)

---

[41] Die Testpiloten äußerten sich enthusiastisch über das Flugverhalten: »Ich habe keine Ahnung, wie ein so ungefüges Flugzeug so gefügig fliegen kann. [...] Ob mit einem oder zwei Motoren – es fliegt immer geradeaus« (Testpilot Mike Melvill in DER SPIEGEL 13/1997, 196).

7. *Übersetzung in die Zahl- und Formensprache* (Geometrisierung räumlicher Situationen, z. B. Karten, Pläne, Risse, Fotos, Modelle, ...): Sachsituationen lassen sich durch arithmetische und geometrische Begriffe in die Zahl- und Formensprache übersetzen, mithilfe arithmetischer und geometrischer Verfahren lösen und in praktische Folgerungen überführen.

Hierzu haben wir bereits Beispiele angesprochen und verweisen darüber hinaus auf weitere Stellen (vgl. ›Schauen und Bauen‹ in Kap. 2.3.2.1; ›Zeichnen und Überlegen‹ sowie die ›Buchaufgabe‹ in Kap. 2.1.1).

Zum Abschluss bieten wir Ihnen noch eine Aufgabe zur Bearbeitung an, die eine Fülle von Aktivitäten zur Mathematisierung eines Alltagsproblems beinhaltet. Sie haben mehr von der Aufgabe, wenn Sie den Sachverhalt zunächst ausgiebig *selbst* erforschen und ausloten. Erst als *anschließende* Lektüre empfehlen wir den Aufsatz von Schoemaker (1984).

Sie möchten im Flur Ihrer neuen Wohnung (an einer vertikalen Wand) einen Spiegel aufhängen, in dem Sie sich ganz sehen können (vom Scheitel bis zu den Schuhsohlen; vgl. Abb. 1/39).

- Wie hoch muss dieser Spiegel sein? Begründen Sie Ihre Entscheidung!
- In Ihrem schmalen Flur können Sie nicht sehr weit vom Spiegel wegtreten. Hängt die Höhe des gewünschten Spiegels vom Abstand des Betrachters vor dem Spiegel ab? Begründen Sie, warum oder warum nicht!

Abb. 1/39: Wie hoch muss der graue Wandspiegel sein?

- Mit welchen (fachlichen) geometrischen Konzepten werden Sie in dieser Aufgabe konfrontiert?
- Welche der o. g. fundamentalen Ideen lassen sich sinnvollerweise mit der Aufgabe verbinden?

Die sieben Grundideen der Elementargeometrie können wie gesagt als roter Faden für den Geometrieunterricht dienen, ähnlich wie die Grundideen der Arithmetik als roter Faden für den Rechenunterricht (vgl. Kap. 2.2).

74

1.2.3 Verteilung der Inhalte

Bei den folgenden Ausführungen für den Geometrieunterricht orientieren wir uns exemplarisch am alten Lehrplan Mathematik für das Land Nordrhein-Westfalen (KM 1985, 30 f.).

Raumorientierung und Raumvorstellung: Gewinnen von Raumerfahrungen und -vorstellungen durch Bewegung im Raum, inkl. der Kenntnisse verschiedener Lagebeziehungen (1. Schuljahr); Differenzierung dieser Raumerfahrungen (2. Schuljahr); Orientierung im Raum (Himmels- und Bewegungsrichtung, 3. Schuljahr)

Geometrische Grundformen: Bauen, Nachbauen, Zerlegen oder Nachlegen von geometrischen Formen (1. Schuljahr); Erkennen geometrischer Grundformen (etwa Quadrat, Rechteck, Dreieck, Kreis, Quader) in der Umwelt und Herstellen entsprechender Modelle (2. Schuljahr); Gewinnen von Erfahrungen zu ebenen und räumlichen Figuren sowie Vergrößern und Verkleinern ebener Figuren (4. Schuljahr)

Muster und Parkette: Zeichnen einfacher Muster, auch mit Schablone (1. Schuljahr); Zeichnen und Ausmalen von Parkettmustern (2. Schuljahr); Zeichnen von Schmuckfiguren (3. Schuljahr); Herstellen von Parkettierungen mit Erfahrungen zum Messen von Flächen (4. Schuljahr)

Symmetrie: Entdecken, Nachbauen und Nachzeichnen achsensymmetrischer Figuren und Erkennen der Zweckmäßigkeit der Symmetrie (3. Schuljahr)

Zeichnen: Zeichnen einfacher Muster, auch mit Schablone (1. Schuljahr, s. o.); Zeichnen von Parkettmustern (2. Schuljahr, s. o.); Zeichnen von Strecken (2. Schuljahr); Zeichnen von achsensymmetrischen Figuren und Schmuckfiguren (3. Schuljahr, s. o.); Ausbauen der zeichnerischen Fertigkeiten (4. Schuljahr)

Hinzu kommen des Weiteren die *geometrischen Größen*, die sich im alten Lehrplan unter der Kategorie ›Größen‹ fanden (vgl. KM 1985, 30 f.; vgl. dazu Kap. 1.3.5).

An dieser Auflistung und Zuordnung wird schon deutlich, dass die zentralen Inhalte nicht innerhalb eines Schuljahres abgehandelt werden. Vielmehr findet sich ein spiraliger Aufbau (vgl. Kap. 2.2 ›Spiralprinzip‹), bei dem die einzelnen Themenbereiche im Verlauf der Grundschulzeit immer wieder aufgegriffen, ausdifferenziert und vertieft werden.

- Die o. g. Auflistung ist vergleichsweise detailliert. Vergleichen Sie die Praxis mit jener in aktuellen Lehr- oder Rahmenplänen. Was fällt auf?
- Welche Gründe sind dafür denkbar?
- Welche Konsequenzen hat das für die Lehrerin?

Der Bereich der *Kopfgeometrie* war in der Inhaltsübersicht des alten Lehrplans[42] nicht explizit enthalten; im aktuellen wird er nur kurz in Klammern erwähnt (MSJK 2003, 79). Wir vermuten, dass die Kopfgeometrie auch im Unterrichtsalltag bislang keine große Rolle spielt. Sie ist, wie Kroll (1996, 6) anmerkt, »zum Gegenstand aktueller Forschung avanciert« (vgl. u. a. Gimpel 1992; Senftleben 1995/1996b/c/d). Zurzeit scheint das Terrain aber noch wenig klar strukturiert oder konzeptionell erschöpfend durchdacht zu sein; das betrifft sowohl die Begriffsbestimmung (Was genau ist eigentlich ›Kopfgeometrie‹?), die mit ihr verbundenen Zielsetzungen wie auch die Frage, welche spezifischen Aufgabenstellungen hierzu geeignet sind.

Kroll äußert sich eher kritisch zu dieser Problematik, insbesondere was die *vorschnelle Analogie zum ›Kopfrechnen‹* betrifft: »Tatsächlich hat sich im Laufe von mehr als hundert Jahren die Kopfgeometrie zu einem ›didaktischen Artefakt‹ entwickelt, motiviert durch das Bedürfnis, die Raumgeometrie als der Arithmetik ebenbürtig erscheinen zu lassen, begründet allerdings und durchaus plausibel mit raumgeometrischen Argumenten. Es ist hier nicht der Raum, die begrifflichen Anstrengungen nachzuzeichnen oder die Aufgaben näher zu beschreiben, die für die Zwecke der Kopfgeometrie erfunden wurden. Manche von ihnen sind sehr sinnreiche Übungen, die hier und da durchaus einmal in den Unterricht eingestreut werden können. Von einem didaktischen Muss kann aber keine Rede sein. Zunächst hält die Analogie nicht, was die Bezeichnung unterstellt. Kopfrechnen ist nur möglich, weil die Aufgabenformulierungen spontan erfasst werden können, ohne dass weitere Hilfsmittel oder zusätzliche Erklärungen nötig sind, weil die Aufgaben mehr oder minder *schematisch nach eingelernten Algorithmen* bearbeitet werden können, wobei die Lösungsschritte zur Kontrolle leicht verbal abrufbar sind. Und Kopfrechnen wird durchgeführt, weil Automatisierung ein sinnvolles Ziel ist. Für ›Kopfgeometrie‹ trifft dies alles nicht zu. Darüber hinaus ist Raumvorstellung bei allen Aufgaben der Raumgeometrie erforderlich, die nicht schematisches Abarbeiten oder ›blindes Basteln‹ zum Ziel haben. Ein zwanghaftes Bemühen nach dem Motto ›Kopfgeometrie als Unterrichtsprinzip‹ schadet der Raumgeometrie, weil es die Kräfte in die falsche Richtung lenkt« (ebd., 6 f.; Hervorh. i. Orig.).

Es bleibt also noch Forschungsbedarf in dieser Hinsicht zu konstatieren. Wir warnen allerdings auch davor, das Kind mit dem Bade auszuschütten. Es besteht (hoffentlich auch in der Unterrichtspraxis) soweit Konsens, dass der Geometrieunterricht kein Buchunterricht sein kann und darf. Von daher sollten stets die konstruktiven Aktivitäten, also Handlungserfahrungen der Kinder kennzeichnend sein. Dass neben solchen Operationen an konkretem, ›handgreiflichem‹ Material aber auch manche dazu geeignet und anzuraten sind, auch in der *Vorstellung* unternommen zu werden (mentales Operieren),

---

42 Wir haben ihn hier wie an anderen Stellen aber nicht zuletzt deshalb zugrunde gelegt, weil er in der Vergangenheit wegweisend war und »dank Heinrich Winter schon 1985 die Forderungen realisiert hat, die heute aus den Ergebnissen von TIMSS gezogen worden sind« (Wittmann 1999a, 3).

76

sollte dabei nicht vergessen werden. Ob man dies dann ›Kopfgeometrie‹ nennt, scheint uns in diesem Zusammenhang eine sekundäre Frage zu sein.

Abschließend wollen wir noch auf geometrische Aktivitäten hinweisen, die in anderen Zusammenhängen im Rahmen dieses Buches angesprochen wurden: Die auch für die Grundschule geeignete Software ›BAUWAS‹ (Meschenmoser 1997; vgl. auch die Aktivitäten der Internetseite REKENWEB zu Würfelbauwerken; Kap. 3.3.2.4) bzw. (computerfreie) Aktivitäten im Zusammenhang mit ›Würfelkomplexaufgaben‹ (Kap. 3.1.1). Darüber hinaus finden Sie zahlreiche Anregungen und Hintergründe in Radatz/Schipper 1983; Radatz/Rickmeyer 1991; Radatz et al. 1996/1998/1999, Carniel et al. 2002; Franke 2000; Spiegel/Spiegel 2003 oder Thöne/Spiegel 2003.

1.3 Sachrechnen

Der Bezug zu Sachsituationen hat seit jeher seine Bedeutung beim Mathematiklernen. Dabei ging es in der historischen Entwicklung überwiegend um Polarisierungen zwischen der *Mathematik* (zunächst eigentlich nur das Rechnen), der *Umwelt* (zunächst die Sache, das praktische Leben, dann die gegenständliche und auch soziale Umwelt des Kindes) und dem *Kind* (als eine gesellschaftliche, eine soziale Person, dann als eine psychische, oder kognitionspsychologische Person). Das Nachzeichnen der verschiedenen Strömungen, der Dominanz der jeweils einen oder anderen Position, würde hier zu weit führen (vgl. hierzu etwa Radatz/Schipper 1983, 26 ff.); an dieser Stelle kann lediglich festgehalten werden, dass die Mathematikdidaktik erkannt hat, dass die drei Bereiche (Mathematik, Umwelt, Kind) nicht beziehungslos nebeneinander stehen. Ähnlich wie bei der Zahlbegriffsentwicklung ist es auch nicht so, dass einer der drei Bereiche, bspw. die Mathematik, der feste Ausgangspunkt ist, von dem ausgehend man die beiden anderen Bereiche eindeutig ableiten könnte. Vielmehr findet erst durch das Wechselspiel, die gegenseitige Befruchtung der drei Bereiche, erfolgreiches Lernen statt.

Auch wenn sich gerade in den letzten Jahren die Praxis des Sachrechnens verändert hat, so ist sie möglicherweise in der Erinnerung vieler vorrangig verbunden mit dem »Lösen von Textaufgaben«. Wir werden in Kap. 1.3.3 sehen, dass der Umgang mit Sachaufgaben sowie die Art der Aufgaben weitaus vielschichtiger ist. Bei der Bewältigung von Sachsituationen spielt zunächst einmal die Übersetzung zwischen Sachsituation und Mathematik, die ›Mathematisierung‹ bzw. ›Modellbildung‹, eine entscheidende Rolle (vgl. Kap. 1.3.1). Zunächst soll aber exemplarisch der Umgang mit einer Sachaufgabe betrachtet werden, um zu verdeutlichen, dass es um mehr als eine arithmetische Lösung geht.

Beispielaufgabe für das 4. Schuljahr (aus Bender 1980[43]): »Die Weihnachtsferien begannen am 23.12.1977. Das war der erste Ferientag. Sie endeten am 8.1.1978. Das war der letzte Ferientag. Wie lange dauerten die Weihnachtsferien?«

Bevor Sie weiterlesen, notieren Sie zunächst *eigene* Lösungsansätze und Lösungen. Denken Sie anschließend über unterschiedliche Strategien und mögliche Schwierigkeiten nach, die Grundschulkinder haben könnten!

Wenn lediglich die arithmetischen Ergebnisse im Blickwinkel des Mathematikunterrichts liegen und allenfalls die gefundenen Resultate verglichen werden, wird im Hinblick auf die Sache kaum ein Lerneffekt zu erwarten sein.

Aus der Aufgabe ergeben sich aber durchaus vielfältigere Fragen und Informationen (vgl. dazu auch Winter 1985a):

*   Worum geht es in dieser Aufgabe? (*Berechnen der Ferienlänge*)
*   Was ist in der Aufgabe gegeben? (*Datum des Ferienbeginns und -endes*)
*   Was gibt es an interessanten Sachinformationen, an mathematischen Aspekten, an Größen etc.? (*Wie wird üblicherweise ein bestimmtes Datum notiert? Weihnachtsferien beinhalten einen Monats- und sogar einen Jahreswechsel etc.*)
*   Welche zusätzlichen Kenntnisse über Sachinhalte und über Größen müssen bzw. können erkundet werden? (*Wie viele Tage hat der Dezember? An welchem Wochentag begannen/endeten die Weihnachtsferien 1977? (Freitag/Sonntag) Wie ist es in diesem Jahr? Sind die Weihnachtsferien in diesem Jahr genauso lang? etc.*)

Wir erkennen interessante Sachinformationen – bekannte, aber auch neue. Zudem können weitere Informationen über die Sache erschlossen werden – und dies mithilfe speziell der Mathematik. Es gibt in solchen Sachaufgaben – wie oben aufgelistet – *Sachinformationen, Größen* und auch *mathematische Aspekte* wie etwa Zahlen, Vergleiche oder (versteckte) Operationen. Diese verschiedenen Bereiche greifen ineinander und sind nicht immer scharf voneinander zu trennen.

Um bei der Lösung von Sachaufgaben zu weiteren Erkenntnissen bzgl. der Sachsituation zu kommen, könnte man sich in Lexika, Fachbüchern etc. weitere Sachinformationen verschaffen. Dennoch wird man nicht auf alle Fragen dort auch entsprechende Antworten erhalten. Offenbar kann man nicht allein durch Lesen einer Sachinformation die korrekten Antworten herausbekommen. Die Beziehung/Übersetzung zwischen der *Sache* und der *Mathematik* ist nicht so trivial, wie sie möglicherweise auf den ersten Blick erscheint, was im Folgenden weiter ausgeführt wird.

---

43 Wir werden in Kap. 3.1.4 auf mögliche Schwierigkeiten beim Lösen solcher Aufgaben noch eingehen.

1.3.1 Mathematisierung und Modellbildung

Das Mathematisieren, das Übersetzen von Kontextsituationen auf die Ebene der Mathematik gehört zu den *allgemeinen* Lernzielen (vgl. Kap. 2.3.1). Der Unterricht soll mathematische Begriffsbildungen und Verfahren mit Situationen aus der Lebenswirklichkeit der Kinder in Zusammenhang bringen. Diese als ›Anwendungsorientierung‹ bezeichnete Forderung muss in zwei Richtungen verlaufen.

a) Einerseits wird vorhandenes Alltagswissen ausgenutzt, um mathematische Ideen darzustellen,

b) andererseits wird durch *Mathematisierung* neues Wissen über die Wirklichkeit entwickelt (vgl. auch Kap. 4.1).

Der Prozess des Mathematisierens oder Modellbildens stellt sich schematisch folgendermaßen dar (Abb. 1/40)[44]:

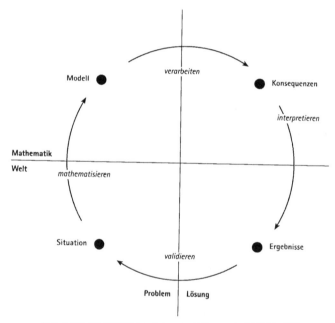

Abb. 1/40: *Modellbildungsprozess (Klieme et al. 2001, 144)*

---

44 Oftmals wird von Schülerinnen und Schülern dieser Prozess nicht vollständig durchlaufen, sondern sie sind bspw. ausschließlich auf das Finden/Lösen einer Rechnung fixiert. Dies zeigt sich insbesondere beim mechanischen Bearbeiten von sogenannten Kapitänsaufgaben (›Kapitänssyndrom‹ Hollenstein 1996). Hollenstein/Eggenberg (1998, 120) nennen diesen unvollständigen Modellbildungsprozess »kurzgeschlossenes Schema«.

Das einführende Beispiel hat bereits verdeutlicht, dass die Beziehung zwischen Sache und Mathematik keine einfache ›Gleichheit‹ darstellt. Man kann weder aus der Sache die Mathematik herleiten noch kann man mit der Mathematik allein direkt die Sache verstehen und erklären. »Auf jeden Fall werden, wenn man die Sache ernst nimmt, Diskontinuitäten zwischen Lebenswelt und arithmetischen Begriffen sichtbar, die grundsätzlicher Natur sind [...] In der Didaktik ist bisher das Verhältnis zwischen innen und außen, zwischen rein und angewandt allzu harmonisch-optimistisch eingeschätzt worden« (Winter 1994, 11). Es gilt, sowohl in der Sachsituation als auch in der Mathematik Strukturen und Beziehungen herauszufinden und diese miteinander zu vergleichen (vgl. auch Steinbring 1997a). Diese Beziehungen sind keine direkten, unmittelbaren Abbilder, sondern Modelle und Idealisierungen (s. o.; vgl. auch KM 1985, 25).

Wie könnte nun die Modellbildung bzw. die Lösung unserer Einführungsaufgabe aussehen (Abb. 1/41)?

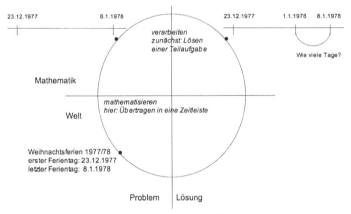

Abb. 1/41: Modellierung einer Sachaufgabe

Eine erste Teilaufgabe, das Berechnen der Zeitspanne zwischen dem 1. und dem 8. Januar, liefert das Ergebnis ›8 Tage‹. Analog erhält man 9 Tage für die Spanne vom 23. bis 31. Dezember, also insgesamt 17 Tage für die Länge der Ferien[45]. Wir sehen hier, dass die Lösung der Aufgabe nicht auf rein arithmetische Operationen beschränkt ist, sondern auch auf der zeichnerischen Ebene erfolgen kann (hier an der Zeitleiste, allgemein mithilfe eines Diagramms).

Es folgt nun die Phase der Interpretation der erhaltenen Resultate, die eine Rückübersetzung auf die Sachebene erforderlich macht (Abb. 1/42). Ein Blick in den Kalender

---

45 Man beachte: Eine vorschnelle ›rechnerische‹ Bewältigung ohne adäquate Berücksichtigung der Modellierung kann sogar zu falschen Ergebnissen führen: 8–1 –> 7 Tage; 31–23 –> 8 Tage, also zusammen 15 Tage (vgl. hierzu Spiegel 1989).

zeigt uns, dass der 8.1.1978 ein *Sonntag* war und somit das Ergebnis ›17 Tage‹ nicht neu gedeutet werden muss.[46]

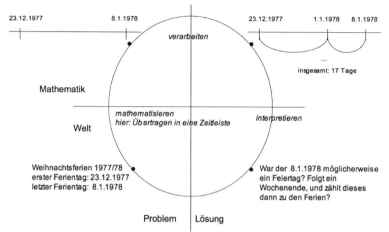

Abb. 1/42: Modellierung einer Sachaufgabe

Des Weiteren ist es nötig, die erhaltenen Ergebnisse zu überprüfen, zu validieren, ob es sich bspw. um ein realistisches Ergebnis handelt oder ob die Sachsituation möglicherweise eine weitere arithmetische Operation erforderlich macht wie etwa das Auf- oder Abrunden bei einer erhaltenen Dezimalzahl (vgl. u. a. die Schneckenaufgabe in Kap. 2.1.1). Das Bewältigen von Sachsituationen ist also charakterisiert durch ein wechselweises Arbeiten auf den Ebenen der Sache und der Mathematik: »Das ständige Wechselspiel [...] zwischen Umweltphänomenen und mathematischem Modell, zwischen Beobachten und Einsehen, zwischen Entwerfen und Erproben, zwischen Fragen und Nachsehen, zwischen praktischem Tun und dem Nachdenken über das Tun ist wohl *die* Quelle von Erkenntnis, von Begriffsbildung überhaupt« (Winter 1977, 110; Hervorh. i. Orig.).

1.3.2 Funktionen des Sachrechnens

Winter (1985a) hat für das ›Sachrechnen‹ folgende drei Funktionen herausgearbeitet:

- *Sachrechnen als Lernstoff*

Hierbei geht es um den Aufbau des Wissens über die sogenannten ›bürgerlichen Größen‹ und Fertigkeiten im Umgang mit Größen sowie elementare Verfahren und Begriffe der Statistik (vgl. Winter 1985a, 15 ff.). Dazu gehören bspw. das Zählen, Messen,

---

46 Es erscheint sinnvoll, dass die Kinder anhand aktueller Ferienpläne überprüfen, wie üblicherweise Ferienanfang und -ende angegeben werden, wenn ein Wochenende Start- oder Endpunkt ist.

Schätzen, Kennenlernen der Maßsysteme, Aufbau eines Repertoires an Stützpunktvorstellungen/Standardgrößen oder die Darstellung von Größen (vgl. auch Kap. 1.3.5).

Beispiel: Messen von Zeitspannen, etwa für das Laufen einer bestimmten Strecke »Wir messen durch langsames und gleichmäßiges Zählen. – Wir messen mithilfe eines Pendels (25 cm langer Faden: für 1 Hin- und Herschwingung braucht es eine Zeitspanne, die wir 1 Sekunde nennen). – Wir messen mithilfe von Uhren (Stoppuhr, Uhr mit Sekundenzeiger, Sanduhr, …) – Wir schätzen Zeitspannen« (Winter 1996, 58).

Anhand dieser Aktivität wird deutlich, dass die Kinder einerseits mit *standardisierten*, aber auch mit *nicht standardisierten* Werkzeugen messen sollten. Das Wissen über Messwerkzeuge stellt also einen expliziten Lerninhalt dar. Neben dem näherungsweisen und exakten *Messen* geht es darüber hinaus auch um das *Schätzen*.

Winter weist in diesem Zusammenhang darauf hin, dass solche Aktivitäten nur dann sinnvoll sind, wenn sie in eine übergreifendere pädagogische Zielvorstellung eingebettet werden, nämlich sachrechnerische Fähigkeiten im Rahmen der Denkentwicklung und zur Erschließung der Umwelt anzustreben (ebd. 1985a, 24). Also: Sachrechnen und beteiligte Inhalte, Begriffe, Verfahrensweisen sind Lernstoff, aber immer im Hinblick auf das große, anspruchsvolle Ziel *Umwelterschließung*.

- *Sachrechnen als Lernprinzip*

Für das Lernen mathematischer Begriffe und Verfahren sollen grundsätzlich Bezüge zur Realität ausgenutzt werden, um die Schüler stärker am Lernen zu interessieren, ihr Verständnis zu fördern und ihre Kenntnisse und Fertigkeiten besser zu festigen (vgl. Winter 1985a, 26 ff.).

Sachrechnen steht hier im Dienste mathematischer Verständnisse, Einsichten und der Lernmotivation. Das geht nicht mit simplifizierten Pseudo-Sachsituationen, sondern eigentlich nur mit echten Sachproblemen, im weitesten Sinne nur mit echten Umweltproblemen. Das geschieht auf mindestens dreifache Weise:

»• Sachsituationen als Ausgangspunkte (Einstiege) von Lernprozessen,
- Verlebendigung, Verdeutlichung, Veranschaulichung von mathematischen Begriffen durch Verkörperung in Sachsituationen und
- Sachaufgaben als Feld der Einübung mathematischer Begriffe und Verfahren« (Winter 1985a, 26).

Beispiel: »Wie viele Stunden hat ein Jahr?« (vgl. Walther 1982; Krauthausen 1995c; Wittmann/Müller 2005b, 54)

Überprüfen Sie die Bearbeitungen in Abb. 1/22 (S. 49) daraufhin, welche Annahmen bezogen auf die zugrunde liegende Sache gemacht werden!

Eine kontextgebundene Problemstellung kann einerseits als Einstieg in eine noch nicht thematisierte Operation (ebd.: halbschriftliche Multiplikation) dienen. Sie kann aber auch zur Wiederholung einer bereits besprochenen Operation genutzt werden, um auf eine neue Operation vorzubereiten (ebd.: schriftliche Multiplikation).

- *Sachrechnen als Lernziel, d. h. als Beitrag zur Umwelterschließung*

Diese dritte Funktion ist die umfassendste und wichtigste, aber unterrichtspraktisch auch am schwierigsten zu realisierende Funktion. Sie ist kein nachgeordnetes methodisches Detail, sondern ein anspruchsvolles, voraussetzungsreiches didaktisches Programm, in das tiefere Dimensionen pädagogischen Arbeitens eingehen: die übergeordneten Ziele des Mathematikunterrichts (sein möglicher Beitrag zur Entfaltung der Kreativität und zur Sensibilisierung für die Probleme unserer Welt) und das Bild, das man vom Menschen und menschlichen Lernen hat (vgl. Winter 1985a, 31 ff.; vgl. auch Müller 1991). Von diesem Konzept des umwelterschließenden Sachrechnens darf man dann aber auch eine Steigerung der Sachrechenfähigkeit erwarten.

Der anspruchsvolle Aufgabentyp ›Umwelterschließung‹ ist gerade für das Sachrechnen am fruchtbarsten und dient den allgemeinen übergeordneten Zielen des Mathematikunterrichts.»Entscheidend ist der *Primat der Sache.* Sachsituationen sind hier nicht nur Mittel zur Anregung, Verkörperung oder Übung, sondern selbst der Stoff, den es zu bearbeiten gilt; Sachrechnen ist damit ein Stück Sachkunde« (Winter 1985a, 31; Hervorh. GKr/PS). Umweltliche Situationen sollen durch *mathematisches Modellieren* klarer, bewusster und auch kritischer gesehen werden. Das schließt auch ein, die Grenzen der Mathematik zu erkennen. Die Sache hat stets viele Eigenschaften, die nicht (alleine) mit der Mathematik, sondern mit anderen Perspektiven bearbeitet werden müssen. Die Mathematik kann die Sache im Wesentlichen im Blick auf quantitative und geometrische Strukturen und Beziehungen untersuchen; das ist die Stärke der Mathematik, ihre Strukturorientierung.

Beispiel: Müller (1991, 229) beschreibt konkrete Aktivitäten zum Thema ›Müll‹: Entstehender Abfall in der Grundschule durch mitgebrachte Trinktüten. Dabei ging es einerseits um das Beschaffen und Verarbeiten von Daten und Informationen (hier: Zählen der verbrauchten Tüten in der eigenen Klasse, der gesamten Schule; Berechnen des wöchentlichen, monatlichen, jährlichen Abfalls durch Trinktüten); Aufbau von entsprechenden Größenvorstellungen (hier u. a. Berechnen des Gewichts des Abfalls; in Beziehung setzen zum Abfall einer Stadt, des Landes NRW, ...); Entwickeln von Handlungsalternativen, wie z. B. Müll trennen; Nutzen von recyclebaren Materialien und Müll vermeiden (hier: Aktion ›Teekesselchen‹, bei der anstelle der Trinktüten selbst gekochter Tee getrunken wurde).

Das Herzstück des Sachrechnens im Dienste der Umwelterschließung besteht also darin, zu umweltlichen Bereichen und Fragen mathematische Modelle aufzubauen, d. h. Situationen zu mathematisieren bzw. zu modellieren (s. o.; Kap. 1.3.1).

1.3.3 Typen von Sachaufgaben

Nachfolgend finden Sie verschiedene Typen von ›Sachaufgaben‹, die für den Mathematikunterricht der Grundschule relevant sind (vgl. Müller/Wittmann 1984, 210 ff.; Radatz/Schipper 1983, 130 f.; Wittmann/Müller 2004c, 27). Wir setzen diesen Begriff hier in Anführungszeichen, da die Terminologie in der Literatur nicht einheitlich ist (vgl. etwa Franke 2002). Dargestellt werden die Aufgabentypen jeweils in Reinform, wobei die Übergänge zwischen den einzelnen Typen fließend sind. Gelegentlich ist nicht die Aufgabe an sich, sondern die Art und Weise der Bearbeitung oder ihre Stellung im Lernprozess für eine entsprechende Einordnung verantwortlich.

1.3.3.1 Sachbilder

Hierbei handelt es sich um standardisierte Bilder, die *eindeutig* eine Anzahl oder einen Zahlensatz bildlich darstellen sollen.

Beispiel zum Zahlensatz 3+4: Abbildung 1/43 stellt eine simulierte Eisenbahn dar mit 10 Plätzen/Stühlen, Kinder können ein- und aussteigen[47]).

Abb. 1/43: Sachbild (Rinkens/Hönisch (Hg.) 1998, 19)

Bei solchen Sachbildern sind die Zahlen Anzahlen empirischer Dinge (hier: Kinder), die Operationen sind Hinzufügen (hier: Kinder steigen ein), Wegnehmen, Vermehren, Aufteilen, Verteilen etc., also (konkrete Tätigkeiten als Äquivalent mathematischer Operationen (vgl. Seeger/Steinbring 1994; Steinbring 1994a). Die Sache selbst hat lediglich eine untergeordnete Funktion und wird auch von den Kindern möglicherweise nicht mehr untersucht und häufig gar nicht mehr ernst genommen: Sie bleibt äußerliches Beiwerk und wird mehr und mehr uninteressant (vgl. dazu auch Steinbring 1999a, 8 f.).

---

47 Diese Darstellung soll den Kindern natürlich nicht isoliert vorgelegt werden: Vorgesehen ist im genannten Schulbuch die handlungsorientierte Einführung dieser Darstellung (z. B. über Nachspielen der Situation; vgl. Rinkens/Hönisch (Hg.), 1998, 18). Der Hinweis ist nicht unwesentlich, denn es scheint doch »weitverbreitete Praxis [...], die Bilder in Schulbüchern nur anzusehen und über sie zu sprechen, statt sie als Anregungen für konkrete Handlungen der Kinder zu nehmen. [...] Das Wechselspiel zwischen Handlung, Bild und Symbol ist für den Lernprozess konstitutiv. Allerdings darf dieser Prozess weder als Einbahnstraße von der Handlung über das Bild zum Symbol gesehen werden noch reicht ein einmaliger Durchlauf aus« (Radatz et al. 1996, 62 f.).

Ziel ist es hier, Zahlensätze und Operationen möglichst eindeutig durch vereinfachte, standardisierte bzw. schematisierte Sachbilder deuten und begründen zu können. Der mathematische Sachverhalt soll in gewisser Weise konkretisiert und veranschaulicht werden. Zu bedenken ist jedoch, dass die intendierte Eindeutigkeit nicht unbedingt gewährleistet werden kann und vielmehr eine *empirische Mehrdeutigkeit* (vgl. Steinbring 1994a) vorliegt. Wir werden diese Problematik in Kap. 3.2.4 (Arbeitsmittel und Veranschaulichungen) genauer analysieren, aber schon an diesem Beispiel kurz illustrieren: Intendiert ist bei der obigen Darstellung der Zahlensatz 3+4 (drei Kinder sitzen schon in der Eisenbahn, vier Kinder wollen einsteigen). Denkbar wären aber auch ganz andere Zahlensätze (vgl. dazu auch Voigt 1993):

4 + 3 = (vier Kinder stehen; drei steigen aus der Eisenbahn aus und kommen hinzu)

3 + $\square$ = 10 (drei Kinder sitzen schon; wie viele müssen noch hinzukommen, bis alle Plätze besetzt sind?)

10 − 3 = (Unterschied zwischen der Anzahl der Plätze und der sitzenden Kinder; d. h.: Wie viele freie Plätze gibt es?)

10 + 3 + 4 = (10 Plätze, drei sitzende Kinder und vier stehende Kinder)

8 − 3 = (es sind lediglich acht Stühle sichtbar; Unterschied der Anzahl der Stühle und der sitzenden Kinder)

Eine Untersuchung von Schipper (1982) zeigte, dass selbst solche konkreten Darstellungen lediglich von 66 % der Grundschulkinder korrekt interpretiert wurden.

1.3.3.2 Eingekleidete Aufgaben

Hier handelt es sich um eine in Worte gefasste Aufgabenkonstruktion bzw. Rechenoperation ohne echten Realitätsbezug (vgl. Radatz/Schipper 1983, 130). Es liegt zwar eine komplexere Sachsituation als bei Sachbildern vor, dennoch ist eindeutig, wie erwartungsgerecht gerechnet werden muss, welches Ergebnis herauskommt und dass jede der Zahlen benötigt wird und keine überflüssig ist (d. h.: vollständige und eindeutige, keine überflüssigen Daten). Der Sachinhalt ist nur scheinbar (auf der Wortebene) der Erfahrungswelt der Kinder entnommen: In Wirklichkeit spielt der Realitätsbezug keine Rolle, vielmehr kann der Sachinhalt beliebig ausgetauscht werden, wie auch das folgende Beispiel zeigt.

Das Beispiel in Abb. 1/44 zeigt zunächst eine bereits gelöste Musteraufgabe, die die adäquate Strategie für die zweite (noch zu lösende) Aufgabe verdeutlichen soll. Des Weiteren sind für die zu bearbeitende Aufgabe sowohl die Veranschaulichung als auch das Format des Zahlensatzes vorgegeben. Ziel solcher eingekleideten Aufgaben ist die Anwendung und Übung von Rechenfertigkeiten und mathematischen Begriffen, die in

Text eingekleidet werden. Fantasie- und Kunstaufgaben sollen das Üben mit reinen Zahlenaufgaben bereichern (Radatz/Schipper 1983, 130).

Abb. 1/44: Eingekleidete Aufgabe (aus Beck 1999, 96)

1.3.3.3 Textaufgaben und Denkaufgaben

Textaufgaben bilden den Schwerpunkt des traditionellen Sachrechnens. Es handelt sich um Aufgaben in Textform, wobei die Sache nach wie vor nebensächlich und daher austauschbar ist. Die Vielfalt und Komplexität der Sache in der Realität werden nicht wirklich berücksichtigt und oft verkürzt dargestellt. Bei diesen Aufgaben müssen i. d. R. mehrere Daten/Zahlen/Größen miteinander in Verbindung gebracht werden (vgl. Radatz/Schipper 1983, 130). Ergänzend sei an dieser Stelle ein weiterer Aufgabentyp genannt, die ›Bild-Text-Aufgabe‹ (vgl. Franke et al. 1998, 93): Bei der Präsentationsform handelt es sich um eine Kombination aus Bild und Text, wobei die bildliche Darstellung nicht nur schmückendes Beiwerk ist, sondern wesentliche Informationen zur Aufgabenlösung liefert. Die Aufgaben sind weiterhin eindeutig zu bearbeiten, wobei häufig Bearbeitungshilfen angeboten bzw. eingeübt werden. Klassische Bearbeitungshilfen sind Schemata wie ›Frage, Rechnung, Antwort‹ (vgl. Abb. 2/3 in Kap. 2.1.1).

Es existieren mittlerweile aber auch Vorschläge für *alternatives* Umgehen mit klassischen Textaufgaben (vgl. z. B. Nestle 1999, 49; Radatz/Schipper 1983, 131 ff.; Radatz et al. 1998, 171 ff.), bei denen durch Fragen, Alternativen und Handlungen neue Perspektiven entwickelt und die Vorstellungen der Schülerinnen und Schüler gefördert werden können. Ein anderes Schema, das in gewissem Sinne weitergeht, ist der ›Lösungsbaum‹ oder ›Rechenbaum‹, der die komplexeren Rechnungen strukturieren soll (Abb. 1/45). Hierzu ist jedoch anzumerken, dass für das Erstellen eines Rechenbaumes die Struktur der Aufgabe schon verstanden sein muss, d. h., hier liegt keine Hilfe für das Finden einer Struktur/eines Ansatzes vor (vgl. Radatz/Schipper 1983, 136).

Abb. 1/45: Textaufgabe mit Rechenbaum (aus Wittmann/Müller 2005b, 21)

Vorrangiges Ziel ist die Förderung mathematischer Fähigkeiten, wobei der gesamte Sachverhalt (Text) durchschaut werden muss. Bei dieser schulischen Kunstform liegt das Hauptproblem für die Kinder in der richtigen ›Übersetzung‹ der Information aus der natürlichen Sprache des Textes in die Gleichungen oder Zahlensätze der mathematischen Fachsprache (vgl. Radatz/Schipper 1983).[48]

Beispiel: »Zu Familie Balzer gehören fünf Personen. Sie müssen 735 Euro für den Stromverbrauch an die Stadtwerke zahlen.
a) Wie viel Euro zahlt Herr Balzer alle zwei Monate?
b) Wie hoch sind die Stromkosten für eine Person?« (Rinkens/Hönisch (Hg.) 1999, 119).

Wir wollen im Folgenden diese Aufgabe bearbeiten, sie dabei aber auch immer wieder kritisch kommentieren. Zunächst einmal muss der beschriebene Sachverhalt interpretiert werden: Ist der Betrag von 735 Euro für ein Jahr gedacht?

Anmerkung: Ist dies ein realistischer Strompreis? Hier wäre ein entsprechendes Sachwissen erforderlich.

Anschließend erfolgt die Rechnung zu Teilaufgabe a: Möglich wäre hier die Division durch 12, um den Preis pro Monat zu erhalten (61,25 €). Die anschließende Multiplikation mit 2 liefert das gesuchte Ergebnis (122,50 €). Denkbar wäre auch die Verarbeitung in einem Schritt, die Division durch 6, um den Betrag für zwei Monate zu erhalten.

---

48 Dies schließt nicht aus, dass die Kinder im Alltag die gleiche Situation möglicherweise problemlos bewältigen.

Anmerkung: Wiederum ist Sachwissen erforderlich, wie Dezimalzahlen in der Einheit € dargestellt werden.

Teilaufgabe *b* macht wiederum eine Interpretation erforderlich: Sind hier die monatlichen, zweimonatlichen oder jährlichen Kosten gemeint?

Als jährliche Kosten für eine Person ergeben sich (735 € : 5 = 147 €); als zweimonatliche Kosten (122,50 € : 5 = 24,50 €) und als monatliche Kosten (61,25 € : 5 = 12,25 €).

Anmerkung: Bei dieser Teilaufgabe stellt sich die Frage, wozu eine solche Berechnung durchgeführt wird. Ist es sinnvoll, von einer Gleichverteilung für die einzelnen Personen auszugehen? Hat der erhaltene Wert eine Relevanz im alltäglichen Leben? Ist die verwendete Sachsituation für diese Art von Rechnung geeignet oder sollte man sie nicht besser austauschen oder ganz auf den Kontext verzichten?

Bei der kritischen Durchleuchtung einer solchen Textaufgabe bekommt man leicht den (auch nicht ganz falschen) Eindruck, dass realistische Anwendungen, authentische Situationen etc. mit dem Ziel der Anwendungsorientierung eine notwendige und hinreichende[49] Voraussetzung des Sachrechnens sind. Wir wollen aber festhalten, dass auch künstliche und unrealistische Aufgaben in Form von *Denkaufgaben* ihre Berechtigung haben, jedoch mit einem *anderen Ziel*: Solche Aufgaben zielen auf das Entwickeln allgemeiner Denk- und Lösungsstrategien (vgl. Polya 1995; vgl. auch Gravemeijer 1999 »vom Modell *von* einer bestimmten Situation« zum »Modell *für* eine allgemeine Klasse von Situationen«). Das Entscheidende ist dann der *Mathematisierungsprozess*, die Übersetzung des gegebenen Kontextes auf die mathematische Ebene (vgl. Toom 1999) bzw. das Entwickeln einer geschickten Lösungsstrategie. In Kap. 2.1.1 finden Sie hierzu ein konkretes Beispiel (›Schneckenaufgabe‹), welches einerseits illustrieren soll, was mit den intendierten ›allgemeinen Denk- und Lösungsstrategien‹ gemeint ist und andererseits die Berechtigung und Notwendigkeit solcher Aufgaben hervorhebt. Die heftige Kritik, die an Textaufgaben geübt wurde, bezog sich neben der Realitätsferne auch auf die Art ihrer Behandlung: Häufig wurde ein Aufgabentyp eingeführt und dieser Typ anschließend an gleichartigen Aufgaben eingeübt. Auf diese Weise wird das oben erwähnte Ziel der Mathematisierung gerade *nicht* realisiert (vgl. Toom 1999).

Wir sehen bei diesen Beispielen die eingangs von Kap. 1.3.3 gemachten Aussagen konkretisiert und bestätigt, dass eben nicht die Aufgabe an sich, sondern die Art und Weise ihrer Bearbeitung oder ihrer Zielsetzung entscheidend ist (vgl. dazu auch Kap. 2.1.1).

Lösen Sie unter dieser Perspektive die Buchaufgabe in Kap. 2.1.1!

---

49 An dieser Stelle sei deutlich angemerkt, dass *allein* die Verwendung realistischen Materials, ohne Beachtung der Frage, ob die zu bearbeitenden Problemstellungen überhaupt sinnvoll sind, sicherlich noch keine gute Sachrechenpraxis darstellt.

1.3.3.4 Erfinden von Rechengeschichten

»Sachaufgaben, die die Kinder selbst geschrieben haben, erfüllen von sich aus den Primat der Sache. Die Kinder identifizieren sich mit dem Sachverhalt und interpretieren ihn vor dem Hintergrund ihrer subjektiven Erfahrungsbereiche. Das führt zu fruchtbaren Auseinandersetzungen, erhöht den verbalen Anteil im Mathematikunterricht beachtlich und fördert die Kritikfähigkeit. Die Kinder haben eine Beziehung zu den Aufgaben. [...] Die Lehrerin erfährt eine Menge über die altersgemäße Lebenswirklichkeit der Kinder« (Dröge 1995, 420).

Beim Erfinden von Rechengeschichten gibt es grundsätzlich mehrere Vorgehensweisen:
- freie Themenwahl,
- vorgegebener Kontext,
- vorgegebene Rechnung,
- vorgegebene Struktur (z. B. durch einen Rechenbaum).

Erfahrungsgemäß lassen sich die dann entstehenden Rechengeschichten der Kinder kategorisieren und i. d. R. auf eine bestimmte Praxis des Sachrechnens im erlebten Unterricht schließen (vgl. auch Kleine/Fischer 2005 für den Bereich der Sekundarstufe). So ließen sich die von Grundschulkindern zu einem vorgegebenen Zahlensatz verfassten Rechengeschichten in folgende Typen (mit fließenden Übergängen) unterscheiden (Radatz 1993a):
- Rechengeschichten, die den üblichen Beispielen des Unterrichts bzw. des Schulbuchs entsprechen,
- Rechengeschichten, die dem zuvor genannten Typ gleichen, d. h. gleiche Struktur bzw. Handlungen, jedoch sind die verwendeten Sachsituationen überaus unrealistisch,
- Rechengeschichten, die (mathematisch) unlösbar sind und
- Rechengeschichten, die kreativ und fantasievoll sind, aber nicht zum gegebenen Zahlensatz passen.

Welcher Typ Rechengeschichte ist Ihrer Meinung nach in der nachfolgenden Abbildung 1/46 repräsentiert?

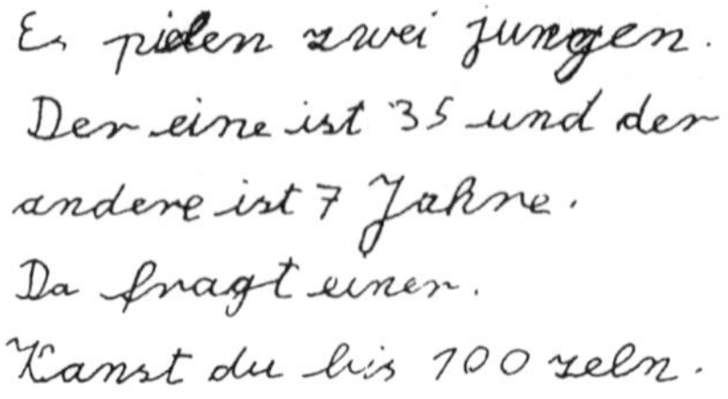

Abb. 1/46: Rechengeschichte zum Zahlensatz 38+7 = 45 (aus Radatz 1993a, 34)

An einem weiteren Beispiel zur Konstruktion von Rechengeschichten soll noch einmal das Besondere des Sachrechnens, die unterschiedlichen Strukturen der Bereiche Sache und Mathematik verdeutlicht werden:

Beispiel (aus Lorenz 1999, 30): Was könnten mögliche Sachzusammenhänge für die Aufgabe 32:5 sein? (Die Lösung der rein *arithmetischen Aufgabe* wäre für Grundschulkinder 6 Rest 2.)

- 32 Pfadfinder machen einen Ausflug mit Ruderbooten. In jedes passen 5 Personen. Wie viele Boote brauchen sie? (*Lösung: 7*)
- Ein Seil ist 32 m lang. Es werden immer Stücke von 5 m Länge abgeschnitten. Wie viele Stücke erhält man? (*Lösung: 6*)
- Eine Fahrradtour geht über 32 km. Es wird fünfmal Rast gemacht. (*Lösung: 6,4 km pro Etappe; natürlich unter der Annahme, dass in gleichen Abständen Rast gemacht wird und dass die 5. ›Rast‹ am Ende der Radtour erfolgt*)
- 32 Sandwiches Tagesration für eine Gruppe von 5 Pfadfindern. Wie viel isst jeder? (*Lösung: 6 und 2/5; unter der Annahme, dass jeder gleich viel isst*)
- 32 Pfadfinder stehen in fünf Reihen, in jeder Reihe gleich viel. (*keine Lösung*)

Möglich ist auch die Vorgabe eines Zahlensatzes *mit* dem jeweiligen Ergebnis (Treffers 1987, 205 f.): Erfinde Problemstellungen zur Aufgabe ›6394:12‹ für die die Antwort sein könnte: 532 oder 533 oder 532 Rest 10 oder 532 5/6 oder 532,8333... o. Ä.

1.3.3.5 Sachprobleme

Eine Art Mittelstellung haben sogenannte Sachprobleme, die häufig auch als Sachaufgaben bezeichnet werden (vgl. Radatz/Schipper 1983, 130). Hierbei werden *originale* Daten (Zahlen, Größen, Zusammenhänge) aus der Umwelt als eigenständige Angaben vorgegeben, und zu diesen Daten können unterschiedliche Fragen und Problemstellungen formuliert werden. Die *Sache* steht im Vordergrund, an sie werden Fragen herangetragen, die mithilfe der Mathematik bearbeitet und teilweise auch beantwortet werden können. Mathematik ist also hier nur Hilfsmittel zur Bearbeitung oder Erschließung des Sachverhaltes.

Beispiel: Murmeltiere (Tab. 1/7)

Die möglichen Fragestellungen bzw. Aktivitäten können sich einerseits auf das vorhandene Material beziehen, sollen aber ganz bewusst auch darüber hinaus gehen. Es bieten sich zunächst Lese- bzw. Orientierungsübungen zu dem wichtigen gegebenen Darstellungsformat der Tabelle an:

Alter: Welches Tier erreicht das höchste/niedrigste Alter? Welche Tiere werden ungefähr gleich alt? Welche Tiere werden ungefähr so alt wie das Murmeltier?

90

Länge/Gewicht: Welches Tier hat das höchste/niedrigste Gewicht? Welches misst die größte/kleinste Länge? Welche Tiere sind ungefähr gleich lang/ungefähr so lang wie das Murmeltier? Welche Tiere sind ungefähr gleich schwer/ungefähr so schwer wie das Murmeltier? Hat das Tier mit dem höchsten Gewicht auch die größte Länge? (Nein. Der Eisbär ist am schwersten, aber der Tiger ist bspw. länger. Offensichtlich liegt zwischen Länge und Gewicht keine proportionale Zuordnung vor: Der Biber hat bspw. die vierfache Länge des Eichhörnchens. Bestimmt man jedoch durch Überschlagsrechnung das vierfache Gewicht des Eichhörnchens (4·500 g = 2 kg), so weicht dies erheblich vom Gewicht des Bibers ab.)

Vergleich verschiedener Säugetiere
Höchstalter in Jahren

Feldhase	8	Maus	4
Siebenschläfer	9	Eichhörnchen	12
Igel	14	Reh	16
Murmeltier	18	Biber	25
Löwe	30	Maultier	45
Elefant	70	Wal	100
Esel	100	Riesenschildkröte	180

Maximallängen und Höchstgewichte
Längenangabe (in cm): Schnauzspitze bis After

	Länge	Gewicht		Länge	Gewicht
Murmeltier	73	8 kg	Feldmaus	12	50 g
Biber	100	30 kg	Hamster	34	500 g
Dachs	85	20 kg	Hermelin	29	450 g
Eichhörnchen	25	480 g	Siebenschläfer	19	120 g
Eisbär	251	1000 kg	Tiger	300	350 kg
Etruskerspitzmaus	4	2 g	Vielfrass	87	35 kg

Dauer des Winterschlafs (bzw. Winterstarre oder Winterruhe)
Angabe in Monaten

Blindschleiche	4–5	Hamster	2–3,5	Murmeltier	5–6
Eichhörnchen	2–3,5	Haselmaus	6–7	Ringelnatter	4–5
Erdkröte	4–5	Igel	3–4	Siebenschläfer	6–7
Fledermaus	5–6	Kreuzotter	4–5	Teichmolch	3–4
Grasfrosch	4–5	Laubfrosch	5–6	Zauneidechse	5–6

Tab. 1/7: Daten zu Murmeltieren und anderen Tieren (aus Eggenberg/Hollenstein 1998c, 3)

Fragen über die Tabelle hinaus: Von welchen anderen Tieren kennst du das ungefähre Höchstalter? (analog zu Gewichten und Längen)[50] Was ist der Unterschied zwischen Winterschlaf, Winterstarre und Winterruhe? Kennst du andere Tiere, die Winterschlaf halten?

Genutzt werden könnte das Material daneben auch für *projektartigen* Unterricht (vgl. Kap. 1.3.3.8): Produkt eines solchen Projektes könnte eine Schulausstellung sein mit Informationen zur Behausung der Murmeltiere und ihrer Nahrung (real ausgestellt oder bildlich); mit Bildern und Fotos von Murmeltieren sowie Karten, die ihre Lebensorte zeigen; mit grafischen Aufbereitungen der gegebenen Tabellen; mit einem selbst erstellten Buch ›Mein Murmeltierbuch‹ u. v. m.

Da die Sache ganz wesentlich mitdiskutiert wird, ist die Einsicht in die Zusammenhänge eine entscheidende Voraussetzung. Es handelt sich um *echte Anwendungen* mathematischen Wissens oder mathematischer Fähigkeiten in realistischen Sachsituationen, wobei oft noch erforderliche Daten selbst hinzugesammelt werden müssen. Derartige Sachaufgaben führen über die Grenzen des Mathematikunterrichts hinaus in die anderen Unterrichtsfächer. Modernes Sachrechnen i. d. S. ist anwendungsorientiert, kreativ und möglichst lebensnah.

Bemerkenswert ist im Hinblick auf das methodische Vorgehen, dass auch bei solchen Aufgaben, die prinzipiell eine offenere Bearbeitung erlauben würden, in manchen Schulbüchern den Kindern doch wieder (unnötigerweise) eine *recht eindeutige Problemfrage* in den einzelnen Aufgaben vorgegeben wird, die sie dann wohl auch nach dem Schema ›Frage, Rechnung, Antwort‹ kleinschrittig bearbeiten sollen, anstatt sich selbst Fragen zu stellen, die aus ihren Interessen entstanden sind und Bezüge zu ihrer persönlichen Situation enthalten (vgl. z. B. Rinkens/Hönisch (Hg.), 1999, 105: Geschwindigkeiten von Tieren und Menschen).

1.3.3.6 Sachstrukturiertes Üben

Eine ähnliche Mittelstellung hat das sogenannte *sachstrukturierte* Üben[51], bei dem sich eine Serie gleichartiger Aufgaben in einen Sachzusammenhang einordnet. Die Ergebnisse dieser Aufgaben und ihre Diskussion sollen das *sachkundliche* Wissen bereichern. Der Zusammenhang kann entweder in der Rückschau (*nach* dem Lösen) hervortreten (reflektives Üben) oder von *vorneherein* als übergeordnete Zielsetzung die Bearbeitung der Aufgaben steuern (immanentes Üben).

---

50 Eine gute Datensammlung zu derartigen Fragestellungen bieten Flindt 2000 (Daten über Tiere und Pflanzen) und Kunsch/Kunsch 2000 (Daten über den Menschen), vgl. auch Hack/Ruwisch (2004).

51 Vgl. zu sachstrukturierten und/oder auch immanenten Übungen die Übungssystematik von Wittmann (1992) in Kap. 2.1.2.

Beispiel: »Vermehrungsrate von Tieren« (Wittmann/Müller 1990, 146; Wittmann/Müller 2004b, 103)

Die Vermehrungsrate von Tieren ist auf die durchschnittliche Lebensdauer der jeweiligen Tierart abgestimmt, um einen festen Bestand der jeweiligen Tierart zu gewährleisten. Eine kürzere Lebensdauer (u. a. bedingt durch Feinde) erfordert eine höhere Vermehrungsrate. Bei einer längeren Lebensdauer genügt zur Arterhaltung eine niedrigere Vermehrungsrate. Die folgende Übung (Abb. 1/47) soll einige Beispiele zu dieser Thematik liefern und dient als Anregung zum weiteren Nachdenken über diese Zusammenhänge (auch im Sinne eines fächerübergreifenden Unterrichts).

Tiere bekommen Junge.

Eine Katze bekommt oft im Frühjahr und im Herbst Junge.
Manchmal bekommt sie 2,
manchmal 3 und manchmal 4 Junge.
Zu jedem Wurf gehören
durchschnittlich 3 Junge.

	Würfe in einem Jahr	Junge pro Wurf
Katze	2	3
Maus	4	7
Eichhörnchen	3	3
Kaninchen	2	7
Hase	3	3
Reh	1	2
Ratte	5	8

Wie viele Junge bekommen
die Tiere durchschnittlich
in einem Jahr?

1) Katze: 2 · 3 K = 6 K
   Maus: 4 · 7 M =

Abb. 1/47: Sachstrukturierte Übung (aus Wittmann/Müller 2004b, 103)

1.3.3.7 Sachtexte

Der Bereich der Textaufgaben wurde bereits besprochen, jedoch stellt sich die Frage, ob es sich hierbei um Sach*texte* im eigentlichen Sinne handelt: Zahlen und Größen müssen entnommen und korrekt interpretiert werden, mit ihnen muss gerechnet werden, sie müssen mit vorhandenem Wissen in Beziehung gesetzt werden, um Informationen verstehen und einordnen zu können.

In der Vergangenheit wurde vielfach berechtigte Kritik an üblichen Textaufgaben geäußert (vgl. insbesondere Erichson 1991): Bei den herkömmlichen Texten in Schulbüchern (Textaufgaben) wird die Umwelt systematisch verfremdet, damit Schüler die (verarmten) Texte besser verstehen, Zahlen werden ›frisiert‹, damit Schüler die Aufgaben berechnen können. Gefordert wird im Gegensatz dazu, den Kindern in Sachtexten eine realistische Umweltsituation anzubieten, in der Zahlen und Daten eine Rolle spielen. Dies können Zeitungsmeldungen sein (vgl. Abb. 1/48 ›Eisbär‹) oder auch Texte aus Sachbüchern oder Lexika (positive Beispiele finden sich bspw. in Erichson 1992/ 2003a). Auf der folgenden Seite soll ein Beispiel aufgeführt werden, welches von E. Götz/S. Gollub (Primarstufenstudierenden der Uni Dortmund) im Rahmen einer Vertiefungsveranstaltung ›Sachrechnen‹ selbst erstellt wurde[52].

- Überlegen Sie zunächst selbst, welche Fragen sich bspw. für ein 4. Schuljahr anbieten.
- Welche Begriffe und Sachinformationen müssen Ihrer Meinung mit Kindern geklärt werden, welche gehören möglicherweise schon zum Wissensrepertoire von Grundschulkindern?
- Welche weiteren Sachinformationen bzw. Materialien werden benötigt?

---

52 Man sollte nicht davon ausgehen, dass Lehrerinnen und Lehrer während ihrer alltäglichen Unterrichtspraxis *regelmäßig* eigene Sachtexte erstellen könnten. Die Studierenden haben im Rahmen dieser Veranstaltung sehr viel Zeit und Mühen aufgebracht. Auf der anderen Seite sind die Erfahrungen bei einer solchen Aktivität bezogen auf ein angemessenes Schwierigkeitsniveau der Texte sowie die Interessen und vermuteten Lernprozesse der Kinder durchaus lohnenswert, was die Studierenden auch ausdrücklich anmerkten.

Das Monster von Loch Ness

Die größte Insel Europas ist Großbritannien. Das Land ist aufgeteilt in Schottland, Wales und England. Ganz im Norden liegt Schottland mit den höchsten Bergen und tiefsten Seen Großbritanniens. Der größte dieser Seen heißt Loch Ness und ist 22,4 miles lang, 0,9 miles breit und 355 yards tief. Er faßt 9740000000 cubic yards Wasser. In diesem See wohnt „Nessie", das Monster von Loch Ness. Schon 565 n. Chr. berichtet ein Bischof davon, wie das Wassermonster einen Mann im Loch Ness mit einem grausamen Schlag getötet habe. Seitdem sind Forscher, Wissenschaftler, Abenteurer und Touristen auf der Suche nach dem Untier. Die Suche ist aber sehr schwierig, da der See sehr dunkles Wasser hat, und man schon in 13,1 yards Tiefe nichts mehr sehen kann. Außerdem gibt es am Grund des Sees viele unerforschte Höhlen und eine dicke Schlammschicht. Hier hilft noch nicht einmal die Technik: auch mit Spezial-U-Booten, Infrarotkameras, Echoloten und Sonargeräten konnte Nessie nicht aufgespürt werden. Wissenschaftler haben dem Untier den Namen „*Nessiteras rhombopteryx*" gegeben und vermuten, daß sogar 20 - 50 Tiere dieser Art auf dem Grund des Sees leben könnten. Sie glauben, daß Nessie ein überlebender Plesiosaurier ist. Wer das Untier fängt, bekommt eine Belohnung von 500000 Pfund von der Guinness - Brauerei. Das ist lohnend aber gesetzwidrig, da Nessie schon seit 1934 unter Naturschutz steht.

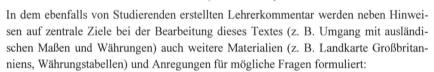

In dem ebenfalls von Studierenden erstellten Lehrerkommentar werden neben Hinweisen auf zentrale Ziele bei der Bearbeitung dieses Textes (z. B. Umgang mit ausländischen Maßen und Währungen) auch weitere Materialien (z. B. Landkarte Großbritanniens, Währungstabellen) und Anregungen für mögliche Fragen formuliert:

- *Erarbeite eine Umrechnungstabelle für die benötigten Maßeinheiten/Währungen!*
- *Wie viele m^3 Wasser fasst Loch Ness? Wie viel Wasser passt in eine normale Badewanne?* (Schätzen mit Bezug zur Erfahrungswelt der Kinder; vgl. Kap. 1.3.4) *Für*

wie viele Badewannenfüllungen reicht das Wasser von Loch Ness? (Aufbau von Größenvorstellungen, insbesondere bei großen Zahlen)
- *Erfrage im Reisebüro, wie teuer eine Reise nach Loch Ness ist!* (Fragen, die deutlich über den vorliegenden Text hinausgehen)

Es ist nicht immer notwendig, Sachtexte speziell für Schulkinder schreiben zu müssen. Manche Zeitungstexte sind durchaus für den Grundschulunterricht geeignet und können direkt verwendet werden, wie der nachfolgende »Eisbärtext« (Abb. 1/48) zeigt (vgl. zu diesem Sachthema auch Kap. 3.1.1).

- Formulieren Sie zu diesem Text drei grundschulrelevante Aufgaben.
- Welche Größenbereiche und zugehörigen Einheiten werden in diesem Text angesprochen?
- In welchem Schuljahr würden Sie einen derartigen Text einsetzen? Begründen Sie Ihre Entscheidung mit Bezug auf den zugrunde liegenden Zahlenraum, die verwendeten Größen und die erforderlichen Operationen!

Abschließend sei festgehalten, dass wir nicht den Eindruck erwecken wollen, der Einsatz solcher Sachtexte sei *das* Allheilmittel für die bekannten Schwierigkeiten oder Aversionen im Bereich des Sachrechnens. Auch bei dieser Unterrichtsform sind Schwierigkeiten zu erwarten, bspw. im Hinblick auf die Lesefähigkeit. Auch wirkliches Interesse muss vorhanden sein, es lässt sich nicht erzwingen oder garantieren.

Freitag, 31. März 2000

IM GESPRÄCH

Eisbär

Der Eisbär (Thalarctos Ursus maritimus) gehört zwar zur Familie der Bären, er ist aber die einzige Art seiner Gattung. Erstmals wurde er 1774 als eigene Art beschrieben. Er hat mit den Braunbären aber gemeinsame Vorfahren. Eisbären sind mächtige Raubtiere, nach den Kodiakbären die zweitgrößten Fleischfresser der Erde. Die Männchen werden 2,5 bis drei Meter groß, die Weibchen bringen es auf 2,5 Meter. Außerdem sind sie mit bis zu 1000 Kilo bei fetten Männchen ausgesprochene Schwergewichte. Normal wiegen die Tiere um 300 Kilo. Seit 1975 sind Eisbären weltweit geschützt. Ihr Verbreitungsgebiet liegt rund um den Nordpol. Dort wird der Bestand auf etwa 50 000 Exemplare geschätzt. Mit seiner Supernase kann der Räuber Beutetiere in einem Umkreis von einem Kilometer oder unter 90 Zentimeter dickem Eis ausmachen. Seine Lieblingsspeise sind Robben. Die Paarungszeit erstreckt sich von April bis Juni. Acht Monate später kommen ein bis drei Junge zur Welt. Sie bleiben 28 Monate bei der Mutter. Erst dann wird das Weibchen wieder brünstig. jan

Abb. 1/48: Zeitungsmeldung (aus Hamburger Abendblatt)

1.3.3.8 Projekte

Auch bei Projekten sollte es sich um *realistische* Umweltsituationen handeln. Darüber hinaus gibt es einige typische Merkmale von Projekten (z. T. allg. für Sachsituationen):

- die fächerübergreifende Perspektive,
- die Beteiligung der Schüler bei der Planung, Auswahl und Durchführung und Veröffentlichung der Projektergebnisse,
- die Einbeziehung des außerschulischen Bereichs und
- soziales Handeln als Ziel und Höhepunkt des Lernprozesses (vgl. z. B. Müller/Wittmann 1984, 258; Semmerling 1993).

Deutlich wird hier schon, dass Projektlernen einerseits mit besonderen Organisationsformen, andererseits auch mit einer veränderten Rolle sowohl der Schüler als auch der Lehrerin einhergeht (vgl. Lehmann 1999).»Projektaufgaben suchen die Idee zu realisieren, dass die Schüler nicht nur als Konsumenten vorgegebenen Wissens ... angesehen werden ... Projektaufgaben heben sich also durch eine gewisse Reichhaltigkeit, Qualität und Flexibilität gegenüber ›normalen‹ Aufgaben ab« (Baumann 1998, 38).

Als Einstieg soll hier kurz ein *Fahrradprojekt* skizziert werden (vgl. Becker/Probst (Hg.), 1996; Probst 1997[53]). Die Unterrichtseinheit war wie folgt aufgebaut und stellt nur eine der möglichen Vorgehensweisen dar:

- *Fahrradzeichnung und Wortschatz (Sprache)*
Ziele: Festigung und Erweiterung des Sachwortschatzes; mentale Repräsentanz der Fahrradteile/weiterer Fahrradteile

Schüler werden aufgefordert, ein Fahrrad (von der Seite) zu zeichnen und entsprechende Fahrradteile zu bezeichnen.

- *Zusammengesetzte Namenwörter aus dem Wortfeld Fahrrad (Sprache)*
z. B. Wortkarten: RAD, TRÄGER, BLECH, GEPÄCK, KATZEN, BREMSE, KETTEN, HAND, SCHUTZ, AUGE, VORDER. Hierbei sind verschiedene Kombinationen möglich: KETTENSCHUTZ, SCHUTZBLECH, HANDBREMSE, VORDERRAD. Die entstandenen kombinierten Wortkarten werden bspw. einer großen Fahrradzeichnung zugeordnet.

- *Verwendung des Fahrrades in verschiedenen Ländern (Sachunterricht)*
Anhand von Fotos aus unterschiedlichen Ländern sollen die Kinder die Zuordnung Karten – entsprechende Ländernamen vornehmen. Darüber hinaus werden die Länder in einer Weltkarte gesucht. Die sich ergebenden Einsichten sind recht vielfältig: Länder, die in Afrika oder Asien liegen, sind häufig ärmer, verbunden mit einem einfacheren Leben, in dem das Fahrrad lebensnotwendig ist. Bei uns wird das Fahrrad meistens als Sportgerät bzw. in der Freizeit genutzt.

- *Rhythmische und szenische Bearbeitung eines Fahrradliedes (Musik)*
Diese Aktivität verfolgt zwei Ziele: Klangerzeugung mit dem Fahrrad und Thematisierung des Fahrrads in Lied und Pantomime (mögliche Geräusche: z. B. Fahrradklingel)

---

53 Weitere Beispiele u. a. in Franke 1995/1996; Igl/Senftleben 1999; Müller/Wittmann 1984, 115 ff.

Lied: Mein Fahrrad (Prinzen); jede Strophe wird durch szenische/pantomimische Begleitung inszeniert

• *Entwicklungsstufen des Fahrrades (Markierungen auf einer Zeitleiste/Mathematik)*
Reale Modelle (Nachbauten) stehen in der Turnhalle zur Verfügung (z. B. Laufmaschine von Drais; die Michauline von Michaux. Die Schülerinnen und Schüler probieren aus, wie gut sie mit den einzelnen Geräten zurechtkommen. Die Abbildungen der einzelnen Geräte werden beschrieben und mit dem heutigen Fahrrad verglichen (*Was fehlt?*). Die Schüler schätzen, welches Fahrrad das älteste ist und die jeweiligen Abbildungen werden auf eine Zeitleiste geklebt.

• *Die Fahrradkette*
Die Schüler erhalten ein Stück Kette und ein Ritzel und passen die Zähne der Ritzel in die Kette ein. Sie machen Erfahrungen zur Gewichtskraft und Kraftübertragung; sie erkennen, dass die Kette beim Fahrrad geschlossen ist. Eine Antriebseinheit kann darüber hinaus mit Fischer-Technik nachgebaut werden.

• *Gleichgewichtsübungen (Sport)*
Die Schülerinnen und Schüler balancieren an verschiedenen Geräten (z. B. auf einem Roller, Pedalo oder Fahrrad). Sie erfahren dabei, dass man auf einem Fahrzeug mit zwei Rädern nur das Gleichgewicht hält, wenn man Fahrt hat (statisches und dynamisches Gleichgewicht).

• *Abschluss-Rallye (verschiedene Fächer)*
Mögliche Aktivitäten hierzu: Fahren mit einen Pedalo auf Zeit; Ertasten einzelner Fahrradteile in einem Fühlkino; Zuordnungen von Fotos aus verschiedenen Ländern und unterschiedlichen Funktionen des Fahrrads auf dem Globus etc.

Diese Vorschläge zeigen die vielfältigen Möglichkeiten bei einem projektartigen Vorgehen: Verschiedene Interessen der Kinder können ebenso berücksichtigt werden wie die Stärken und Schwächen einzelner Kinder bspw. durch die verschiedenen Unterrichtsfächer, aber auch die vielfältigen Aufgaben, die innerhalb eines Bereichs auf unterschiedlichen Niveaus anfallen. Es werden Untersuchungs-, Vergleichs-, Erkundungsaufträge vorgeschlagen, die selbst ausgeweitet, geändert, ergänzt etc. werden können; die Umweltsituation muss verstanden, erschlossen und erkundet werden – mithilfe der Mathematik. Die Fragen sind nicht eindeutig, die Operationen sind nicht eindeutig, die Ergebnisse sind nicht eindeutig, sondern vielfältig. Und auch die Berechnungsweisen und -methoden sind nicht standardisiert, sondern offen, experimentell, erprobend etc. Die Sache und ihre Erkundung steht im Vordergrund, die Mathematik hilft bei der Erschließung und beim Verstehen der Umweltsituation und liefert neue, teils tiefere Einsichten.

Projektartiges Lernen und andere Typen von Sachaufgaben sollten nicht als unvereinbare Gegensätze gesehen werden (vgl. hierzu bspw. die Sachtexte zum Thema ›Fahrrad‹

in Erichson 1992/2003a), vielmehr ergänzt das Projektlernen »lehrgangsgebundenes Fachlernen additiv, wenn ein von Kindern mitbestimmtes Projekt neben dem Fachunterricht durchgeführt wird, oder integrativ, wenn Fachunterricht teilweise in Handlungssituationen des Projektlernens durchgeführt wird« (Semmerling 1993, 201). Anzumerken ist, dass es sich im obigen Beispiel um ideale Situationen handelt, die nicht immer zu realisieren sind. Man wird versuchen, einige dieser Aspekte zu berücksichtigen, bspw. in Form sogenannter ›Mini-Projekte‹, die einen deutlich geringeren organisatorischen Aufwand aufweisen.

Das Projektlernen ist mittlerweile stärker ins Bewusstsein gerückt und wird zunehmend wichtiger bspw., um Kindern aus unterschiedlichen Kulturkreisen gemeinsames Handeln zu eigenen Interessen zu ermöglichen oder um Aktivitäten in unterschiedlichen Lernformen auf ein projektiertes Ergebnis zu bündeln (vgl. Semmerling 1993, 201). Die genannten Ziele sind natürlich nicht ohne Weiteres zu realisieren, sondern i. d. R. mit Schwierigkeiten verbunden. Als problematisch erweisen kann sich bspw. die sinnvolle Zusammenführung der Einzelergebnisse, die Wahl des Projektthemas (da bspw. Probleme nicht immer im Voraus abgeschätzt werden können), der erhöhte Zeitaufwand oder die erforderliche veränderte Form der Leistungsbewertung (vgl. hierzu Lehmann 1999, 10 f.; Müller/Wittmann 1984, 258). Man sollte darüber hinaus immer auch den Stellenwert der Mathematik im Auge behalten: »Bezeichnend ist bei ganzheitlichen Lernansätzen auch in aller Regel, dass fachbezogenes Wissen – zumindest in seiner fachsystematischen Ordnung – sehr schnell in den Hintergrund gerät. Besonders hart trifft dieses Schicksal die Mathematik, die nur selten ein konstituierendes Element bei der Projektarbeit ist […]; zwar wird sie in Form einer Hilfswissenschaft gelegentlich eingefordert, selten aber führen Projekte dazu, dass der Bedarf nach einer Erweiterung der mathematischen Handlungskompetenz geweckt und (als Teil des Projektes) auch entwickelt wird« (Baireuther 1996a, 166 f.).

1.3.3.9 Rückschau

Wie schon eingangs festgehalten, treten die einzelnen Aufgabentypen nicht immer in Reinform auf, und manche Aufgabentypen lassen sich nur schwer einordnen, liefern anderseits aber nicht unbedingt einen neuen Aufgabentyp: So können die in Kap. 1.3.4 genannten Fermi-Probleme bspw. unter ›Sachprobleme‹ gefasst werden, auch wenn sie von den in Kap. 1.3.3.5 genannten Beispielen unterscheiden; und die von Erichson (2006) vorgestellten ›Authentischen Schnappschüsse‹ sind oftmals in Form kurzer ›Sachtexte‹ gegeben.

Neben der genannten Klassifizierung existieren in der Literatur natürlich andere, feinere oder gröbere, oder nach anderen Kriterien aufgebaute Kategorien (vgl. z. B. Franke 2003).

Im Rückblick auf diese verschiedenen Typen und Klassifizierungen von Sachaufgaben bleibt festzuhalten, dass es nicht *die* optimale Sachaufgabe gibt. Es sollte auch im Unterricht nicht darum gehen, die einzelnen Typen gegeneinander auszuspielen, sondern vielmehr die jeweiligen Vor- und Nachteile kritisch zu betrachten und die jeweiligen Vorteile optimal zu nutzen (vgl. auch Müller/Wittmann 1984, 258). So sind klassische Textaufgaben nicht nur negativ anzusehen! Wenn sie z. B. unter dem Aspekt der ›Denkaufgabe‹ eingesetzt werden, verfolgen sie andere Ziele. Klassische Textaufgaben sollten in angemessenem Rahmen vorkommen und die Schülerinnen und Schüler dazu befähigen, genau zu lesen und über den Inhalt nachzudenken und den Prozess der Mathematisierung üben.

Dröge (1985, 198 f.) stellte bei einer Schulbuchanalyse fest, dass im Durchschnitt 84 % der Sachaufgaben in Lehrwerken des 4. Schuljahres »eingekleidete Aufgaben« sind. Nehmen Sie ein Schulbuch Ihrer Wahl und überprüfen Sie, welche Typen von Sachaufgaben (1.3.3.1 bis 1.3.3.8) sich in aktuellen Lehrwerken finden und wie eine entsprechende Häufigkeitsverteilung aussieht. Welche Konsequenzen würden Sie aus Ihren Ergebnissen für Ihre spätere Unterrichtspraxis ziehen?

1.3.4 Schätzen und Überschlagen

Wir haben bereits in Kap. 1.1.7 für den Bereich der Arithmetik das Abschätzen und Überschlagen als eine wichtige Kompetenz herausgearbeitet. Für den Bereich des Sachrechnens kommt dieser Kompetenz eine besondere Bedeutung zu. Zwar ist das exakte und genaue Berechnenkönnen nach wie vor unbestritten, aber die »Dominanz von Präzision und Exaktheit im Alltag des Mathematikunterrichts – nicht nur in der Grundschule – steht im Kontrast zu der zwangsläufigen Ungenauigkeit vieler Zahlen bzw. Größenangaben in realen Anwendungssituationen« (Bönig 2003, 102).

Hierzu eine Zeitungsmeldung der WAZ v. 25.03.2002 (Abb. 1/49): Die im Text gegebenen Zahlen sind gerundet, entweder aufgrund einer Durchschnittsberechnung ›103 Liter pro Person‹ oder aber um auf glatte Zehner zu runden ›über 650 Mineralwässer‹. Eine Angabe von exakteren Werten wäre hier für das Verständnis der Sache und sich möglicherweise anschließende Überschlagsrechnungen (Welcher Flüssigkeitsmenge entspricht dies pro Tag? Wie vielen Kästen Mineralwasser entspricht die Menge 103 l?) nicht zuträglich. Bezogen auf den Umgang mit Größen ist einerseits eine genaue Kenntnis der Einheiten und ihren Beziehungen zueinander wichtig (vgl. auch Kap. 1.3.5),

103 l Mineralwasser pro Bundesbürger

Jeder Deutsche hat 2001 im Schnitt 103 Liter Mineralwasser getrunken. Im europäischen Vergleich rangierte die Bundesrepublik damit nach Italien und Belgien auf Platz drei. Insgesamt sind über 650 Mineralwässer im Handel. Vor Mineralwasser rangieren beim Verbrauch nur noch Kaffee und Bier. (ddp)

Abb. 1/49: Zeitungsmeldung

andererseits sollte der Mathematikunterricht aber auch ganz wesentlich auf die Unterscheidungsfähigkeit abzielen, wann eine exakte und wann eine ungefähre Zahlen- bzw. Größenangabe erforderlich und sinnvoll ist.»Beide Welten beanspruchen Realität, die, wo Genauigkeit eine Tugend und die, wo Genauigkeit ein Laster ist, und um in beiden zu Hause zu sein, muss man sie bewusst unterscheiden lernen« (Freudenthal 1978, 249 f.; vgl. auch z. B. Bönig 2003; Herget 1998).

Für die unterrichtliche Umsetzung eignen sich insbesondere sogenannte Fermi-Probleme, die üblicherweise »mit einem geschätzten bzw. durch Überschlagsrechnung gewonnenen Ergebnis beantwortet werden [müssen], da eine exakte Antwort nur schwer zugänglich oder prinzipiell nicht möglich ist« (Peter-Koop 2003, 114 f.; vgl. auch Kaufmann 2006; Müller 2001). Ein Beispiel aus der Erfahrungswelt von Grundschulkindern wäre die Problemstellung ›Wie viel Wasser verbraucht ein Kind aus eurer Schule in einer Woche?‹ (vgl. Peter-Koop 2003, 115).

Weniger komplex sind sogenannte geöffnete Textaufgaben (Ahmed/Williams 1997, 10) in Form von unvollständigen Textaufgaben (Abb. 1/50). Hier müssen die Schülerinnen und Schüler selbst vernünftige bzw. adäquate Zahlen eintragen und verarbeiten. Dies können einerseits fiktive Werte sein (z. B. Anzahl der Stifte), andererseits aber auch Preise oder Größen, bei denen durchaus nur gewisse Intervalle vernünftig sind (z. B. Gewicht eines Kindes oder Erwachsenen) und somit das Sachwissen eine wesentliche Rolle spielt (zu weiteren Aufgabenbeispielen vgl. auch Scherer 2003a, 156 f.). Dass bei der Bewältigung derartiger Anforderungen die Erfahrungswelt der Kinder eine zentrale Rolle spielt und sie bspw. ihre eigene Körpergröße oder ihr eigenes Gewicht besser einschätzen können (vgl. Scherer/Scheiding 2006), verwundert nicht und sollte Hinweise für die Aufgaben- und Kontextauswahl für den Unterricht geben.

Abb. 1/50: Geöffnete Textaufgabe (aus Ahmed/Williams 1997, 10)

Auch für die Lehrerin stellt das Schätzen und Überschlagen neue Anforderungen: Die von den Kindern genutzte Offenheit muss sachgerecht eingeschätzt und in gewisser Weise auch bewertet werden. Dies ist bei selbst erfundenen Aufgaben ohne Vorbedingung sicherlich leicht zu bewältigen (oberes Beispiel in Abb. 1/50), bei denen die numerische Korrektheit im Vordergrund steht). Beim unteren Beispiel ist dies aber gewiss schon anspruchsvoller: Das Schätzen prinzipiell hat »einen eingebauten Bewertungsdefekt: Es lässt sich nicht so eindeutig und klar beurteilen wie die Ergebnisse anderer Lösungsversuche. Wann kann eine Schätzung noch als angemessen durchgehen? [...] Ab welchem Wert muss sie als nicht mehr hinreichend angesehen werden?« (Lorenz 2005, 41). Die erschwerte Bewertung bei erhöhter Offenheit werden wir in Kap. 4.6 noch beleuchten, sie ist im Kontext realitätsbezogener Sachrechenpraxis unerlässlich. Das Schätzen und Überschlagen ist insbesondere auch für den Aufbau realistischer Größenvorstellungen wichtig, was wir auch im folgenden Abschnitt 1.3.5 genauer beleuchten wollen.

1.3.5 Größen

In Kap. 1.1.3 wurde bereits die fundamentale Bedeutung der Zahlbegriffsentwicklung herausgearbeitet. Gerade auch für das Sachrechnen in der Grundschule ist es wichtig, die verschiedenen Aspekte des Zahlbegriffs zu kennen und ihre Bezüge zum Sachrechnen, d. h. auch zu den alltäglichen Erfahrungen der Kinder aus ihrer gegenständlichen und sozialen Umwelt zu verstehen und im Unterricht zu berücksichtigen. In der Umwelt/in Sachsituationen kommen Zahlen am häufigsten in Form von *Maßzahlen* vor (vgl. Kap. 1.1.3), d. h. verbunden mit Größen. Die elementaren Größen sind zentrale ›Elemente‹ der Sachsituationen, die die Sache in einen Zusammenhang mit der Mathematik bringen können.

1.3.5.1 Größenbereiche im Lehrplan

Die für die Grundschulmathematik wichtigsten Größen sind in Tabelle 1/8 übersichtlich dargestellt (vgl. z. T. Radatz/Schipper 1983, 124), in der auch die Relevanz der Geometrie (geometrische Größen) deutlich wird (vgl. auch Kap. 1.2)[54].

Zwischen den *Größen* und den *Zahlen* (Maßzahlaspekt und Kardinalzahlaspekt) bestehen gewisse Analogien:

- Die *Addition* von Zahlen entspricht dem *Aneinanderfügen* der Größen bzw. dem Aneinanderfügen von Repräsentanten der Größen.

---

54 Zu historischen Maßen vgl. bspw. Kurzweil (1999); Seleschnikow (1981); Winter (1986a).

102

- Die *Subtraktion* von Zahlen entspricht u. a. dem *Abtrennen* der Größen bzw. dem Abtrennen von Repräsentanten der Größen (vgl. dagegen Zeitspannen oder Subtraktion als Ergänzen).
- Die *Multiplikation* von Zahlen entspricht dem *Vervielfachen* der Größen mit einer Zahl (fortgesetzte Addition der Größe) bzw. dem Vervielfachen von Repräsentanten der Größen mit einer Zahl.
- Die *Division* von Zahlen entspricht dem *Teilen* der Größen durch eine Zahl (fortgesetzte Subtraktion der Größe) bzw. dem Teilen von Repräsentanten der Größen in eine bestimmte Anzahl gleich langer Teile bzw. dem Ausmessen mit anderen Repräsentanten (vgl. hierzu auch die Unterscheidung von Aufteilen und Verteilen in Kap. 1.1.6.2).

Größen	*Repräsentanten*	*Benennungen*	*Äquivalenzrelation*	*Ordnungsrelation*
Längen	Strecken, Stäbe, Kanten	km, m, dm, cm, mm	deckungsgleich	kürzer als/ länger als
Geldwerte	Münzen, Geldscheine	€, ct, $, SFr, £	wertgleich	weniger als/ mehr als
Gewichte (Massen)	Körper, Gegenstände	t, kg, g, mg, Zentner, Pfund	gleichschwer	leichter als/ schwerer als
Zeitspannen[55]	Abläufe, Vorgänge	Jahr, Woche, Tag, h, min, sec	dauert so lange wie	dauert kürzer als/länger als
Flächen	Flächenstücke, Meterquadrate, Platten	km^2, m^2, cm^2, ha, a	zerlegungsgleich	weniger/mehr Fläche als
Rauminhalte	Körper, Gefäße	m^3, dm^3, cm^3, hl, l	inhaltsgleich	weniger/mehr Raum als

Tab. 1/8: Größenbereiche in der Grundschule[56]

Beim Größenbereich ›Längen‹ werden im Grundschulunterricht entsprechende natürliche Repräsentanten benutzt, um die Rechenoperationen zu begründen und ihnen eine Bedeutung zu geben. *Längen*, z. B. repräsentiert durch *Steckwürfel*, stellen durch das Aneinanderstecken von verschieden langen Stäben die Addition der entsprechenden

---

55 Wesentlicher Unterschied zu Zeitpunkten

56 Auf die Größe ›Geschwindigkeit‹, eine Kombination der beiden Größenbereiche ›Längen‹ und ›Zeit‹, verzichten wir an dieser Stelle.

Zahlen dar, durch Abtrennen die Subtraktion, durch bspw. 3-faches Aneinanderstecken des gleichen Stabes die Multiplikation mit 3 und durch Abtrennen von Stäben mit immer 4 Steckwürfeln die Division durch 4 (hier Aufteilen).

Multiplikation und Division sind nach Addition und Subtraktion nicht mehr so direkt von Zahlen auf Größen zu übertragen: Im Regelfall werden Größen nicht mit Größen multipliziert und Größen nicht durch Größen dividiert (Ausnahmen: Geschwindigkeit km/h, Meter mal Meter = Quadratmeter). Überwiegend werden aber die Größen mit *Zahlen* multipliziert bzw. durch *Zahlen* dividiert.

Die Größe ›Geldwerte‹ wird oft auch in einer vereinfachten/reduzierten Form benutzt, um den Schülern das Stellenwertsystem (scheinbar) besser zu veranschaulichen. Man verwendet i. d. R. nur die echten Zehnerpotenzen der Geldrepräsentanten, um so die Stufenzahlen im Stellensystem darzustellen (Abb. 1/51; vgl. Steinbring 1997a).

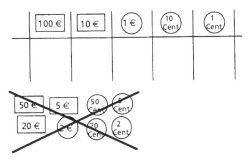

Abb. 1/51: Stellentafel für Geld

Diese Art der Begründung des Stellensystems durch Vereinfachung des Geldsystems soll konkrete Bedeutung aus der Sachsituation heraus liefern, nimmt aber die Eigenständigkeit der Sache nicht ernst, sondern simplifiziert sie: Geldbeträge, z. B. unser Münzsystem, bedeuten mehr und sind interessanter als die bloße Veranschaulichung des Stellensystems (vgl. auch das weiter unten aufgeführte Beispiel zu Dezimalzahlen aus Steinbring 1997a). Die Beziehung zwischen Mathematik und Sache darf nicht zu vereinfacht gesehen werden: »Die Beziehung zwischen einer Größe aus einem Sachbereich und ihrer mathematischen Symbolisierung ergibt sich nicht von selbst. Die Herstellung eines Zusammenhangs zwischen Sache und Mathematik bedarf einer aktiven Deutung und Interpretation der Sachelemente und der mathematischen Zeichen, des Weiteren der Konstruktion von relationalen Netzwerken in den einzelnen Bereichen der Sachsituation sowie der mathematischen zeichenmäßigen Modellierung, die dann zueinander in Wechselbeziehungen gesetzt werden können« (Steinbring 1997a, 293). Eine zu vereinfachte Auffassung der Beziehung zwischen Sache und Mathematik widerspricht dem Prinzip der ›*Anwendungs- und Strukturorientierung*‹ der Mathematik, wie im Lehrplan formuliert (MSJK 2003) und in Kap. 4.1 noch auszuführen ist.

Der Sachbereich mit seinen spezifischen Zusammenhängen und Strukturen und die Mathematik mit ihren Zusammenhängen, Operationen, Strukturen sind oft (gerade für die Kinder) nicht so einfach und in einen direkten, unmittelbaren Zusammenhang zu stellen. Die Strukturen beider Bereiche sind ähnlich und vergleichbar, aber der Bezug muss aktiv konstruiert werden und ergibt sich nicht automatisch aus der Sache und der Mathematik.

• *Einordnung der verschiedenen Größenbereiche in die Schuljahre*

Ein Blick in den Lehrplan bzgl. der Behandlung der verschiedenen Größen (exemplarisch für NRW: MSJK 2003, 82 ff.) zeigt den spiraligen Aufbau (Tab. 1/9). Ergänzt wird für die Klassenstufen 3 und 4, dass die Schülerinnen und Schüler »die Kommaschreibweise bei Geldwerten, Längen, Gewichten und Rauminhalten situationsangemessen verwenden« sowie »mit einfachen Brüchen bei Größen umgehen« (MSJK 2003, 84) sollen. Angemerkt sei an dieser Stelle, dass im Vergleich bspw. zum vorangegangenen Lehrplan (KM 1985) in der Tabelle 1/9 die ›Flächeninhalte‹ fehlen und dieser Aspekt im Bereich Geometrie aufgenommen wurde, jedoch ohne die Nennung konkreter Einheiten (vgl. MSJK 2003, 80).

Entsprechend der zu behandelnden Zahlenräume werden auch zugehörige Größen behandelt: So finden sich bspw. für das zweite Schuljahr (Hunderterraum) die Längen m und cm (1 m = 100 cm) oder die Zeiteinheiten h und min (1 h = 60 min). Analog werden für den Tausenderraum ab dem dritten Schuljahr bspw. die Längen km (1 km = 1000 m) oder die Gewichte kg und g (1 kg = 1000 g) hinzugenommen. Die gewählte Abfolge trägt daneben aber auch den entwicklungspsychologischen Erkenntnissen über die Entwicklung der verschiedenen Größenbereiche Rechnung (vgl. Piaget/Inhelder 1975). Abhängig von der im Unterricht thematisierten Sachsituation z. B. in Form eines Sachtextes oder eines Projektes wird – insbesondere bei Verwendung realistischer Daten – häufig ein Vorgriff erfolgen.

Schuljahr	zu behandelnde Größen
1 und 2	Geld: ct, € Länge: cm, m Zeit: Sekunde, Minute, Stunde, Tag, Woche, Monat, Jahr
3 und 4	Geld: ct, € Länge: mm, cm, m, km Zeit: s, min, h, Tag, Monat, Woche, Jahr Gewicht: g, kg, t Hohlmaße: ml, l

Tab. 1/9: Behandlung der Größen in den vier Grundschuljahren

1.3.5.2 Größenvorstellungen

Vorstellungen zu bestimmten Inhalten, zu Zahlen und eben auch zu Größen sind von entscheidender Bedeutung. Folgende Aspekte gilt es hierbei zu bedenken (vgl. Grund 1992; Lorenz 1992b; Radatz/Schipper 1983, 125):

- Schülerinnen und Schüler bringen Vorkenntnisse in Bezug auf Größen mit. Der Übergang zum Lösen von Sachaufgaben erfolgt jedoch nicht nahtlos.
- Schülerinnen und Schüler müssen inhaltsreiche Vorstellungen von Größen haben, d. h. von Repräsentanten der jeweiligen Größen.
- Diese sind Voraussetzung für die Sicherheit im Umgang mit Größenangaben und das erfolgreiche Lösen von Sachaufgaben (z. B. Erkennen unsinniger Ergebnisse), aber auch für das Umwandeln und Rechnen mit Größen.
- Es geht nicht um das Beherrschen standardisierter Verfahren: Insbesondere die anspruchsvolle Aktivität des Schätzens ist ein zentraler Aspekt, d. h., die Schülerinnen und Schüler erfahren, dass es nicht *exakt* stimmen muss (vgl. Kap. 1.3.4 und z. B. Peter-Koop 2000).

Deutlich spiegelt sich hier Winters Funktion ›Sachrechnen als Lernstoff‹ (Kap. 1.3.2) wider. Eine Befragung von Schülerinnen und Schülern der 6. Klasse zu verschiedenen Größen wird in Kap. 3.1.1 ›Vorkenntnisse/Standortbestimmungen‹ genauer vorgestellt.

Unmittelbare und mittelbare Größenvorstellungen (vgl. Grund 1992)

Wenn wir bspw. Zeit und Gewicht (auch Temperatur[57]) betrachten, stellen wir fest, dass diese nicht visuell wahrnehmbar sind (i. d. R. subjektive Wahrnehmung). Daher haben die Vorstellungen über entsprechende Repräsentanten eine andere Qualität als bspw. die Vorstellung zu ›1 Meter‹. Man unterscheidet einerseits unmittelbare Größenvorstellungen (d. h. direkt wahrnehmbar) und andererseits mittelbare Größenvorstellungen (d. h. nicht direkt wahrnehmbar, z. B. 1 t).

Unmittelbare Vorstellungen zu Längen (1 mm, 1 cm, 1 dm, 1 m), Flächen (1 mm^2, 1 cm^2, 1 dm^2, 1 m^2), Volumen (1 mm^3, 1 cm^3, 1 dm^3, 1 m^3, 1 l, 1 hl), Masse (1 g, 1 kg), Zeit (1 s).

Mittelbare Vorstellungen zu Längen (1 km), Flächen (1 ha, 1 km^2), Masse (1 mg, 1 dt, 1 t), Zeit (1 min, 1 h).

Größen, zu denen Grundschulkinder (und nicht nur sie!) eine Vorstellung haben sollten, d. h. entsprechende *Standard-Repräsentanten* kennen sollten, finden sich in verschiedenen Lehrwerken (vgl. z. B. Wittmann/Müller 2005b, 4 f.). Für die Größenbereiche Länge, Gewicht, Rauminhalt etwa geht es um Repräsentanten von 1 mm bis 1000 km, von

---

57 Die *Temperatur* hat in der Grundschule keinen hohen Stellenwert: Zwar sind die Grundbegriffe recht einfach, Messungen jedoch sehr komplex. Zudem ist die Temperatur keine dauerhafte, feste Eigenschaft eines Gegenstandes (vgl. Lorenz 1992b, 14).

106

1 g bis 1 t, von 1 ml bis 1000 l (z. B. 1 m –> Armspanne, 1000 km –> Entfernung Flensburg – Zugspitze, 100 g –> 1 Tafel Schokolade, 1 t –> 1 Auto, 1 ml –> Inhalt einer Tintenpatrone, 100 l –> Inhalt eines Aquariums). Bei den obigen Beispielen handelt es sich immer um Einheiten (bzw. entsprechende Verzehnfachungen). Wichtig sind darüber hinaus auch Vorstellungen bzgl. der Vielfachen bzw. Teile von Einheiten, die sich aus den Anforderungen des täglichen Lebens ergeben (*Beispiel*: ein Kinderschritt entspricht ungefähr 0,5 m; vgl. Grund 1992, 43).

1.3.5.3   Zur unterrichtlichen Behandlung von Größen[58]

Für die unterrichtliche Behandlung wird traditionell folgende Stufenfolge mit fließenden Übergängen empfohlen (vgl. Radatz et al. 1998, 170; auch Schwartze/Fricke 1983, 107–111):

1. Erfahrungen in Sach- und Spielsituationen,
2. Direkter Vergleich von Repräsentanten (z. B. Wiegen auf der Balkenwaage),
3. Indirekter Vergleich mithilfe willkürlicher Maßeinheiten (z. B. Abmessen mit einem Kugelschreiber),
4. Indirekter Vergleich mithilfe standardisierter Maßeinheiten, Messen mit technischen Hilfsmitteln (Auswahl situationsangemessener Werkzeuge),
5. Abstrahieren von Größenbegriffen aus vielen Bereichen,
6. Verfeinern und Vergröbern der Maßeinheiten.

Im Unterricht ist – genauso wie bei der Einführung der jeweiligen Einheiten – nicht immer ein entsprechendes Vorgehen möglich und sinnvoll; sowohl die ›Sache‹ wie auch der Erfahrungshintergrund der Kinder erfordern des Öfteren einen Vorgriff: »Welchen Sinn sollten sie auch darin sehen (vom geringen Nutzen für den Aufbau von Einheitsvorstellungen sei gar nicht gesprochen), einen Stift akkurat mit Büroklammern und nochmals mit Daumenbreiten zu messen, um schließlich konventionelle Einheitsmaße wieder zu erfinden, während Lineale mit perfekter Maßeinteilung bereits seit Beginn der ersten Klasse in ihren Etuis schlummern?« (Nührenbörger 2002, 49; vgl. auch Peter-Koop 2001)

Formulieren Sie zu den obigen sechs Schritten konkrete Aktivitäten für Grundschulkinder bezogen auf den Größenbereich ›Längen‹. Überlegen Sie auch, wo bspw. eine bestimmte Sachsituation das Überspringen eines Schrittes oder das Zusammenfassen zweier Schritte erfordern könnte!

---

58   Für den Unterricht bieten sich auch einmal historische Betrachtungen der Größen an oder bspw. ein Vergleich mit anderen Ländern, immer natürlich mit Bezug zur aktuellen Lebenswelt der Kinder (vgl. z. B. Kurzweil 1999; Seleschnikow 1981; Winter 1986a).

1.3.5.4 Dezimalzahlen

Im Grundschulunterricht werden Dezimalzahlen insbesondere im Zusammenhang mit verschiedenen Größen eingeführt und als dezimale Schreibweise von Größen interpretiert. Die Schülerinnen sollen »die Kommaschreibweise bei Geldwerten, Längen, Gewichten und Rauminhalten situationsangemessen verwenden« (MSJK 2003, 84). Ein angemessenes Verständnis dieser Thematik ist grundlegend für das Verstehen von Dezimalbrüchen allgemein in der Sekundarstufe I, und hier zeigen sich häufig Fehlvorstellungen, die möglicherweise schon in der Grundschule entstanden sind (vgl. z. B. Heckmann 2005). Wir wollen diese Problematik anhand eines Beispiels von Steinbring (1997a) genauer beleuchten, welches wir auf die Einheiten € und ct übertragen:

Häufig verstehen Kinder Dezimalzahlen bei Größen in folgender Weise oder aber lernen explizit den Merksatz: *Das Komma trennt die Größen voneinander (hier € und ct)*. Diese Lesweise ist jedoch ›falsch‹ und für ein begriffliches Verstehen der Dezimalzahlen sogar hinderlich: Schülerinnen und Schüler schreiben möglicherweise 4 € 20 ct als 4,20 € oder 4,2 €, sie schreiben aber auch 4 € 2 ct als 4,2 €, was bezogen auf die o. g. ›Definition‹ korrekt wäre. In dieser Definition tritt eine Zahlauffassung zu Tage, bei der auf die Größe der Zahl geachtet wird, nicht so sehr auf die Beziehungen der Stellenwerte der Zahl zueinander (Steinbring 1997a, 287 ff.).

Die Beziehungen der Stellenwerte zueinander können mithilfe einer Stellentafel, die nicht nur nach links, sondern entsprechend auch nach rechts fortsetzbar ist, sehr viel verständlicher herausgearbeitet werden:

ZT	T	H	Z	E	z	h	t
5	7	0	8	1			
		6	0	5	7	6	

Gezielt zu üben wären daran verschiedene Interpretationen. Die dargestellte Zahl kann gedeutet werden als

5 ZT + 708 Z + 1 E   oder: 57 T + 81 E   oder: 57 081 E   …

Die Stellentafel wird also *flexibel* interpretiert und die Zahl auf verschiedene Stellen bezogen gedeutet. Analog kann dies auch mit dezimalen Stellen geschehen, also z. B.

605 E + 76 Hundertstel oder: 60 Z + 576 Hundertstel oder: 60 576 Hundertstel …

In einer Stellentafel für Größen sähe dies folgendermaßen aus:

10 km	km	100 m	10 m	m	dm	cm	mm
5	7	0	8	1			
		6	0	5	7	6	

108

Auch hier gibt es vielfältige Deutungen der Zahlen im Kontext der Größen und der Benutzung des Kommas, z. B. als 57,081 km oder 5 708 100 cm. Entsprechend für das zweite Beispiel 605,76 m; 0,60576 km; ... In einer derartigen Sichtweise ist für Kinder auch verständlich, dass in gewissen Größenbereichen zwei Nachkommastellen angegeben werden (üblicherweise im Größenbereich *Geld*, aber bei Kursangaben auch mehr als zwei Nachkommastellen), in anderen Bereichen aber auch standardmäßig bspw. drei Nachkommastellen zu finden sind (z. B. im Größenbereich *Gewicht*: 4,785 kg).

Zum Abschluss noch eine Aufgabe für Sie, die verdeutlicht, dass sich häufig im Größenbereich Zeit eine flexible Verwendung der Dezimalzahlen findet, die dann gedeutet werden muss. So finden sich in Sportberichten[59], bspw. zur Formel 1, Informationen wie die Folgenden:

Der diesjährige Formel-1-Grand-Prix von Deutschland fand wie gewohnt auf dem Hockenheimring statt. Die 4,574 km lange Strecke musste 67 mal umrundet werden. Im Qualifying legte Raikkönen eine Rundenzeit von 1:14,070 Minuten vor. Schumacher war um eine halbe Zehntelsekunde langsamer.

• *Frage*: Wie lautete die Rundenzeit von Schumacher?

Der Sieger des Rennens, der Ferrari-Fahrer Michael Schumacher, benötigte für das 306,458 km lange Rennen 1:27:51,693 Stunden, der Zweite Massa machte mit einem Rückstand von 7,2 Tausendsteln den Ferrari-Doppelsieg perfekt.

• *Frage*: Um wie viele Meter lag Massa im Ziel hinter Schumacher zurück?

---

59 Generell bieten Sportberichte, wie auch Tageszeitungen allgemein eine reichhaltige Quelle für Aufgabenmaterial (vgl. z. B. Herget 2003; Herget/Scholz 1998).

2 Grundideen des Mathematiklernens

Bevor wir uns in Kap. 2.1 dem Lernen und Üben und anschließend den didaktischen Prinzipien zuwenden, wollen wir vorbereitend einige diesbezügliche Ideen an Unterrichtsbeispielen konkretisieren. Dabei handelt es sich keineswegs um ein exotisches Thema, sondern um einen *zentralen* Inhalt des 1. Schuljahres, der Erarbeitung des Einspluseins, um zu verdeutlichen, dass die aufgeführte didaktische Konzeption *durchgängig* zu realisieren ist. Der nachfolgende Vorschlag versteht sich als *eine* Möglichkeit der Behandlung. Natürlich sind auch andere Vorgehensweisen denkbar. Uns geht es primär um die dahinterstehenden Ideen, die in Kap. 2 ausgeführt werden.

1. Einstieg in den 20er-Raum durch verschiedenste Orientierungsübungen

Mit dem Spiel »Räuber & Goldschatz (vgl. Wittmann/Müller 1990, 17 f.; Wittmann/Müller 2004a, 15; auch Scherer 2005a, 129 ff.) wird das Erkennen und Lesen von Zahlen im Zwanzigerraum, das Einprägen der Zahlreihe vorwärts und rückwärts, das simultane Erfassen der Würfelbilder sowie das flexible Agieren an der Zahlreihe geübt.

Folgende Geschichte liegt dem Spiel zugrunde (Abb. 2/1): *In einem Wald lebten zwei Räuber in Höhlen. Sie hatten zwischen ihren Höhlen einen Weg aus Steinen gelegt und darauf die Zahlen von 1 bis 20 geschrieben. Einmal entdeckten die beiden Räuber einen Sack mit glitzernden Goldtalern. Natürlich wollten beide ihn haben und jeder behauptete, er hätte ihn zuerst gesehen. Die Räuber begannen zu streiten und zu kämpfen, aber keiner konnte den anderen besiegen. Da schlug einer der Räuber vor: Lass uns doch auf unserem Weg um den Schatz würfeln. Wir stellen den Schatz auf die 10, würfeln abwechselnd und tragen den Schatz so viele Felder zu unserer Höhle, wie der Würfel zeigt. Wer den Schatz zuerst in seine Höhle bekommt, darf ihn behalten. Weil die 10 näher an der Höhle mit der 1 ist, darf der andere Räuber anfangen.*

Abb. 2/1: Spielplan für ›Räuber und Goldschatz‹ (aus Wittmann/Müller 2004a, 15)

Das Spiel ist beendet, wenn einer der beiden Spieler den Schatz auf Feld 1 bzw. 20 oder darüber hinaus ziehen kann. Einer der beiden Spieler zieht den Spielstein auf der Zahlreihe vorwärts (›Plus-Räuber‹), der andere Spieler zieht rückwärts (›Minus-Räuber‹). Es kommt bei diesem Spiel zu einer *ganzheitlichen* Betrachtung der Zahlreihe, wodurch die Vorkenntnisse der Kinder berücksichtigt werden können. Das Spiel kann auf unterschiedlichen Niveaus gespielt werden (z. B. Setzen des Spielsteins durch einzelnes Abzählen, Zählen in Schritten, Simultanerfassung oder Rechnen; Scherer 2005a, 131) und ermöglicht daher eine *natürliche Differenzierung* (vgl. Kap. 3.1.6.2). Zudem können Kinder in die *Zone der nächsten Entwicklung* wechseln, bspw. durch Lösen der Aufgaben durch Addition/Subtraktion.

2. Einführung von Addition und Subtraktion
Bei einem modernen Verständnis von Mathematiklernen geht es vor allem darum, die Eigentätigkeit der Lernenden zu stärken: Für die Addition und Subtraktion im 20er-Raum bedeutet dies, *eigene Wege* zu ermöglichen, um langfristig eine gewisse Flexibilität zu ermöglichen. Dazu bedarf es notwendigerweise einer entsprechenden *Komplexität*, d. h. eines ganzheitlichen Vorgehens (bzgl. eines Beispiels vgl. Kap. 1.1.6.1 und dort illustrierten Möglichkeiten und Wege für Aufgaben mit sogenannter ›Zehnerüberschreitung‹).

3. Produktives Üben in Form operativer Päckchen
Unter operativen Päckchen versteht man Aufgabenserien, bei denen mehrere Aufgaben in einem operativen Zusammenhang stehen (vgl. auch Kap. 2.1.2 ›Übungstypen‹). Die jeweiligen Päckchen umfassen zwei oder mehr Aufgaben, und als Zusammenhänge bieten sich Tausch-, Umkehr-, Nachbar- oder Zerlegungsaufgaben an, aber auch die Realisierung weiterer mathematischer Gesetzmäßigkeiten wie etwa die
Konstanz der Summe (8+4 = 12 <=> 7+5 = 12) oder die
Konstanz der Differenz (10-5 = 5 <=> 11-6 = 5).
Hier ist jeweils eine Veränderung um ±1 gewählt, die gut am 20er-Feld zu verdeutlichen ist (vgl. hierzu Kap. 1.1.6.3). Um der mechanischen Reproduktion einmal durchgeführter Muster entgegenzuwirken, sind Variationen oder auch das zufällige Einstreuen einer Aufgabe hilfreich, die das entsprechende Muster durchbricht (s.u. ›Störung‹; vgl. z. B. Wittmann/Müller 2004a, 50).

Weitere Beispiele: Ableiten von Aufgaben aus den (leichten) Verdopplungsaufgaben (vgl. hierzu auch das Ableiten von Multiplikationsaufgaben in Kap. 1.1.6.2)
Aus 5+5 = 10 (Abb. 2/2a) wird die Aufgabe 5+6 = 11 (Abb. 2/2b) abgeleitet.

Abb. 2/2a und 2/2b: Veranschaulichung der leicht abzuleitenden Aufgaben am 20er-Feld

Die Kinder üben die jeweiligen Operationen im 20er-Raum; gleichzeitig werden aber auch mathematische Gesetzmäßigkeiten thematisiert. Gerechnet wird insbesondere unter Ausnutzen von Beziehungen, d. h., das *denkende* Rechnen wird gefordert und gefördert. Die Kinder sollten ermuntert werden, die Beziehungen zu beschreiben, wobei Veranschaulichungen helfen können (vgl. Kap. 3.2.6). Häufig argumentieren Kinder lediglich an den konkreten Zahlenbeispielen der jeweiligen Ergebnisse, seltener finden sich *allgemeinere* Kommentare, die z. B. auf andere Zahlenbeispiele zu übertragen wären, oder Argumentationen an Veranschaulichungen (was aber langfristig zu fördern wäre, vgl. Kap. 2.3.1).

4. Automatisierung
Nach der operativen Durcharbeitung der Addition im 20er-Raum (s. o. Punkt 3.) erfolgt die Automatisierung des Einspluseins. Wir haben dazu exemplarisch eine *Blitzrechenübung* ausgewählt (vgl. Wittmann/Müller 1990, 73 ff.), die das *Rechnen* thematisiert.[60]

›Einspluseins‹: Einspluseinsaufgaben werden genannt bzw. an der Einspluseinstafel (vgl. Wittmann/Müller 1990, 42 ff.; analog zur ›Einmaleinstafel‹ in Kap. 1.1.6.2) gezeigt. Es geht zunächst um die Automatisierung der Kernaufgaben, d. h. der farbigen Felder der Einspluseinstafel. Die Automatisierung dieser Kernaufgaben stützt dann auch die Automatisierung der restlichen Aufgaben (vgl. auch weitere Rechenübungen wie in Tab. 1/6).

Bei den genannten Aktivitäten (Punkt 1. bis 4.) sollten verschiedene Aspekte eines zeitgemäßen Lernverständnisses deutlich werden: Es geht um *ganzheitliche* Zugänge und Vorgehensweisen, die i. d. R. eine *natürliche Differenzierung* (Kap. 3.1.6.2) ermöglichen und damit auch die *individuellen Leistungen* und *Wege* berücksichtigen können und bspw. Ausflüge in die *Zone der nächsten Entwicklung* ermöglichen. Der Bereich der *Übung* ist nicht losgelöst vom eigentlichen Lernen; geübt wird nicht isoliert, sondern vielmehr in *operativen Zusammenhängen*. Illustriert wurde auch die Rolle der *Arbeitsmittel und Veranschaulichungen* sowie der *allgemeinen Lernziele* wie etwa das Beschreiben und Begründen. Diese und andere Aspekte werden im Folgenden genauer beleuchtet.

2.1 Entdeckendes Lernen und Produktives Üben

Seit geraumer Zeit hat sich das Verständnis von Lernen und Lehren verändert. Man spricht von einem interdisziplinären Paradigmenwechsel. In dieser veränderten Sichtweise von Mathematik und von Mathematiklernen wird Lernen als konstruktive Auf-

---

60 Mindestens ebenso bedeutsam sind aber auch die weiteren Übungen des Blitzrechenkurses, wie etwa die Anzahlerfassung, Aktivitäten an der Zahlreihe oder das Zählen in Schritten (vgl. zum gesamten Kurs Krauthausen 1998a; Wittmann/Müller 2006b).

bauleistung des Individuums gesehen, was gravierende Konsequenzen für die Unterrichtsgestaltung hat. Während in der Vergangenheit Lernen und Üben getrennt, z. T. als Gegensätze gesehen wurden, wird in der aktuellen *Theorie der Übung* diese als *integraler Bestandteil des Lernprozesses* gesehen (vgl. Winter 1984a/1987; Wittmann 1981, 103 ff. u. 1992). Zur Verdeutlichung der beiden Grundpositionen wollen wir diese ursprüngliche Trennung zunächst aufnehmen, werden jedoch am Ende des Kapitels verdeutlichen, dass sich eine Polarisierung und entsprechende Übergeneralisierungen schädlich auswirken können.

2.1.1 Lernen: kleinschrittig auf vorgegebenen Wegen vs. ganzheitlich auf eigenen Wegen

In einer behavioristischen Orientierung dominieren Belehrung, Kleinschrittigkeit bzw. der systematische Aufbau der Lerninhalte, verbunden mit einer extensiven Übungspraxis (vgl. Winter 1987, 9; Wittmann 1990, 154 ff.). Selbst heute noch kann diese traditionelle Praxis – wenn sie auch zunehmend zurückgeht – in der Unterrichtsrealität beobachtet werden, wie sie 1955 von kultusministerieller Seite vertreten und als offizielles Postulat in Lehrplänen ausgegeben wurde. Die gestufte Erarbeitung der Zahlenräume (wie der mathematischen Inhalte überhaupt) besagte: »Rechenunterricht kann nur zum Erfolg führen, wenn er in kleinen und kleinsten Schritten vom Einfachen zum Schwierigen fortschreitet. Dieses Prinzip der kleinen Schritte gilt […] für alle Altersstufen und ist somit grundlegendes Prinzip des Rechenunterrichts« (KM 1955).

Das Prinzip der kleinen und kleinsten Schritte wurde im Zuge eines generellen Paradigmenwechsels bzgl. des Verständnisses von Lernen und Lehren (vgl. die Zusammenfassung bei Krauthausen 1998c, 14–44) seit etwa Mitte der achtziger Jahre abgelöst durch das Prinzip des aktiv-entdeckenden und sozialen Lernens: »Den Aufgaben und Zielen des Mathematikunterrichts wird in besonderem Maße eine Konzeption gerecht, in der das Mathematiklernen als ein *konstruktiver, entdeckender Prozess* aufgefasst wird. Der Unterricht muss daher so gestaltet werden, dass die Kinder möglichst viele Gelegenheiten zum selbsttätigen Lernen in *allen* Phasen eines Lernprozesses erhalten« (KM 1985, 26; Hervorh. GKr/PS). Der NRW-Lehrplan von 1985 stellte in dieser Hinsicht eine *historische Wende* dar, weil er erstmals das aktiv-entdeckende Lernen *festschrieb*. Der aktuelle Lehrplan schreibt dies fort und betont nachdrücklich die Eigentätigkeit der Lernenden (MSJK 2003, 71 ff.). Gleichwohl herrschen in den Köpfen mancher Lehrerinnen und Lehrer noch die alten Vorstellungen vor: die Macht der eigenen Lernbiografie zeigt sich hier besonders nachhaltig (vgl. hierzu Krauthausen 1998c; Krauthausen/Scherer 2004).

Was die Erschließung von Zahlenräumen betrifft, so bedeutet das aktiv-entdeckende Lernen eine Abkehr von der Kleinschrittigkeit zugunsten *ganzheitlicher* Zugänge.

Nachdem das ›Zahlenbuch‹ (vgl. Wittmann et al. 1994) eine Vorreiterrolle übernommen hatte, begann es sich zunehmend in allen Schulbüchern durchzusetzen (wenn auch in durchaus unterschiedlicher Weise und Konsequenz; vgl. die zu Beginn dieses zweiten Kapitels ausgeführten Orientierungsübungen in Form von ›Räuber & Goldschatz‹). Zur Illustration wollen wir den Aufbau zweier Schulbücher – eines aus dem Jahre 2000 und eines 15 Jahre älteren –, jeweils für das 1. Schuljahr, gegenüberstellen (Tab. 2/1).

Denken und Rechnen (1985)	Zahlenbuch (2000)
1 Grundlegende Erfahrungen (Gegenstände der Umwelt; Form von Gegenständen; Vergleichen, Zuordnen, Zählen)	*Orientierung im Zwanzigerraum* (Die Zahlen von 1 bis 10; Spielen, zählen und erzählen; Anzahlen bis 10, ›Kraft der Fünf‹, Einführung des Pluszeichens; Geldbeträge mit 1, 2 und 5 Euro; Die Zahlen von 11 bis 20; Die Zwanzigerreihe)
2 Die Zahlen bis 6 (Die Zahlen bis 6; die Zahl 0; kleiner, gleich, größer; die Ordnungszahlen)	*Vertiefung des Zahlbegriffs* (Zahlen in der Umwelt; Die Zahlen von 0 bis 20 auf Wendekarten; Zerlegung von Zahlen; Geldbeträge bis 20 Euro; Ordnungszahlen)
3 Addieren und Subtrahieren im Zahlenraum bis 6 (Zahlenausdrücke mit Plus-Zeichen und mit Minus-Zeichen; Addieren, Zerlegen, Subtrahieren; Sachaufgaben)	*Geometrie* (Spiegeln)
4 Die Zahlen bis 10 (Die Zahlen von 7 bis 10; Zerlegen; Zahlenfolge; Vergleichen nach der Größe; Ungleichungen; Merkmale von Gegenständen; die Ordnungszahlen)	*Einführung der Addition* (Verdoppeln; Sachsituationen, Einführung des Gleichheitszeichens; Addition am Zwanzigerfeld, Tauschaufgaben, Übungen; Kleiner als, größer als, gleich)
5 Addieren und Subtrahieren bis 10 (Addieren, Subtrahieren; Ergänzen, Zerlegen; Umkehraufgaben; Sachaufgaben)	*Mini-Projekt* (»Bald ist Weihnachten«, Kalender, geometrische Formen, Anzahlen)
6 Geldbeträge (Münzen bis 10 Pfennig; Addieren von Geldbeträgen)	*Einführung der Subtraktion* (Sachsituationen; Subtraktion an Zwanzigerfeld und -reihe, Übungen)
7 Geometrische Grunderfahrungen I (Körperformen in der Umwelt; Bauen; Lagebeziehungen)	*Wiederholung und Verzahnung von Addition und Subtraktion* (Umkehraufgaben, Ergänzen; Zahlenmauern; Rechendreiecke)
8 Zahlenstrahl – Rechenvorschriften – Rechentafeln (Zahlenstrahl; Addieren und Subtrahieren am Zahlenstrahl; Rechenvorschriften (Maschinen); Rechentafeln)	*Größen und Sachrechnen* (Rechengeschichten; Meterstab; Legen und Überlegen)

9 Die Zahlen bis 20	Geometrie
(Bündeln von Gegenständen; Zehner und Einer; die Zahlen von 11 bis 20; Zahlenfolge; Nachbarzahlen; Vergleichen nach der Größe; der Unterschied zweier Zahlen; die Ordnungszahlen)	(Falten, schneiden, legen; Herstellung von Kugeln, Kugeln in der Umwelt)
10 Rechnen im Zahlenraum bis 20	Operative Durcharbeitung der Addition und Subtraktion
(Die Zahl 10; Addieren und Subtrahieren im zweiten Zehner; Tauschaufgaben; Rechnen mit Geldbeträgen; Zehnerüberschreitung; Zahlenstrahl, Rechenvorschriften, Rechentafeln; Halbieren und Verdoppeln; gerade Zahlen, ungerade Zahlen; Sachaufgaben)	(Die Einspluseinstafel; Vermischte Übungen zur Addition und Subtraktion)

Tab. 2/1: Gegenüberstellung der Inhalte zweier Schulbücher für das 1. Schuljahr

Nehmen Sie ein weiteres, aktuelles Schulbuch Ihrer Wahl hinzu, und fassen Sie auf einer Seite die wesentlichen Unterschiede und Veränderungen für die Mathematikinhalte des 1. Schuljahres auf der Basis dieser Gegenüberstellung zusammen! An welchen Stellen wären Sie selbst unsicher, ob das aktuelle Vorgehen für alle Kinder angemessen ist? Begründen Sie jeweils Ihre Bedenken!

Bei der aktuellen Auffassung von Lernen und Lehren verändert sich natürlich auch die Aufgabe der Lehrerin (vgl. die Gegenüberstellung bei Winter 1984a/b oder die zusammenfassenden Ausführungen bei Krauthausen 1998c): Sie besteht darin, herausfordernde Anlässe zu finden und anzubieten, ergiebige Arbeitsmittel und produktive Übungsformen bereitzustellen und vor allem eine Kommunikation aufzubauen und zu erhalten, die dem Lernen aller Kinder förderlich ist. Kühnel hat mit *Leitung & Rezeptivität* vs. *Organisation & Aktivität* die paradigmatischen Unterschiede bereits 1916 treffend beschrieben:

»Beibringen, darbieten, übermitteln sind [...] Begriffe der Unterrichtskunst vergangener Tage und haben für die Gegenwart geringen Wert; denn der pädagogische Blick unserer Zeit ist nicht mehr stofflich eingestellt. Wohl soll der Schüler auch künftig Kenntnisse und Fertigkeiten gewinnen – wir hoffen sogar: noch mehr als früher – aber wir wollen sie ihm nicht beibringen, sondern er soll sie sich erwerben. [...]

Damit wechselt auch des Lehrers Aufgabe auf allen Gebieten. Statt Stoff darzubieten, wird er künftig die Fähigkeiten des Schülers zu entwickeln haben. Das ist etwas völlig anderes, besonders für die Gestaltung des Rechenunterrichts. Denn [dadurch; GKr/PS] [...] werden dem Lehrer zwei Hilfsmittel aus der Hand genommen, die den meisten bisher als unentbehrlich erschienen und als kennzeich-

nende Merkmale höchster Lehrkunst: Das Darbieten und das Entwickeln. Sie gibt ihm aber dafür zwei andere in die Hand, die zunächst unscheinbar, in ihrer Wirkung jedoch ungleich mächtiger sind: die Veranlassung der Gelegenheit und die Anregung zu eigener Entwicklung.

Und das Tun des Schülers ist nicht mehr auf Empfangen eingestellt, sondern auf Erarbeiten. Nicht Leitung und Rezeptivität, sondern Organisation und Aktivität ist es, was das Lehrverfahren der Zukunft kennzeichnet« (Kühnel 1925, 70).

Die beiden Konzeptionen bedingen also nicht nur eine veränderte Rolle der Lehrerin, sondern auch der Schülerinnen und Schüler (vgl. Winter 1984b). In manchen Lernbereichen besteht noch Unsicherheit bzgl. der aktivistischen Position: »Die Forschungslage zu den Auswirkungen der als neuartig propagierten Lehrverfahren ist [...] absolut unübersichtlich. Dies hängt vermutlich damit zusammen, dass niemand genau sagen kann, was ein relativ selbst gesteuertes, kooperatives, problemlösendes, in authentischer Lernumgebung stattfindendes und lebenslanges Lernen eigentlich ist« (Edelmann 2000, 7). Für den Mathematikunterricht sehen wir die Situation nicht so pessimistisch, wurden doch in den letzten Jahren zahlreiche Beispiele veröffentlicht, die konkretisieren, wie selbst gesteuertes, problemlösendes oder kooperatives Lernen im Grundschulunterricht zu realisieren ist (vgl. dazu die Beispiele, u. a. in Form substanzieller Lernumgebungen in Kap. 2.1.2 bzw. 3.1.3).

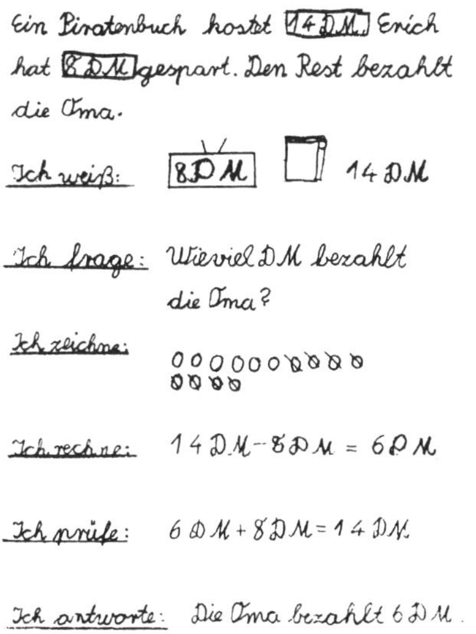

Das folgende Sachrechenbeispiel soll verdeutlichen, wie sich die Veränderung gemäß der beiden Grundpositionen vollzogen hat. Der Bereich des Sachrechnens galt lange Zeit als klassisches Terrain, in dem Wege in Gestalt fester Lösungsschemata vorgegeben werden *mussten*. Ein extremes Beispiel aus einem 1. Schuljahr findet sich bei Andresen (1985; Abb. 2/3), die den Kommentar des Vaters zur Bearbeitung seines Sohnes hinzufügt: »Leichte Textaufgaben kann Sebastian im Kopf in wenigen Sekunden ausrechnen. Für die Aufgabe *Ein Piratenbuch kostet 14 DM. Erich hat 8 DM gespart. Den Rest bezahlt die Oma.* brauchte er über eine halbe Stunde und hat viel dabei geweint. Sebastian hat dabei gelernt, dass er sich auf seinen gesunden Menschenverstand nicht verlassen darf und dass

Abb. 2/3: Sebastians Lösung einer Textaufgabe
(aus Andresen 1985, 196)

116

einfache Denkaufgaben nur sehr umständlich, kompliziert (6 Schritte) und schwierig zu lösen sind. Für mich als Vater ist dies ein schöner Beweis, wie es in der Schule gelingt, durch *gute* Didaktik den Kindern Selbstvertrauen zu nehmen, Lerneifer und Lernfreude zu zerstören und die Lust an der Schule und am Lernen, die bei jedem Erstklässler stark da sind, in Unlust und Angst zu verwandeln« (ebd., 196; Hervorh. i. Orig.).

Neben diesem extremen Beispiel blieb auch generell der Erfolg von Schülerinnen und Schülern beim Lösen von Textaufgaben häufig aus (vgl. auch Kap. 3.1.4), und man erkannte die Aussichtslosigkeit,»der Komplexität des Sachrechnens […] durch Musterlösungen, durch Regeln zur Erschließung der jeweiligen Sachsituation oder durch Vorschriften für das Aufschreiben der Lösung Herr werden zu wollen, wie es die traditionelle Didaktik angestrebt hat« (Wittmann et al. 1996, 20).[61] Musterlösungen (vgl. Abb. 2/3) stellen keine Hilfe dar, sondern es besteht eher das Risiko einer *gedankenlosen* Anwendung: So kann ein vorgeschriebener Punkt ›Rechnung‹ die Kinder auch zum vorschnellen Rechnen verleiten, ohne wirklich zu überlegen bzw. die Gefahr beinhalten, dass die Befolgung solcher Schemata zusätzliche Anforderungen stellt oder gar die eigentlichen Schwierigkeiten ausmacht (vgl. ebd., 21).

Mittlerweile wurden auch für den Bereich des Sachrechnens das Entwickeln *eigener* Lösungsstrategien und -wege als notwendig und hilfreich erkannt und bspw. für das Lösen von Sachaufgaben verschiedene Ebenen der Bearbeitung herausgearbeitet (vgl. auch Kap. 1.3). Diese veränderte Sichtweise offenbart sich insbesondere auch in den verschiedenen Repräsentationsebenen, die für eine Aufgabenlösung zur Verfügung stehen: Darstellen und Überlegen (vgl. Wittmann et al. 1996, 21; Wittmann/Müller 2004c, 27), konkret das *Legen* und Überlegen, *Zeichnen* und Überlegen, *Aufschreiben* und Überlegen bzw. *Ausprobieren* und Überlegen[62].

Als Beispiel haben wir eine klassische Sach- bzw. Denkaufgabe gewählt, die sich schon bei Adam Ries findet, nachzulesen bei Deschauer (1992). Sie wird aber auch für die Grundschule aufgegriffen (vgl. z. B. Rasch 2003, 85 f.):

Eine Schnecke in einem 20 m tiefen Brunnen will nach oben auf die Wiese. Sie kriecht am Tage immer 5 m hoch und rutscht nachts im Schlaf immer 2 m nach unten. Am wievielten Tag erreicht sie den Brunnenrand?

Für derartige Aufgaben gibt es nun mehrere Ebenen und Wege zur Lösung:

---

61 Ein denkbarer Einwand wäre nun, dass auch wir weiter unten bei der ›Schneckenaufgabe‹ Musterlösungen angeben. Diese erfüllen allerdings einen anderen Zweck: Zum einen schlagen wir erst nach der hoffentlich erfolgten eigenen Durcharbeitung Lösungswege vor, und dann eben nicht nur eine Lösung. Wir wollen vielmehr die Vielfalt an Strategien herausstellen. Zum anderen möchten wir betonen, dass die Lösungswege in der vorgestellten Form nicht als immer und für jede Sachaufgabe passendes Schema verstanden werden dürfen.

62 Dabei spiegeln sich Bruners Repräsentationsstufen (enaktiv, ikonisch, symbolisch) wider, ohne dass damit eine Hierarchie in Form einer linear zu durchlaufenden Stufenfolge gewollt ist.

- Eine erste mögliche Strategie stellt ein sogenanntes ›Wegeprotokoll‹ (›Aufschreiben und Überlegen‹, Abb. 2/4) dar. Die Kinder protokollieren den Weg der Schnecke, für Tag und Nacht. Man sieht, dass die Schnecke am 6. Tag den Brunnenrand erreicht. Ob sie nun sofort wieder hinabrutscht und somit einen siebten Tag benötigt, wäre in der Phase des ›Interpretierens‹ (vgl. Kap. 1.3.1) zu klären (vgl. auch Rasch 2003, 86). Die Aufgabe lässt hier sicherlich Interpretationsspielraum und damit beide Lösungen zu.

1. Tag	5 m
1. Nacht	3 m
2. Tag	8 m
2. Nacht	6 m
3. Tag	11 m
3. Nacht	9 m
4. Tag	14 m
4. Nacht	12 m
5. Tag	17 m
5. Nacht	15 m
6. Tag	Brunnenrand erreicht

Abb. 2/4: Wegeprotokoll zur Lösung einer Denkaufgabe

- Eine weitere Lösungsstrategie wäre das Anfertigen einer Zeichnung (›Zeichnen und Überlegen‹, Abb. 2/5).

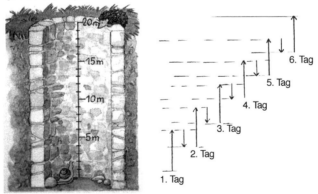

Abb. 2/5: Zeichnerische Lösung einer Denkaufgabe

Die Kinder fertigen eine Lösungsskizze an, in der die Strecken für Tag und Nacht eingezeichnet werden, und erhalten so die Lösung: Die Schnecke erreicht in diesem Fall am Ende des 6. Tages den Brunnenrand.

- Eine dritte Strategie – eher auf dem Niveau von Studierenden – wäre eine arithmetische oder algebraische Lösung, die jedoch auch Gefahren bergen kann:

Um schnell und effizient zu rechnen, könnte man auf die Idee kommen, die Strecken, die an einem Tag und in einer Nacht überwunden werden, zusammenzufassen:

$$5 \text{ m} - 2 \text{ m} = 3 \text{ m, und } 20 \text{ m} : 3 \text{ m} = x$$

Die Berechnung der Anzahl der Tage und Nächte liefert den Ausdruck: $x = 6{,}66\ldots$

Bei diesem Lösungsweg würde man also eine ›falsche Lösung‹ erhalten: Denn die Schnecke benötigt jetzt mehr als 6 Tage; man würde leicht schlussfolgern, dass sie am 7. Tag den Brunnenrand erreicht. Das Entstehen dieser Lösung ist dabei zu unterscheiden vom sachlich begründeten Ergebnis bei der ersten Lösungsstrategie.

An solchen Beispielen zeigt sich, dass ›elaborierte‹ Strategien nicht immer die Besseren sein müssen: Die eigene Durchdringung solcher Aufgaben bleibt also von zentraler Bedeutung. Dies schließt sowohl das Lösen auf eigenem Niveau, aber auch das Lösen auf dem Niveau der Kinder ein, d. h., für die Lehrerin ist auch die Kenntnis *verschiedener* Repräsentationsebenen bedeutsam.

Versuchen Sie in diesem Sinne, auch die folgende Aufgabe (aus Winter 1997, 67 f., dort mit verschiedenen Lösungsansätzen) mit unterschiedlichen Strategien zu lösen und ggf. auch über Vor- und Nachteile Ihrer eigenen Strategien zu reflektieren.

Petra verschlang in einer Woche ein ganzes Buch mit 133 Seiten. Montags las sie einige Seiten und von da ab jeden Tag 5 Seiten mehr als am Tag davor. Am Sonntag wurde sie fertig. Wie viele Seiten las sie an den einzelnen Tagen?

Natürlich ergibt sich nicht bei jeder Textaufgabe die gleiche Vielfalt an alternativen Vorgehensweisen, aber auch nicht jede Textaufgabe kann und soll im Unterricht so ausführlich behandelt werden (weitere Aufgabenbeispiele finden Sie etwa bei Krauthausen/Winkler 2004, Rasch 2003 oder Spiegel 2003). Allein die Tatsache, dass die Schüler exemplarisch in dieser Form gearbeitet haben, kann schon eine gewisse Bewusstheit im Umgang mit den gegebenen Daten sowie ein Nachdenken und Reflektieren über eigene Lösungen entwickeln.

Die folgende Aufgabe, die Bestandteil der ›Mathematik-Olympiade‹ für die Klasse 5 war, sollen Sie nun selbst lösen, ohne dass wir Ihnen Strategien vorstellen.

Auf drei Bäumen sitzen insgesamt 56 Vögel. Nachdem vom ersten Baum sieben Vögel auf den zweiten Baum geflogen waren und vom zweiten Baum fünf Vögel auf den dritten, saßen auf dem zweiten Baum doppelt so viele Vögel wie auf dem ersten und auf dem dritten Baum doppelt so viele Vögel wie auf dem zweiten. Wie viele Vögel saßen ursprünglich auf jedem der drei Bäume?

- Lösen Sie diese Aufgabe möglichst auf unterschiedlichen Wegen mit grundschulgemäßen Mitteln.
- Lösen Sie die Aufgabe algebraisch.

2.1.2 Üben: Reproduktion und Quantität vs. Produktivität und Qualtität

Gemäß dem traditionellen Verständnis diente Üben im Mathematikunterricht vornehmlich der Festigung des Wissens. Dazu führte man ein Training von Fertigkeiten durch, die zuvor an einem oder mehreren Beispielen vorgemacht wurden. Als Aufgabenpool isolierte man eine bestimmte Liste von Wissenselementen oder eine bestimmte Fertigkeit, um dann an sogenannten Musteraufgaben die Memorierung der Wissenselemente bzw. die Anwendung der Fertigkeit zu erarbeiten. Dann wurde diese Fertigkeit anhand einer großen Zahl gleichförmiger Übungsaufgaben unter fortwährender Kontrolle ›eingeschliffen‹ mit dem Ziel, feste Assoziationen zwischen Aufgaben und korrekten Lösungen herzustellen. In der behavioristischen Sichtweise schloss sich erst nach einer expliziten Phase der Einführung die Phase der Übung an, die auf die geläufige und fehlerlose Verfügbarkeit abzielte.

Um dabei keine Langeweile aufkommen zu lassen, bemühte man sich, die Kinder durch mehr oder weniger geschickte, meist aber *sachfremde Verpackungen* zum Üben zu ›überlisten‹. Vielfach wurde und wird hier und da auch heute noch versucht, solche Bemühungen mit bedeutsam klingenden Vokabeln zu legitimieren: Die Kinder können (angeblich) *differenziert* lernen (man braucht allerdings dazu eine Unmenge verschiedener Arbeitsblätter für viele angenommene Lernstände, die man naturgemäß dennoch nicht verlässlich ›treffen‹ kann). Die Aufgaben erlauben (angeblich) den Kindern eine *Selbstkontrolle* (in Wirklichkeit handelt es sich um eine deligierte Fremdkontrolle; direkte Steuerung wird lediglich durch eine subtilere Fernsteuerung ersetzt: Das entstehende Puzzlebild (›Bunter Hund‹) hat nichts, aber auch gar nichts mit der Aufgabenanforderung zu tun (es ist vollkommen austauschbar); es besteht kein prinzipieller Unterschied darin, ob die Lehrerin dem Kind sagt, dass die Lösung richtig sei oder das Puzzlebild o. Ä. (vgl. hierzu Wittmann 1990). Sehr deutlich hat bereits 1962 das Problem Wilhelm Oehl beschrieben:

»[Wir müssen] zwischen Fremdkontrolle und Selbstkontrolle unterscheiden. Sagt der Lehrer dem Schüler: ›Diese Aufgabe ist falsch‹, so handelt es sich einwandfrei um Fremdkontrolle. Aber auch in allen andern Fällen, in denen irgendein Hilfsmittel, etwa ein Ergebnisheft oder eine Prüfzahl [...] dem Schüler sagt: ›Diese Aufgabe ist falsch‹, haben wir es mit Fremdkontrolle zu tun. Das richtige Ergebnis (im Ergebnisheft) oder die Prüfzahl sind von einem ›Fremden‹ gegeben worden. Handelt es sich um eine Aufgabe aus dem praktischen Leben oder irgendeine Aufgabe, die außerhalb des Rechenbuchs gestellt wurde, so entfallen solche Hilfen; der Schüler muss jetzt durch eigenes Nachdenken, durch eigenes Anwenden mathematischer Hilfsmittel die Entscheidung treffen: falsch oder richtig. Selbstkontrolle ist immer Individualkontrolle ohne jede fremde Hilfe. Die echte Selbstkontrolle muss auf jede Aufgabe in gleicher Weise anwendbar sein und nicht nur auf die Aufgaben des Re-

*chenbuches. Diese begriffliche Klarstellung ist notwendig, weil sich in den zurück-
liegenden Jahren Kontrollmethoden in unsern Schulen unter dem anspruchsvollen
Etikett ›Selbstkontrolle‹ (Prüfzahlen) eingebürgert haben, die in Wirklichkeit
Fremdkontrollen sind. [...] Die Selbstkontrolle verlangt von ihrem Begriff her eine
erhöhte geistige Urteilskraft. Ich soll mathematische Beziehungen kontrollieren,
d. h. doch, ich soll von einem übergeordneten Standpunkt aus, kraft meiner Einsicht
in die Zusammenhänge, ein gültiges Urteil über richtig oder falsch abgeben. Jeder
Kontrolle muss ein Denkakt zugrundeliegen, der die Kontrollmaßnahmen auslöst«
(Oehl 1962, 33 f.).*

Bei aller Kritik ist aber auch nicht zu übersehen, dass es trotz eines inzwischen wirklich
vielfältigen Angebots an *produktiven* Alternativen (s. u.) sicher kein Drama ist, im Unterricht auch *gelegentlich* solche Übungen anzubieten. Problematisch ist allerdings das,
was Wittmann (1990) die »Flut der bunten Hunde« nennt, d. h. die *ausufernde* Ausbrei-
tung einer solchen Übungspraxis. Ein Grund für diese Gefahr liegt sicher auch darin,
dass ein sachgerechtes und sinnvolles Ausschöpfen produktiver Übungsformen nur
dann gelingen kann, wenn die Lehrerin den zu übenden Inhalt und die anzubietenden
Übungsformen zunächst einmal selbst angemessen durchdrungen, d. h. sich mit dem
mathematischen Hintergrund vertraut gemacht hat (vgl. Kap. 3.1.7)!

Die traditionelle Vorstellung, dass Üben bloß eine ›nachträgliche‹, das neue mathematische Wissen festigende Aktivität ist, stützt sich auf die schon mehrfach kritisierte Auffassung vom mathematischen Wissen im Unterricht: Mathematik als ein Fertigprodukt,
das von außen vorgegeben ist und von der Lehrerin – in kleinen Schritten zubereitet –
den Kindern verabreicht wird. Geht man, wie wir es getan haben, von der Vorstellung
aus (z. B. Freudenthal), dass *Mathematik bedeutet: ›Mathematik tun/Mathematik trei-
ben‹,* stellt man also die *aktive Tätigkeit* des lernenden Kindes in den Vordergrund,
dann erhält auch das Üben unter dieser Vorstellung eine völlig andere Interpretation.

Die psychologische Hintergrundtheorie der traditionellen Position ist die Assoziations-
psychologie, insbesondere der Behaviorismus. Zugrunde liegende didaktische Prinzipien sind das Prinzip der kleinen und kleinsten Schritte, das Prinzip der Isolierung der
Schwierigkeiten sowie des gestuften Übens (vgl. hierzu Winter 1984b; Wittmann 1990).

Zu dieser traditionellen Übungspraxis lassen sich verschiedene Kritikpunkte anführen:

- Es besteht die Gefahr des nur gedankenlosen Einübens von nur oberflächlich gelernten Rezepten, was letztlich wenig erfolgreich ist (vgl. Dewey 1933, 250).
- Die Schülerinnen und Schüler werden zu einer eher passiven Lerneinstellung verleitet.
- Die Zersplitterung des Unterrichts in ›Schubladen‹ führt zu einer entsprechend kurz-
fristigen Lernperspektive und Behaltensleistung.
- Die allgemeinen Lernziele (vgl. Kap. 2.3.1) werden vernachlässigt: Das kleinschrit-
tige Üben bietet keine nennenswerten Möglichkeiten zum Erkennen, Beschreiben

und Begründen von ›Mustern‹, zur rechnerischen Durchdringung von Sachsituationen und zur Pflege der mündlichen und schriftlichen Ausdrucksfähigkeit der Schüler. Welche Rolle, welchen Stellenwert hat das Üben demgegenüber im Kontext des aktiventdeckenden Lernens? Im Sinne des bereits erläuterten Paradigmenwechsels ist von Winter (1984b; 1987) und Wittmann (1992) auch eine ›Theorie der Übung‹ entwickelt worden, die Übung als integralen Bestandteil eines aktiven Lernprozesses versteht (vgl. auch Wittmann 1981, 103 ff.). Im Rahmen des produktiven Übens entfällt die scharfe Trennung zwischen den Phasen der Einführung, Übung und Anwendung (vgl. Winter 1984b; Wittmann 1992). Verdeutlicht werden kann dies am ›Didaktischen Rechteck‹ (Abb. 2/6).

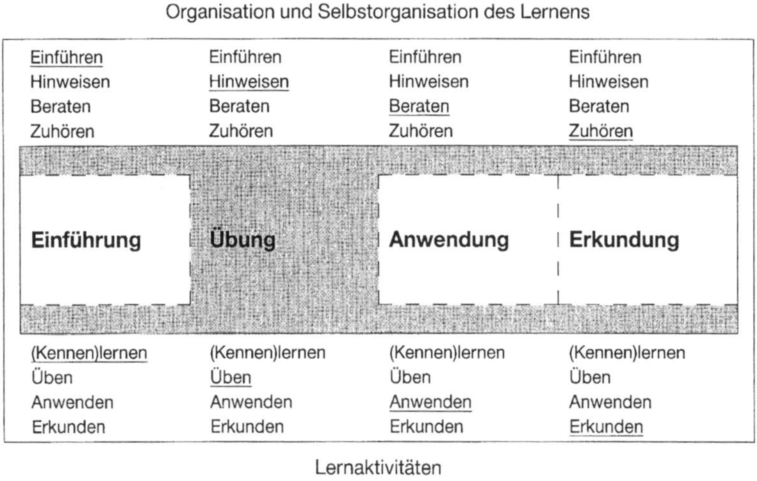

Organisation und Selbstorganisation des Lernens

Einführen	Einführen	Einführen	Einführen
Hinweisen	Hinweisen	Hinweisen	Hinweisen
Beraten	Beraten	Beraten	Beraten
Zuhören	Zuhören	Zuhören	Zuhören
Einführung	**Übung**	**Anwendung**	**Erkundung**
(Kennen)lernen	(Kennen)lernen	(Kennen)lernen	(Kennen)lernen
Üben	Üben	Üben	Üben
Anwenden	Anwenden	Anwenden	Anwenden
Erkunden	Erkunden	Erkunden	Erkunden

Lernaktivitäten

Abb. 2/6: Didaktisches Rechteck (aus Wittmann 1992, 178)

»Je nachdem, in welche Phase eine Unterrichtseinheit einzuordnen ist [in der Skizze jeweils unterstrichen; GKr/PS], haben die Lernaktivitäten der Schüler einen unterschiedlichen Schwerpunkt [...] Faktisch sind aber bei jeder Einheit auch die anderen Aktivitäten angesprochen« (Wittmann 1992, 178). Üben durchdringt somit den gesamten Prozess des aktiv entdeckenden Lernens. In diesem Modell lassen sich zwei Ebenen identifizieren: die *Ebene der Lern-Aktivität* der Schüler und die *Ebene der Organisation* durch die Lehrerin (bzw. auch der zunehmenden Selbstorganisation der Lernenden), die verantwortlich ist für Angebote und Lernumgebungen, die dem aktiv-entdeckenden Lernen förderlich sind.

Konzeptionell ist das produktive Üben zwingend auf ein Verständnis des aktiventdeckenden Lernens angewiesen, das sich (vereinfachend) nach Winter (1984b) in die folgenden vier Phasen gliedert:

»1. Auseinandersetzung mit einer herausfordernden Situation, Exploration, Entwicklung einer Problemstellung;

2. Simulation und Rekonstruktion mit vorhandenem Material, dabei Entwicklung neuer Begriffsbildungen oder Verfahren und evtl. Lösung des Problems;

3. Einbettung des neuen Inhalts in das vorhandene System; Ausgestaltung vielfältiger Beziehungen;

4. Bewertender Rückblick auf den neuen Inhalt und die Methode seiner Gewinnung; Thematisierung von Heurismen, bewusste Versuche des Transfers« (ebd., 6).

Alle vier Phasen enthalten Anteile von Übung bzw. Wiederholung, aber auch von entdeckendem Lernen, es wird »*entdeckend geübt* und *übend entdeckt*« (Winter 1984b, 6 f.). Üben erhält somit im Prozess des aktiv-entdeckenden Lernens eine neue, eine umfassende und alle Phasen des Lernprozesses durchdringende Aufgabe und Funktion, es ist mehr als das Trainieren vorgegebener Fertigkeiten. Die psychologische Hintergrundtheorie dieser Position ist der Kognitionspsychologie zuzuordnen, insbesondere der genetischen Psychologie von Piaget (vgl. hierzu Wittmann 1990). Die zugrunde liegenden didaktischen Prinzipien sind das Prinzip des aktiv-entdeckenden Lernens, das Prinzip des sozialen Lernens sowie das Prinzip der fortschreitenden Schematisierung (vgl. hierzu Kap. 2.2 bzw. 4.4).

Im Zuge der Verschiebung von der traditionellen Übungspraxis zu einer Konzeption des ›Produktiven Übens‹ wurden auch entsprechende sogenannte ›substanzielle Lernumgebungen‹ oder ›Aufgabensysteme/-formate‹ entwickelt, die folgenden Kriterien genügen (zur näheren Erläuterung vgl. Kap. 3.1.3):

»1. Sie repräsentieren zentrale Ziele, Inhalte und Prinzipien des Mathematikunterrichts.

2. Sie bieten reiche Möglichkeiten für mathematische Aktivitäten von Schülern.

3. Sie sind flexibel und können leicht an die speziellen Gegebenheiten einer bestimmten Klasse angepasst werden.

4. Sie integrieren mathematische, psychologische und pädagogische Aspekte des Lehrens und Lernens in einer ganzheitlichen Weise und bieten daher ein weites Potenzial für empirische Forschungen« (Wittmann 1995b, 528).

Konkretisierungen solcher substanziellen Aufgabenformate finden sich an verschiedenen Stellen dieses Buches (z. B. Kap. 2.3.2.5; 3.1.3, 3.1.5, 3.1.6). Wir wollen hier schon einmal Literaturhinweise geben zu Zahlenketten, Zahlenmauern, Rechendreiecken etc.: Hartmann/Loska 2004 u. 2006; Loska/Hartmann 2006; Krauthausen 1995d/1998c/2006; Scherer 1996c/1997a/2003a/2005a/2005b/2006b; Scherer/Selter 1996; Scherer/Steinbring 2004a; Schwätzer/Selter 1998; Selter 1997; Selter/Scherer 1996; Spiegel 1978; Wittmann/Müller 1990/1992; Steinbring 1995/1997b; Verboom 1998; Walther 1978.

- *Übungstypen*

Neben den vorgestellten Überlegungen hat Wittmann (1992) auch Merkmale für die Unterscheidung wichtiger Aspekte zur Klassifizierung der Übungen identifiziert und dargestellt. *Ein* wichtiger Aspekt ist die Frage nach der Strukturierung der Übungen, oder genauer nach dem *Grad der Strukturierung*: Ist die jeweilige Übungsform *nicht* strukturiert (d. h. können die behandelten Aufgaben beliebig ausgetauscht werden, da sie in keinem Zusammenhang stehen?), *schwach/mittel* strukturiert, *stark* strukturiert (z. B. operative Päckchen zu Beginn von Kap. 2, Punkt 3)?

Eine zweite Frage betrifft die *Nutzung zusätzlicher Materialien* bei der Bearbeitung der Übung: Stützen sich die Übungen auf Material, oder werden in der Übung v. a. Symbole benutzt (mündlich oder schriftlich)? Handelt es sich also um *gestützte* oder um *formale Übungen*? Daraus ergibt sich folgendes Schema bzgl. der Übungstypen (Abb. 2/7):

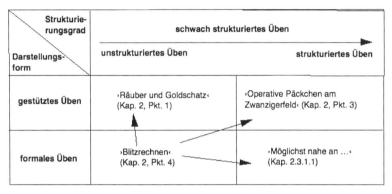

Abb. 2/7: Schema bzgl. der Übungstypen (in Anlehnung an Wittmann 1992, 179)

Die Übergänge zwischen *formal/gestützt* und *unstrukturiert/strukturiert* sind nicht ein für allemal festgelegt oder immer ganz eindeutig zu entscheiden. Denn eine Übungsform kann ihren Charakter wechseln, je nachdem in welchem Zusammenhang oder an welcher Stelle des Lernprozesses sie realisiert wird. So zeigt das Beispiel des Kopfrechnens, dass in der Grundlegungsphase (Kap. 1.1.7.1) am 20er-Feld, also *gestützt*, geübt wird, in der späteren Automatisierungsphase dann *formal*. Darüber hinaus können die Aufgaben in *unstrukturierter* Weise gestellt werden, oder aber unter Ausnutzen operativer Zusammenhänge, d. h. *strukturiert*.

Neben dem *Grad* der Strukturierung lässt sich noch eine Unterscheidung nach der *Art* der Strukturierung machen: Strukturiertes Üben greift immer auf eine Serie von Aufgaben zurück. Diese stehen in einer Beziehung zueinander, die sich aus *inhaltlichen* Gesichtspunkten ergeben soll, und nicht bloß durch einen *Bunten Hund* zusammengehalten werden. Wodurch kann eine solche Beziehung hergestellt werden?

Es gibt drei Arten der Strukturierung:

- *Problemstrukturierte Übung:* Die Beziehung der Aufgaben untereinander ergibt sich aus einer übergeordneten Frage- oder Problemstellung.

- *Operativ strukturierte Übung:* Die Beziehung der Aufgaben untereinander ergibt sich aus der systematischen Variation der Aufgaben und der Daten/Zahlen in den Aufgaben; die Ergebnisse stehen in einem gesetzmäßigen, einem operativen Zusammenhang (vgl. Kap. 2.2).
- *Sachstrukturierte Übung* (vgl. Kap. 1.3.3.6): Die Beziehung der Aufgaben untereinander ergibt sich aus einem übergeordneten *Sach*zusammenhang.

Auch diese Unterscheidung kann man nicht immer eindeutig treffen: U. U. stellen sich Wechselbeziehungen ein, wie aus dem Diagramm in Abb. 2/8 zu entnehmen ist. So kann es Übungen geben, in denen es eine Problemstellung und einen operativen Zusammenhang zwischen den Aufgaben gibt bzw. sich bei der Bearbeitung herausbildet. Es gilt also, auf die dominanten Aspekte zu achten. Das weist erneut darauf hin, dass dieses *Analyseschema* nicht zum Selbstzweck werden darf. Es bewahrt einerseits vor Einseitigkeiten, indem es für die Vielfalt der Typen sensibilisiert. Andererseits wäre sein Sinn verfehlt, wenn es als Schematismus benutzt würde, im Sinne eines ›Übungstypen-Erkennungsdienstes‹.

Neben der Art der Strukturierung gibt es unterschiedliche *Zugangsweisen/Arbeitsweisen mit der Struktur* der Übungen

- *reflektives Üben:* Der strukturelle Zusammenhang (operativ oder problem- oder sachstrukturiert) kommt erst nach mehreren, zunächst als unverbunden wahrgenommenen Übungen zum Vorschein. Er wird erst dann erkannt, reflektiert, in der Rückschau herausgefunden (zwei Phasen der Arbeit: ›isoliertes‹ Üben, dann Reflektieren).
- *immanentes Üben:* Der Strukturzusammenhang der Übung wird von Beginn an benutzt, z. B. in Form einer übergeordneten Frage- bzw. Problemstellung oder einer sofort deutlich gewordenen Gesetzmäßigkeit. Das Üben wird also gleich schon in übergeordnete Überlegungen eingebettet.

Damit erhalten wir folgendes Schema der *Strukturierungstypen* für Übungen (Abb. 2/8):

Art der Struktur / Zugang zur Struktur	problemstrukturiertes Üben	operativ strukturiertes Üben	sachstrukturiertes Üben
reflektives Üben	›Zahlenketten‹: Finden aller Lösungen für die Zielzahl 20 (Kap. 3.1.6.2)	›Zahlenketten‹: Was geschieht, wenn ...? (Kap. 2.3.2.5)	›Vermehrungsrate von Tieren‹ (Kap. 1.3.3.6)
immanentes Üben	›Zahlenketten‹: Erreichen der Zielzahl 20 bei viergliedrigen Ketten (Kap. 3.1.6.2)		›Entfernungen auf der Autobahn‹ (vgl. Wittmann/Müller 1992, 95 f.)

Abb. 2/8: Schema der Strukturierungstypen (in Anlehnung an Wittmann 1992, 180)

Zur Erläuterung: Hinsichtlich des sachstrukturierten Übens verweisen wir auf Kap. 1.3.3.6. Für die anderen Zellen haben wir bewusst dasselbe Aufgabenformat ›Zahlenketten‹ gewählt, um auch hier zu verdeutlichen, dass nicht das Aufgabenformat an sich die Art und den Zugang zur Struktur bestimmt. Bei der Problemstellung ›Zielzahl 20 treffen‹ wird die Aufgabe in Form einer *immanenten Übung* begonnen: Das Problem ist gegeben, die Kinder variieren – auch systematisch – die Ausgangszahlen. Beim immanenten Zugang ist nicht immer zu entscheiden, ob die Problem- oder die operative Struktur dominiert, so dass diese beiden Zellen nicht getrennt sind (Wittmann 1992, 180). Sollen die Kinder anschließend *alle* Lösungen finden und deren Vollständigkeit bspw. auch begründen, dann kann dies zu einer *reflektiven* Übung werden. Kinder betrachten bspw. gefundene Lösungen, halten Ausschau nach Gesetzmäßigkeiten und Zahlbeziehungen, reflektieren also über die vorher berechneten Ketten. Eine *operative Strukturierung* kommt insbesondere durch Arbeitsaufträge wie etwa ›Was geschieht, wenn ...‹ (hier: ... wenn ich die erste Startzahl um 1 erhöhe?‹) zum Tragen. I. d. R. berechnen Kinder zuerst einige Beispiele und *reflektieren* anschließend über die erhaltenen Ergebnisse.

Lesen Sie den Text von Steinbring (1995) und machen Sie sich mit dem dort vorgestellten substanziellen Aufgabenformat *Wer trifft die 50?* vertraut. Versuchen Sie, die dort genannten konkreten Fragestellungen/Variationen dem Schema der Strukturierungstypen zuzuordnen, und begründen Sie jeweils Ihre Entscheidung.

An welcher Stelle des Lernprozesses ein bestimmter Übungstyp zu realisieren ist, hängt von verschiedenen Aspekten ab. So sollten gestützte Übungen sicherlich vor formalen Übungen durchgeführt werden, und vor verfrühten Übungen zur Automatisierung ist zu warnen. Jedoch ist nicht immer eindeutig zu entscheiden, ob der Einsatz eines bestimmten Übungstyps vor einem anderen erfolgen muss, und wir verweisen aber auf die mögliche Abfolge in Wittmann (1992, 181).

2.1.3 Spielerisches Lernen und Üben

Kap. 2.1 schließt mit einem exemplarischen Blick auf eine in der Grundschule verbreitete Art des Vorgehens, dem *spielerischen* Lernen und Üben. Wir möchten diesen Abschnitt beginnen mit einer Szene, die sich zwischen knapp fünfjährigen Kindern zugetragen hat (vgl. Bird 1991). Am zweiten Tag in der Vorschule spielen die Kinder in der ›Wohnecke‹ (ebd., 6; Übers. GKr/PS)[63].

Helen (4;8) und Vanessa (4;11) kommen ins ›Haus‹.

Vanessa: Ich werde die Wohnung sauber machen. [*zu Helen*] Du bist draußen.

---

63   Hierbei handelt es sich um ein Beispiel aus einem Workshop von Ahmed (1999).

126

Helen: Was meinst du mit ›ich bin draußen‹?

Vanessa: Du bist draußen. Ich werde die Wohnung sauber machen. [*beide Mädchen machen die Wohnung sauber; räumen verschiedene Dinge an vernünftige Stellen, wie z. B. einen Kochtopf auf den Herd, ein Puppenkleid in das Kinderbett*]

Helen: Ich bin Mama.

Vanessa: Nein, ich bin Mama.

Helen: Du kannst in ein paar Minuten Mama sein. Du kannst auch an einem anderen Tag Mama sein, ja Vanessa? ... Vanessa? [*Vanessa fährt fort, sauber zu machen, ohne aufzuschauen. Dann verlassen beide Mädchen das Haus. Nach ein paar Minuten kommt Lisa (4,5) herein, zusammen mit Helen. Dann klopft Emmaline (4;11) an die Tür und Helen öffnet ihr*]

Helen: Willst du erst hereinkommen, bevor ich die Tür zu mache? [*Emmaline schaut nach etwas anderem im Klassenraum*]

Emmaline: Ich habe diese Süßigkeiten. [*sie hat eine Tüte voller Süßigkeiten aus dem Kaufladen der Klasse*]

Helen: Ich bin Mama. Seid alle leise! Du kannst Tee machen. [*zu Emmaline*] Wie viele Tassen?

Emmaline: Eine für dich, eine für sie und eine für mich. [*zeigt nacheinander auf Helen, Lisa und sich selbst*]

Helen: Und du machst besser noch eine für die andere. [*meint sie Vanessa?*] Oh! Es kann sein, dass sie jetzt nicht kommen kann, oder?

Emmaline: [*zu Helen*] Nimmst du Zucker oder Tee?

Helen: Teebeutel.

Emmaline: Das ist ein Teewärmer, oder? [*hebt ein Stück Stoff auf, das sie vorher als Staubtuch und davor als Tuch zum Abwischen des Puppenpos benutzt hat*] Wo ist die Spüle? [*nimmt den Kessel aus dem Schrank*] Wisst ihr, wo die Spüle ist?

Helen: Komm her und gib uns den Kessel. Ich gieße Wasser hinein. [*Helen tut so, als ob über dem Tisch ein Hahn in der Wand ist und tut so, als ob sie den Kessel füllt. Emmaline nimmt die Töpfe vom Herd und stellt sie in den Schrank. Helen stellt den Kessel auf den Herd*]

Helen: Hast du den Tee gemacht?

Emmaline: Noch nicht. Ich hänge gerade die Teebeutel hinein. [*tut so, als ob sie etwas in jede der drei Tassen hängt; Anne-Marie (4;10) und Vanessa klopfen an die Tür. Emmaline öffnet*]

Emmaline: Könnt ihr zwei bitte zum Laden gehen und für mich zwei Kekse holen? [*Anne-Marie und Vanessa gehen in den Klassen-Kaufladen und kommen mit zwei Keksen zurück. Emmaline nimmt die Tüte mit den Süßigkeiten, die sie*

vorher geholt hat und gibt sie herum, nun als ›Kekse‹. Sie nimmt die beiden anderen Kekse von Anne-Marie]
Emmaline: Danke. Hier bitte, ihr könnt diese essen. [*Ben (4;9) kommt herein*]
Emmaline: Gibt's noch eine Tasse? Schau mal, ob wir noch eine Tasse haben.

Bird hebt die Eigenaktivität der Kinder hervor, die eine Situation *entwerfen, weiterentwickeln*, die Situation als auch sich selbst *kontrollieren* und sich ggf. *korrigieren*. Sie ergänzt, dass Kindern diese Freiheiten in der Schule zu selten zugestanden werden (ebd., 7).

Deutlich wird an dieser Szene, dass Kinder im vorschulischen Bereich in ganz natürlicher Weise Zahlen verwenden und Objekte zählen. Aus unserer Sicht ist des Weiteren bemerkenswert, welche Abstraktionen diese Vorschulkinder vornehmen: Ein Stück Stoff kann ein Staubtuch sein, im nächsten Moment schon ein Teewärmer etc., aber auch die einzelnen Personen nehmen unterschiedliche Rollen ein. Bestimmte Objekte symbolisieren in einer Situation Kekse, in einer anderen Süßigkeiten, genauso wie Plättchen im Mathematikunterricht genutzt werden, um bspw. eine Anzahl von Kindern, eine Menge von Äpfeln zu symbolisieren, manchmal aber auch lediglich als Plättchen fungieren (vgl. zum ›amphibischen Charakter‹ der Materialien Wittmann 1994 und Kap. 3.2.4).

Spielerisches Lernen ist eine wichtige Zugangsweise für Kinder im vorschulischen und außerschulischen Bereich. Wheeler (1970, 215 ff.) stellt fest, dass Kinder im (häufig unbeobachteten) Spiel Situationen herausarbeiten, die mathematisch relevant sind: So kommt die Geometrie zutage bei Springspielen, wenn Gummibänder in bestimmte (komplizierte) Lagen gebracht werden, oder die Arithmetik in Form von Abzählreimen, z. T. eben auch ohne Verwendung von Zahlwörtern. Er fragt zu Recht, warum die Kinder vollständig in das Spiel vertieft sind – eine wünschenswerte Situation für den Mathematikunterricht (!) – und kommt zu dem Schluss, dass das Wesentliche dieser schöpferischen Aktivität die freie Wahl der Regeln ist: Obwohl viele Kinderspiele auf der ganzen Welt die gleichen sind, überraschen die vielfältigen und spontanen Variationen. Sind Kinder sich selbst überlassen, kreieren sie neue Regeln (ebd., 216; vgl. auch die obige Szene).

Um diese *natürliche* Zugangsweise auch für den Mathematikunterricht zu nutzen, wurden zahlreiche Spiele erfunden, die aber nicht ausschließlich positiv zu sehen sind: »Nicht jedes Lernen soll zum Spiel und erst recht nicht jedes Spiel zum Lernen werden« (Floer 1985, 28; s. u. ›Pseudospiele‹). Wir wollen hier keine Grundsatzdiskussion führen über die vermeintlichen Gegensätze bzw. das umstrittene Begriffspaar Spielen/Lernen (vgl. z. B. ebd.) und konzentrieren uns vielmehr auf die Probleme der heutigen Unterrichtspraxis.

Für den Unterricht konzipierte Lernspiele sind überwiegend durch bestimmte Regeln festgelegt, und die oben beschriebenen Freiheitsgrade beim Spiel sind nicht mehr gegeben: »Kinder werden die volle schöpferische Energie nur dann (in die Mathematikstunde) mitbringen, wenn sie auch Regeln aufstellen können. Dies ist nicht unproblematisch! Regeln der Kinder sind nicht unbedingt die erwarteten Regeln der Lehrerin! Wichtig ist aber, dass die Kinder immer wieder neue Herausforderungen suchen durch die wechselnde Natur der geltenden Regeln!« (Wheeler 1970, 217).

Beobachten Sie Kinder einerseits im Rahmen von Praktika, andererseits in außerschulischen (freien) Situationen beim Spiel. Überprüfen Sie (bei den weiter unten vorgestellten Spielen oder anderen), ob Kinder selbst Variationen der gegebenen Spiele vornehmen und wenn ja, welche!

Bevor wir uns mit konkreten Spielen befassen wollen, finden Sie einige Thesen zum Einsatz von Lernspielen im Mathematikunterricht (aus Homann 1991, 4 ff.)

These 1: Lernspiele erhöhen die Bereitschaft zur Beschäftigung mit Inhalten des Mathematikunterrichts.

Entscheidend ist, dass es sich um eine Tätigkeit ohne äußeren Zwang handelt. Die Hoffnung besteht, dass eine erwartete Freude am Spiel das Lernen von Spielregeln begünstigt. Voraussetzung ist allerdings, dass die Kinder vorher nicht durch den Missbrauch der Bezeichnung ›Spiel‹ getäuscht wurden (und dann schnell ›Verdacht schöpfen‹), bspw. durch Pseudospiele oder die Tatsache, dass schon allein das Handeln mit Material als Spiel deklariert wird.

These 2: Lernspiele begünstigen soziales Lernen.

Wichtige Aspekte sind hierbei das Aufeinanderhören, Aufeinanderwarten und Voneinanderlernen sowie die Bereitschaft, gegebene Regeln zu beachten. Bedenken sollte man, dass hierzu nicht alle Spielformen gleich gut geeignet sind.

These 3: Lernspiele regen zum Entwickeln eigener Strategien an.

Dies wird insbesondere im Rahmen von Denk- und Strategiespielen realisiert (s. u.).

These 4: Lernspiele ermöglichen die Entfaltung kreativer Fähigkeiten.

Angemerkt sei hier, dass sich kreative Fähigkeiten eigentlich nur in prüffreien (zensurenfreien) Situationen ungehindert entfalten können.[64]

These 5: Lernspiele erleichtern das Sammeln umfangreicher Handlungserfahrungen, die für mathematische Begriffsbildung genutzt werden können.

Dies wird realisiert bspw. durch den Umgang mit Spielplänen, häufig gestaltet in Form von Diagrammen.

These 6: Lernspiele können Schüler zum Beginn eigener Untersuchungen anregen.

Dies geschieht z. B. beim Aufstellen und Überprüfen mathematischer Hypothesen bei Strategiespielen (s. u.).

---

64 Auch stellt sich die Frage nach dem Kreativitätsbegriff als solchem (vgl. Kap. 2.3.1).

These 7:   In Form von Lernspielen erzielen Übungen größere Aufmerksamkeit und sind damit effektiver.

Erhofft wird, dass durch eine höhere Motivierung intensiver geübt werden kann und dass in vergleichbarer Zeit mehr Schüler aktiv beteiligt sind.

Verschiedenste Erfahrungsberichte bestätigen bspw. eine erhöhte Bereitschaft, sich im Spiel mit Problemaufgaben zu beschäftigen und nicht vorzeitig aufzugeben (vgl. z. B. Floer 1985; Schipper/Depenbrock 1997). Wesentlich erscheint uns hierbei, dass fast alle der genannten Thesen auch bei anderen Formen der Übung zutreffen können und nicht zwingend nur durch Spiele realisierbar sind. So treffen sie bspw. ausnahmslos für die in Kap. 2.1.2 genannten *substanziellen Aufgabenformate bzw. -systeme* zu.

Wir werden nun exemplarisch auf zwei Formen des Spiels ausführlicher eingehen, da diese eine besondere Bedeutung haben: Die erste, weil sie insbesondere zur Förderung *allgemeiner* Lernziele beiträgt (vgl. auch Kap. 2.3.1); die zweite, da sie – ausufernd eingesetzt – eher negativ zu bewerten ist.

• *Denk- und Strategiespiele*

In Abgrenzung zu den sogenannten *stochastischen Spielen*, bei denen weitgehend der Zufall den Spielausgang bestimmt (vgl. z. B. ›Räuber und Goldschatz‹ zu Beginn dieses Kapitels), sind bei sogenannten *Denk-* oder *Strategiespielen* die einzelnen Züge nicht durch Zufallsmechanismen dominiert, vielmehr bestimmen die Spieler selbst jeden Spielzug, ggf. strategisch (vgl. Müller/Wittmann 1984, 230). Denk-/Strategiespiele sollen kognitive Strategien entwickeln und fördern: »Die Entwicklung kreativer Problemlösungsansätze in Verbindung mit kombinatorisch-logischem Denken hat in allen Wissensbereichen und Berufsfeldern grundlegende Bedeutung für überlegtes, zielgerichtetes Handeln. Die Einführung in diese Denkweise muss schon im Kindesalter erfolgen, indem an die Neugier, die kreative Fantasie und die natürliche Neigung von Kindern zum Spielen angeknüpft wird« (Müller/Wittmann 1997, 1; vgl. auch Müller/Wittmann 1998c).

Das Angebot an Denkspielen ist groß und seit jeher und in verschiedenen Kulturen verbreitet (vgl. z. B. Van Delft/Botermans 1977). Für den Unterricht geht es darum, das kreative Potenzial der Kinder zu entfalten. Denkspiele sind aber nicht nur für Unterricht und nicht nur für Kinder geeignet: Gute Denkspiele stellen auch für Erwachsene eine Herausforderung dar (vgl. Müller/Wittmann 1997, 1). Denk- und Strategiespiele gehören zur ›reinen‹ Mathematik, d. h., sie besitzen keine direkten ›Anwendungen‹. Die Grundidee des strategischen Verhaltens ist dennoch im täglichen Leben von Bedeutung und auch Grundschulkindern aus außerschulischen Spielen i. d. R. bekannt (Müller/Wittmann 1984, 232).

Kriterien für die Auswahl von Denkspielen und Aspekte für die Durchführung im Grundschulunterricht (mit verschiedenen Varianten) könnten bspw. die Folgenden sein

(in Anlehnung an Müller/Wittmann 1997, 1; ebd. 1984, 230 ff.; auch Winter 1974, 422):
- Es sollte ein möglichst breites Spektrum unterschiedlicher Denkanforderungen abgedeckt werden (z. B. Legespiele oder Spiele zum Gedächtnistraining).
- Ein Spiel sollte vielfältige Handlungsmöglichkeiten eröffnen, um *allen* Kindern auf unterschiedlichen Klassenstufen einen Zugang zu ermöglichen.
- Spiele müssen nicht unbedingt Wettbewerbscharakter tragen. Auch bei strategischen Zwei-Personen-Spielen gibt es solche, bei denen jeder Spieler ›Patt‹ erzielen kann.
- Die einzelnen Spielzüge sollten leicht verständlich und an konkretem Material oder Zeichnungen durchzuführen sein (materialbezogene Spiele, die ›Denkhandlungen‹ ermöglichen). Spielzüge können dadurch leicht verfolgt (z. T. auch protokolliert und dargestellt), überdacht, korrigiert und besprochen werden.
- Durch Beobachtung während des Spielverlaufs sollten Vermutungen für strategisch kluges Spielen entwickelt, Vermutungen getestet und dabei bestätigt oder modifiziert bzw. erweitert werden.
- Die Lehrerin sollte verbal-begriffliche Beschreibungen und Begründungen nicht aufdrängen, allerdings die Kinder zu solchen Beschreibungen und Begründungen anregen und diese zur Diskussion stellen.
- Nicht zuletzt lässt sich ein derartiges Spiel häufig fortsetzen und die Analogie zu mathematischen Beweisen realisieren.

Beispiel: ›NIM-Spiel‹ (Müller/Wittmann 1984, 230; Scherer 1996d/2005a)

Die folgende Variante ist auf den Zahlenraum bis 10 beschränkt und wird nach folgenden Regeln[65] gespielt:

(1) Jeweils zwei Kinder spielen mit roten bzw. blauen Plättchen auf einem Spielfeld mit 10 linear angeordneten (ggf. durchnummerierten) Feldern (Abb. 2/9).

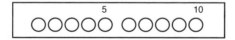

Abb. 2/9: 10er-Reihe als Spielplan für das NIM-Spiel

(2) Abwechselnd legen die Spieler ein oder zwei Plättchen fortlaufend auf die Felder, beginnend bei Feld 1.

(3) Gewonnen hat derjenige Spieler, der Feld 10 belegen kann.

Im Gegensatz zur klassischen Variante (vgl. Gnirk et al. 1977, 55 f.) werden hier Plättchen *gelegt* und nicht *weggenommen*. Dies hat den Vorteil, dass der gesamte Spielver-

---

65 Sie sollten generell Beschreibungen bzw. Regeln zu Spielen genau lesen und versuchen, sie umzusetzen. Sie werden häufig feststellen, dass solche Spielanleitungen nicht ganz eindeutig sind und auch für die Kinder zu Missverständnissen führen können. Ggf. muss ein Spiel vorgemacht und erklärt werden.

lauf für die Kinder visuell verfügbar bleibt und sie auch nach einem Spiel noch einmal ihre Spielzüge kontrollieren können. Darüber hinaus kann man komplette Spielverläufe für die Erarbeitung der Gewinnstrategie nutzen (zeichnerisch protokollieren!) oder allgemein daraufhin untersuchen, ob ›klug‹ gespielt wurde (vgl. Scherer 2005a, 137 ff.).

- Um besser einzuschätzen, welchen Sinn ein Spiel hat und wie mögliche Spielverläufe aussehen können, empfiehlt es sich, zunächst einmal *selbst* zu spielen (Erkennen Sie eine Gewinnstrategie?). In diesem Sinne sei – wie bei allen mathematischen Aktivitäten – an Ihre Initiative appelliert, bevor Sie sich den unten stehenden Aufgaben für den unterrichtlichen Einsatz zuwenden.
- Überlegen Sie, wie Sie im Unterricht oder in einer Einzel-/Zweiersituation mit einem Kind/Kindern das Spiel einführen würden.
- Wie reagieren Sie, wenn ein Kind auch nach längerem Spiel keinen Fortschritt auf dem Weg zur Lösung macht? Welche Tipps könnten Sie ggf. geben, ohne die gesamte Problemlösung vorwegzunehmen?

Im Sinne der oben genannten möglichen Fortsetzbarkeit solcher substanzieller Spiele stellen wir Ihnen einige Variationen vor, die Sie untersuchen und für die Sie eine Gewinnstrategie formulieren sollen.

- Welche Erkenntnisse aus der Ausgangsfragestellung bzgl. der Gewinnstrategie/ Gewinnpositionen können Sie übertragen? Welche Veränderungen ergeben sich?
- Verlängerung des Spielplans und damit verbunden eine Erweiterung des Zahlenraums (z. B. Spielplan von 1 bis 20 oder 1 bis 100).
- Veränderung der Spielregel (2): Es müssen jeweils ein, zwei oder drei ... (allg. *k*) Plättchen gelegt werden.
- Veränderung der Spielregel (3): Wer das letzte Feld belegt, hat *verloren*.
- Spiel auf dem Tausenderbuch. Alle Felder sind mit Plättchen/Steinen belegt. Sie dürfen jeweils 1 bis 27 Steine *wegnehmen*.

- *Pseudospiele*
Bei den weitverbreiteten sogenannten Lernspielen handelt es sich häufig um Aktivitäten, die eigentlich kein Spiel sind, wohl aber den Kindern als solches suggeriert werden. So gibt es eine Reihe von Beispielen, in denen das ›Spiel‹ vorrangig als Verpackung dient und ausschließlich zu Motivationszwecken gewählt wurde, um die Kinder mehr oder weniger zu ›überlisten‹ (vgl.

Abb. 2/10: Rechentier (aus Milbrandt 1997, 34)

auch Kap. 3.3.2.2 ›Spaß und spielerisches Lernen‹). In manchen Veröffentlichungen ist man sich dieser eigenen Bankrotterklärung[66] offensichtlich nicht einmal bewusst, sondern preist gerade diese Überlistungstaktik als das Entscheidende an: »Sind die Übungen interessant und abwechslungsreich ›verpackt‹, werden sie stets gern angenommen« und weiter: »Das stellt ›Spaß und Freude‹ in den Vordergrund. Unbewusst rechnen sie eine Vielfalt von Aufgaben. Sie stehen ihnen durch das Interesse am Material und der Freude am erfolgreichen Spiel aufgeschlossen gegenüber« (Milbrandt 1997, 34; vgl. Abb. 2/10). Die oben genannten Merkmale und Vorteile des freien Spiels werden hierbei nicht erfüllt (vgl. Geissler 1998).

Zum Abschluss wollen wir noch einige Literaturhinweise geben, ohne die dort aufgeführten Beispiele zu bewerten. Eine allgemeine Sammlung, u. a. auch Spiele zur Geometrie, findet sich in Bobrowski/Forthaus (1998) sowie Homann (Hg., 1991). Beispiele zu Denk- und Strategiespielen, u. a. geometrischer Natur finden Sie in Bobrowski/Forthaus (1998); Götze/Spiegel 2006; Gnirk et al. (1970); Müller/Wittmann (1997/1998c); Scherer (1996d/2005a); Schipper/Depenbrock (1997); Spiegel/Spiegel 2003; Wheeler (1970, 218 ff.).

2.2 Didaktische Prinzipien

Didaktische Prinzipien beschreiben – wie der Name bereits andeutet – durchgängige Leitvorstellungen des Lernens und Lehrens. Sie spielen eine zentrale Rolle bei der Auswahl der zu thematisierenden Inhalte sowie für die Organisation und Durchführung des Unterrichts in allen Phasen (vgl. Müller/Wittmann 1984, 156). Sie versuchen, die in lernpsychologischen und erkenntnistheoretischen Theorien gewonnenen Erkenntnisse für das (Mathematik-)Lernen im Unterricht fruchtbar zu machen. Unterschiedliche Hintergrundtheorien können naturgemäß zu unterschiedlichen didaktischen Prinzipien führen. Aber selbst mit einem konsistenten Hintergrundverständnis sind didaktische Prinzipien nicht immer zwingend widerspruchsfrei. Vielmehr ist davon auszugehen, »dass ein didaktisches Prinzip niemals dogmatische Bedeutung erreichen darf und kann. Im Unterrichtsablauf kommt es immer wieder zu Situationen, in denen sich verschiedene Prinzipien entgegenstehen, obwohl jedes Prinzip, für sich betrachtet, ›richtig‹ ist. Es ist dann der Urteilsfähigkeit des Lehrers überlassen, welchem Prinzip er in der jeweiligen Situation den Vorrang geben muss« (Oehl 1965, 42)[67].

In der fachdidaktischen Literatur wurden an verschiedenen Stellen didaktische Prinzipien zusammengetragen (u. a. in Müller/Wittmann 1984, Wittmann 1981). Für den vor-

---

66   Wir betrachten es als eine solche, da es nicht nur didaktische Gegenargumente gibt, sondern auch ein breites Angebot an Alternativen, die – ohne Abstriche am Grad der Motivation – eine durchaus höhere mathematische Relevanz und Substanz aufweisen.

67   Vgl. etwa Fußnote 133 in Kap. 3.2.7 zum Prinzip der Variation der Darstellungsmittel.

liegenden Rahmen wollen wir eine aktuelle Übersicht heranziehen (vgl. Abb. 2/11), die natürlich ebenso wie andere eine spezifische Sicht und Auswahl darstellt, die neben ihrer Aktualität aber noch einen weiteren Vorteil anbietet: und zwar eine zu Analysezwecken hilfreiche Strukturierung, die zwischen sozialen, psychologischen und epistemologischen Prinzipien unterscheidet und damit die Bezüge zu relevanten theoretischen Konzepten deutlich werden lässt. In Anlehnung an die grafische Aufbereitung bei Wittmann (1998a, 150) wollen wir zunächst die Struktur des Diagramms erläutern (vgl. ebd., 151), um dann im nächsten Schritt die einzelnen Prinzipien näher zu beleuchten:

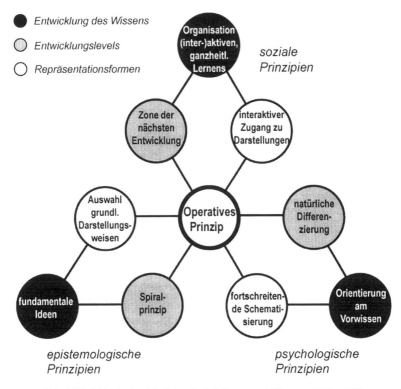

Abb. 2/11: Didaktische Prinzipien (in Anlehnung an Wittmann 1998a, 150)

Die Ecken des Dreiecks (weiß dargestellt) bilden das altbekannte ›Didaktische Dreieck‹, bestehend aus *Sache* (Stoff), *Schüler* und *Lehrer*. Damit sind die *epistemologische* Ecke (Entwicklung von Wissen und Erkenntnis) und die *psychologische* Ecke (die individuelle Disposition des Lernenden) des Dreiecks bestimmt, und ebenso die *soziale* Ecke einschließlich des organisatorischen Auftrags jeder Lehrerin, zwischen Sache und Schüler zu vermitteln, indem Lernumgebungen organisiert werden, die die Lernenden zu substanziellen Aktivitäten und zum diesbezüglichen sozialen Austausch miteinander anregen. Das *operative Prinzip*, abgeleitet aus der Epistemologie und Psychologie Jean Piagets (1972), ist das erkenntnistheoretisch zentrale Prinzip; und da es sowohl einen epistemologischen wie auch einen psychologischen und unterrichtsorganisatorischen Aspekt hat, steht es integrierend im Zentrum des Dreiecks.

Die dunkelgrau dargestellten Felder – *Spiralprinzip, Zone der nächsten Entwicklung* und das *Prinzip der natürlichen Differenzierung* – beziehen sich auf die potenziell unterschiedlichen Levels, auf denen die Entwicklung des Wissens stattfinden bzw. stehen kann. Die hellgrau dargestellten Felder – wohlüberlegte *Auswahl von Arbeitsmitteln*, das *Prinzip der fortschreitenden Schematisierung* und das *Prinzip des interaktiven Zugangs zu Darstellungsweisen* – betreffen die Repräsentation des Wissens.

Wir wollen im Folgenden einen kurzen Einblick in die einzelnen didaktischen Prinzipien geben, ohne hier allzu sehr in Details gehen zu können (vgl. dazu die entsprechenden Literaturverweise).

Fundamentale Ideen: Eine Grundaufgabe des mathematischen (Anfangs-)Unterrichts ist es, eine Passung herzustellen zwischen dem *Entwicklungsstand der Kinder* und den *Strukturen des Faches* (vgl. Kap. 4.3). Dabei kann und soll die mathematische Theorie, die ›fertige Mathematik‹, den Kindern nicht *direkt* übermittelt oder ›beigebracht‹ werden; dies ist nicht nur ein ›modisches‹ Postulat, sondern kann als gesicherte Erkenntnis der fachdidaktischen wie auch lernpsychologischen Forschung gelten (vgl. zusammenfassend Krauthausen 1998c, 17 ff.). Andererseits soll die (konventionelle) Mathematik als solche aber auch nicht ignoriert, ›kindertümelnd‹ simplifiziert werden (s. u. Bruner 1970) oder hinter ›pädagogischen Oberflächen‹ verschwinden (z. B. im Kontext von z. T. dubiosen Realisierungen von Etiketten wie Freiarbeit, Projekte o. Ä.).

Vielfach kann in der Unterrichtspraxis der Hang beobachtet werden, möglichst viel Stoff (z. B. einen kompletten Jahrgangsband des eingeführten Schulbuches) in der verfügbaren Zeit eines Schuljahres zu ›schaffen‹. Dabei kann die Lehrerin evtl. ein schlechtes Gewissen bekommen, wenn sie gegen Ende des Schuljahres merkt, dass ›die Zeit knapp wird‹. Mögliche Folge: Sie versucht, das Tempo zu erhöhen. Einer (vermeintlichen) Vollständigkeit nachzujagen, steht immer in der Gefahr, die mathematische Theorie, also die fertige Mathematik, zu stark in den Vordergrund zu stellen und die dadurch Lernwege und Voraussetzungen der Kinder sowie ihre individuelle Mathematik in den Hintergrund zu drängen.

Da andererseits aber auch nicht unbeschränkt Zeit zur Verfügung steht, stellt sich, wenn man das Motto *Weniger ist mehr* ernsthaft realisieren will, sofort die Frage, was als unverzichtbares Gerüst des Mathematikunterricht gelten kann und daher besonders gründlich erarbeitet werden sollte, und was demgegenüber eher Randerscheinungen sind, auf deren Anhäufung man am ehesten verzichten könnte. Weniger relevant als Bestandteile eines solchen zentralen Grundgerüstes sind gewiss Aktivitäten von eher *lokaler* Bedeutung, also solche, die zwar interessant sein mögen, mehr oder weniger punktuell an vereinzelten Stellen des Unterrichts inhaltlich ›passen‹ würden, im weiteren Unterricht oder für das Ideengebäude der Mathematik aber kaum mehr aufgegriffen werden. Hingegen wären jene Dinge stärker zu berücksichtigen, die sich durch die *gesamte* Mathematik und damit auch durch den Mathematikunterricht *aller* Schulstufen und -formen hindurchziehen. Solche Konzepte, an denen sich der Unterricht also vorrangig orientieren sollte, nennt man die ›fundamentalen Ideen‹ des Faches.

»Das entscheidende Unterrichtsprinzip in jedem Fach oder jeder Fächergruppe ist die Vermittlung der Struktur, der ›fundamental ideas‹, der jeweils zugrunde liegenden Wissenschaften und die entsprechende Wiederholung der *Einstellung* des Forschers durch den Lernenden, dessen Bemühungen, wie bescheiden sie auch sein mögen, sich *nicht der Art*, sondern nur dem Niveau nach von der in einer bestimmten Wissenschaft geforderten *Forschungshaltung* unterscheiden« (Loch, in Bruner 1970, 14; Hervorh. GKr/PS). Die von uns vorgenommenen Hervorhebungen in diesem Zitat sollen deutlich machen, dass der Mathematikunterricht nicht nur auf die Vermittlung von Inhalten begrenzt werden darf, sondern ganz wesentlich auch Fragen von Einstellungen und Haltungen gegenüber dem Fach beinhaltet – eine Tatsache, die nicht nur für die Mathematik-lernenden Kinder relevant ist, sondern ganz wesentlich (aus eben diesen Gründen) auch für ihre angehenden Lehrerinnen, als solches aber nicht selten unterschätzt wird.

Bruner selbst legitimiert die o. g. Forderung aus dem Vorwort seines Buches u. a. wie folgt:»Spezifische Sachverhalte oder Fertigkeiten zu lehren, ohne ihre Stellung im Kontext der umfassenden, fundamentalen Struktur des entsprechenden Wissensgebietes klar zu machen, ist in mehrfacher Hinsicht unwirtschaftlich. Erstens macht ein solcher Unterricht es dem Schüler sehr schwer, vom Gelernten auf das später Erfahrene hin zu verallgemeinern. Zweitens bietet ein Lernen, das nicht zur Erfassung allgemeiner Prinzipien geführt hat, wenig geistige Anregung. [...] Drittens, Kenntnisse, die man erworben hat, ohne dass eine Struktur sie genügend verbindet, sind Wissen, das man wahrscheinlich bald wieder vergisst« (Bruner 1970, 42 f.; vgl. auch Schweiger 1992a).

Eine Orientierung der Unterrichtsgestaltung an fundamentalen Ideen des Faches ist weder auf höhere Jahrgangsstufen begrenzt noch auf ein bestimmtes intellektuelles Niveau und demnach auch für Kinder relevant, die Schwierigkeiten beim Mathematiklernen haben:»Jedes Kind kann auf jeder Entwicklungsstufe jeder Lehrgegenstand in einer intellektuell ehrlichen Form erfolgreich gelehrt werden. [...] Ein Kind bestimmten Alters in einem Lehrgegenstand zu unterrichten bedeutet, die Struktur dieses Gegenstandes in der Art und Weise darzustellen, wie das Kind Dinge betrachtet« (Bruner 1970, 44; s. u. ›Spiralprinzip‹), und ein »guter Unterricht, der das Gewicht auf die Struktur eines Faches legt, ist wahrscheinlich für den weniger begabten Schüler noch wertvoller als für den Begabten, denn jener wird leichter als dieser durch schlechten Unterricht aus der Bahn geworfen« (ebd., 23; vgl. auch Scherer 1999a).

136

Gleichwohl bleibt weiter zu konkretisieren, welche Ideen es denn nun sind, die sich durch die *gesamte* Mathematik und damit auch durch den Mathematikunterricht *aller* Schulstufen hindurchziehen (sollen). Den Versuch einer *expliziten* Ausarbeitung bietet der Vorschlag von Wittmann/Müller 2004c, 7 f.) als Bestandteil der Konzeption ihres Unterrichtswerks ›Das Zahlenbuch‹. Möglicherweise würden andere Autoren für teilweise andere Schwerpunkte plädieren. Wir wollen aber den genannten Vorschlag hier im Folgenden zugrunde legen (vgl. Kap. 1.2), da er uns

a) plausibel erscheint,

b) die einzige uns bekannte *umfassend ausgearbeitete* Konkretisierung darstellt,

c) bis auf jene Ebene wirksam wurde, die die Unterrichtsgestaltung ganz besonders beeinflusst (Schulbuch) und

d) als solches mittlerweile umfassend praxiserprobt wurde.

Informieren Sie sich über die einzelnen inhaltlichen Grundideen in Wittmann/Müller 2004c, 8) und versuchen Sie, für die einzelnen Ideen *exemplarisch* Erscheinungsformen in der Grundschule, der Sekundarstufe und der Mathematik als Fachwissenschaft (›mathematische Endform‹) zu konkretisieren.

Eine Grundschullehrerin kann ihren Unterricht nur dann wohlüberlegt und gezielt an solchen fundamentalen Ideen ausrichten, wenn sie gelernt hat, über den Zaun ihres eigentlichen Arbeitsgebietes der Grundschule hinauszuschauen (vgl. Kap. 3.1.7). Denn sie muss wissen, wohin die Ideen einmal führen sollen, um sie entsprechend sinnvoll grundzulegen (s. u. Spiralprinzip). »Wenn ein Begriff auf den unterschiedlichen Stufen sich nicht prinzipiell unterscheidet, sondern nur in der Art der Beschreibung, so sind die späteren Stufen rechtzeitig zu antizipieren und frühere Stufen aufzugreifen, weil sie ja den späteren Begriff auf einer niederen Stufe zum Inhalt haben« (Borovcnik 1996, 107).

Orientierung am Vorwissen: Kinder kommen nicht als *tabula rasa* in die Schule; sie sind zwar Schulanfänger, aber mit Sicherheit keine ›Lernanfänger‹. Der Unterricht kann im Grunde nur dann erfolgreich sein, wenn er sich ernsthaft und *prinzipiell* darum bemüht, in allen Phasen am Vorwissen der Kinder anzusetzen, sie dort abzuholen, wo sie stehen[68]. Damit ist gemeint, dass eine bewusste und sorgfältige Erhebung der jeweiligen Lernausgangslagen erfolgen sollte (Vorkenntnisse zu einem Inhalt, *bevor* er unterrichtlich thematisiert wird; vgl. Kap. 3.1.1). Dies jedoch ist nicht im Sinne von ›Inszenierungsmustern‹ zu verstehen, die man im Unterricht beobachten kann und die Bauersfeld und Voigt wie folgt beschreiben: »nach einem Einstieg, der den Schülern Gelegenheit gibt, ihre subjektiven Vorstellungen zu äußern, wird fragend-entwickelnd ein Bestandteil schulischen Wissens interaktiv hervorgebracht. Die Entwicklung des schulischen

---

68 Diese weithin bekannte ›Floskel‹ sollte der Vollständigkeit halber stets ergänzt werden durch: »... um sie dann auch dorthin zu begleiten, wo sie noch nie waren«. Dies darum, um einer Begrenzung der Lernprozesse durch Verabsolutierung der Schülerinteressen vorzubeugen.

Wissens ausgehend von Schülervorstellungen erscheint dabei aber inszeniert, da der Lehrer erwartungsgemäße Schülervorstellungen aufgreift. Oft werden dabei Schüleräußerungen, die von der Erwartung des Lehrers abweichen, ›überhört‹, übergangen oder mithilfe von Plausibilitätsappellen abgelehnt. Wenn nicht rasch genug ›verwertbare‹ Beiträge kommen, formuliert er Fragen um, gibt suggestive Hinweise oder nimmt mehrdeutige Schülerbeiträge gemäß seiner Erwartung auf. Zum Teil spielen die Schüler mit Antworten, was an ein Versuch-Irrtum-Verfahren denken lässt, mit dem die Antworterwartung des Lehrers erkundet wird, oder sie geben taktisch vage Antworten« (Bauersfeld/Voigt 1986, 18 f.; vgl. auch Voigt 1984).

Vorkenntniserhebungen sollen demgegenüber dazu dienen, die informellen, noch vorläufigen, möglicherweise auch fehlerhaften Zugänge und Fähigkeiten der Kinder nicht nur zu konstatieren, sondern sie *ernsthaft zum Ausgangspunkt* für das (Weiter-)Lernen zu machen. Unterricht soll behutsam zwischen den Methoden der Kinder und der konventionellen Mathematik vermitteln (vgl. Kap. 4.4), d. h. zwar auf Letzteres hinführen, aber nicht vorschnell die konventionelle ›Endform‹ des Lerngegenstandes ›stringent‹ vermitteln. Fachliche Konzepte lassen sich nicht einfach ›mitteilen‹ (vgl. Kap. 2.1). Und auch bei aller Berechtigung fachdidaktischer Erkenntnisse und Postulate darf nicht vergessen werden, dass die Kinder *Subjekte ihres Lernens* sind und bleiben sollten und nicht *Objekte von Belehrung* durch eine »mathematikdidaktische Bürokratie« (Voigt 1996, 440). »Die Zugänge der Schüler zur Mathematik sind so gründlich zugerichtet worden, dass die Kinder statt Mathematik oft Mathematikdidaktik lernen, weil sie lernen müssen, die Inszenierung des Mathematiklernens eines fiktiven Schülers mitzuspielen« (ebd.).

Organisation aktiv-entdeckenden und sozialen Lernens in ganzheitlichen Themenbereichen: Auf die Begriffe des aktiv-entdeckenden, des sozialen und des ganzheitlich ausgerichteten Lernens sind wir bereits im Kap. 2.1.1 näher eingegangen. Von daher können wir uns hier darauf beschränken, diese fundamental wichtige Aufgabe der Lehrerin noch einmal in das Bewusstsein zu rufen und ihre Bedeutung für ein erfolgreiches Mathematiklernen zu unterstreichen. In engem Zusammenhang hiermit steht das ›dynamische Prinzip‹ (vgl. Dienes 1970, 44). »Der Lehrer sollte sich darüber im Klaren sein, dass seine Instruktion wirkungslos bleibt, wenn sie nicht durch eine *aktive* Konstruktion seitens des Schülers ergänzt wird. *Daher müssen Aktivitäten organisiert werden, die den Schüler in eine intensive Auseinandersetzung direkt mit dem Gegenstand bringen*« (Wittmann 1981, 77; Hervorh. GKr/PS). Dies entspricht einer genetischen[69] Sicht und Organisation des Mathematiklernens, bei der Einsichten und Erkenntnisse durch aktive (Re-)Konstruktion der Lernenden erworben werden können (vgl. Selter

---

69 Vgl. das Themenheft ›Zum genetischen Unterricht‹ der Zeitschrift ›mathematik lehren‹, Heft 83/August 1997 sowie Wittmann 1981, 130 ff.

1997a/b). Ein genetisch angelegter Unterricht vermittelt also zwischen der Struktur des Gegenstandes (Mathematik) und der kognitiven Struktur der Lernenden, was im Diagramm ja auch zum Ausdruck kommt.

Soviel zu den im Diagramm weiß dargestellten Prinzipien auf den Eckpositionen. Betrachten wir nun jene dunkelgrau hervorgehobenen Prinzipien, die sich auf potenzielle Entwicklungslevels beziehen.

Spiralprinzip: Dieses Prinzip (es müsste streng genommen ›Schraubenprinzip‹ heißen) geht zurück auf Bruner (1970), der vom Anfangsunterricht fordert, dass das Fach »mit unbedingter intellektueller Redlichkeit gelehrt werden« (ebd. 26) solle und mit Nachdruck das intuitive Erfassen und den Gebrauch der fundamentalen Ideen (s. o.) zu berücksichtigen habe.[70] Diese Forderung erteilt jener Praxis eine Absage, die versucht, fachliche Inhalte in (scheinbar!) kindgerechter, in Wirklichkeit aber kindertümelnder Weise zu präsentieren. Die eigentliche Sache wird dabei oft unzulässig verkürzt, auch verfälscht, was wiederum bedeuten kann, dass in späteren Phasen des Mathematiklernens früher Gelerntes zurückgenommen und sachlich korrigiert werden muss. ›Intellektuell redlich‹ würde hingegen bedeuten, dass man zu einem späteren Zeitpunkt nichts zurückzunehmen hätte, was man zu einem früheren Zeitpunkt gelernt oder gelehrt hat. Dies ist deshalb von Bedeutung, weil es ansonsten zu Brüchen im Lernprozess kommen kann oder, bildlich gesprochen, die Bruner'sche Spirale (vgl. Abb. 2/12) ansonsten einen ›Sprung‹ hätte. Exemplarische Situationen sind etwa: der Gebrauch des Gleichheitszeichens (nicht nur als ›ergibt‹, sondern auch als ›gleicher Wert auf beiden Seiten‹)[71], die Bedeutung des Minuszeichens als Vorzeichen oder Operationszeichen (vgl. Steinbring 1994b), die Problematik der Dezimalzahlen (»Das Komma trennt Einheiten.«; vgl. Kap. 1.3.5.4) oder die Frage, was es mit der Division durch Null auf sich hat (»Geht nicht/ist nicht definiert/ist gleich unendlich«; vgl. Spiegel 1995; Gnirk 1999).

Abb. 2/12: Bruner'sche Spirale

Die fundamentalen Ideen sollen also bereits im Anfangsunterricht kindgerecht, aber intellektuell redlich

---

70 Bruner nennt seine Hypothese (1970, 44), dass jedes Kind auf jeder Entwicklungsstufe jeder Lerngegenstand in einer intellektuell ehrlichen Form erfolgreich gelehrt werden könne, zwar eine kühne Hypothese, sieht sie aber durch kein Indiz widerlegt, jedoch durch viele gestützt.

71 »Im traditionellen Rechenunterricht wurde das Gleichheitszeichen durchgehend im Sinne von ›ergibt‹ aufgefasst. Diese funktionale Sicht ist durchaus natürlich und sollte nicht pauschal verworfen werden. Allerdings verhindert eine reine Aufgabe-Ergebnis-Deutung die algebraische Durchdringung des Rechnens, die auf jeden Fall erstrebenswert erscheint. Es sollte daher in der Primarstufe behutsam auch schon die Gleichheitsdeutung aufgebaut werden« (Winter 1982, 185).

grundgelegt werden und dann auf den weiteren Stufen des Lernprozesses, also in späteren Jahrgangsstufen erneut aufgegriffen und dabei angereichert werden[72]. Die damit mögliche Kontinuität und Entwicklungsfähigkeit in der Auseinandersetzung der Lernenden mit den Lerngegenständen symbolisiert die Abb. 2/12: Die durch senkrechte Linien angedeuteten fundamentalen Ideen werden an verschiedenen Stellen immer wieder aufgegriffen, und zwar a) auf einem *höheren Niveau* (die Schraube windet sich nach oben) und b) in *strukturell angereicherter* Form (die Windungen werden breiter, sie umfassen und integrieren zunehmend mehr Konzepte, Ideen, Fertigkeiten, Fähigkeiten, Erkenntnisse u. Ä.; s. o. das Beispiel im Abschnitt ›fundamentale Ideen‹).»Mit dem Fortschreiten auf der ›Spirale‹ werden anfangs intuitive, ganzheitliche, undifferenzierte Vorstellungen zunehmend von formaleren, deutlicher strukturierten, analytisch durchdrungenen Kenntnissen überlagert« (Müller/Wittmann 1984, 159).

Zone der nächsten Entwicklung: Dieses Prinzip geht zurück auf den russischen Psychologen Vygotsky.»Jedes beliebige Entwicklungniveau ist durch *zwei Entwicklungszonen* gekennzeichnet – eine Zone der aktuellen Leistung und eine Zone der nächsten Entwicklung. Während die erste durch all das bestimmt wird, was ein Heranwachsender zu einem bestimmten Zeitpunkt selbstständig bewältigen kann, umfasst die zweite Zone jene Leistungen, die aufgrund der bisherigen Entwicklung und Aneignung möglich geworden sind, aber noch nicht selbstständig realisiert werden können« (Lompscher 1997, 47). Dieses potenzielle höhere Entwicklungsniveau wird dann z. B. beim angeleiteten Problemlösen mit Erwachsenen oder in Kooperation mit weiter entwickelten Gleichaltrigen realisiert.

In der Zone der nächsten Entwicklung treffen die durchaus reichhaltigen, wenn auch noch wenig durchorganisierten, informellen Konzepte des Kindes auf die systematischeren, konventionalisierten Argumente von Personen (z. B. der Lehrerin), die sich bereits in einer der kommenden Phasen befinden (vgl. Steele 1999). Zu den Aufgaben der Lehrerin gehört es daher, wachsam zu sein für Bedingungen und Gelegenheiten, um Lernenden Fortschritte zu ermöglichen, und das bedeutet ausdrücklich auch, sie zu ermuntern, sich einmal ›auf unbekanntes Terrain‹ vorzuwagen. Und von daher besagt das didaktische Prinzip, die Kinder nicht nur auf ihrer momentanen Entwicklungsstufe zu fördern oder zu fordern. Wie wir gesehen haben (und sehen werden; vgl. Kap. 3.1.1), bringen Kinder ja bereits ein vielfältiges, wenn auch noch nicht unbedingt konventionelles oder adäquat systematisiertes Vorwissen zu unterschiedlichen Inhaltsbereichen mit, bevor diese im Unterricht ›offiziell‹ thematisiert werden. Und auf eben dieser Basis können solche ›Grenzüberschreitungen‹ stattfinden. Hilfreich hierfür sind ganzheitliche Zugänge, damit die unterschiedlichen bereits vorhandenen Fähigkeiten konstruktiv eingebracht werden können (vgl. Scherer 1995a). Niveaustufen vorab festzulegen und In-

---

72 Vgl. auch das Stabilitätsprinzip bei Wittmann (1981, 79).

halte, z. B. Zahlenräume, strikt zu begrenzen, ist hingegen eher kontraproduktiv. Kinder brauchen nicht vor größeren Zahlenräumen oder noch nicht behandelten Themen ›beschützt‹ zu werden! Es gehört zu ihren natürlichen Verhaltensweisen, sich sowohl in unbekannte Gebiete hineinzuwagen, wie auch den ›geordneten Rückzug‹ anzutreten, wenn sie feststellen, dass sie sich überfordern würden oder noch nicht über hinlängliche Kenntnisse oder Werkzeuge verfügen.

Bezogen auf das Beispiel der Zahlenräume bedeutet dies, sich bewusst zu machen, dass die Stufung bzw. Zuordnung 20er-Raum/1. Klasse, 100er-Raum/2. Klasse, 1000er-Raum/3. Klasse, Millionraum/4. Klasse nicht zuletzt auch eine didaktische Konstruktion darstellt, die sich nicht dahingehend verselbständigen darf, dass die Kinder um jeden Preis im 1. Schuljahr auf den 20er-Raum zu verpflichten und gegen den 100er-Raum abzuschotten wären. Bewusste Grenzüberschreitungen sind nicht nur nicht schädlich, sondern sogar zu empfehlen. Kinder tun dies häufig von sich aus im Rahmen *offener Aufgabenstellungen*, wie bspw. der Erstklässler (!) Niklas (vgl. Abb. 2/13) im Rahmen einer Praktikumsstunde:

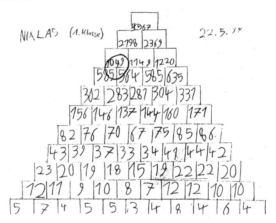

Abb. 2/13: Niklas Zahlenmauern

Spielerisch ging er an das gerade kennengelernte Aufgabenformat der Zahlenmauer heran und bewegte sich dabei (vgl. untere Steinreihe) durchaus in einem aus dem Unterricht geläufigen Zahlenraum – noch nicht ahnend, wohin dies führen würde. Wie man sieht, unterzog er sich freiwillig (!) der Mühe, 55 Plusaufgaben zu berechnen, die ihn bis nahe an die Zielzahl 5000 führten. Dass ihm dabei lediglich vier (Flüchtigkeits-) Fehler unterliefen, soll hier nur am Rande interessieren, ebenso wie die Frage nach dem Grad der Bereitschaft, mit der ein Kind diese Vielzahl an Aufgaben wohl in Gestalt ›grauer Päckchen‹ (Wittmann 1990) absolviert hätte. Wichtiger erscheint uns im vorliegenden Zusammenhang der Gewinn, den Niklas hier für sein Selbstwertgefühl erzielen konnte, und v. a., dass seine Lehrerin ihn nicht auf Lehrplanvorgaben begrenzt hat. Das bedeutet keineswegs, dass sie Niklas nun ständig mit derartigen Anforderungen konfrontieren würde, und erst recht nicht, dass sie die Ansprüche auch für andere Kinder der Klasse so hoch schrauben würde. Gewähren lassen, echtes Interesse zeigen und beobachten, auch Stolpern akzeptieren und zulassen – das sind die Gebote in solchen Situationen, und kein hektisches Abbrechen nach dem Motto ›Das lernen wir erst später!‹, ›Das kannst du noch nicht!‹ (was Niklas ja schließlich sachlich widerlegt hat) oder noch unglücklicher: ›Das können *wir* noch nicht!‹

Ähnliches wie für die Zahlen*räume* gilt für die Zahl*bereiche*: Auch die natürlichen Zahlen sollten nicht künstlich gegen die rationalen Zahlen, die positiven Zahlen nicht gegen die negativen Zahlen usw. abgeschottet werden (vgl. Scherer/Selter 1996 u. Kap. 1.1.1). Wie man sieht (vgl. Scherer 1997a; Scherer 2007), können Zweitklässler das Aufgabenformat ›Unlösbare Zahlenmauern‹ durch Grenzüberschreitungen in eine lösbare Aufgabenstellung überführen, auch wenn noch lange kein systematischer Einstieg in die Bruchrechnung stattgefunden hat (vgl. Abb. 2/14). Und selbst, dass dies »sehr schwierig« gewesen ist, konnte sie nicht abhalten.

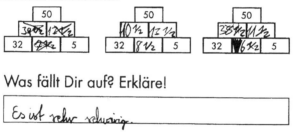

Abb. 2/14: ›Unlösbare‹ Zahlenmauer im 2. Schuljahr

Prozesse wie die beschriebenen »entwicklungsgerecht und entwicklungsförderlich zu gestalten, setzt voraus, dass die Lehrenden die jeweilige Zone der aktuellen Leistung bei ihren Schülern differenziert diagnostizieren und vor allem die daraus möglich werdenden Potenzen weitergehender Anforderungsbewältigung möglichst genau erkennen. Dadurch können einerseits den Lernvoraussetzungen angemessene erweiterte Lernangebote gemacht und neue Bereiche erschlossen werden und andererseits Anforderungen so variiert und Anleitungen so gestaltet werden, dass sie sich zunehmend selbst überflüssig machen, d. h. Selbstständigkeit erzeugen. Natürlich ist das kein linearer Zusammenhang und Automatismus« (Lompscher 1997, 47).

Natürliche Differenzierung: Hier verweisen wir auf das Kap. 3.1.6, in dem die Notwendigkeit und Probleme der Differenzierung, aber auch Möglichkeiten einer sogenannten natürlichen Differenzierung dargestellt werden.

142

Nun haben wir uns mit den im Diagramm dunkelgrau dargestellten Prinzipien beschäftigt und können im Folgenden zu jenen übergehen, die sich auf die Repräsentationsweisen beziehen (hellgraue Felder).

Überlegte Auswahl von Arbeitsmitteln: Diesem Prinzip werden wir uns ausführlicher in Kap. 3.2, insbesondere 3.2.7 widmen. Dort finden sich Überlegungen zu Funktionen und Einsatzformen von Arbeitsmitteln, Begründungen für die grundsätzliche Notwendigkeit, aus dem umfassenden Angebot der Arbeits- und Anschauungsmittel eine Auswahl zu treffen (Quantität bedeutet nicht auch schon Qualität), und auch Hilfen, um eine solche Auswahl didaktisch begründet vorzunehmen.

Interaktiver Zugang zu Darstellungsweisen: Damit ist gemeint, dass es für Kinder nicht möglich ist, konkrete und visuelle Darstellungsformen in direkter Weise zu verstehen, d. h. die intendierte Information daraus abzulesen (vgl. Kap. 3.2). Arbeitsmittel sprechen nicht für sich, sondern bedürfen zunächst der gemeinsamen, interaktiven Exploration (vgl. Wittmann 1998a, 151 bzw. Schipper 1982, Lorenz 1992a). Für detailliertere Ausführungen verweisen wir erneut auf das Kap. 3.2 und für den engen Bezug zum sozialen Lernen auf das Kap. 2.3.2.

Fortschreitende Schematisierung: Dieses Prinzip geht zurück auf den holländischen Mathematikdidaktiker Treffers, der in seinem Aufsatz von 1983 das Vorgehen am Beispiel der schriftlichen Multiplikation und Division beschreibt (vgl. auch Treffers 1987/1991).[73] Er spricht von horizontaler und vertikaler Mathematisierung: *Horizontale Mathematisierung* bezieht sich auf die Beschreibung eines Sachproblems in einer mathematischen Ausdrucksweise, um es mit mathematischen Mitteln lösen zu können. Es geht also um den Prozess der Modellierung (vgl. Kap. 1.3.1), der Übersetzung von Umweltsituationen in die Sprache mathematischer Symbole. *Vertikale Mathematisierung* bezieht sich auf das Niveau der eigenen mathematischen Aktivität, die von vorläufigen, informellen Ansätzen ausgehend zu konventionalisierten Verfahren oder Techniken führt. Vertikale Mathematisierung zielt auf den Ausbau von Wissen und Fertigkeiten innerhalb der Fachstrukturen und -systematik. Der Prozess der ›fortschreitenden Mathematisierung‹ (so müsste das hier behandelte didaktische Prinzip eigentlich umfassender heißen), der es den Lernenden erlaubt, Mathematik zu (re-)konstruieren, beinhaltet beides – die horizontale und die vertikale Komponente (vgl. Gravemeijer/Doorman 1999). Und dieses Verständnis meinen wir auch, wenn wir im Folgenden den Terminus der ›fortschreitenden Schematisierung‹ benutzen, der in der deutschsprachigen Literatur üblicher ist.

---

73 Wenn dieses Prinzip in der Literatur auch gerne am Beispiel des Übergangs vom halbschriftlichen zum schriftlichen Rechnen illustriert wird, so darf das nicht darüber hinwegtäuschen, dass sein Anwendungsbereich ein sehr viel allgemeinerer ist.

Ein Beispiel: Ein traditioneller Zugang zur schriftlichen Multiplikation würde eher dem Prinzip der ›fortschreitenden Komplizierung‹ folgen. Dieser ist charakterisiert durch kleine und kleinste Schritte, vom Einfachen zum Schweren. Das könnte folgende Stufung bedeuten: dreistellige Zahlen mal einstellige, vierstellige Zahlen mal einstellige, dreistellige Zahlen mal zweistellige, vierstellige Zahlen mal zweistellige usw. – wohlgemerkt: zunächst noch konsequent ohne den Fall notwendiger Überträge. Diese kommen erst in einem nächsten Schritt hinzu: zunächst nur ein Übertrag, dann auch mehrere in einer Aufgabe. Und zum Schluss enthalten die Aufgaben auch eine oder mehrere Nullen, die für besonders problematisch erachtet werden. Auf diese Weise kommt es zu einer von der Lehrerin recht eng geführten sukzessiven Annäherung an den Algorithmus, also das lehrplankonforme vorgeschriebene schriftliche Verfahren für *alle* Fälle. Erst dann, in einem letzten Schritt und meist zum Üben dieses Verfahrens, erfolgt die Anwendung auf Sachsituationen (eingekleidete Aufgaben, Textaufgaben; vgl. Kap. 1.3.3.2 u. 1.3.3.3).

Einem aktiv-entdeckenden, ganzheitlich orientierten Grundparadigma des Mathematiklernens entspricht jedoch eher das Prinzip der fortschreitenden Schematisierung; es ist durch folgende Merkmale gekennzeichnet:

- *Einstieg über Sachkontexte und Sachsituationen*: Bereits der Einstieg erfolgt über eine Sachsituation, denn Kontextaufgaben helfen den Kindern, die Rechenanforderung und die jeweils eingeschlagenen Rechenhandlungen mit Bedeutung zu füllen (Treffers 1983, 20).[74]

> Analysieren Sie die Kinderlösungen aus Treffers (1983, S. 16): Untersuchen Sie die einzelnen Strategien im Hinblick auf die Kompetenzen, die die Kinder hierbei jeweils einbringen.

Im weiteren Fortgang des Schematisierungsprozesses treten die Kontextbezüge immer mehr in den Hintergrund, und schließlich sind die Kinder in der Lage, entsprechende Aufgaben auch rein formal und gemäß der konventionellen Notationsweise zu lösen.

- *Sogleich komplexe Anforderungen:* Im Gegensatz zum schrittweisen Ausbau der Einzelschwierigkeiten sind die Einstiegsaufgaben so gewählt, dass sie sofort die ganze Komplexität beinhalten. Überträge werden also nicht künstlich zurückgehalten. Der denkbare Einwand, dass dies (v. a. für lernschwache Kinder) eine Überforderung bedeuten müsse, beruht zum einen auf einer Verwechslung von Komplexität und

---

74 So hat bspw. Selter (1994, 125 ff.) dokumentiert, dass und wie Kinder die sogenannte Bonbonaufgabe (In einer Tüte sind 24 Bonbons. Drei Kinder teilen sich diese Bonbons.) kontextbezogen lösen können, obwohl die gleiche Anforderung auf dem formalem Niveau von Zahlensätzen noch nicht in ihrer Reichweite lag. Vgl. auch Kap. 3.1.1 sowie Hengartner (1999, Hg.).

Kompliziertheit (dies ist aber nicht dasselbe) und ist zum anderen vielleicht eher ein Mentalitätsproblem von Erwachsenen. Es scheint ja so natürlich zu sein: Das ›Schwierigere‹ kommt erst dann an die Reihe, wenn das ›Einfachere‹ recht gut beherrscht wird (vgl. Treffers 1983, 17), und abgesehen davon ist es die Lehrerin, die entscheidet, was einfach und was schwierig ist.

Dabei ist es so, dass gerade Kinder mit Lernschwierigkeiten zunächst einmal einen Überblick über den ganzen Zusammenhang benötigen, um sich dann darin orientieren und auch Einzelaspekten widmen zu können. Wie Donaldson (1991, 117) plausibel erläutert hat, darf man nicht das prinzipielle Verstehen eines Systems (vermittelt durch ein ersten Überblick über das Ganze) verwechseln mit dem Beherrschen aller innerhalb dieses Systems gegebenen Detailbeziehungen und Teilfertigkeiten. Zu Letzterem ist zweifellos eine geraume Zeit notwendig, Donaldson stellt aber die Frage, ob es aber nicht dann besser gelänge, wenn davor einmal ein Überblick stünde, eine Information über das, was letztlich zu erwarten ist. Das Zerlegen in kleine und kleinste Schritte, »didaktisches Vereinfachen, Elementarisieren und Zurichten«, wie Hengartner (1992, 15) es nennt, zerstört den Sinn und verführt zu unverstandenem Rezeptlernen (vgl. auch Scherer 1995a).

- *Vom Singulären zum Regulären:* Die Kinder sollen im Rahmen der komplexeren Kontextsituationen Gelegenheit erhalten, zunächst *ihre spontanen* Lösungswege und Darstellungsweisen zu entwickeln und miteinander zu vergleichen. Ausgangspunkt für weiteres unterrichtliches Handeln sind also die informellen Methoden der Kinder. Der Weg führt dabei von diesen informellen, noch vorläufigen und vielleicht (gemessen an ökonomischeren) auch etwas ›umständlichen‹ Methoden (dem Singulären) langsam zum Regulären, den konventionellen Gepflogenheiten der Mathematik bzw. des Mathematikunterrichts (Gallin/Ruf 1990). Im wechselseitigen Austausch über die eigenen Methoden – hier eröffnet das Prinzip der fortschreitenden Schematisierung auch besondere Chancen für soziales Lernen! (vgl. Kap. 2.3.2) – lernen die Kinder, auch die Lösungswege anderer zu verstehen, Strategien zu verändern und ggf. auch zu übernehmen. Wichtig ist, dass dieser Übergang vom Singulären zum Regulären insofern keine Wertfrage ist, dass nun das Singuläre ein für allemal ›überwunden‹ wäre. Abstraktionen und Verallgemeinerungen sowie die Übernahme von Konventionen profitieren davon, wenn ihr Erwerb von singulären Konzepten der Lernenden ausgeht; aber ebenso sollte auch die informelle Ebene jederzeit zu reaktivieren sein.

- *Fortschreitende Schematisierung:* Der Weg zum Regulären ist also ein Prozess zunehmender Verallgemeinerung, Verkürzung, Optimierung und Annäherung an Konventionen. Und es ist ein durchaus natürliches Bedürfnis auch von Kindern, in ihren Rechenwegen und Notationen zunehmend ökonomischere (›schematischere‹) Verfahren anzustreben. Bei der wechselseitigen Erläuterung der Vorgehensweisen erfahren die Kinder, wie andere an die Aufgaben herangegangen sind. Von diesen Erfahrungen können sie lernen, indem sie eigene und andere Wege vergleichen und im Verlauf dessen auch z. B. ökonomischere Notationen (verständnisgebunden) übernehmen. Die Kinder (auch solche mit Lernschwierigkeiten; vgl. Baroody 1987) nutzen auf diese Weise Möglichkeiten, um ihre Rechenstrategien zu verkürzen. Und so gelangt man, ggf. unter Mithilfe der Lehrerin[75], letztendlich zu den vom Lehrplan vorgeschriebenen Strategien und Notationsformen.

Ein Ernstnehmen und längeres Verweilen bei den informellen Methoden der Kinder lässt natürlich den Einwand erwarten, dass dies doch viel mehr Zeit koste als das traditionelle Vorgehen. In der Tat wird man an dieser Stelle dann länger verweilen – dies aber aus guten Gründen. Die zeitlichen ›Vorsprünge‹, die man sich anderenfalls (vermeintlich) erarbeitet, sollten dann aber auch kritisch beleuchtet werden. Denn erstens kann es mit den erhofften Effekten so weit nicht her sein, wenn die Verfahren (bleiben wir einmal beim Beispiel der schriftlichen Algorithmen) in der unteren Sekundarstufe offenbar häufig wieder vergessen, jedenfalls nur unzureichend beherrscht werden, wie Sekundarstufenlehrer nicht selten berichten (die Grundschule erfährt dies dann nur meistens nicht mehr). Und zum anderen hat Treffers (1983) selbst eine Vergleichsrechnung aufgestellt, wonach ein Vorgehen nach dem Prinzip der fortschreitenden Schematisierung keineswegs schlechter abschneidet (ebd., 18).

Kommen wir nun zum Zentrum des Schemas in Abb. 2/11, jenem didaktischen Prinzip, das sowohl einen epistemologischen wie auch einen psychologischen und unterrichtsorganisatorischen Aspekt hat.

Operatives Prinzip: Dieses Unterrichtsprinzip geht zurück auf Piagets Theorie der Operation (Piaget 1969), wonach sich das Denken aus dem Wahrnehmen und Handeln des Kleinkindes entwickelt bzw. in seiner weiteren Ausarbeitung auf Aebli (1966/1968/ 1976/1985). Eine zentrale Rolle spielen hier Handlungen an konkreten Objekten (was nicht zuletzt den Einsatz von Arbeitsmitteln und Materialien im Mathematikunterricht begründet; vgl. Kap. 3.2), »und man kann mit einer gewissen Vereinfachung sagen, dass das operative Prinzip einen Unterricht leitet, der das Denken im Rahmen des Handelns weckt, es als ein System von Operationen aufbaut und es schließlich wieder in den Dienst des praktischen Handelns stellt« (Aebli 1985, 4). Wichtig an dieser Formulierung ist die Tatsache, dass es sich nicht um einzelne Operationen, sondern um ein

---

75 Gerade im Beispielfall der schriftlichen Rechenverfahren wird es ohne sie kaum zu den lehrplangemäßen Endformen kommen, da es sich hierbei um *Konventionen* handelt, die man als solche nicht unbedingt entdecken kann oder die naturgemäß entstehen müssten. Sie müssen ggf. mitgeteilt werden – als eine weitere Möglichkeit neben jenen, die von den Kindern entwickelt wurden. Die Notwendigkeit zur Konventionalisierung ist eine Sache, die man ebenfalls mit den Kindern behandeln kann, so dass nicht das Gefühl aufkommen muss, die eigenen Wege wären nur ein ›didaktisches Vorspiel‹, bevor die Lehrerin dann preisgäbe, wie es ›richtig‹ geht (vgl. Kap. 4.4; auch Scherer/Steinbring 2004b).

System von Operationen handelt. Der Unterricht muss also auf die Konstruktion von Operationen und ihren ›Gruppierungen‹ abzielen. Unabdingbar hierfür ist eine Verinnerlichung der Handlungen (vgl. Aebli 1976), d. h., sie müssen auch allein vorstellungsmäßig verfügbar werden. Die Organisation der Operationen in Gruppierungen gewährleistet die erwünschte Beweglichkeit des Denkens.

Gruppierungen sind gekennzeichnet durch bestimmte Eigenschaften, denen die Handlungsausführungen bzw. verinnerlichten Vorstellungsbilder dieser Handlungen genügen müssen, und die wir hier am Beispiel der Aufgabe 6+8 erläutern: Die *Reversibilität* ermöglicht es, eine Handlung auch wieder rückgängig zu machen: Die Addition von 8 zur Ausgangszahl 6 ist umkehrbar durch Subtraktion von 8 und führt auf die Ausgangszahl zurück: 6+8=14 <=> 14–8=6. Die *Kompositionsfähigkeit* als weiteres Merkmal besagt, dass eine Handlung aus mehreren Teilhandlungen zusammengesetzt werden kann: Die Addition der 8 kann z. B. in zwei Schritten vorgenommen werden: 6+4+4 <=> 6+8. Die *Assoziativität* besagt, dass es möglich ist, auf verschiedene Weisen Teilhandlungen zusammenzuführen, um zum gleichen Ergebnis zu kommen: 6+8=6+(4+4)=(6+4)+4 oder 6+8=(7–1)+(7+1)=7+7 oder 6+8=(5+1)+(5+3)=(5+5)+(1+3)=10+4 (vgl. Kap. 1.1.6). Die *Identität* bezieht sich auf eine Handlung, die am Ausgangszustand des Objektes nichts verändert: 7+0=7 (die Null ist im Rahmen der Addition ›neutrales Element‹). Und schließlich die *Tautologie*, die dann vorliegt, wenn sich die mehrfache Hintereinanderausführung einer Operation nicht von ihrer einmaligen Ausführung unterscheidet: Bei der Addition einer Zahl besteht eine Wirkung auf die Ausgangszahl darin, dass sie größer wird; das ist so bei einmaliger Addition und bleibt so auch bei mehrfach ausgeführter Addition.

Vor dem Hintergrund der genannten theoretischen Überlegungen zur Entwicklung des Denkens zeigt sich manchmal ein Missverständnis: Konkretes Handeln als solches ist noch nicht hinreichend für das angestrebte Verstehen, denn es können auch unverstandene Handlungen sein. »Das Eigentliche einer Operation ist nicht die Art ihres – innerlichen oder äußerlichen – Vollzugs, sondern ihre logische Struktur, das *System der Beziehungen*, das sich in der Operation ausdrückt« (Aebli 1976, 142; Hervorh. GKr/PS). Am Beispiel einer einfachen arithmetischen Operation macht Aebli dies wie folgt deutlich: »Es berührt den Kern des Überschreitens eines Zehners (7+5=12) nicht, ob ich die Handlung wirklich ausführe oder sie mir nur denke. Entscheidend ist die Struktur dieser Operation, die Idee des Auffüllens des Zehners und der Zerlegung des zweiten Summanden in einen Teil, der den Zehner ergänzt, und in einen anderen Teil, der ihn überschreitet, sowie die jeweils ins Spiel tretenden Zahlenverhältnisse« (ebd.). Entscheidend ist also die *Idee* des Lösungsweges, die *Strategie* für ein *grundsätzliches* Vorgehen bei allen Aufgaben dieser Kategorie; und das ist etwas anderes und mehr als eine rezepthaft durchgeführte Handlung an konkretem Material (vgl. die unterschiedlichen ›Ideen‹ zur

Zehnerüberschreitung in Kap. 1.1.6.1 und ihr Bezug zu o. g. Eigenschaften einer Gruppierung).

Im Kap. 3.2 werden wir u. a. vor der Gefahr einer nur mechanischen Handhabung von Arbeitsmitteln warnen. Derart ›sinn-lose‹ Aktivitäten stellen nämlich eher einen Aktionismus dar, der dem eigentlichen Ziel, der zu erwerbenden Einsicht, nicht förderlich ist.[76]

»Manipuliert der Schüler nun sinnlos, versteht er nicht, was er tut, durchschaut er die *Struktur* der Handlung nicht, so nützt es ihm auch nichts, sich die Manipulationen, die er vollzogen hat, vorzustellen. Diese Tatsache zeigt vielleicht am allerdeutlichsten, dass die sinnvolle, verstandene Ausführung einer Operation nicht etwa dadurch charakterisiert ist, dass ihr ein Vorstellungsprozess parallel läuft. Es ist möglich, unverstandene Manipulationen auch innerlich zu vollziehen. Ein Schüler, der nicht begriffen hat, was bei der Überschreitung eines Zehners vor sich geht, [...] kann nicht nur lernen, alle diese Manipulationen auswendig auszuführen, er kann auch lernen, sich ihre Abfolge vorzustellen: deswegen braucht er dem Verständnis keinen Schritt näherzukommen. Entscheidend ist also bei der effektiven wie bei der innerlichen Ausführung einer Operation das Bewusstsein der im Spiele stehenden *Beziehungen*, die *Einsicht in die Struktur des geistigen Aktes*, die Synthese der Elemente zur Totalität der Operationsgestalt« (Aebli 1976, 142 f.; Hervorh. GKr/PS).

Blicken wir etwas näher auf die unterrichtlichen Konsequenzen des Prinzips: Wittmann (1985) hat in einem vielzitierten Aufsatz, dessen Titel gleichsam den Kern des Prinzips stichwortartig beschreibt (›Objekte – Operationen – Wirkungen‹), u. a. Beispiele[77] operativer Vorgehensweisen aus Alltag und Schule beschrieben und darauf bezogen das operative Prinzip der Mathematikdidaktik wie folgt formuliert:

»*Objekte* erfassen bedeutet, zu erforschen, wie sie *konstruiert* sind und wie sie sich *verhalten*, wenn auf sie *Operationen* (Transformationen, Handlungen, ...) ausgeübt werden. Daher muss man im Lern- oder Erkenntnisprozess in systematischer Weise

(1) untersuchen, welche *Operationen* ausführbar und wie sie miteinander verknüpft sind,

(2) herausfinden, welche *Eigenschaften* und *Beziehungen* den Objekten durch Konstruktion *aufgeprägt* werden,

---

76 Auch manches ›Tätigsein‹ im Rahmen sogenannter Rechenspiele müsste kritischer daraufhin untersucht werden, ob es zu Recht die Zuschreibung eines Aktivseins i. S. enaktiven Tuns erfüllt (vgl. 2.1.3).

77 Sie verkörpern damit einen der o. g. Aspekte der Piaget'schen Theorie: »Das erkennende Subjekt wirkt durch seine Handlungen auf Gegenstände ein und beobachtet die Wirkungen seiner Handlungen [...]. Bekannte Wirkungen werden antizipierend zur Erreichung bestimmter Ziele eingesetzt [...]. Wissen ist keine vorgefertigte Sache, sondern wird vom erkennenden Subjekt in Wechselwirkung mit der Realität konstruiert« (Wittmann 1985, 7).

(3) beobachten, welche *Wirkungen* Operationen auf *Eigenschaften* und *Beziehungen* der Objekte haben (Was geschieht mit ..., wenn ...?)« (Wittmann 1985, 9; Hervorh. i. Orig.)

Betrachten wir ein einfaches Unterrichtsbeispiel, ›Verdoppeln mit dem Spiegel‹ (vgl. Wittmann/Müller 1990, 27 f.): Vorgegeben sind verschiedene Anzahlen in Form von Punktmustern (z. B. mit Wendeplättchen gelegt; s. Abb 2/15). Durch Spiegeln an der eingezeichneten Spiegelachse (bzw. durch entsprechendes Aufstellen/Verschieben eines Handspiegels) lassen sich unterschiedliche Anzahlen bestimmen (Summe von Plättchen *vor* dem Spiegel und *im* Spiegel). Auch lassen sich gezielt Anzahlen herstellen, je nachdem wie der Spiegel, z. B. auch *innerhalb* des Musters, platziert wird.

Abb. 2/15: *Verdoppeln mit dem Spiegel (aus Wittmann/Müller 1990, 28)*

Bezogen auf das operative Prinzip lassen sich folgende Zuordnungen vornehmen:

Objekte	Operationen	Wirkungen
Plättchen *vor* dem Spiegel, *im* Spiegel und *Gesamtanzahl*	Versetzen oder Verschieben des Spiegels	Wie ändert sich die Anzahl der Plättchen?

Ziel dieser Aktivität ist es, dass die Kinder beobachten, welche Wirkungen bestimmte Veränderungen des Spiegels auf die Anzahlen haben, bis hin zu gezielten Fragestellungen wie z. B.: Kann man den Spiegel so stellen, dass (als Gesamtanzahl der Punkte vor und im Spiegel) genau 3, 4, 5, ... Plättchen zu sehen sind? Welches ist die kleinste, welches die größte Anzahl, die man auf diese Weise herstellen kann (Wirkung kennen, Operation suchen)? Gibt es für eine bestimmte Anzahl mehrere (*wesentlich* verschiedene) Möglichkeiten (Invarianz)?

Zentral ist also der Zusammenhang zwischen den möglichen Handlungen (Operationen), die auf gegebene Objekte angewandt werden, und den daraus resultierenden Wirkungen. Dies zeigt auch das folgende Beispiel aus dem 2. Schuljahr, bei dem es um die operative Durcharbeitung des Einmaleins geht, hier durch die vorgegebene Ausgangsaufgabe 8·7:

Objekte	Operationen	Wirkungen
Produkte a·b	Verändern der Faktoren a, b (Vergrößern, Verkleinern, Vertauschen, Zerlegen)	Was geschieht mit dem Wert des Produktes?

Die folgende Abb. 2/16 zeigt links das Beziehungsnetz der Aufgaben, die durch operative Variationen gewonnen werden können. Dieses Aufgabengeflecht ist es, das für die Kinder angestrebt wird und ihnen zunehmende Flexibilität ermöglichen soll. Der rechte Teil der Abbildung zeigt entsprechende Beispiele von Kindern, die zu bestimmten Einmaleinsaufgaben deren ›verwandte Aufgaben‹ gesucht haben:

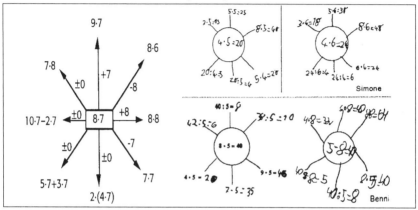

Abb 2/16: Operative Durcharbeitung bei Einmaleinsaufgaben (aus Selter 1994, 172)

Abschließend noch eine Aufgabenanregung für Sie selbst, mit deren Hilfe Sie operative Variationen systematisch untersuchen können[78]:

Operative Übungen an der Stellentafel[79]
- Wie viele verschiedene Zahlen können Sie in einer dreispaltigen Stellentafel (H | Z | E) mit 1, mit 2 und mit 3 Plättchen darstellen? Wie können Sie sicher gehen, keine Zahl vergessen zu haben?
- Stellen Sie eine beliebige Zahl in einer vierspaltigen Stellentafel dar (T | H | Z | E). Verschieben Sie nun 1 beliebiges Plättchen in andere Spalten und beobachten Sie die Wirkung auf die Wertveränderung der Zahl. Was fällt auf?

---

78 Beachten Sie die Verbindungen zu Kap. 3.2.6 (Arbeitsmittel zur Zahldarstellung und als Argumentations- und Beweismittel) und zu Kap. 1.1.5.1.
79 Solche Lege- und Schiebeübungen sind kein Selbstzweck oder lediglich ›Spielerei‹! Ihr Wert zeigt sich später wieder in anderen Zusammenhängen (auch bereits der Grundschulmathematik): Begründungen zur (Nicht-)Lösbarkeit von Aufgaben im Rahmen von Übungen zu schriftlichen Rechenverfahren etwa greifen darauf zurück (vgl. die Übungsform ›Möglichst nahe an ...‹ in Wittmann/Müller 1992, 119 f. bzw. auch in Kap. 2.3.1) oder die Neunerprobe, bei der die Teilungsreste eine Rolle spielen, und damit nicht zuletzt zur Durchdringung und Begründung von Teilbarkeitsregeln, insbesondere Quersummenregeln (vgl. Padberg 1997; Winter 1983/1985c).

150

• Finden Sie alle prinzipiellen Möglichkeiten, 1 Plättchen in einer vierspaltigen Stellentafel zu verschieben! Was bedeuten diese Verschiebungen jeweils arithmetisch (für den Wert der Zahlen)?

2.3 Übergreifende Ziele des Mathematikunterrichts

2.3.1 Allgemeine Lernziele

2.3.1.1 Versuch einer Begriffsklärung

Es ist nicht einfach, den Begriff ›allgemeine Lernziele‹ zu fassen, v. a. wegen des Adjektivs ›allgemein‹ (vgl. Krauthausen 1998d). Wir verwenden daher folgenden *Arbeitsbegriff*: Allgemeine Lernziele zielen auf (auch) fachübergreifende und in gewisser Weise inhaltsunabhängige Kompetenzen, die ihre Legitimation nicht zuletzt aus einer *langfristigen* und *allgemeinen* gesellschaftspolitischen Relevanz erhalten sowie im Hinblick auf das *Individuum* in einer demokratischen Gesellschaft.

Zur Erläuterung: Die potenziell *fachübergreifende* Bedeutung schließt natürlich nicht aus, dass ihre Förderung ggf. in besonderer Weise auch durch bestimmte Fächer erfolgen kann, z. B. das *Mathematisieren* im Mathematikunterricht, die Förderung der *Ausdrucksfähigkeit* im Sprachunterricht – aber eben ausdrücklich nicht nur dort!

Die *Inhaltsunabhängigkeit* meint einerseits, dass sehr unterschiedliche Lerninhalte ein bestimmtes allgemeines Lernziel fördern können, woraus andererseits aber nicht auf eine Beliebigkeit der Inhalte geschlossen werden darf. Denn ein kleinschrittiges, vorrangig produktorientiertes Arbeiten zielt vorrangig auf *inhaltliche* Fertigkeiten oder Fähigkeiten, z. B. die Beherrschung von Grundaufgaben einer Rechenoperation oder die verfahrenstechnische Optimierung eines schriftlichen Rechenverfahrens. In diesem Sinne enge Aufgabenstellungen lassen naturgemäß weniger Raum für *allgemeine* Zielsetzungen als offenere Problemstellungen (vgl. auch Kap. 4.5): So lassen sich, um im Beispiel zu bleiben, die schriftlichen Rechenverfahren auch im Sinne ›strukturierter Übungen‹ bearbeiten (Wittmann/Müller 1992, 33 ff., 116 ff.), die über das rein verfahrenstechnische Üben hinaus weiterreichende und höherwertige Lernprozesse ermöglichen:

| 0 | 1 | 2 | 3 | 4 | 5 | 6 | 7 | 8 | 9 |

Bei der Übungsform ›*Möglichst nahe an*‹ etwa werden aus den zehn Ziffern, repräsentiert durch ein jeweils einmal vorhandenes Ziffernkärtchen, zwei fünfstellige Zahlen gebildet, die man addieren oder subtrahieren kann. Für solche Summen bzw. Differenzen kann man nach ihrem möglichen Maximum bzw. Minimum fragen oder auch die

Annäherung an vorgegebene Ergebniszahlen (vgl. Wittmann/Müller 1992, 119 ff.).
Abb. 2/17 zeigt dies für die Zahl 50 000.

Einige Versuche:				
32 964	32 946	32 946	32 496	32 486
+ 17 085	+ 17 085	+ 17 058	+ 17 508	+ 17 509
50 049	50 031	50 004	50 004	49 995

Abb. 2/17: Möglichst nahe an 50 000 (aus Wittmann/Müller 1992, 120)

Neben dem inhaltlichen Ziel (Übung der schriftlichen Addition) eröffnen sich hier zahlreiche Chancen im Hinblick auf allgemeine Ziele: So können bspw. *kreative* Momente gefragt sein zum Finden einer geschickten und ökonomischen Strategie; diese will erläutert sein (*darstellen*); und v. a. wäre die Vermutung, dass 50 000 nicht genau erzielt werden kann, zu begründen (*argumentieren*), und zwar ihre Allgemeingültigkeit, unabhängig von der endlichen Zahl an durchgerechneten Beispielen. Auch sogenannte ›substanzielle Aufgabenformate‹ im Sinne Wittmanns (1995b; vgl. u. a. auch Kap. 2.1.2 sowie 3.1.3) bieten hier wesentlich mehr Gelegenheit zur (integrativen!) Förderung allgemeiner Lernziele, so dass eine wohlüberlegte Inhaltsauswahl für diesbezüglich geeignete Lernumgebungen vonnöten ist.

Nicht zuletzt soll das Merkmal der Inhaltsunabhängigkeit auch sagen, dass die Förderung allgemeiner Lernziele über geeignete Inhalte hinaus insbesondere auch von der Verwirklichung einer spezifischen Unterrichts*kultur* abhängt, also einem Lernklima, in dem »Raum ist für die subjektiven Sichtweisen der Schüler, für Umwege, produktive Fehler, alternative Deutungen, Ideenaustausch, spielerischer [sic!] Umgang mit Mathematik, Fragen nach Sinn und Bedeutung sowie Raum für eigenverantwortliches Tun« (Heymann 1996, 31).

Die *langfristige* Perspektive grenzt sich ab von einer vorrangigen Fixierung auf *kurzfristige*, auch weitgehend operationalisierbare ›Lernerfolge‹ und eine primäre Produktorientierung des Lernens. Die Relevanz der Ziele bezieht sich sowohl auf die Merkmale und Erfordernisse einer funktionstüchtigen Demokratie als Ganzes, wie auch auf das individuelle Zurechtfinden in einem solchen gesellschaftlichen Kontext (Wittmann 1997a).

2.3.1.2 Welche allgemeinen Lernziele gibt es?

Eine Durchsicht der Literatur macht deutlich, dass es offenbar keine konsensuelle ›Liste‹ gibt, zumindestens keine begrifflich durchgängige Übereinstimmung, gewiss aber vergleichbare Verständnisse. Die Bandbreite der Bezeichnungen entsteht u. a. durch unterschiedliche Konkretheitsgrade, Gültigkeitsbereiche oder auch Herkunft der Autorin-

152

nen und Autoren (vgl. etwa Abele et al. 1970; Kirsch 1976; Schütte 1989, 13; Winter 1975; Müller-Merbach 1996; Müller 1995; Ernst 1996, 165).

Wir werden im Folgenden einige häufig genannte Zielformulierungen, die uns für den Mathematikunterricht besonders relevant erscheinen, auswählen und exemplarisch beleuchten.

Kreativ sein und Problemlösen: Die gleichen (wenn nicht noch größere) Probleme wie bei der Begriffsbestimmung von ›allgemeinen Lernzielen‹ finden sich auch beim Begriffsverständnis dessen, was mit ›Kreativität‹ gemeint sein soll (vgl. Michelsen 1996; Neuhaus 1995; Winter 1989). Sie steht in einer besonderen Gefahr, für alles und nichts herhalten zu müssen. Von Hentig (1998) hat sich in einem sehr lesenswerten Buch mit den ›hohen Erwartungen an einen schwachen Begriff‹ auseinandergesetzt.

Versuchen wir uns trotz seiner Bedenken (ebd., 11) dennoch, dem Begriff zu nähern, ohne damit eine ›Definition‹ zu meinen. Zumindest kann als unbestritten gelten, »dass Kreativität (sehr grob gesagt: die Fähigkeit, brauchbare Einfälle zu produzieren, lat.: creare = hervorbringen, schaffen, erschaffen, zeugen, gebären, wählen) nicht das Privileg einer elitären Minderheit (von Genies) ist, sondern – in unterschiedlichen Ausrichtungen und (beeinflussbaren) Ausmaßen – zur natürlichen Ausstattung eines jeden Menschen gehört [...]. Diese Einschätzung ist einer der wichtigsten Rechtfertigungsgründe für die Forderung nach entdeckendem Lernen« (Winter 1989, 174). Das Postulat des aktiv-entdeckenden Lernens, die Förderung der Kreativität oder generell allgemeiner Lernziele darf also nicht den sogenannten ›besseren‹ Lernern vorbehalten bleiben! Im Gegenteil: Es wäre unverantwortlich, langsamer oder mit spezifischen Schwierigkeiten lernende Kinder von vornherein auf die Reproduktion von Verfahren und Rechenfertigkeiten zu begrenzen, denn Schwächen bei Rechen*fertigkeiten* sind durchaus nicht gleichzusetzen mit Schwächen bei Problemlöse*fähigkeiten* (Scherer 1997a/b).

Das Konstrukt der Kreativität versteht sich nach Neuhaus (1995) als Wechselwirkung zwischen dem kreativen *Produkt*, dem kreativen *Prozess*, der kreativen *Person* und der kreativen *Umwelt* (kreativitätsbeeinflussende Umweltfaktoren). Die Bestimmung von Kreativität kann also nicht, wie auch von Hentig (1998, 21) kritisiert, nur an der Person festgemacht werden, die als ›kreativ‹ bezeichnet wird. Im Hinblick auf den Mathematikunterricht und seinen potenziellen Beitrag zur Förderung allgemeiner Lernziele müssen wir uns natürlich fragen, ob Kreativität (oder wenigstens einige der gerade genannten Kategorien) *überhaupt* ›lernbar‹, gar ›lehrbar‹ oder zumindest gezielt zu unterstützen ist – und dies insbesondere unter den Bedingungen institutionalisierter Lernprozesse. »Kreatives Denken [...] kann man nicht ›veranstalten‹, methodisieren, einüben«, meint von Hentig (1998, 72), »das widerspricht ihrem Wesen; auch Ermutigung muss sie verfehlen; vollends lässt sie sich nicht ›in Dienst‹ nehmen. Mit anderen Worten: Wo immer wir von der Kreativität ein Wunder erwarten, werden wir es nicht bekommen« (ebd.).

Die Skepsis von Hentigs ist durchaus nachvollziehbar: Legt man die prototypische Vierphaseneinteilung für einen kreativen Prozess zugrunde (vgl. Neuhaus 1995, Winter 1989) – 1. Präparation (Vorbereitung), 2. Inkubation (›Ausbrütung‹), 3. Illumination (Erleuchtung), 4. Verifikation (Überprüfung, Einordnung) –, und trägt man der zentralen Rolle des Unbewussten Rechnung, dann fragt man sich insbesondere im Hinblick auf die Phase der Inkubation, ob und wie es im Unterricht überhaupt möglich sein kann, auf plötzliche, nicht erwartbare Resultate unbewusster Geistestätigkeit zu warten (vgl. Winter 1989). Soll das Lernziel Kreativität nicht zum hohlen Schlagwort verkommen, dann müssten praktikable und sinnvolle Rahmenbedingungen gewährleistet werden, denn *dass* Kreativität – zumindest in gewissen Grenzen – gefördert werden kann, scheint in gewissem Sinne unbestritten. Vielleicht führt der Weg dorthin aber weniger über die Konzentration auf das ›Herstellenwollen‹ von Kreativität als vielmehr über die Vermeidung ihrer Hindernisse.[80]

Mit Blick auf den Mathematikunterricht meint Bruder (1999, 118; Hervorh. i. Orig.): »Kreativ sein [...] setzt sich zusammen aus *kreativ sein dürfen, kreativ sein wollen* (intrinsische Motivation) und *kreativ sein können*«. Neben dem nötigen Fachwissen, dem Handwerk, den Fertigkeiten gehören sicherlich folgende Voraussetzungen oder Vorschläge dazu, die »am ehesten für theoretisch rechtfertigbar und praktisch realisierbar, wenn auch keinesfalls für trivial, wie sie möglicherweise klingen« (vgl. Winter 1989, 195; von Hentig 1998, 73):

- Die Erfahrung eines Problems, das nicht ›gegeben‹ wird, sondern das aus Kontexten heraus (selbst) entwickelt wird und dem Problemlöser selbst zu schaffen macht; es muss ihm herausfordernd erscheinen und ihn zum Fragen anreizen, weil noch keine Lösung in Sicht, wohl aber berechtigterweise erwartbar ist.
- Raum, Zeit und Ermunterung zum freien Experimentieren, zum Vermuten, zum Hypothesenbilden, ohne falsche Scheu vor ›Fehlern‹,
- ›Offene‹ Hilfen – weniger inhaltliche (Ergebnisfindungshilfen) als mehr (z. B. strategische) Hilfen zum Selbstfinden,
- angenehmes, akzeptanzgeprägtes Lernklima, Vorbildverhalten und Zurückhaltung in vorschnellen Bewertungen von Beiträgen, Ermutigung durch eine sachliche, nicht pädagogische Anerkennung, Abbau von Scheu vor ungewöhnlichen Ideen und Wegen,
- Bewusstmachung heuristischer Strategien, Metakognition und Metakommunikation über das eigene Denken, Formulieren, Darstellen, Merken, Erinnern, Vergessen, Fehlermachen, Üben, ...
- Widerstand der Realität gegen eine Beliebigkeit der Einfälle (ebd.).

---

80 »Die machtvollsten Verhinderer sind die unbewussten: Sättigung, Gewissheit, die Folgen des Reichtums und der guten pädagogischen Absicht. Wir machen es den jungen Leuten an den falschen Stellen zu einfach (und an anderen zu schwer!)« (von Hentig 1998, 72).

154

Mathematisieren: So bedeutsam auch innermathematische Problemkontexte sind, so wichtig ist doch auch der Anwendungsaspekt von Mathematik (vgl. Kap. 1.3.1, 4.1, die Forderung nach enger Verknüpfung von Anwendungsorientierung *und* Strukturorientierung; MSJK 2003). »Unter einer Anwendung der Mathematik auf eine bestimmte Situation der Wirklichkeit (m. a. W. unter dem *Mathematisieren der Situation*) versteht man die Beschreibung der Situation in einem mathematischen Modell« (Müller/Wittmann 1984, 253; Hervorh. i. Orig.; vgl. Kap. 1.3.1.).

Der Prozess der Mathematisierung kann durchaus auch Umwege, Irrwege, Fallstricke und Rückschläge beinhalten, und all dies sollte auch die unterrichtliche Realisierung bewusst zulassen und verstehbar machen. Die formale, ›fertige‹ Mathematik in ihrer präzisen, hochökonomischen Darstellung mag zwar suggerieren, dass es ihr stets um *Königswege* der Problemlösung gehe, in Wirklichkeit (und historisch betrachtet) ist aber auch das professionelle Betreiben von Mathematik in der Wissenschaft ein komplexer Suchprozess. Alles, was für realistische Anwendungssituationen und für den Prozess der Mathematisierung charakteristisch ist, sollte daher im Unterricht auch erfahrbar werden. Die Haltung, den Kindern ihr Lernen möglichst zu erleichtern und alle Steine aus dem Weg räumen zu wollen, ist daran gemessen geradezu kontraproduktiv!

Darstellen: Mit dem Begriff des *Darstellens* meinen wir sowohl die Fähigkeit zum mündlichen und schriftsprachlichen Ausdruck als auch zum sachgerechten Gebrauch von Notationen wie z. B. Skizzen, Tabellen, Graphen, Diagrammen usw. – also jegliche Art der ›Veräußerung‹ des Denkens. All diese Fähigkeiten können gezielt gelernt und erworben werden, und müssen es auch, denn »beim Darstellen handelt es sich wohl um das in den Schulen bislang am meisten vernachlässigte allgemeine Lernziel« (Selter 1999, 206).

(Mathematik-)Lernen ist immer wieder auf die Fähigkeit angewiesen, eigene Denkprozesse oder Bearbeitungswege angemessen darzustellen. Dies gilt zum einen für die *Lernenden* i. S. einer Befähigung, Teilergebnisse oder -prozesse für *sich selbst* zwischenzuspeichern oder um sich durch eine spezifische Darstellung neue Wege überhaupt erschließen zu können (man denke z. B. daran, wie das *Sortieren* von zuvor zufällig gewonnenen Daten plötzlich zu weiterführenden Ideen führen kann). Zum anderen betrifft es aber auch die Interaktion mit anderen Lernenden, denen die eigenen Gedankengänge mitgeteilt werden sollen (s. u. Kooperation, soziales Lernen): »Die kommunikative Funktion [der Sprache; GKr/PS] dient der Verständigung, die kognitive Funktion dient dem Erkenntnisgewinn« (Schweiger 1996, 44), wobei die Erstere einen Verstärkungseffekt auf die zweite hat.

Die Förderung der *sprachlichen* Ausdrucksfähigkeit ist auch für den Mathematikunterricht ein unbestrittenes Ziel, ist doch die Sprache das übergreifende Kommunikationsmittel und Medium, mittels dessen Unterricht stattfindet (Abele 1991). Besteht der Interaktionsstil vorrangig aus einem engen Wechselspiel von (Lehrer-)Frage und (Schü-

ler-)Antwort, dann wird die Wahrscheinlichkeit spontaner und vielgestaltiger Schüleräußerungen naturgemäß nur recht niedrig sein können (vgl. ebd.).

Auf dem Weg zur wünschenswerten Sprachbeherrschung sollte der (Mathematik-)Un-
terricht allerdings nicht vorschnell allzu formale Maßstäbe anlegen. Jede Lehrerin und
jeder Lehrer kennt die bereitwilligen Versuche von Kindern, der Aufforderung zur Ex-
plikation eigener Vorgehensweisen gerecht zu werden und dabei, sei es vor Engagement
oder aus anderen Gründen, nur schwer deutbare ›Sprechakte‹ zu realisieren. ›Verworren
ausgedrückt‹ muss aber nicht unbedingt ›verworren gedacht‹ sein! Zwar verliert das
Motto »Erst denken, dann reden« nicht seine Berechtigung, aber es lassen sich durchaus
auch Gründe oder Situationen vorstellen, wo ein ›Drauflosreden‹ (aber durchaus mit
begleitendem Denken!) kognitiv förderlich sein kann.[81] Wenn wir als Erwachsene
Denkwege und Äußerungen von Kindern in ihrer Originalität und Kreativität auch nur
schwer auf den ersten Blick erkennen (Selter/Spiegel 1997; Spiegel/Selter 2003), so
sollten wir diese Originalität und Kreativität ausdrücklich als etwas Positives werten
und erst in einem zweiten Schritt *behutsam* versuchen, die informellen Ausdruckswei-
sen der Kinder mit konventionellen Gepflogenheiten der Mathematik zu vereinbaren
(Lampert 1990; vgl. auch Kap. 4.4).

Die Förderung der *schrift*sprachlichen Ausdrucksfähigkeit muss und sollte sich im Mathematikunterricht möglichst nicht auf das Notieren von Aufgabenserien oder Textaufgaben beschränken. Das Schreiben ›mathematischer Texte oder Aufsätze‹ ist in jüngerer
Zeit verstärkt in die Diskussion ›gebracht und erprobt worden, dabei auch für Formen
der Leistungsfeststellung (Stichworte: Rechenkonferenzen, Reisetagebücher, mathematische Aufsätze, Erfinderbuch, Forscherheft u. Ä. (Gallin/Ruf 1993; Hollenstein 1996;
Ruf/Gallin 1996; Schütz 1994; Selter 1996; Sundermann/Selter 2006a; vgl. auch Kap.
4.6).

Auch geht es nicht nur um das sachgerechte und kritische Rezipieren von Darstellungen, sondern auch und v. a. um ihr aktives und zunehmend selbstverantwortliches Benutzen zur Förderung eigener Lernprozesse. »Wir vermuten, dass das eigene Finden
von Darstellungen hilft, auf der Ebene der Bedeutung und des Sinnes zu bleiben. Die
Vorgabe von Mustern hilft den Kindern zwar beim ordentlichen Darstellen, aber die
Gefahr besteht, dass der Sinn und die Bedeutung des Kontextes für das Rechnen ein
Stück weit schwindet« (Hubacher et al. 1999, 68).

Andere Darstellungsformen wie Skizzen, Tabellen, Grafiken usw. sind ebenfalls einerseits eine typische Domäne des Mathematikunterrichts (auch in der Sekundarstufe!),
darüber hinaus aber von genereller Bedeutung – und dies ganz besonders, weil wir in
einem Zeitalter der Daten und Datenverarbeitung leben. Wie leicht sind wir doch alle

---

81 Wir empfehlen die Lektüre des Textes von Heinrich von Kleist (1978): »Über die allmähliche Ver-
    fertigung der Gedanken beim Reden«.

156

manipulierbar durch ›geschickte‹ Darstellungen im Rahmen von Statistiken (vgl. Krämer 1992): Eine kleine Maßstabsveränderung auf der y-Achse in einem Balkendiagramm und Unterschiede in den Säulenhöhen können höchst suggestiv und verfälschend wirken. Datenkompetenz (›data literacy‹) sollte bereits früh grundgelegt werden, sie beginnt mit dem selbstständigen Sammeln, Ordnen, grafischen Darstellen und Interpretieren von Daten und umfasst »zahlreiche Teilfähigkeiten des Darstellens, Strukturierens und Interpretierens von Information« (Hancock 1995, 34; Hollenstein/Eggenberg 1998).

Argumentieren: Als eine spezielle Ausprägung der Ausdrucksfähigkeit kann das Argumentieren verstanden werden (vgl. auch: Beschreiben, Begründen, Beweisen von Mustern i. S. von Regelhaftigkeiten). Entdeckendes Lernen im Mathematikunterricht ist ohne derartige Aktivitäten nicht vorstellbar. »Grundlage sollten dabei die Sachinhalte und Materialien sein, die sozusagen das objektive Korrektiv der ausgetauschten Argumente darstellen« (Schütte 1989, 13).

Im Zuge des Paradigmenwechsels bzgl. des Lehr-/Lernverständnisses hat auch ein verändertes Bild von der Mathematik als Wissenschaft größere Bedeutung erlangt: »Erst in den letzten zwanzig Jahren ist eine Definition aufgekommen, der wohl die meisten heutigen Mathematiker zustimmen würden: Mathematik *ist die Wissenschaft von den Mustern*« (Devlin 1998, 3; Hervorh. i. Orig.). Der Musterbegriff ist dabei nicht auf geometrische Muster begrenzt zu verstehen, sondern im Sinne von Regelhaftigkeiten, Ordnungsgesetzen oder Strukturen gemeint. Der Mathematikunterricht der Grundschule bietet zahlreiche Gelegenheiten dazu: Aufgedeckte Strukturen oder Muster lassen sich aber nicht nur beschreiben, sondern – gemäß den Voraussetzungen der Lernenden – auch erklären und *argumentativ begründen*, wozu unterschiedliche Mittel und Wege verfügbar sein können: verbal, durch eine Zeichnung, durch Fortsetzen eines Musters, durch Inbeziehungsetzen zu anderen Mustern etc. Hier spielt die Argumentationsfähigkeit bzw. ihre ausdrückliche Förderung eine essenzielle Rolle.

Ausgangspunkte oder Auslöser für einen Argumentationsbebedarf in Lehr-Lernsituationen sind Koordinationsprobleme im Bemühen um gemeinsames Handeln, um Konsens (vgl. Krummheuer 1997). Das impliziert durchaus, dass Lehrerinnen dadurch Argumentationen zu initiieren versuchen, dass sie einen künstlichen Klärungsbedarf schaffen (Schwarzkopf 1999), durch eine provokative These, die Hervorhebung eines ungewöhnlichen Ergebnisses o. Ä. (vgl. auch Zech 2002, 190). Die Grundlagen sollen und können bereits im mathematischen Anfangsunterricht gelegt und gezielt gefördert werden, und wiederum ist der Maßstab nicht sogleich der ›ideale Diskurs‹. Als ›Argumentation‹ gelten jene interaktiven Methoden, mit denen ein Kind z. B. versucht, den Geltungsanspruch seiner Aussage zu sichern und anderen (aber auch sich selbst) gegenüber zu vertreten (vgl. Krummheuer 1995). Schwarzkopf (1999) weist darauf hin, dass Argumentation als Lernziel sowohl eine Eigenfunktion hat als auch ein Schutz vor Fehlern sein kann und auch zu für den Schüler neuen mathematischen Strukturen und Einsichten führen kann (vgl. auch Schwarzkopf 2000).

Gerade das allgemeine Lernziel Argumentieren wird gemeinhin unterschätzt, wenn man meint, dass es gleichsam naturgemäß in jedem Unterricht enthalten sei, denn schließlich würde ja doch ständig ›miteinander gesprochen‹. *Dass* Kinder im Unterricht miteinander über Mathematik reden (reden sie wirklich über *Mathematik*?!), ist allerdings allein noch kein Garant für die Förderung der Argumentationsfähigkeit. Wichtig ist auch, *wie* miteinander geredet wird, also die Kultur des Gesprächs. Gerade in der heutigen Zeit lässt sich ein erhöhter Bedarf konstatieren, den Ertrag von jahrhundertelangen Bemühungen um eine Gesprächskultur ins Bewusstsein zu heben, denn »an die Stelle der Argumentationskultur tritt im lebensweltlichen Alltag immer stärker die Positions- und Kommunikationskultur. Jeder muss über alles eine Meinung haben – notfalls mit einem Aufkleber oder Button –, und er muss sich ›verständigen können‹ und er muss seine Meinung ›einbringen‹ können. Argumentation ist dazu nicht nötig« (Rehfus 1995, 102). Der Mathematikunterricht könnte zu Zielvorstellungen wie Förderung der Argumentationsfähigkeit und des sozialen Lernens (vgl. Kap. 2.3.2) einen durchaus nennenswerten Betrag leisten (zu wünschenswerten Merkmalen aus der Sicht der Gesprächskultur vgl. Hinske 1996).

2.3.1.3 Zur Realisierung allgemeiner Lernziele

• *Integration von inhaltlichen und allgemeinen Lernzielen*
Traditionell nahm man im Unterricht zunächst vorrangig die inhaltlichen Lernziele (Wissenselemente und Fertigkeiten) in den Blick, die zudem in meist reproduktiver Weise gelernt wurden. Erst in einem zweiten Schritt (wenn überhaupt) oder nur für die ›besser und schneller‹ Lernenden schien die Förderung des Denkens als ›höheres‹ Lernziel opportun. Dabei sind diese allgemeinen Lernziele fundamentale Bestandteile jeder produktiven mathematischen Aktivität und müssen daher als Beitrag des Mathematikunterrichts zur allgemeinen Denkerziehung *allen* Kindern offen stehen. In diesem Sinne wird in einem zeitgemäßen Mathematikunterricht versucht, inhaltliche und allgemeine Lernziele *integriert* zu verfolgen. Dies wird möglich durch bzw. erfordert eine wohlüberlegte Auswahl dazu geeigneter, d. h. hinreichend komplexer und substanzieller Aufgabenstellungen.

Die gleichzeitige Förderung inhaltlicher und allgemeiner Lernziele führt nicht, wie manchmal befürchtet, zu zusätzlichen Inhalten, die dann den manchmal empfundenen Stoff- oder Zeitdruck nur verstärken. Es geht vielmehr darum, das komplementäre Verhältnis der beiden Lernzielarten sinnvoll auszunutzen: »Rechnerische Kenntnisse und Fertigkeiten schaffen eine gute Voraussetzung für die Förderung allgemeiner Lernziele. Umgekehrt wirken sich die Fähigkeiten des Mathematisierens, Entdeckens, Argumentierens und Darstellens positiv auf das Erlernen neuer Wissenselemente und Fähigkeiten aus. Inhalte und Prozesse sind daher im aktiv-entdeckenden Unterricht untrennbar verbunden« (Wittmann 1995a, 22). Der Mathematikunterricht muss die Kinder dazu ermuntern – nicht hin und wieder, sondern gewohnheitsmäßig, denn es geht um den Aufbau einer *Haltung*. Ein Beispiel ist etwa die folgende Aufgabenstellung für das 2. Schuljahr. An der Einmaleinstafel (vgl. Abb. 2/18) werden die Aufgaben der Quadratzahlreihe jeweils mit den darunter stehenden Aufgaben verglichen (vgl. Wittmann/Müller 1990, 125):

Abb. 2/18: Ausschnitt aus der Einmaleinstafel

In inhaltlicher Hinsicht wird durch derartige Aufgabenstellungen das Einmaleins geübt (es lassen sich bspw. auch andere Zeilen der Einmaleinstafel miteinander vergleichen):

Bezogen auf allgemeine Lernziele aber lassen sich Muster oder Regelhaftigkeiten erkennen (vgl. Abb. 2/19) und beschreiben. Die argumentative Begründung ihrer *Allgemeingültigkeit* (beweisen) liegt zum einen durchaus in Reichweite von Grundschulkindern und dokumentiert zum anderen aber auch die diesem Beispiel innewohnende mathematische Substanz: Schülergemäße Begründungen derartiger Phänomene werden möglich durch soge-

```
 1 ·  1 =   1
 2 ·  2 =   4         1 ·  3 =  3
 3 ·  3 =   9         2 ·  4 =  8
 4 ·  4 =  16         3 ·  5 = 15
 5 ·  5 =  25         4 ·  6 = 24
 6 ·  6 =  36         5 ·  7 = 35
 7 ·  7 =  49         6 ·  8 = 48
 8 ·  8 =  64         7 ·  9 = 63
 9 ·  9 =  81         8 · 10 = 80
10 · 10 = 100         9 · 11 = 99
```

Abb. 2/19: Ergebnisunterschied stets 1

nannte *inhaltlich-anschauliche Beweise* (z. B. Beweise mit Punktmuster oder anderen geometrischen Zugängen; vgl. Besuden 1978; Wittmann/Müller 1988/1990/1992; Krauthausen 2001; vgl. auch Kap. 3.2.6, 3. Funktion), im vorliegenden Beispiel etwa dadurch, dass die beiden relevanten Zustände (Aufgaben) gelegt und wechselseitig ineinander überführt werden (Abb. 2/20):

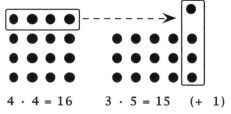

4 · 4 = 16   3 · 5 = 15   (+ 1)

Abb. 2/20: Inhaltlich-anschaulicher Beweis

Wenn solche Darstellungen als (nachträglicher) ›Beleg‹ für ein zuvor an Zahlen (s. Abb. 2/19) beobachtetes Phänomen dienen und eine entsprechende Hypothese auch ›augenscheinlich‹ zu bestätigen scheinen, dann handelt es sich aber noch nicht um einen vollwertigen Beweis. Hinzukommen muss noch die ›*symbolische* und *relationale* Struktur‹ solcher Darstellungen, damit aus den empirischen Beispielen *allgemeingültige* Begründungen werden (vgl. Scherer/Steinbring 2001). In der geometrischen Struktur muss also die *Beziehung* zwischen Malaufgabe und Ergebnis gesehen werden, und dazu dient u. a. die flexible Fähigkeit mit Operationen des Legens und Umlegens.

In diesem Sinne verfolgen inhaltlich-anschauliche Beweise »statt der *fertigen* Mathematik also die *zu verfertigende*« (Freudenthal 1981, 103; Hervorh. GKr/PS), und damit stellen sie zudem ausgesprochen gehaltvolle Möglichkeiten zum ›handgreiflichen‹ Mathematiktreiben dar: Algebraisch gefasst lautet das o. g. Beispiel (mit a = 4) wie folgt:

$$(a–1) \cdot (a + 1) = a^2 – 1 \quad \textit{(3. binomische Formel)}$$

Das Konzept der binomischen Formel ist von durchgehender Bedeutung in der Mathematik und im Mathematikunterricht – insbesondere der Sekundarstufe; aber es zeigt sich, dass sie bereits *hier* in ›verdeckter Form‹ in der Grundschule[82] nachzuweisen ist (vgl. Kap. 2.2: Spiralcurriculum, fundamentale Ideen). Es wäre natürlich wünschenswert, wenn diese Erfahrungen – Aufgabenbeispiele, aber auch die strategischen Vorgehensweisen (Punktmusterbeweise) – *in* der Grundschule grundgelegt und *nach* der Grundschule, in der Sekundarstufe, auch wieder aufgegriffen würden.

»Im Vergleich zeigt sich wiederum, dass beide Beweise [Punktmusterbeweis und symbolischer Beweis; GKr/PS] auf den gleichen begrifflichen Beziehungen beruhen« (Wittmann/Ziegenbalg 2004, 42). Der Sachverhalt wird zwar hier *exemplarisch* konkretisiert, und dennoch bleibt die Argumentation nicht auf das eine Beispiel beschränkt, denn die konkreten Muster »stehen stellvertretend für beliebige Muster dieses Typs. Sie dienen nur dazu, Operationen zu illustrieren, welche *allgemein* anwendbar sind und daher die Allgemeingültigkeit der Beweisführung sichern« (ebd., Hervorh. i. Orig.).

- *Bewusstheit*

Lernen hat sehr viel mit Bewusstheit zu tun. Das bedeutet auch, mit Kindern über ihre Lernprozesse zu sprechen, Metakognition zu betreiben. Vieles ist lange nicht so selbstverständlich, wie es zunächst scheint. Der gut gemeinte Rat »Mach dir doch eine Skizze!« (Darstellen) mag zwar dazu führen, dass Kinder detailreiche und farbenfrohe Zeichnungen ausführen, ohne dass diese aber in naheliegender Weise etwas zum Fortgang des Lernprozesses oder zu einer weiteren Einsicht beitrügen. Was eine ›gute‹ Skizze überhaupt ausmacht, welche Kriterien und welcher Sinn ihr unterliegen, das

---

82 Diese strukturelle Beziehung ist von unmittelbarer Relevanz im Hinblick auf geschicktes Rechnen (vgl. Menningers (1992, 18) Forderung nach einer Schulung des Zahlenblicks und eine entsprechende Aufgabenstellung in Kap. 4.2).

muss in den Bewusstseinshorizont gehoben werden – zumindest einmal (damit es nicht dem Zufall überlassen bleibt, ob sich da irgenwann eine Optimierung einstellt), besser aber immer wieder, damit Gelegenheiten geschaffen werden, dass Kinder über ihre eigenen Lernprozesse reflektieren und damit sukzessive Eigenverantwortung für ihre Lernprozesse übernehmen können.

Es ist ein Irrglaube zu meinen, dass sich allgemeine Lernziele quasi von alleine und gleichsam nebenbei ›miterledigen‹ ließen (das meinen wir auch ausdrücklich nicht mit ›integrativ‹!). Bewusstheit des Lernens bedeutet, *gezielt* methodische Maßnahmen zu ihrer Förderung zu organisieren, und das bedeutet notwendigerweise, mit den Kindern auch Kriterien und Gründe des Gelingens oder Misslingens ausdrücklich zu thematisieren! Nicht nur im Hinblick auf kooperatives und soziales Lernen müssen solche gezielte Anstrengungen unternommen werden, sondern ebenso im Hinblick auf die Fähigkeit, das eigene individuelle Lernen in der Gemeinschaft als »Verinnerlichung von mehrstimmigen, dialogischen Denkweisen und Denkgewohnheiten beim individuellen mathematischen Arbeiten« (Hollenstein 1997a, 245; vgl. Kap. 2.3.2.2) zu erlernen. *Eine* Möglichkeit dazu stellt das bereits erwähnte ›Reisetagebuch‹[83] dar, wie es Gallin/Ruf (1993) bzw. Ruf/Gallin (1996) vorgeschlagen und praktiziert haben. »Dabei führt die Schülerin innere Gespräche mit Tagebuchstimmen, die noch mitten ›im Sumpf der Begriffsklärung‹ stecken, und Stimmen, die den Prozess aus der sicheren Warte des abgeschlossenen Prozesses überblicken« (Hollenstein 1997b, 11).

- *Rolle der Inhalte*

Ein letzter, besonders bedeutsamer Aspekt für die Förderung allgemeiner Lernziele sind die angebotenen *Inhalte* bzw. ihre unterrichtliche Organisation. Auch die vermeintlich ›trockenen‹ Themen, die ein Lehrplan bereithält, können durchaus substanziell aufbereitet werden. Voraussetzung dazu ist allerdings eine Öffnung der Problemkontexte (Wittmann 1996), d. h., es muss für eine hinreichend große *Komplexität* gesorgt werden, anstatt schwierigkeitsisolierte Lernparzellen zu offerieren, die nur kleinschrittig abgearbeitet werden müssen (und können). Die Befunde sind inzwischen nicht mehr zu übersehen, die dies gerade für Kinder mit Lernschwierigkeiten als eine effektive Vorgehensweise nahelegen (selbst in der Schule für Lernbehinderte; vgl. Scherer 1995a; Moser Opitz 2000; siehe auch Ahmed 1987; Selter/Spiegel 1997). »Offene, divergente Problemstellungen lassen eine Vielfalt adäquater Lösungsstrukturen zu. Von Schülerinnen und Schülern erzeugte Lösungen unterscheiden sich meist voneinander und sind dennoch strukturell verwandt. In einem Dialog kann so Neues entstehen. [...] Offensichtlich eignen sich konvergente Problemstellungen, die im günstigen Fall bei allen Lernenden gleiche Ergebnisse nach sich ziehen, nur schlecht dazu. Immer ist da die

---

83 Zur Konzeption vgl. auch Kap. 4.6.

Gewissheit, dass es die eine autoritative Stimme im Hintergrund gibt, die zu gegebener Zeit den Lösungsprozess beenden wird« (Hollenstein 1997b, 13).

Vor unangemessener didaktischer Zurichtung ist also zu warnen und stattdessen das Angebot substanzieller Lernumgebungen mit *Freiräumen* zur aktiv-entdeckenden Betätigung zu fordern. »Die didaktische Stereotype vom soliden Grundwissen, auf dem dann das Denken aufbauen müsse, wird von daher angreifbar. Eine Stilisierung der Sachverhalte, die auf definitive und geschlossene Urteile und Erklärungen aus ist, gibt Schülern wie Lehrern nichts zu denken, weil sie die Materie entproblematisiert« (Rumpf 1971, 81). Ihre Zurückhaltung ermöglicht der Lehrerin zugleich eigene Freiräume, um die Lernprozesse ihrer Kinder zu beobachten und sich ggf. auch von ihnen durch vielleicht Unerwartetes überraschen zu lassen. So lassen sich Bedingungen schaffen, die die Aktivierung günstiger Verhaltensweisen im Hinblick auf allgemeine Lernziele nahezu *erzwingen* – nicht von Hand der Lehrerin, sondern aus der Sache heraus, und dies für *alle* Schüler.

2.3.2 Soziales Lernen

2.3.2.1 Einführendes Unterrichtsbeispiel

Bei diesem Unterrichtsbeispiel (vgl. Müller et al. 1997) geht es inhaltlich um das Beschreiben räumlicher Konfigurationen durch die wechselseitige Inbeziehungsetzung von Grund- und Seitenrissen (Aufrissen). Benötigt werden (vgl. Abb. 2/21)[84]:

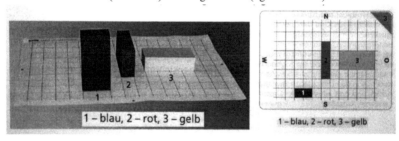

Abb. 2/21: ›Schauen und Bauen‹ – Spielplan mit Quadern, Grundrisskarte (Müller et al. 1997)

- drei verschiedenfarbige Quader mit den Seitenverhältnissen 1:2:4;
- ein rechteckig begrenztes Quadratgitterraster;
- Aufgabenkarten, bestehend aus Grundrisskarten und dazu passenden Sets von je vier Seitenansichtskarten (mit Ansichten von Norden, Süden, Osten, Westen).

---

84 Im Folgenden wird das Material beschrieben, wie es als ›Schauen und Bauen‹ im Klett Grundschulverlag erhältlich ist (vgl. Müller et al. 1997).

Im Begleitheft des Materials wird neben vielen anderen der Aufgabentyp »*Gebäude richtig aufstellen*« vorgeschlagen: Gegeben sind vier Karten mit Seitenansichten und jeweils der Angabe der Himmelsrichtung; die drei Quader sind so zu platzieren, dass alle Seitenansichten stimmig sind.

> Bearbeiten Sie die folgende Umkehrung dieser Aufgabenstellung (Abb. 2/22), um ein Gefühl für die Anforderungen zu bekommen. Versuchen Sie eine Bearbeitung auch ohne konkrete Quader, d. h. allein durch mentales Operieren:
> - Gegeben sind drei verschiedenfarbige, aber gleich große (1 cm x 2 cm x 4 cm) Quader sowie ein quadratisches Gitterraster (Rastergröße 1 cm x 1 cm).
> - Zeichnen Sie die vier Seitenansichten (von Norden, von Osten, von Süden, von Westen) so ein, dass sie zum vorgegebenen Grundriss passen!

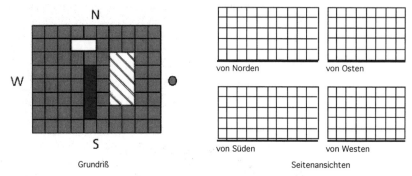

Abb. 2/22: Aufgabenstellung nach ›Schauen und Bauen‹ (vgl. Müller et al. 1997)

Das beschriebene Materialset und die Aufgaben werden für jeweils vier Kinder empfohlen. Eine Seitenansichtskarte, die jeweils ein Kind erhält, enthält immer nur eine Teilinformation zur Lösung der gesamten Problemstellung. Diese erfordert zwingend und *von der Sache her* eine Koordination der Aktivitäten und Vorschläge innerhalb der Lerngruppe. Lagebeziehungen müssen von verschiedenen Seiten aus beschrieben werden, Lageveränderungen eines Quaders zur Realisierung der eigenen Seitenansicht wirken sich u. U. auf andere Seitenansichten aus. Eine erfolgreiche Lösung des Gesamtproblems ist also nur über eine erfolgreiche Kommunikation und Koordination aller am Bearbeitungsprozess Beteiligten möglich (vgl. Röhr 1995). Ausgehend von diesem Unterrichtsbeispiel wollen wir uns zentralen Merkmalen und Bedingungen des sozialen Lernens nähern. Wir grenzen den Begriff zunächst einmal von seinen Zerrformen ab:

> Es ist eine Illusion zu glauben, dass sich soziales Lernen sozusagen *von selbst* ›ereignet‹, sobald Mitglieder einer Lerngruppe etwas (was auch immer) ›miteinander‹ tun. Ansonsten wäre alles, was nicht aus Einzelarbeit bestünde, bereits soziales Lernen. Die-

ses sehr weite und ausgesprochen allgemeine Verständnis würde aber den Begriff des sozialen Lernens aushöhlen.

Weiterhin sollte genau bedacht werden, wie das gemeinsame Arbeiten im konkreten Fall realisiert wird, d. h. was unter ›gemeinsam‹ verstanden wird. Der Eindruck gemeinsamer Aktivität wird leicht dadurch suggeriert, dass zwar jedes Gruppenmitglied etwas tut; aber Art und v. a. Substanz der einzelnen Aktivitäten können sich sehr wohl unterscheiden – von kreativer Ideengebung bis hin zu untergeordneten ›Sekretärstätigkeiten‹ wie das bloße Notieren von (Zwischen-)Ergebnissen ohne nennenswerte kognitive Einbindung des Protokollanden. »Empirische Ergebnisse [...] zeigen, dass Lernende sich zwecks Aufwandminimierung dem kooperativen Prozess oft dadurch entziehen, dass sie vorschnell eine Arbeitsteilung vornehmen und nachträglich in additiver Weise die isoliert geschaffenen Elemente zusammenkleistern« (Hollenstein 1997a, 243). Die gruppendynamischen Prozesse, die zu solchen teilweise raschen und v. a. stabilen Rollenzuweisungen oder -übernahmen führen können, entsprechen vielfach keineswegs dem, was mit ›sozialem Lernen‹ angestrebt wird. Nach der bisherigen Negativabgrenzung soll nun im Folgenden versucht werden, zentrale Wesensmerkmale zusammenzutragen.

2.3.2.2 Theoretische Hintergründe

Wissen, das sagt uns das konstruktivistisch orientierte Paradigma des Lernens, ist stets vom jeweiligen Lernenden *aktiv konstruiert* (vgl. Kap. 2.1). Aber der *Erwerb von Wissen* ist auch *sozial-interaktiv* bzw. *sozial-kommunikativ*: Kommunikation mit anderen ist ein wesentlicher Zweck des Begriffsgebrauchs wie des Lernens überhaupt (vgl. Schmidt 1993, 15). Das lernende Individuum setzt sich nicht in einer Art Quasi-Isolierung assimilierend und akkomodierend mit seiner Lernumgebung auseinander, sondern ist dabei auf sozialen Austausch angewiesen (vgl. ebd.). Schmidt zieht daraus u. a. die Konsequenz, dass beim Mathematiklernen und -lehren mehr Gewicht auf gewisse soziale Regularien gelegt werden müsste: »Das Anrecht zum Erklären wie Rechtfertigen eigener Deutungen wie Lösungsvorschläge sollte von Lehrerinseite als ein essenzielles ›Schülerrecht‹ gewährleistet werden – ebenso die Möglichkeit, eigene Zustimmung wie Abweichung zu artikulieren. Veranlassungen, die Deutungen anderer mit eigenen Worten zu formulieren, können als Herausforderung dazu dienen, Sinnkonstruktionen zu Vorschlägen anderer zu versuchen. Veranlassungen, nach Alternativen zu suchen [...], können insbesondere dazu dienen, kognitive Konflikte bei Deutungen und Lösungsvorschläge zum Gegenstand der gemeinsamen Diskussion werden zu lassen« (Schmidt 1993, 47; vgl. auch Treffers 1991, 25).

Mathematisch gehaltvollen, komplexen Lernumgebungen (vgl. Kap. 2.1.2 u. 3.1.3) ist gemeinsam, dass durch die inhärente Substanz und Komplexität *naturgemäß* Kommunikationsbedarf und -gelegenheiten gegeben sind, wie z. B. ein Austausch über Lö-

164

sungswege, Bearbeitungsstrategien, Darstellungsweisen, Alternativen oder Gültigkeitsbereiche von Ergebnissen (Argumentieren, Begründen, Beweisen; vgl. ›allgemeine
Lernziele‹ in Kap. 2.3.1). Hollenstein (1997a, 243) weist in Ergänzung zu Piagets und
Aeblis individualistisch gefärbtem Konstruktivismus auf die zunehmende Bedeutung
eines *sozialen* Konstruktivismus hin. Das bedeutet, dass nicht der einzelne Lerner, sondern die *Gruppe* als solche jene Einheit darstellt, die Wissen generiert, also im kognitiven Miteinander entstehen lässt.»Lernen im Sinne des sozialen Konstruktivismus kann
so verstanden werden, dass der Weg zu individuellem Lernen natürlicherweise über kooperatives Lernen führt« (ebd., 245). Die Auseinandersetzung mit anderen, also der betont »mehrstimmige Dialog« (ebd.), ist insofern eine *Voraussetzung* für individuelles
Lernen, als solche dialogischen Denkweisen und -gewohnheiten zunehmend vom
Lernenden verinnerlicht werden.

Ein ähnliches Bild der Internalisierung verschiedener Perspektiven findet sich bei
Schoenfeld (1991, 339): Hat sich der Lerner ein Bild von einer Sache gemacht, muss er
zunächst selbst davon überzeugt sein, alsdann möge er jemanden zu überzeugen versuchen, der ihm gut gesonnen sei, also einen Freund; dann gelte es einen Kritiker zu überzeugen, was bedeutet, dass man seine Argumente wohlüberlegt vorbringen sollte, um
gegen alle möglichen erwartbaren Einwände und Vorbehalte gewappnet zu sein; und
schließlich, so Schoenfeld, werde sowohl die Rolle des Freundes wie auch des Kritikers
in der Person des Lernenden verinnerlicht. Der Lernende selbst trägt also die Pros und
Contras in sich, simuliert gleichsam den zuvor äußerlich geführten Dialog in seinem Inneren. »Etwas verstehen bedeutet, dass du deine Intuitionen sorgfältig verteidigen
kannst gegen die ausgefeiltesten Einwände, die du selbst erhebst« (ebd.).[85] Individuell
ablaufende Denkprozesse sind also »verinnerlichte Zwiegespräche« unter Beteiligung
verschiedener Stimmen oder Perspektiven. *Sprechen über* einen Lerngegenstand, über
einen Lösungsweg, über eine Hypothese oder Strategie ist damit »äußerlich wahrnehm-
bare Reflexion und zugleich Denken in ursprünglicher Form« (Hollenstein 1997b, 3).

Mit anderen Worten: Erst durch den sozialen Prozess gemeinsamer unterrichtlicher Interaktion und Kommunikation wird Wissen erzeugt, das sich der Einzelne dann aneignen kann. Dieser gemeinsame Prozess wird durch vielfältige Faktoren konstituiert (vgl.
Bromme 1990, 19): die Vorkenntnisse der gemeinsam Lernenden, die Lernkultur der
jeweiligen Klasse (d. h. ihre Gewohnheiten beim Lernen, ihre Interaktionsformen und
Gesprächskultur etc.), die Art und Weise der Lehrerinneninterventionen und -beiträge,
die Substanz der vorliegenden Aufgabenangebote oder Problemstellungen usw.

---

85 Wir möchten betonen, dass Lehrveranstaltungen (insbesondere Seminare/Übungen) hierfür gezielt
Gelegenheiten anbieten sollten, ebenso wie wir meinen, dass Studierende eine Haltung wie von
Schoenfeld beschrieben häufig noch selbstständiger, bewusster, weitreichender und konsequenter re-
alisieren bzw. anstreben sollten.

2.3.2.3 Begründungen des sozialen Lernens

Die Bedeutung des sozialen Lernens ist auf verschiedenen Ebenen anzusiedeln und nicht zuletzt daher ein zentrales Anliegen des (Mathematik-)Unterrichts auch bereits in der Grundschule.

• *Sozialkompetenz als gesellschaftspolitisch relevante Erfordernis*
Die (Grund-)Schule hat bereits seit Längerem nicht mehr nur die Aufgabe der Wissensvermittlung. Bedingt durch die veränderten gesellschaftlichen und familiären Verhältnisse werden soziale Lernerfahrungen immer wichtiger, und die Grundschule sollte konzeptionelle Anstrengungen unternehmen, um (neben anderen) ein Übungsfeld für soziale Kompetenz anzubieten. »Die demokratische Gesellschaft braucht mehr Lernorte für Mitverantwortung. Denn solche Verantwortung lernt man nur konkret: durch Übernahme von dauerhaften Aufgaben – nennen wir sie ruhig Pflichten – und durch die Konfrontation mit der Wirklichkeit in all ihren, auch belastenden, Facetten. [...] Ich ziehe daraus die Konsequenz, dass wir mehr soziale Lernorte anbieten müssen, schon weil die bisherigen natürlichen Lernorte an Bedeutung verlieren« (Herzog 1999, 17).

• *Soziales Lernen als integraler Bestandteil des Lernens kognitiver Inhalte*
Es ist davor zu warnen, soziales Lernen vorrangig auf die Facette von ›Sozialtechniken‹ zu reduzieren (vgl. Valtin 1996, 184). Auch ist soziales Lernen weder nur ein Folge- oder gar ›Abfallprodukt‹ sach- und fachinhaltlicher Lernprozesse noch eine ›Zugabe‹ oder unabhängiger (affektiver) Bereich neben kognitiven Leistungen, sondern soziales Lernen ist naturgemäß eng an kognitive Aspekte gebunden – beide sind wechselseitig aufeinander angewiesen. Die Notwendigkeit und Bedeutung der ›kognitiven Aspekte sozialen Lernens‹ (vgl. Hollenstein 1997a) ist möglicherweise in der Vergangenheit etwas aus dem Blick geraten, wenn das allgemein Pädagogische, der affektive Schwerpunkt sozialen Lernens die fachlichen Erfordernisse ausgeblendet hat, ohne die es aber gleichermaßen nicht geht. Das ›Stricken ohne Wolle‹, wie es einmal ein Kollege aus der Pädagogik selbstkritisch nannte, wird immer dann schwierig, wenn aus der Praxis (zu Recht) nach konkreten wirksamen Handlungsmaximen gefragt wird. Wir glauben daher, dass es eine fundamentale Aufgabe der Lehrerin ist, geeignete Aufgabenkontexte (Lernumgebungen) bereitzustellen, die das ›gemeinsame‹ Lernen im geforderten Sinne tatsächlich erlauben und nahelegen.[86] Verstehen läuft über Verständigung, ist also auf sozialen Austausch angewiesen. Soziales Lernen darf nicht einseitig als Ausdruck einer ›Kuschel- und Schmusepädagogik‹ (Rehfus 1995, 85) emotionalisiert, sondern muss als integrativer Bestandteil der Generierung von Wissen verstanden werden.

---

86 In der mathematikdidaktischen Literatur sind derartige Vorschläge gerade in den vergangenen 10 Jahren zunehmend ausgearbeitet, in der Praxis aber vielleicht noch nicht hinreichend genug gewürdigt und ausgeschöpft worden (vgl. Röhr 1995).

166

• *Soziales Lernen zur Stärkung des Selbstbewusstseins*
Die Bedeutung des sozialen Lernens und der sozialen Kooperation ist darüber hinaus bezogen auf die psychische Verfassung der Lernenden:»Lernende dazu anzuhalten, ihre Sichtweise eines Problems und ihre eigenen vorläufigen Zugangsweisen zu diskutieren, erhöht ihr Selbstvertrauen und bietet ihnen Gelegenheiten, auch neue und vielleicht tragfähigere Strategien zu bedenken und zu generieren« (von Glasersfeld (Hg.) 1991, XIX; Übers. GKr/PS; vgl. auch Kap. 3.1.4).

2.3.2.4 Didaktische Folgerungen

Wie lassen sich die erwähnten Kommunikationsprozesse (intra- wie interpersonell) fördern? Was ist erforderlich, um soziales Lernen im genannten Sinne anzuregen und überdauernd zu etablieren? Notwendig ist in jedem Fall (ähnlich wie beim Verfolgen allgemeiner Lernziele; vgl. Kap. 2.3.1) eine gezielte, *spezifisch darauf ausgerichtete Organisation der Lernprozesse*. Soziales Lernen kann und darf nicht dem Zufall oder dem heimlichen Lehrplan überlassen bleiben. Die gezielten Maßnahmen müssen sich auf verschiedene Ebenen erstrecken:

a) Sacherfordernisse und konkrete Aufgabenangebote
Der Lerngegenstand oder die infrage stehende Sache sollte für eine kooperative Bearbeitung *möglichst prädestiniert* sein. Dies ist z. B. dann der Fall, wenn eine individuelle Bearbeitung kaum möglich, weniger sinnvoll oder zu aufwendig wäre. Anders ausgedrückt: Gerade die *Gemeinsamkeit* einer Problemlösung im Verbund mit anderen Lernpartnern sollte den Wert des kooperativen Tuns *aus sachlichen Gründen* gegenüber individualistischem Vorgehen überzeugend hervorheben und plausibel erfahrbar werden lassen. Diese Forderung bewahrt vor Situationen, in der bspw. eine Gruppenarbeit lediglich zum Selbstzweck verordnet wird.

Die Unterrichtsrealität wird nun nicht voller ›Idealsituationen‹ in diesem Sinne sein, dass Aufgabenstellungen aus der Sache heraus *ausschließlich* von mehreren Personen gemeinsam bearbeitet werden könnten und sich jeder Art von individueller Herangehensweise entzögen. Wenn aber der Mathematikunterricht Kinder zum sozialen Lernen befähigen soll, dann gehört es zur Aufgabe der Lehrerin, *möglichst geeignete* Lernumgebungen auszuwählen und so zu gestalten, dass das gemeinsame Tun als naheliegende und sinnvolle Alternative erlebt und als hilfreich erfahren werden kann. Der Wert gemeinsamen Tuns kann z. B. dann deutlich werden, wenn unterschiedliche ›Spezial‹-Kompetenzen oder priorisierte Zugangsweisen/Problemlösestrategien unter den Lernenden vertreten sind, wenn es nicht nur *den* einen Lösungsweg oder *das* eine Ergebnis gibt (s. u.).

Für die konkreten Aufgabenangebote bedeutet dies, dass sich offene, divergente Problemstellungen, die ein Spektrum von Lösungswegen und Ergebnissen ermöglichen, besser eignen als konvergente Aufgabenstellungen (vgl. Hollenstein 1997b, 13): Eine Lerngruppe bringt dann in aller Regel unterschiedliche Bearbeitungen hervor, die dennoch strukturell miteinander verwandt sind. Anderen die eigenen Gedankengänge zu erläutern und durch die Lösungsvorschläge der anderen selbst wiederum angeregt zu werden, setzt den geforderten Dialog in Gang, durch den neues Wissen entstehen kann. Über Aufgabenstellungen hingegen, die (im gelungenen Fall) bei allen Schülern den gleichen Weg und das gleiche Ergebnis hervorbringen, gibt es nichts zu sprechen – außer der Frage nach einer Bestätigung über richtig/falsch, die die Lernenden häufig auf die ›übergeordnete Instanz‹ der Lehrerin projizieren, d. h. von ihr erwarten (vgl. ebd.).

Das Unterrichtsbeispiel ›Schauen und Bauen‹ z. B. ist für eine Bearbeitung in der Gruppe geeigneter als in Einzelarbeit, denn zunächst einmal ist das gemeinsame Tun *entlastender*: Jeder Schüler ist primär für ›seine‹ Seitenansicht verantwortlich, er muss nicht *alle vier* Seitenansichten und den Grundriss *alleine* koordinieren; gleichzeitig wird jeder Schüler aber durch die übrigen Gruppenmitglieder durchgängig daran erinnert, dass das eigene Tun (Verschiebeoperationen der Quader zur Sicherstellung der eigenen Seitenansichtskarte) auch differenzierte Effekte auf Bedingungen haben kann, die in der Zuständigkeit der beteiligten Mitschüler liegen: In einem Fall werden etwa bestimmte Verschiebungen für den gegenüber sitzenden Lernpartner ohne Belang sein, für den rechts oder links Sitzenden aber sehr wohl. Die Entlastung besteht nun darin, dass in solchen Fällen von anderer Stelle ein ›Einspruch‹ erhoben werden kann, während man selbst vorrangig auf seine Blickrichtung konzentriert sein kann. Die notwendige Koordination erfolgt ›arbeitsteilig‹, aber unter gleichwertiger kognitiver Beteiligung aller. Bezogen auf eine differenzierte *kognitive Herausforderung* kann jeder der Beteiligten (seinen Fähigkeiten und seinem Zutrauen gemäß) entweder weitgehend auf *seine* Perspektive fokussieren, den eigenen Blick aber auch weiten und andere Perspektiven ggf. vorausschauend mit einbeziehen (vgl. Kap. 3.1.6.2 ›Natürliche Differenzierung‹): Das Spektrum reicht also vom Platzieren einzelner Quader allein nach Maßgabe der eigenen Seitenansichtskarte, dem Abwarten der Reaktion der Gruppenmitglieder bis hin zum *antizipierenden* Miteinbeziehen gewisser Effekte des eigenen Tuns oder der gleichzeitigen Berücksichtigung mehrerer unterschiedlicher Perspektiven.

b) Interaktions- und Kommunikationskultur
Aktiv-entdeckendes Lernen, wie es in den Lehrplänen festgeschrieben ist, braucht ein Publikum, ist also naturgemäß auf Kommunikation angewiesen. Im Sinne des sozialen Lernens ist damit die intra- und interpersonelle Kommunikation ebenso gemeint wie *systematische Metakognition*. Der Unterricht muss also nicht nur soziale Erfahrungen ermöglichen, sondern er muss auch Raum geben, diese Erfahrungen zur Sprache zu bringen (Valtin 1996, 184). Bauersfeld (1993, 246) hält die Tatsache bzw. das Bewusstsein, dass Wissen durch die Interaktion der Lernenden und Lehrenden konstituiert wird, für das gegenwärtig »am ehesten vernachlässigte oder unterschätzte Merkmal«. Unter-

richtsmethodisch muss also gewährleistet werden, dass die Kinder ihr soziales Lernen bewusst realisieren, sich mit anderen darüber austauschen und Wissen gemeinsam mit anderen entwickeln können. Damit sind zum einen Bereiche angesprochen wie Gesprächs-, Diskurs-, Lernkultur sowie allgemeine Kommunikations- und Interaktionsregeln in der Lerngruppe.

Auf der anderen Seite geht es um methodische ›Werkzeuge‹ wie etwa die von Gallin/Ruf (1993) bzw. Ruf/Gallin (1996) vorgeschlagenen ›Reisetagebücher‹[87] oder die ›Rechenkonferenzen‹[88] (vgl. etwa Sundermann 1999; Sundermann/Selter 1995; vgl. auch Kap. 4.6). Ein Reisetagebuch ist ein Schülerheft, das die privaten Spuren des individuellen Lernens festhält und zur Grundlage für Kommunikation und Metakommunikation macht. »Es ist mit einer Werkstatt vergleichbar, in welcher der Lernende in schriftlicher Auseinandersetzung mit dem Schulstoff am Aufbau seiner Fachkompetenz arbeitet. [...] Entscheidend ist, dass durch den Gebrauch der schriftlichen Sprache auch im Fach Mathematik das Übel des verständnislosen Hantierens mit Algorithmen an der Wurzel gepackt werden kann« (Gallin/Ruf 1993, 14 f.). Wir haben in verschiedenen Klassen diese Idee wiedergefunden, z. B. in Gestalt von ›Entdeckerheften‹ oder ›Forschermappen‹. In einer DIN-A4-Kladde brachten Kinder zu den verschiedensten Themen oder Erkundungen ihre Erfahrungen, Hypothesen, Erklärungen, Begründungen und auch Schwierigkeiten zu Papier – jeweils auf den linken Seiten des Heftes. Sie schrieben kleine mathematische Aufsätze, illustrierten sie durch Beispielrechnungen, durch Skizzen, (Werte-)Tabellen oder Randbemerkungen. Die jeweils rechte Seite bot Raum für den Austausch mit anderen – Mitschülern oder Lehrpersonen, denen man die Hefte überließ. Über diesen interaktiven Austausch konnten sich neue Sichtweisen ergeben, Anregungen aufgegriffen werden, ähnliche Erfahrungen anderer genutzt und Hilfen erhalten werden.

Natürlich muss dies als Methode von allen Beteiligten zunächst gelernt werden, denn die Kommentare der Mitlernenden oder der Lehrerin sollte ja nicht lediglich die traditionelle Ergebniskontrolle in neuem Gewand sein. Es gilt zu lernen, wie man die Aufzeichnungen anderer lesen sollte, ebenso wie Formen sinnvoller Rückmeldungen. In ihrem Schulbuch, das die Reisetagebücher konzeptionell integriert, wenden sich die Autoren dazu zunächst an die Lehrenden: »Können fremde Leserinnen und Leser Texte aus dem Reisetagebuch überhaupt verstehen? Sicher stehen sie vor einer schwierigen Aufgabe. [...] Man darf allerdings nicht in der Rolle des geladenen Gastes verharren, der im aufgeräumten Wohnzimmer empfangen werden will. Als Leserin oder als Leser eines

---

87 Sundermann (1999) nennt sie ›Rechentagebücher‹, da sie diese Form im Mathematikunterricht erprobt hat. Bei Ruf/Gallin handelt es sich dagegen um ein Schulbuch, in dem Sprache und Mathematik integriert sind, so dass der Begriff des Reisetagebuchs die allgemeinere Idee widerspiegelt.

88 Diese wurden in Analogie zu den aus dem Sprachunterricht bekannten Schreibkonferenzen entwickelt (vgl. Spitta 1999).

Reisetagebuchs betreten Sie unangemeldet und unerwartet die Werkstatt eines lernenden Menschen. Unfertige Werkstücke versperren den Weg, darunter auch Fehlerhaftes oder Misslungenes. Leicht kann der Gast stolpern, sich an einem fremdartigen Werkzeug verletzen oder durch Rauch und Dämpfe gereizt werden; leicht übersieht er Kostbarkeiten, die da und dort zufällig und vielleicht schon ein bisschen verstaubt herumstehen, und stößt sie achtlos um« (Ruf/Gallin 1996, 43). Und so wird an gleicher Stelle die Ermahnung ausgesprochen, dass Lehrende ihre eigene (traditionelle) Rolle angesichts noch vorläufiger Zwischenstationen der Wissensgenerierung der Kinder überdenken mögen:»Man darf allerdings über die Begleiterscheinungen des Gebärens nicht erschrecken. Und man darf auch elementare Regeln des Respekts nicht missachten« (ebd., 43). Und auch den Kindern erläutern die Autoren das Konzept:»Ganz ähnlich [wie das Logbuch bei den Seefahrern; GKr/PS] ist es bei deinen Reisen in die Welt der Wörter und der Zahlen. Auch du bekommst von Zeit zu Zeit einen Auftrag, der dich auf eine neue Expedition schickt. Auch du wählst deinen Weg selber und schreibst deine Erlebnisse und Entdeckungen ins Tagebuch. Am Schluss deiner Reise oder bei einem Zwischenhalt bekommst du Rückmeldungen von deinen Reisegefährten. So erfährst du, wie wertvoll deine Entdeckungen für andere sind. Andere können von dir lernen oder können dir Ratschläge für neue Reisen geben« (ebd., 79 f.).

Zweck der Reisetagebücher ist also zum einen die intrapersonale Kommunikation. Zweitens dienen sie der interpersonellen Kommunikation mit»Stimmen, die den Prozess aus der sicheren Warte des abgeschlossenen Prozesses überblicken« (ebd.). Und drittens bieten sie Gelegenheit zu systematischer Metakommunikation und Metakognition: Wie bin ich oder sind wir zu Ergebnissen gelangt? Wo gab es Schwierigkeiten? Was hat mir geholfen? Warum fiel mir dieses oder jenes schwer oder leicht? Habe ich meine Lernspuren geschickt dargestellt? Welche Notation, welche Skizze, welche Formulierung, welche Hilfestellung usw. wäre nützlich(er)? Nach welchen Kriterien kann ich meinen Lernprozess und mein Lernergebnis am besten für andere nachvollziehbar zusammenfassen und präsentieren?

Man mag geneigt sein, Grundschüler damit für überfordert zu halten. Aber wir haben Viertklässler gesehen, die ausgesprochen souverän an die Tafel oder den Overhead-Projektor traten, ein Blatt in der Hand, und ihrer Klasse von ihren Erkundungen berichteten; dabei wurden nicht nur Ergebnisse vorgelesen, sondern metakognitiv im o. g. Sinne darüber berichtet; in Abschnitten wurde innegehalten, Gelegenheit zu evtl. Nachfragen angeboten und begleitend bereits recht geschickt zentrale Gelenkstellen des kleinen ›Referates‹ an der Tafel oder per vorbereiteter Folie am OHP festgehalten. Das Kind beendete schließlich seine Präsentation damit, dass es die Diskussion für eröffnet erklärte. Sicher handelt es sich hierbei bereits um eine sehr elaborierte Ausprägung des Intendierten, die aber zumindest als Zielperspektive Mut machen sollte. Denn sie zeigt, dass – bei geeigneter, d. h. bewusster und frühzeitiger Vorbereitung – bereits Grundschüler dazu in der Lage sein können[89].»In einer Lerngruppe bilden sich auch didaktische Beziehungen heraus. Schüler lernen es, didaktisch zu führen und geführt zu werden – nullte Stufe der Didaktik, auf der sogar manche Lehrer ihr Leben lang bleiben. Eine höhere Stufe ist die, wo man über ausgeübte Didaktik (die eigene und die anderer) reflektiert – man sollte das doch wenigstens zukünftigen Lehrern beibringen« (Freudenthal 1974, 172).

c) Rollenverständnisse von Lernenden und Lehrenden

Das bisher Vorgeschlagene wird umso besser zu verwirklichen sein, je mehr sich Lernende wie Lehrende von einem traditionellen Lehr-, Lern- und Rollenverständnis und seinen Implikationen (vgl. Kap. 2.1; s. auch Krauthausen 1998c, 13-21) emanzipiert haben. Und dies nicht nur auf der Ebene einer pragmatischen Oberfläche. Die Bereitstellung von Handlungsspielräumen ›verführt‹ nicht zwangsläufig dazu, dass diese auch adäquat ausgefüllt und genutzt werden. Der Sitzkreis alleine, in dem Rechenergebnisse vorgetragen und bewertet werden, macht noch keine Rechenkonferenz. Eine Lehrerin, die sich als ›Kontrollinstanz‹ für die Heftführung im Reisetagebuch versteht, wird der eigentlichen Intention dieses Mediums noch nicht gerecht. Ebenso wenig wie Kinder, die die angebotene Freiheit zu einem Lernen in Beliebigkeiten degradieren.

Auch wenn die Förderung des sozialen und kooperativen Lernens als solches in der Grundschule erkannt ist, sollte abschließend noch vor einer Gefahr gewarnt werden, die mit Schoenfeld (1988) prägnant als das *Desaster des guten Unterrichts* bezeichnet werden kann:»Wenn man das Mathematiklernen versteht als das Lernen, wie man an ›social practices‹ (Solomon) teilnimmt, besteht die Gefahr, dass man ein glatt verlaufendes Unterrichtsgespräch als Anzeichen für erfolgreiche mathematische Lernprozesse bei Schülern versteht, weil die Schüler scheinbar reibungslos an Praktiken der Unterrichtskultur teilnehmen« (Voigt 1994, 82). Das bloße Beherrschen von Ritualen ist aber noch nicht soziales oder kooperatives Lernen.

Die Heterogenität der Lerngruppe wird häufig als Hindernis angeführt, welches Partnerarbeit, Gruppenarbeit, Teamarbeit, gemeinsame Gespräche im Plenum etc. erschwere oder gar verhindere. Zweifellos sind solche Qualifikationen und Fähigkeiten nicht voraussetzungslos vorhanden, sie müssen – vom ersten Schultag an geduldig, aber beharrlich und mit wohlüberlegter Unterrichtsorganisation – grundgelegt oder ausgebaut werden. Insofern ist dem zuzustimmen, dass es kein leichtes Geschäft ist. Problematisch wird es nur dann, wenn die Heterogenität sozusagen als Ausschlussfaktor, als K.-o.-Kriterium herhalten soll:»In meiner Klasse geht das nun mal nicht, meine Kinder sind

---

89 Nachdenklich macht uns (und manchmal auch unsere Studierenden selbst) der Vergleich solcher Erfahrungen mit der manchmal anzutreffenden Unsicherheit von Lehramtsstudierenden bei Moderationen/Referaten in Seminaren. Welche Gründe es auch sein mögen, die sich hier negativ auswirken (Scheu, mangelndes Selbstvertrauen, Unsicherheit in der Sache, zu vordergründige Vorbereitung o. Ä.), sie dokumentieren Lernbedarf und die Notwendigkeit dazu geeigneter Erfahrungssituationen.

alle *so* verschieden …!« Wir möchten dem entgegenhalten(vgl. auch Kap. 3.1.6): *Gerade* dann ist es lohnenswert, und *gerade* dann besteht erst die Chance, Heterogenität auch *positiv* zu besetzen, denn erst durch sie wird größere Vielfalt wahrscheinlicher. Einfach ist das zweifellos nicht, aber auch im alltäglichen Leben treffen Kinder auf mindestens so komplexe Bedingungen, und darauf sollte, ja muss sie die Schule vorbereiten! Kinder müssen lernen können, mit Komplexität und Heterogenität produktiv umzugehen. Das hat auch die Wirtschaft erkannt: »Firmen, die mit buntgemischten Teams brillieren, sind am besten gerüstet. Management by Complement heißt dies in modernen Lehrbüchern. Innovatoren gehören ebenso in die Mannschaft wie Chaoten, Analytiker oder Erbsenzähler. Nichts Schlimmeres als eine Crew, die mit dem gleichen mentalen Strickmuster daherkommt wie der Chef« (Bierach/Stelzer 1992, 32).

Dem Rückfall in u. U. tief verinnerlichte Gewohnheiten und Rollenbilder muss daher bei Lehrenden wie Lernenden durch spezifische Rahmenbedingungen gezielt entgegen gewirkt werden. Vor allem gilt es, ›den Hebel im *Kopf* der Beteiligten umzulegen, denn allein organisatorische Maßnahmen können das Gewollte nicht gewährleisten. Einstellungsänderungen sind naturgemäß schwieriger als kognitives Umlernen und können recht langsam vonstatten gehen (vgl. Wahl 2005). Und um Frustrationen zu vermeiden, müssen die erwartbaren Schwierigkeiten im Umfeld einer Veränderung von Mentalitäten einkalkuliert werden.

2.3.2.5   Ein Mut machendes Beispiel

Den angedeuteten theoretischen Postulaten wird wie gesagt häufig der Einwand entgegengebracht, sie seien in Klassen mit zunehmend heterogener Schülerschaft kaum zu realisieren: Wie sollen alle an einem gemeinsamen Problem arbeiten, wenn doch die Kenntnisse und Fähigkeiten z. T. drastisch auseinanderliegen?! Wir sind der Ansicht, dass zum einen die genannten Forderungen für soziales Lernen im Unterricht sicher nicht leichtfertig und ohne Ansehung von Alltagsbedingungen aufgestellt wurden, gleichwohl sind die Bedenken zu verstehen und ernstzunehmen. Zum anderen aber sehen wir einen der entscheidenden Schlüssel zur Verbesserung der unterrichtlichen Möglichkeiten in einer Aufwertung der Bedeutung einer adäquaten ›Aufgabenkultur‹, also der Frage von Auswahl und Organisation mathematisch substanzieller Problemstellungen, die natürliche Bedingungen für eine Förderung des sozialen Lernens ermöglichen (vgl. etwa Büchter/Leuders 2005). Wir plädieren mit Hollenstein (1997a) dafür, die *kognitiven* Aspekte sozialen Lernens wieder ernsthafter in den Blick zu nehmen, beide – fachinhaltliches und soziales Lernen – als aufeinander angewiesen und nicht als mehr oder weniger getrennte Bereiche zu verstehen.

Abschließend wollen wir an dem Ihnen bereits bekannten Unterrichtsbeispiel (›Zahlenketten‹) exemplarisch zeigen, dass die formulierten Bedenken zum einen nicht neu sind, aber auch nicht nur als ›Bedenken‹ zu interpretieren sind. Freudenthal hat bereits 1974 deutlich darauf hingewiesen: »In einer Gruppe sollen die Schüler zusammen, aber jeder auf der ihm gemäßen Stufe, am gleichen Gegenstand arbeiten, und diese Zusammenarbeit soll es sowohl denen auf niedrigerer Stufe wie denen auf höherer Stufe ermöglichen, ihre Stufen zu erhöhen, denen auf niedrigerer Stufe, weil sie sich auf die höhere Stufe orientieren können, denen auf höherer Stufe, weil die Sicht auf die niedrigere Stufe ihnen neue Einsichten verschafft« (Freudenthal 1974, 167). Soweit die für manche Ohren vielleicht idealistisch klingende Theorie. Aber, so Freudenthal in realistischer Einschätzung der Situation, jedoch mit wichtiger Interpretation weiter: »Im Allgemeinen werden Lernende sich nebeneinander auf verschiedenen Stufen des Lernprozesses befinden, auch wenn sie am gleichen Stoffe arbeiten. Das ist eine Erfahrung, die man in jedem Klassenunterricht beobachten kann. Man betrachtet das als eine Not, und aus dieser Not will ich eine Tugend machen, jedoch mit dem Unterschied, dass die Schüler nicht neben-, sondern miteinander am gleichen Gegenstand auf verschiedenen Stufen tätig sind« (ebd., 166). Das Unterrichtsbeispiel ›Zahlenketten‹[90] soll dies exemplarisch konkretisieren.

Denke dir zwei Startzahlen und schreibe sie nebeneinander. Rechts daneben notiere ihre Summe. Wiederum rechts daneben schreibe die Summe der beiden vorangehenden Zahlen. Verfahre noch einmal so und notiere diese letzte Summe als Zielzahl.

Beispiel (für eine Fünferkette):

2	9	11	20	31

Startzahlen   Zielzahl

Einige Fragestellungen:

---

90 Wir haben uns für dieses Beispiel entschieden, obwohl sich zahlreiche weitere anbieten würden, weil es (als solches oder in verwandter Form) in der Literatur ausgiebig bearbeitet wurde, sowohl bzgl. der theoretischen Hintergründe, der didaktischen Vorschläge wie auch der unterrichtspraktischen Erprobung, so dass interessierte Leserinnen und Leser sich dort näher informieren können. Vgl. dazu etwa Price et al. 1991; Scherer 1996c; Scherer 1997a; Scherer/Selter 1996; Selter/Scherer 1996; Steinbring 1995; Walther 1978; Walther 1985 oder Erfahrungsberichte wie Verboom 1998.

Außerdem haben wir mit Absicht wiederholt dieses Aufgabenformat in verschiedenen Zusammenhängen dieses Buches angeführt (vgl. Kap. 2.1.2, 3.1.3, 3.1.4, 3.1.5), um über das Spektrum der Einsatzmöglichkeiten und Zielsetzungen in exemplarischer Weise zu verdeutlichen, welche vielfältigen Bezüge bzw. Postulate bereits eine wohlüberlegte Lernumgebung potenziell in sich vereinigt bzw. einzulösen vermag (vgl. auch 2.1.2).

Wir übernehmen hier eine Version aus Krauthausen (1998, 125-128), die auf Price et al. 1991, Scherer 1997a, Scherer/Selter 1996 und Selter/Scherer 1996 beruht. Das Beispiel lässt sich durch Variation der Kettenlänge, des Zahlenraums und der Auswahl der Fragestellungen problemlos für den Einsatz vom 1. Bis 4. Schuljahr (und sogar in der Lehrerbildung) anpassen.

1. Wähle die Startzahlen so, dass du möglichst nahe an die Zielzahl n herankommst!
2. Kannst du genau n erreichen?
3. Findest du weitere Möglichkeiten, n zu erreichen?
4. Finde *alle* Möglichkeiten, n zu erreichen!
5. Wie kannst du herausfinden, wie viele Möglichkeiten es gibt, um n genau zu erreichen? Wie kannst du sicher sein, keine vergessen zu haben?
6. Wann ist die Zielzahl gerade, wann ist sie ungerade?
7. Was geschieht, wenn man die erste (zweite) Startzahl um 1, 2, ... n erhöht/erniedrigt?
8. Was geschieht, wenn man beide Startzahlen um 1, 2, ... n erhöht/erniedrigt?
9. Was geschieht, wenn man beide Startzahlen vertauscht?
10. Was geschieht, wenn man beide Startzahlen gleich sind?
11. Was geschieht, wenn man die Kettenlänge variiert (und die Zielzahl beibehält)?
12. Wie kann man die Auffälligkeiten, Phänomene und Erklärungen auf verschiedenen Anspruchsniveaus *begründen/beweisen*?
13. ...

Zur Umsetzung dieses Unterrichtsbeispiels liegen Erfahrungen aus der Grundschule ebenso wie aus Veranstaltungen der Lehrerbildung vor. Die im Folgenden herausgegriffenen Aspekte ließen sich überall gleichermaßen beobachten. Nach ersten freien Versuchen mit dem Aufgabenformat, bei denen sich die Lernenden ausgiebig mit der Regel und dem Format als solchem vertraut machen konnten, eignen sich besonders die Fragestellungen 4 und 5 für erste substanzielle Erkundungen. Arbeitsblatt oder Erkundungsauftrag können dabei für die ganze Lerngruppe identisch sein, denn alle Lernenden arbeiten am gleichen Gegenstand (s. o. Freudenthal). Naturgemäß wird durch die Heterogenität der Lerngruppe aber ein breites Spektrum der Zugangsweisen und Reichweiten zu beobachten sein. Und so sind nach einer gewissen Zeit auch unterschiedlich weit gediehene Lernergebnisse zu erwarten. Es wird Kinder geben, die vage eine Regelhaftigkeit *erkannt* haben, sie aber noch nicht benennen können. Andere sind bereits in der Lage, sie zu *beschreiben*, ohne zu wissen, warum es sich wie beschrieben verhält. Wieder andere haben vielleicht sogar eine Vermutung, wie das Muster zu *begründen* wäre. Aber es gibt gewiss auch jene Kinder, denen alleine das *Ausrechnen* der Ketten so viel Mühe bereitet, dass sie an darüber hinausgehende Auffälligkeiten des Aufgabenformats noch gar nicht denken können. In der Regel zeigt sich aber (wiederum bei Grundschülern wie auch bei Studierenden), dass die letztgenannte Gruppe meist eine breite Auswahl an ausgerechneten Beispielketten produziert. Dies sollte aber nicht als ›niedere Tätigkeit‹ abqualifiziert werden, wie weiter unten noch beschrieben wird.

Das soziale Miteinander-Lernen soll nun zum einen, so die Forderung Freudenthals (s. o.), Kindern auf ›niedrigerer Stufe‹ ebenso wie jenen auf ›höherer Stufe‹ ermöglichen, ihre Stufen zu erhöhen. Dieser Effekt klingt für die ›niedrigeren Stufen‹ auch für traditionelle Ohren plausibel, denn wenn mir jemand seinen erfolgreichen Weg präsentiert, der sich mir selbst nicht erschlossen hat, dann kann ich davon lernen, ihn verstehen und vielleicht auch in mein Repertoire übernehmen. Freudenthal fordert ihn aber auch für jene auf ›höherer Stufe‹. Dieses wirft für viele schon eher Fragen auf. Wie sollen die ›leistungsstärkeren‹ Kinder von den ›leistungsschwächeren‹ profitieren?

Zum einen durch die Tatsache, dass problemstrukturierte, offene Aufgabenformate wie das genannte Beispiel auch bei Kindern mit Lernschwierigkeiten das Selbstvertrauen und den Mut zum Experimentieren steigern können (vgl. Scherer 1995a). Zum anderen: »Schwierigkeiten beim Rechnen müssen nicht automatisch Schwierigkeiten beim Entdecken von Zusammenhängen, beim allgemeinen Problemlösen etc. bedeuten« (Scherer 1998, 114). Und der Einsatz geeigneter Lernumgebungen (Aufgabenformate) begrenzt die Aktivitäten der Kinder eben nicht auf das bloße Ausrechnen, sondern ermöglicht darüber hinaus das Erkennen und Beschreiben von Mustern, das Beschreiben und Begründen von Zusammenhängen oder allgemein das Problemlösen« (ebd., 112). Das bedeutet für manche Kinder, dass sie über solche strukturellen Zugänge Rechendefizite ausgleichen können (abgesehen davon, dass solche Aufgabenstellungen auch immer Denkübungen darstellen und das zunehmende Verstehen von Strukturen fördern; vgl. ebd.). Und drittens gibt es ganz pragmatische inhaltliche Argumente, die den Wert der gemeinsamen Arbeit am gleichen Gegenstand verdeutlichen. Die folgende Beobachtung konnten wir sowohl bei Grundschülern als auch bei Studierenden bei der Arbeit an den genannten Fragestellungen 4 und 5 machen:

›Schnelle Rechner‹ fanden schnell mehrere Fälle mit dem Ergebnis 100, konnten aber nicht überzeugend begründen, ob sie alle gefunden haben. Bei Studierenden ist zudem häufig zu beobachten, dass sie recht zurückhaltend in der Produktion weiterer Beispiele sind – ›Probieren‹ gilt in ihren Augen als ›unmathematisch‹, im Stillen sucht man eigentlich nach einem ›effektiveren‹ Weg, womit allzu oft eine ›Formel‹ gemeint ist. Hier waren die Grundschulkinder den Erwachsenen teilweise sogar überlegen, denn wer sich diese Zurückhaltung nicht auferlegt, und – vielleicht durch die ›Freude am Funktionieren‹ der einfachen Regel und der Freiheit der selbst zu wählenden Startzahlen – eine Fülle am Beispielmaterial produzierte, der verfügte hernach über so viele Zahlenketten, dass es höchstens noch eines Impulses bedurfte, diese doch einmal zu *sortieren*, um dann die Auffälligkeit zu erkennen. Die ›langsameren Probierer‹, die hinreichend ›Material‹ entwickelt hatten, waren es also, die im gemeinsamen Austausch den ›Leistungsstärkeren‹ erst über *ihre* Klippe *substanziell* hinweghelfen konnten. Jeder arbeitete auf seiner Stufe, aber alle am gleichen Gegenstand im wechselseitig befruchtenden Austausch – nur *ein* Beispiel für die kognitive Bedeutung sozialen Lernens.

3 Organisation von Lernprozessen

3.1 Anforderungen an die Organisation von Lernprozessen

In Kap. 2.1 wurden die Aufgaben der Lehrerin bereits angedeutet, u. a. ihre veränderte Rolle im zeitgemäßen Verständnis von Mathematikunterricht. In diesem Kapitel wollen wir uns nun exemplarisch mit einigen Anforderungen beschäftigen. Die Auswahl der Aspekte erfolgte einerseits unter dem Blickwinkel möglicher Realisierungsschwierigkeiten im alltäglichen Unterricht oder aufgrund ihrer gewachsenen Bedeutung durch den Paradigmenwechsel im Verständnis von Lernen und Lehren.

3.1.1 Standortbestimmungen/Vorkenntnisse

3.1.1.1 Ein Einführungsbeispiel

Zur Einführung in diese Thematik stellen wir exemplarisch einige Ergebnisse einer Untersuchung vor, die im Kindergarten vor dem offiziellen Schulbeginn durchgeführt wurde (vgl. Hasemann 2001/2003, 27 ff.). Ausgewählt haben wir hier zwei Aufgaben aus einem umfangreicheren Test, der insgesamt die folgenden Kompetenzen überprüfte: Qualitatives Vergleichen, Klassifizieren, Eins-zu-Eins-Zuordnung, Erkennen von Reihenfolgen, Gebrauch von Zahlwörtern, Zählen mit Zeigen, Zählen ohne Zeigen und einfaches Rechnen (vgl. Hasemann 2003, 28)[91].

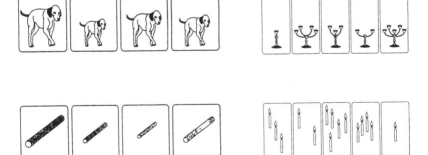

Abb. 3/1 und 3/2: Aufgabe zur multiplen Seriation und zur Eins-zu-Eins-Zuordnung aus OTZ

Abb. 3/1 zeigt eine Aufgabe zur multiplen Seriation, bei der die Hunde größenmäßig den passenden Stöcken zugeordnet werden sollten. Aufgaben dieses Bereichs wurden

---

91 Die deutsche Fassung dieses im Original holländischen Tests ist 2001 als OTZ (Osnabrücker Test zur Zahlbegriffsentwicklung) erschienen (vgl. Van de Rijt et al. 2001).

im Juni vor Schulbeginn von ca. 54 % der Kinder korrekt gelöst (N = 306; vgl. Hasemann 2001). Abb. 3/2 zeigt eine Aufgabe zur Eins-zu-Eins-Zuordnung, hier die Zuordnung von Kerzen und Kerzenhaltern. Derartige Problemstellungen lösten ca. 72 % der Kindergartenkinder korrekt (ebd.).

Warum werden Kindergartenkindern derartige Aufgaben gestellt? Sicherlich nicht, um zu überprüfen, ob der Kindergarten ihnen zu diesen Kenntnissen verholfen hat, sozusagen als Überprüfung der Kindergartenarbeit. Vielmehr geht es hierbei um die Erforschung von *Vor*kenntnissen, um die Frage, über welches Wissen Kinder *vor* einer offiziellen Behandlung im Unterricht schon verfügen. Derartige Untersuchungen haben in der Vergangenheit gezeigt, dass Kindergartenkinder durchaus mit schulischen Inhalten angemessen umgehen können (vgl. z. B. Fragnière et al. 1999; Franke 2000, 127 ff.; Steinweg 1996): »Das Erstaunliche an meinen Erfahrungen ist, dass Kinder im Vorschulalter fähig und willens sind, sehr komplizierten, abstrakten, mathematischen Gedankengängen begeistert zu folgen. Jedoch gibt es eine wesentliche Einschränkung: Die Phasen der extremen und bewundernswerten Konzentration sind äußerst kurz, sie liegen im Minutenbereich« (Beutelspacher 1993, 277).

Die Intention der obigen Untersuchung war einerseits, die vorhandenen, aber auch die noch unzureichenden Kompetenzen mit den Anforderungen gängiger Schulbücher zu vergleichen. Die Frage stellte sich, inwieweit die Lehrwerke und damit auch der spätere Unterricht derartige Untersuchungsergebnisse angemessen berücksichtigen. Hierbei zeigte sich nicht unbedingt eine Passung, und weitere Untersuchungen – verbunden mit entsprechenden Konsequenzen für die Konzeption von Lehrwerken – sind sicherlich wünschenswert. Der zweite Fokus der Untersuchung war die genauere Analyse von Lösungsstrategien im Vergleich leistungsschwacher und leistungsstarker Kinder: Man konnte hierbei einerseits Unterschiede im Entwicklungstempo erkennen, daneben aber auch eine Reihe von Strategien identifizieren, »die auf Unterschiede in der *Art ihres Denkens* hindeuten« (Hasemann 2003, 33; Hervorh. GKr/PS).

3.1.1.2 Ziele von Standortbestimmungen und Vorkenntniserhebungen

Warum ist die Erforschung von Vorkenntnissen so wichtig? Einerseits sicherlich, weil Kinder häufig anders vorgehen als wir selbst oder als wir es vermuten und damit auch anders als andere Kinder (vgl. Selter/Spiegel 1997, 10). Zum anderen ist auch durch den Paradigmenwechsel im Verständnis von Lernen und Lehren das vorhandene Wissen eines Individuums stärker in den Blick gelangt. Im Sinne des genetischen Prinzips ist Lernen immer nur Weiterlernen, und dazu sollte existierendes Wissen aufgegriffen werden. »Standortbestimmungen [...] dienen dem Ermitteln bereits erworbener Kenntnisse und Fähigkeiten in einem Rahmenthema, dessen Behandlung im Unterricht bevorsteht«

(Hengartner 1999, 15). Dabei sind die individuellen Leistungsstände, Vorerfahrungen und Denkweisen für jede Art von Lernprozess wesentlich.

Ist es aber dann nicht widersprüchlich, dass es Lehrwerke und Unterrichtsvorschläge gibt, an denen sich die Lehrerin orientieren soll? Vorgaben des Lehrplans oder des jeweiligen Schulbuchs sind Anhaltspunkte, sie spiegeln *im Durchschnitt* erwartbare Leistungen wider und sind als Orientierungsgrundlage notwendig. Diese müssen jedoch nicht unbedingt den tatsächlichen Leistungsstand der Klasse und der einzelnen Schülerinnen und Schüler wiedergeben und können u. U. stark abweichen. In Kap. 2.2 sind bereits Untersuchungsergebnisse bei Schulanfängern angedeutet worden (zu Übersichten über entsprechende Untersuchungsergebnisse zur Zählfähigkeit, Ziffernkenntnis o. Ä. vgl. Aubrey 1997; Schmidt 1982a/b; Schmidt/Weiser 1982; Radatz/Schipper 1983, 48; Padberg 2005, 18 ff.).

In Untersuchungen mit sehr großen Schülerzahlen – z. B. von Van den Heuvel-Panhuizen (1990), u. a. repliziert von Selter (1995b) – wurden darüber hinaus auch für andere Teilbereiche mathematische Vorerfahrungen erkennbar. Es zeigte sich, dass die Vorkenntnisse heutiger Schulanfänger (im statistischen Durchschnitt) so groß sind, dass die Annahme, am Schulanfang *beginne* der eigentliche ›Erstkontakt‹ der Kinder mit der Mathematik und evtl. Vorwissen sei eher marginal, zumindest keine tragfähige und berücksichtigungswerte Basis für das schulische Mathematiklernen mehr ist. Darüber hinaus haben diese Untersuchungen auch immer wieder zu dem nachdenkenswerten Ergebnis geführt, dass die Vorabbefragung von Lehrenden über die *vermutete* Leistungsfähigkeit ihrer Kinder angesichts der ihnen vorgelegten Aufgabenstellungen deutlich *unter* den dann erhobenen *tatsächlichen* Leistungen der Kinder lag (vgl. ebd.). Einschränkend muss man jedoch sagen, dass in manchen Untersuchungen die Lehrereinschätzungen sehr heterogen waren, und u. a. in Abhängigkeit von der jeweiligen Aufgabe durchaus Überschätzungen der Schülerleistungen anzutreffen waren (vgl. z. B. Grassmann 2000, 5 f.; Grassmann et al. 2002). Insgesamt scheinen Lehrende aber eher dazu zu neigen, die Vorkenntnisse und die Leistungsfähigkeit ihrer Kinder zu *unter*schätzen als zu überschätzen. Dies ist in sofern nachdenkenswert, als daraus leicht die Gefahr einer Unterrichtsorganisation resultieren kann, die Kinder tendenziell auch zu *unter*fordern, was wiederum bedenkliche Effekte für Motivation und Lernverhalten dieser Kinder haben kann.

Untersuchungen wie diese können – sachgerecht interpretiert – sensibilisieren für einen unvoreingenommenen Blick auf die tatsächlichen Gegebenheiten und Erfordernisse einer spezifischen Lerngruppe. Es hieße sie aber überzuinterpretieren, würde man in eine unkritische ›Kompetenz-Euphorie‹ verfallen, »die überall ›kleine Genies‹ vermutet« (Selter 1995b, 18). Die Ergebnisse können dabei helfen, »neben dem diffusen – keinesfalls zu niedrig anzusetzenden – Kompetenzprofil der eigenen Schulklasse eine differenziertere Einschätzung zu erhalten, die der Heterogenität der Leistungen einzelner

Schüler in hinreichendem Maße Rechnung trägt« (ebd.). Schipper (1998) weist deutlich relativierend auch auf die Gefahr hin, mögliche Probleme des Untersuchungsdesigns solcher Umfragen und damit v. a. der Interpretationen der Ergebnisse aus den Augen zu verlieren oder zu unterschätzen.

Hier wie überhaupt, so kann man wohl zusammenfassen, sind eine sachgerechte Interpretation und Bewertung von Untersuchungsergebnissen sowie die Rahmenbedingungen ihrer Erhebung zu beachten; vor Übergeneralisierungen ist zu warnen. Bei allen berechtigten Einschränkungen scheint aber die Botschaft als solche konsensfähig zu sein, die Unterrichtsgestaltung (und dies nicht nur am Schulanfang) stärker und bewusster als bislang oft geschehen an den *tatsächlichen* Vorerfahrungen der Lernenden auszurichten; und dazu sind differenzierte diagnostische Verfahren und entsprechende Kompetenzen der Lehrenden erforderlich.

Der mathematische Anfangsunterricht sollte also nicht der ›Fiktivität der Stunde Null‹ (Selter 1995b) erliegen. Er muss vielmehr die individuellen oder informellen Vorerfahrungen der Lernenden ernst nehmen und sie als hilfreichen und effektiven Ausgangspunkt für weitere, dann auch systematischere Lernprozesse nutzbar machen. Eine verfrühte Orientierung am Maßstab der ›offiziellen‹ Mathematik als Fertigprodukt kann sich kontraproduktiv auf das weitere Lernen auswirken, und der vermeintliche Zeitvorteil durch schnelles ›Durchstarten‹ zu dem, wie es einmal ›richtig gekonnt‹ sein soll, wird sich mit großer Wahrscheinlichkeit in sein Gegenteil verkehren, da immer wieder neu angesetzt, aufgegriffen oder grundgelegt werden muss, was vorher vielleicht zu sehr unterschätzt wurde.

Zahlreiche Untersuchungen sind mittlerweile zu den verschiedensten arithmetischen Kompetenzen von Grundschulkindern durchgeführt worden (vgl. z. B. Spiegel 1979; Selter 1995b; Hengartner (Hg.), 1999; Hengartner/Röthlisberger 1994; Grassmann 2000; Grassmann et al. 2002; Grassmann et al. 2005; Moser Opitz 1999; Van den Heuvel-Panhuizen 1990). Hinsichtlich geometrischer Inhaltsbereiche stehen umfangreiche Untersuchungen noch aus; wir werden aber am Ende dieses Abschnitts noch einige erwähnen.

Standortbestimmungen sollten nicht nur zum Schuleintritt durchgeführt werden, etwa in Form von Schulreifetests, sondern bei verschiedensten Inhalten im Verlaufe der Grundschulzeit. Untersuchungen zu sogenannten Standortbestimmungen geben Informationen zu ...

- Vorkenntnissen, d. h. über Wissen, welches *vor* der offiziellen Thematisierung schon vorhanden ist.
- Defiziten oder möglichen Fehlvorstellungen. Von Vorteil ist dabei, dass solche Fehlvorstellungen früh erkannt und damit auch früh korrigiert werden können.
- weiteren unterrichtlichen Vorgehensweisen bzw. Förder- und Differenzierungsangeboten.

Prinzipiell ist bei Standortbestimmungen, seien sie nun als Tests oder Interviews[92] durchgeführt, wichtig, dass den Kindern klar ist, dass es sich hierbei nicht um übliche Lernzielkontrollen handelt: Man möchte erfahren, was die Kinder *schon* wissen (vgl. Scherer 1999b/2005a) und welche eigenen, informellen Strategien sie verwenden. Es geht nicht um das Abprüfen gelernter Vorgehensweisen und Aufgabentypen!

3.1.1.3 Methodische Überlegungen

Hinsichtlich der Methoden für Standortbestimmungen gibt es gravierende Unterschiede. Je nach Intention der Erhebung, aber auch in Abhängigkeit von den gegebenen Möglichkeiten wird man die eine oder andere Methode wählen. So ist manchmal eine Realisierung von Einzeltests oder -interviews nicht möglich, auch wenn man individuelle Informationen benötigt, und man wird auf Gruppentests zurückgreifen müssen. Darüber hinaus besteht die Möglichkeit informeller Erhebungsmethoden, die im alltäglichen Unterricht realisiert werden können.

Zur Illustration wollen wir ein Beispiel vorstellen, das sich am Ende eines 2. Schuljahres ereignete. Die Lehrerin sagte den Kindern, dass sie bald in die dritte Klasse gehen und ihnen dort noch größere Zahlen begegnen. Auf die Frage, ob sie schon größere Zahlen kennen, waren die Kinder kaum zu halten und nannten etwa *200, 300, 400, 500*, aber auch *155, 166, 190* oder *9900, 9999, 9999999* (Wieland 1997, 57). Aber nicht nur zu Zahlen, sondern auch zu entsprechenden Operationen konnten sich die Kinder frei äußern (vgl. Abb. 3/3): Die Arbeit von *Olli* zeigt

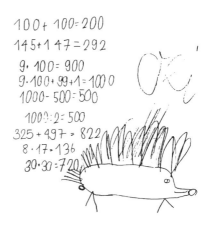

Abb. 3/3: Ollis selbst gewählte Aufgaben am Ende des 2. Schuljahres (aus Wieland 1997, 59)

Aufgaben zu unterschiedlichen Operationen, hin und wieder mit kleinen Rechenfehlern. Insgesamt aber sind seine Fähigkeiten erstaunlich, nicht zuletzt auch seine verbalen Erklärungen der Rechenstrategien, exemplarisch für die Aufgabe 325+497 genannt: »Zuerst 300 und 400. Das gibt 700. Dann habe ich 97 und 3 genommen. Das gibt dann 800. Dann war es ganz leicht. Von den 25 habe ich 3 weniger genommen, weil ich bei den 97 3 mehr genommen habe. Das sind dann 822« (ebd., 59) Und Wieland kommentiert:

---

92 Zu klinischen Interviews vgl. Kap. 3.1.4.3.

»Hand aufs Herz. Wer von uns Erwachsenen wäre auf die Idee gekommen, so zu rechnen?« (ebd., 59). Dass solche Ergebnisse kein Einzelfall sind, zeigen auch andere Untersuchungen bzw. Erfahrungsberichte, z. B. Hengartner (Hg.), 1999; Piechotta 1995; Selter 1994, 140 ff.

Recht häufig werden bei Standortbestimmungen Kontextaufgaben eingesetzt, die eine Reihe von Vorteilen bieten (vgl. Van den Heuvel-Panhuizen 1996, 93 ff.): Nutzt man zur Präsentation bildliche Darstellungen, so kann man die oft mühevolle Textbewältigung umgehen[93]. Hinzu kommt, dass ein Kontext oftmals unterschiedliche Strategien provoziert und auch auf diese Weise das vorhandene Leistungsvermögen besser widerspiegelt. Zur Illustration wollen wir kurz das Eisbärproblem (Abb. 3/4) mit einigen Lösungsstrategien von Grundschulkindern skizzieren (vgl. ebd., 94 f.).

Mit dem Aufgabenblatt wurde den Kindern folgende Frage vorgelesen: »Ein Eisbär wiegt 500 Kilogramm. Wie viele Kinder wiegen genauso viel wie ein Eisbär? Notiere deine Lösung im freien Kästchen. Wenn du willst, kannst du das Schmierpapier benutzen.« Denkbar wäre natürlich, dass die Kinder zunächst das ungefähre Gewicht eines Eisbärs schätzen; hier ging es jedoch um das Schätzen des eigenen Körpergewichts bzw. das eines Kindes und die sich anschließenden Rechenstrategien.

Abb. 3/5 zeigt verschiedene Strategien von Drittklässlern, die zunächst einmal die verschiedenen Schätzungen für das Gewicht eines Kindes offenbaren (von 25 bis 35 kg, vgl. Van den Heuvel-Panhuizen 1996, 96 f.).

Abb. 3/4: Das Eisbärproblem
(aus Van den Heuvel-Panhuizen 1996, 94)

---

[93] Damit sollte nicht der Einsatz von Textaufgaben abgelehnt werden. Man sollte sich jedoch bewusst sein, dass der Einsatz von Textaufgaben in hohem Maße Text- und Sprachverständnis abtestet und nicht nur die Fähigkeit, arithmetische Anforderungen und Kontextsituationen zu bewältigen.

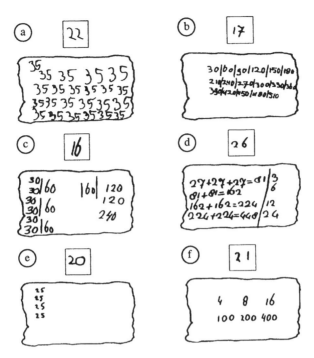

Abb. 3/5: Lösungen von Drittklässlern zur Eisbäraufgabe (Van den Heuvel-Panhuizen 1996, 96)

Hinsichtlich der verwendeten Strategien überrascht möglicherweise, dass keines der Kinder die Divisionsschreibweise nutzte, obwohl diese den Drittklässlern bekannt war. Die Schülerinnen und Schüler lösten das Problem durch wiederholte Multiplikation, und dies geschah bspw. im Kopf (a), mit fortlaufender Notation des Zwischenergebnisses (b), Ausnutzen des Verdoppelns (c und d) oder in Form einer Verhältnistabelle (f).

3.1.1.4 Ausgewählte Untersuchungsergebnisse

Während also *kontextgebundene* Aufgaben recht häufig verwendet werden, um *arithmetische* Kompetenzen zu überprüfen[94], gibt es im Bereich des *klassischen Sachrechnens* (gemeint sind hier Problemstellungen, die die in Kap. 1.3.3 aufgeführten Aufgabentypen repräsentieren) insgesamt nur wenige Untersuchungen zu Standortbestimmungen. Ein Grund mag darin liegen, dass die Fähigkeit zur Bewältigung von Sachsituationen

---

94 Vgl. hierzu bspw. auch die Untersuchung von Krauthausen (1994b), in der Kinder innerhalb eines mathematikhaltigen, ganzheitlichen Sachkontexts (primär in Form einer Computersimulation) mit Zahlen umgingen: Untersucht wurde bspw. die Art des Zählens, die Berücksichtigung verschiedener Zahlaspekte oder das Erkennen symmetrischer Zahlzerlegungen.

182

sehr komplex ist. Wir haben aus diesem Grund eine Untersuchung aus dem 6. Schuljahr herangezogen, in der es um einen Teilbereich des Sachrechnens, das ›Schätzen bzw. Vorstellungen in Bezug auf Größen‹ geht. Diese Erhebung soll zugleich deutlich machen, dass eine Standortbestimmung nicht nur positive Erkenntnisse bringen kann. Denn hierbei zeigte sich, dass das Wissen über Größen, obwohl sicherlich im Unterricht schon thematisiert, offenbar nur mangelhaft vorhanden ist.

Eine Befragung von Schülerinnen und Schülern der 6. Klasse zeigte bspw. die folgenden unzureichenden *Größenvorstellungen* (Schüleräußerungen jeweils kursiv gesetzt; vgl. Grund 1992, 42):

Länge 1 dm: *Lehrertisch, Arm, Rasierklingenlänge, Zuckerwürfel, 2 Runden auf dem Sportplatz, Länge des Radiergummis*

Länge 1 km: *großer Raum, drei fünfstöckige Häuser, Länge eines Fußballfeldes, Stück der Autobahn, Stau*

Gewicht 1 kg: *Ei, Wasserball, Tüte Bonbons, Kalender, 10 Äpfel, Tafel Schokolade, 20 cm Wurst, 50 Briketts, Schulbank, Rennfahrer, Baby*

Gewicht 1 dt[95]: *25 Schüler, volle Schultasche, Vase mit Blumen*

Hier können Unsicherheiten bzgl. der gefragten Einheit oder der genannten Objekte vorliegen. Solche Ergebnisse zeigen, dass hier weiterer Forschungsbedarf besteht und die überprüften Inhalte stärker im Mathematikunterricht berücksichtigt werden müssten.

Weitere Erkenntnisse finden sich in den Erhebungen von Emmrich (2004), Petersen (1987) und Grassmann (1999a), bei denen Kinder zu vorgegebenen Objekten deren Gewicht oder Länge schätzen sollten. In der Erhebung von Petersen (1987) wurden Viert- und Fünftklässlern Schätzaufgaben aus dem Größenbereich ›Gewicht‹ gestellt, die enorme Defizite offenbarten, nicht nur »bzgl. des reinen Vorstellungsvermögens, sondern auch hinsichtlich der Einschätzung unmittelbar erfahrener Gewichte« (ebd., 18). Erkenntnisse zu anderen Größenbereichen wie etwa *Geld* oder *Zeit* finden sich bspw. für Ersteres bei Scherer (2005a) und Grassmann et al. (2005), für Letzteres bei Fragnière et al. (1999).

Solche mangelhaften Größenvorstellungen können durchaus auch für Erwachsene zutreffen. Sicherlich nicht in der geschilderten gravierenden Weise, aber besonders dann, wenn man die 2. Dimension (z. B. Schätzen von Flächen) oder erst recht die 3. Dimension (z. B. Schätzen von Rauminhalten) bedenkt.

---

95 Die Einheit ›dt‹ ist im Alltag und auch in aktuellen Lehrwerken für die Sekundarstufe I sicherlich nicht sehr verbreitet, sie fand jedoch zum Zeitpunkt der Untersuchung in entsprechenden Lehrwerken z. T. noch ihre Anwendung.

- Schätzen Sie selbst, ob bspw. alle Einwohner Hamburgs – jeder auf seiner 1 m² großen Teppichfliese – auf die zugefrorene Außenalster passen. Wenn Sie alle Aufgaben dieses Buches gewissenhaft bearbeitet haben, kennen Sie sowohl die Einwohnerzahl Hamburgs als auch die Fläche der Außenalster!
- Welche minimale Fläche würde die Erdbevölkerung (6 Mrd.) einnehmen?

Wir wollen im Folgenden fünf Beispiele zu verschiedenen Inhaltsbereichen und Schuljahren geben. Die ersten drei beziehen sich jeweils auf ein Schuljahr, die vierte und fünfte Untersuchung aus dem Bereich der Geometrie stellen einen Längsschnitt über die Grundschuljahre bzw. Sonderschuljahre vor. Zu weiteren Beispielen aus dem Bereich der Arithmetik (kontextbezogen oder kontextfrei, für verschiedene Schuljahre) möchten wir auf das Buch von Hengartner (Hg., 1999) verweisen, das einen Fundus an Standortbestimmungen und kleineren Erkundungsprojekten, jeweils durchgeführt von Studierenden, darstellt. Die Auswahl unserer Beispiele erfolgte nicht nur im Hinblick auf unterschiedliche Themen, sondern auch mit Blick auf unterschiedliche Methoden. Auf diese Art sollte deutlich werden, dass nicht immer umfangreiche und aufwendige Untersuchungen erforderlich sind[96], sondern im alltäglichen Unterricht gute Möglichkeiten bestehen.

1. Schuljahr: Multiplikation
Bei einer Nachfolgeuntersuchung zur o. g. Schulanfängererhebung (vgl. Van den Heuvel-Panhuizen 1990; Selter 1995b) in der Schweiz (Hengartner/Röthlisberger 1999) wurde den Erstklässlern neben den vorgesehenen Testaufgaben irrtümlicherweise schon zu Schulbeginn die ›Kerzenaufgabe‹ (Abb. 3/6; aus Van den Heuvel-Panhuizen 1990, 64, dort für das Ende des 1. Schuljahres vorgesehen) gestellt: »*Es sollen 12 Kerzen gekauft werden. Kreuze an!*« Dieser Testaufgabentyp ist bewusst so konzipiert, dass er unterschiedliche Lösungsmöglichkeiten bietet (vgl. ebd., 63): Die Kinder können additiv vorgehen (z. B. 5+5+2; 6+6, ...) oder die Aufgabe lösen, indem sie vier Dreierschachteln oder drei Viererschachteln ankreuzen, d. h. multiplikative Zusammenhänge ausnutzen.

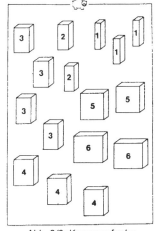

Abb. 3/6: Kerzenaufgabe (Van den Heuvel-Panhuizen 1990, 64)

---

96 Selbstverständlich sollte man Chancen nutzen, falls sich bspw. Praktika oder andere Kooperationen mit der Hochschule ergeben.

Bei der genannten Untersuchung mit Erstklässlern zeigte sich, dass viele Kinder multiplikativ vorgingen. Dies führte in der Schweiz zu einer gezielten Untersuchung zur Multiplikation im 1. Schuljahr (vgl. Eichenberger/Stalder 1999). Insgesamt wurden hierbei 14 Klassen untersucht (N = 242), die zum Zeitpunkt der Untersuchung vorwiegend im Zahlenraum bis 6, vereinzelt bis 10 rechneten. Als Methode wurde hier ein zeitlich begrenzter, schriftlicher Gruppentest gewählt, kombiniert mit klinischen Interviews zu ausgewählten Aufgaben des folgenden Typs (vgl. auch Hengartner/ Röthlisberger 1999, 37). Zu Abb. 3/7 wurde die verbale Aufgabenstellung gegeben: *»Ihr seht hier drei Eierschachteln. In jeder Schachtel sind sechs Eier. Wie viele Eier sind in den drei Schachteln? Es sind 3 mal 6. Ihr könnt unten die richtige Zahl ankreuzen oder ins Kästchen schreiben«* (Eichenberger/Stalder 1999, 31).

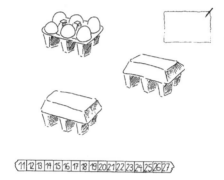

Abb. 3/7: *Eierschachtelaufgabe (aus Eichenberger/Stalder 1999, 31)*

Die Ergebnisübersicht der schriftlichen Tests (Tab. 3/1) zeigt erstaunliche Leistungen bei den Erstklässlern, und die Autoren kommentieren wie folgt: »Die Aufgaben waren unterschiedlich schwierig. Bei allen aber kamen mehr als die Hälfte der Kinder zum richtigen Resultat. [...] Am erfolgreichsten waren die Kinder mit der Verdopplungsaufgabe 2·6 Flaschen. 89 % fanden die korrekte Antwort. [...] Entgegen der Erwartung (aufgrund der Schulanfänger-Untersuchung) zeigten sich keine nennenswerten Unterschiede zwischen Mädchen und Knaben. [...] Größere Unterschiede gab es bei den anspruchsvolleren Aufgaben (wie z. B. bei 6·6 Eiern). Da waren in der besten Klasse zwei- bis dreimal mehr Kinder erfolgreich als in der schwächsten« (Eichenberger/Stalder 1999, 32).

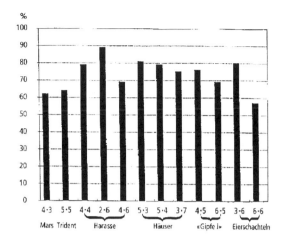

Tab. 3/1: Ergebnisse zu den 12 Aufgaben (aus Eichenberger/Stalder 1999, 32)

Ähnlich haben Kinder *vor* der offiziellen Thematisierung im Unterricht schon Ideen, wenn es um einfache Divisionsaufgaben geht: Die Bonbonaufgabe (aus Selter 1994, 125 ff.) »In einer Tüte sind 24 Bonbons. Drei Kinder teilen sich die Bonbons« zeigte vielfältige Vorgehensweisen von Zweitklässlern: Mit unterschiedlichen Strategien des Addierens, Weiterzählens, der Subtraktion, des Verdoppelns etc. sind Kinder ohne explizite Kenntnis der Multiplikation in der Lage, solche Aufgaben zu bearbeiten und dann auch richtig zu lösen. Der mit der Aufgabe gegebene *Kontext*, die *Sachsituation*, bietet – wie oben ausgeführt – die Möglichkeit einer sinnvollen Bearbeitung, die ansonsten, d. h. auf dem Wege der formalen Term-Schreibweise (24:3=?), wahrscheinlich nicht gelöst werden würde.

3. Schuljahr: Halbschriftliches Rechnen

Ausgehend von der realen Problemstellung, ihre eigene Gesamtpunktzahl bei Bundesjugendspielen zu berechnen, lösten Kinder zu Beginn des 3. Schuljahres individuell verschiedene Aufgaben (vgl. Spiegel 1993; auch Selter/Spiegel 1997, 65). Mitentscheidend für die Motivation war hierbei sicherlich das Interesse, die *eigene* Gesamtpunktzahl zu berechnen. Die zugrunde liegende Methode war hierbei die Dokumentation einer alltäglichen Unterrichtssituation in Form schriftlicher Dokumente.

Exemplarisch wollen wir hier zwei Lösungsstrategien, von Sebastian und Annika, vorstellen (Abb. 3/8a und 3/8b). Bevor Sie weiterlesen, versuchen Sie zunächst selbst, die Vorgehensweisen dieser beiden Kinder nachzuvollziehen und zu verstehen.

Sebastian hat eine ausführliche Notation gewählt und rechnet weitgehend nach der Strategie ›Stellenwerte extra‹. In seinem ersten Versuch addiert er die Punktzahlen 182, 270, 195 und 331; in seinem zweiten lediglich die letzten drei Zahlen. Um geschickt bei der Addition der Zehner immer ganze 100er zu erhalten, teilt Sebastian die 30 in 10 und 20 auf, hat »offensichtlich aber nicht gewusst, wie er so etwas aufschreiben soll. 30 = 10+20, das ist nicht die Beschreibung einer Rechnung für Sebastian. Er hilft sich mit 30:3 = 10, um 10 als Ergebnis zu produzieren« (Spiegel 1993, 6).

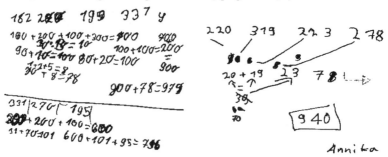

Abb. 3/8a und 3/8b: Lösungsstrategien von Sebastian und Annika (aus Spiegel 1993, 5 f.)

Mit Annikas Strategie wollen wir Sie weitgehend allein lassen, Ihnen lediglich einige Tipps und die Information geben, dass die Analyse keineswegs trivial ist und Sie nicht allzu schnell resignieren sollten: Annika addiert die Zahlen 220, 319, 223 und 278 und erhält mit 940 fast das korrekte Ergebnis, und auch bei ihr liegt das Betrachten einzelner Stellenwerte zugrunde (vgl. hierzu Spiegel 1993, 5)!

Zum Abschluss wollen wir nun zwei konkrete Beispiele einer Art Längsschnittuntersuchung, beide für den Bereich der Geometrie vorstellen.

4. bis 7. Schuljahr (Sonderschule): Würfelgebäude

Hier handelt es sich um ein Projekt, das mit 11 lernbeeinträchtigten Schülerinnen und Schülern in Form klinischer Interviews durchgeführt wurde (Alter: 10 bis 13 Jahre; 4. bis 7. Jahrgangsstufe der Schule für Lernbehinderte; vgl. Junker 1999). Ausgangspunkt der Erhebung war ein geometrischer Aufgabentyp (aus De Moor 1991, 127), bei dem ein Würfelgebäude anhand gegebener Vorder-, Seitenansicht und Aufsicht, die keine perspektivischen bzw. räumlichen Aspekte aufweisen, aus Holzwürfeln zu bauen ist (Abb. 3/9).

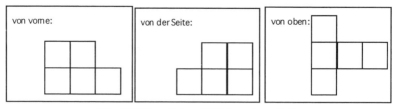

Abb. 3/9: Beispiel einer Würfelkomplexaufgabe

Da die Begriffe Aufsicht, Vorder- und Seitenansicht nicht bei allen Schülern als bekannt vorausgesetzt werden konnten, trugen die Ansichtenkarten die Bezeichnungen ›von oben‹, ›von vorne‹ und ›von der Seite‹; ob die linke oder rechte Seite vorliegt, war nicht angegeben (vgl. Junker 1999, 23).

Ähnlich wie zu Beginn des Kap. 2.3.2, bei der Sie *mental* eine Aufgabe des Unterrichtsbeispiels ›Schauen und Bauen‹ gelöst haben, sollen Sie auch hier versuchen, sich (ohne konkretes Bauen) dieses Würfelgebäude vorzustellen und die Anzahl der benötigten Würfel angeben! (Hinweis: Bei dieser Aufgabe gibt es zwei Lösungen.)

Die Schüler müssen bei dieser Problemstellung Informationen aus den Ansichtenkarten kombinieren. »Um die Würfelaufgaben durch räumliches Denken zu lösen, müssen zunächst die drei Ansichten einzeln analysiert und interpretiert werden. Die abstrahierten Darstellungen müssen von der Ebene in das Gebäude betreffende räumliche Informationen umgesetzt werden. [...] Eine besondere Schwierigkeit ist das Ergänzen der verdeckten Würfel. Einige Würfel *müssen* ergänzt werden, da sonst der Würfelkomplex zusammenfallen würde. Andere *können* ergänzt werden, sind aber auf den Ansichten verdeckt. So haben Würfelkomplexaufgaben nicht immer nur eine Lösung« (ebd., 23; Hervorh. GKr/PS). Entsprechend ihrem Leistungsvermögen wurden den Kindern bis zu 11 Würfelkomplexaufgaben mit steigendem Schwierigkeitsgrad vorgelegt, u. a. auch unlösbare Aufgaben, die besondere Sprachanlässe bieten und Denkprozesse in Gang setzen können (vgl. hierzu entsprechendes Material: *Die Grundschulzeitschrift* Heft 121/ 1999, 29–39).

Die Lösung kann dabei auf unterschiedlichen Wegen entstehen, und auch Teillösungen sind möglich: Die jüngeren Kinder bauten z. T. zu jeder Ansicht einen eigenen Würfelkomplex, und sie erkannten oftmals nicht, dass bereits umgesetzte Ansichten durch die Bearbeitung weiterer wieder verändert werden. Ältere Schüler lösten die Aufgabe z. T. nach dem Prinzip ›Versuch und Irrtum‹ und bauten einen einzigen Würfelkomplex zu den drei Ansichten. Bei noch älteren Schülern stand vor der Manipulation der Würfel der gedankliche Umgang mit den räumlichen Inhalten, was sie gezielt zur Lösung nutzten. Insgesamt war bei den Schülern mit ansteigendem Alter eine Entwicklung des räumlichen Denkens sowie des argumentativen Verhaltens zu beobachten. Auch bei diesem Projekt zeigte sich die schon erwähnte Diskrepanz zwischen Vorabeinschätzungen der Lehrenden und den tatsächlichen Leistungen der Kinder: »Als den Klassenlehrern die Würfelkomplexaufgaben vorgestellt wurden, zeigten sie wenig Vertrauen in die Leistungsfähigkeit ihrer Schüler. Sie hielten vorab den Aufgabentyp für eine starke Überforderung. Anschließend waren sie von den guten Ergebnissen begeistert« (Junker 1999, 24).

2. bis 4. Schuljahr: Kopfgeometrie

Ziel dieser Studie war die Erforschung der Fähigkeiten zum Lösen *kopfgeometrischer* Aufgaben im Grundschulalter (vgl. Senftleben 1996b, 59 ff.). Die einzelnen Inhalte bzw. Aufgabentypen wurden im Vorfeld der Studie nicht gezielt geübt. Exemplarisch wollen wir einige Aufgaben zum Zeichnen bestimmter Objekte nach vorgegebenen Ansichten vorstellen. Die folgenden Abbildungen (3/10 bis 3/12, alle aus Senftleben 1996b, 62 ff.) zeigen einige typische Lösungen von Grundschulkindern in den jeweiligen Klassenstufen[97].

Abb. 3/10: Zeichnung einer Flasche von der Seite und von oben (2. Schuljahr)

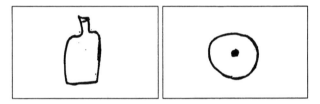

Abb. 3/11: Zeichnung einer Flasche von der Seite und von oben (3. Schuljahr)

Abb. 3/12: Zeichnung einer Flasche von der Seite und von oben (4. Schuljahr)

Es zeigte sich u. a., dass den Kindern das *Zeichnen* von Gegenständen besonders schwer fiel, wenn es in unüblichen oder nicht alltäglichen Lagen gezeichnet werden sollte (Senftleben 1996b, 68). Bezogen auf die obige Aufgabe zeigte sich einmal mehr die Schwierigkeit, die Aufgabenstellung zu verstehen: »Bestimmte Begriffe wurden von den Kindern falsch gedeutet bzw. interpretiert (z. B. beim Zeichnen eines Gegenstandes

---

97 Den Kindern wurden die verschiedenen Aufgaben innerhalb des Unterrichts gestellt.

aus einer Seitenansicht wurde der Gegenstand verdreht oder sogar halbiert dargestellt)« (ebd., 68).

Zusammenfassend bleibt festzuhalten, dass die große Heterogenität der Vorgehensweisen der Kinder zugelassen und möglichst in den Unterricht einbezogen werden muss. Und dies gilt für *alle* Inhaltsbereiche! Erst allmählich sollte der Übergang zu effektiveren und effizienteren Methoden erfolgen. Wie bereits zuvor angesprochen, gilt jedoch auch hier: Keinen Schüler unterschätzen – aber auch keine übergeneralisierende ›Kompetenz-Euphorie‹!

Abschließend wollen wir noch weitere *exemplarische* Lesehinweise (neben den bisher genannten Untersuchungen) mit Anregungen und Aufgabenbeispielen geben, die sich für verschiedene Schuljahre eignen: *Geometrie*: Franke 1999; Grassmann 1999a; Kurina et al. 1999; Lafrentz/Eichler 2004; Reemer/Eichler 2005; *Addition/Subtraktion (für verschiedene Zahlenräume)*: Scherer 1995a/1999b/2003a/2005a; *Multiplikation/Division*: Gloor/Peter 1999; Scherer 2005b; Selter 1994; *Große Zahlen*: Stucki et al. 1999.

3.1.2 Vergleichsuntersuchungen und Bildungsstandards

Seit geraumer Zeit dominieren Fragen nach Vergleichbarkeit, Leistungsbewertung und Qualitätssicherung die bildungspolitische Diskussion, ausgelöst durch z. T. unterdurchschnittliche Leistungen der deutschen Schülerinnen und Schüler bei der »Third International Mathematics and Science Study‹ (TIMSS, vgl. z. B. Baumert et al. (Hg.) 2000). Wir möchten in diesem Abschnitt nicht die gesamte, z. T. sehr kontroverse Diskussion nachzeichnen, die gewiss mehr als dieses Buch füllen würde[98]. Wir werden also einerseits nur aus fachdidaktischer Perspektive auf diese Thematik schauen. Andererseits wollen wir die genauere Betrachtung von Aufgabenbeispielen und Fragen der unterrichtlichen Konsequenzen bzw. der Handlungsrelevanz für Lehrende auf die Grundschule beschränken.

Eine erste Konsequenz aus der TIMS-Studie war sicherlich die Teilnahme an weiteren sowohl internationalen als auch nationalen Vergleichsstudien, wie etwa IGLU-E oder PISA (vgl. z. B. Walther et al. 2003; Walther et al. 2004; zur Übersicht Ratzka 2003; Van Ackeren/Klemm 2000) bzw. die Durchführung von Vergleichsarbeiten. Dies hatte auch für die Grundschule Konsequenzen, wobei gerade diese Schulform in den letzten Jahren vielen Reformen unterworfen wurde, wie etwa die Aufnahme von Englisch als Unterrichtsfach, die flexible Eingangsstufe (vgl. auch Kap. 3.1.6). Die Diskussionen um die Leistungen von Grundschulkindern im internationalen Vergleich wurden längst

---

98 Als Literaturhinweise seien exemplarisch genannt: Die Themenhefte 12/2004 bzw. 3/2005 der ›Grundschule‹; Heft 89/2005 der Zeitschrift ›Grundschulverband aktuell‹; Bartnitzky/Speck-Hamdan (Hg., 2004) oder Jahnke/Meyerhöfer (Hg., 2006)

190

nicht so ausführlich und aufgeregt geführt wie bspw. die der Sekundarstufenschüler nach TIMSS und PISA, da hier vermeintlich geringerer Handlungsbedarf besteht, denn Leistungsvergleiche für das Fach Mathematik, nicht zuletzt als Ergebnis der Grundschulstudie IGLU/E, zeigen ein positives Bild der Grundschule: Die deutschen Grundschülerinnen und -schüler liegen deutlich oberhalb des internationalen Mittelwerts (vgl. Walther et al. 2003, 207). Dennoch weisen etwa 19 % der deutschen Grundschülerinnen und -schüler am Ende des vierten Schuljahres größere Defizite im Fach Mathematik auf (vgl. ebd., 216) und müssen im Hinblick auf ihr weiteres Mathematiklernen als gefährdet angesehen werden. In der PISA-Studie zeigte sich zudem, dass im Bereich der mathematischen Grundbildung Deutschland zu den Ländern mit besonders großer Streuung gehört (vgl. Klieme et al. 2001, 176; vgl. zur Problematik heterogener Lerngruppen Kap. 3.1.6.1).

Als zweite wesentliche Konsequenz wurden dann Fragen der Qualitätsentwicklung und -sicherung bzw. verbindlicher Standards oder tragfähiger Grundlagen diskutiert (vgl. z. B. Bartnitzky et al. 2003; KMK 2005a):»Die Kultusministerkonferenz sieht es als zentrale Aufgabe an, die Qualität schulischer Bildung, die Vergleichbarkeit schulischer Abschlüsse sowie die Durchlässigkeit des Bildungssystems zu sichern. Bildungsstandards sind hierbei von besonderer Bedeutung. Sie sind Bestandteile eines umfassenden Systems der Qualitätssicherung, das auch Schulentwicklung, interne und externe Evaluation umfasst« (KMK 2005b, 5). Diese Bemühungen werden aber nicht unkritisch gesehen und lösen weitere bildungspolitische Diskussionen aus:»Die Tatsache, dass das deutsche Bildungswesen im internationalen Leistungsvergleich weit zurückliegt, zeugt ganz offenkundig von einem gewissen Maß an unrealistischer Selbst*ein*schätzung und trügerischer Selbst*über*schätzung. Auch die stetig wiederkehrende formelhafte Forderung nach Schulentwicklung und die fortwährende Mahnung zu Optimierung von Unterrichtsgestaltung führen nicht notwendigerweise zur Erhöhung von Bildungsqualität« (Schor 2002, 9; Hervorh. i. Orig.). Diese als Reaktion auf PISA geäußerte Einschätzung dokumentiert eine gewisse Unsicherheit bzgl. der Effektivität von Reformbemühungen.

Wir möchten nun drei kritische Aspekte etwas genauer beleuchten, nämlich die Wahl der Aufgaben in Vergleichsstudien, die Entstehung und Konkretisierung der Bildungsstandards und die Frage der Konsequenzen für den Mathematikunterricht.

• *Zur kritischen Reflexion der Aufgaben*

Es soll hier kein pauschales Plädoyer gegen groß angelegte Vergleichsstudien und den jeweils gewählten Aufgaben erfolgen, andererseits sollten Aufgabentypen oder auch Methoden nicht unkritisch akzeptiert werden. Auch sollten die Ergebnisse vorsichtiger interpretiert werden (vgl. auch Bender 2004, 106; vgl. auch Kap. 4.5). Des Weiteren ist eine Aufgabe nicht per se schon geeignet oder weniger geeignet, sondern der Zweck ihres Einsatzes ist mitentscheidend:»Aufgaben zur Leistungsmessung im Fach Mathematik sind nicht automatisch auch als Aufgaben für das Unterrichten von Mathematik geeignet. [...] Unterrichten und Leistungsmessung haben jeweils einen eigenen Zweck. [...] Aufgaben zur Leistungsmessung [...] sollten Aufschluss über die Fähigkeiten der Kinder geben und den Zugang zu ihrem Denken ermöglichen. Die Hauptanforderung an Aufgaben für den Unterricht besteht darin, dass sie den Kindern Gelegenheiten zum Lernen bieten« (Van den Heuvel-Panhuizen 2006, 16).

Exemplarisch sei im Folgenden ein Aufgabenbeispiel präsentiert, welches im Rahmen der TIMS-Studie für die Population der Grundschule eingesetzt wurde (zur kritischen Reflexion weiterer Beispiele vgl. z. B. Scherer 2004).

Beispiel (vgl. Ratzka 2003, 177): Herr Braun ging spazieren und kehrte um 7.00 Uhr zurück. Sein Spaziergang dauerte 1 Stunde und 30 Minuten. Um wie viel Uhr verließ er sein Haus?

Für diese Textaufgabe wird neben der Fähigkeit, die gegebene Informationen in ein angemessenes mathematisches Modell zu übersetzen, Alltagswissen hinsichtlich des Bereichs »Messen und Maßeinheiten« (hier: Zeit) benötigt (vgl. auch Kap. 1.3.5). Ratzka setzte diese Aufgabe in ihrer Studie mit 1222 Viertklässlern ein und stellte fest, dass unter zeitlich begrenzen Bedingungen 68 % korrekte Lösungen entstanden, ohne Zeitdruck die Lösungshäufigkeit bei 75 % lag (2003, 177). Unter Zeitdruck machten 10 % der Kinder denselben Fehler »6.30 Uhr«, d. h., sie vergaßen die volle Stunde zu subtrahieren (ebd.).

Ratzka konnte darüber hinaus durch eine Interviewstudie zeigen, dass einige Kinder die entstehende korrekte Lösung »5.30 Uhr« für unrealistisch hielten: »um 5.30 Uhr gehe niemand aus dem Haus, um spazieren zu gehen« (ebd. 2003, 226). Eine kritische Interpretation von Sachverhalten und berechneten Lösungen ist also an dieser Stelle nicht wünschenswert und wird ggf. die Schülerinnen und Schüler zu einer falscher Lösung führen (bspw. die entstandene Lösung auf 17.30 Uhr abändern, was einige Kinder taten und ja auch einer Plausibilität durchaus nicht entbehrt; vgl. ebd; vgl. zum Zeitfaktor auch Bender 2004).

Untersucht man die in Vergleichsstudien, Vergleichsarbeiten und Tests eingesetzten Aufgaben, so lassen sich sicherlich immer Beispiele für mehr oder weniger kritische Aufgaben finden. Es existieren Problemstellungen, bei denen die Aufgabenkonstruktion aufgrund ungeschickter Begriffe oder Formulierungen etc. mehr als fragwürdig ist (vgl. Bender 2004). Unabhängig davon können bei gleicher Aufgabenstellung und -darbietung immer auch die gegebenen Zahlenwerte – gerade für leistungsschwächere Schülerinnen und Schüler – ein beeinflussender Faktor für das Lösen oder Nicht-Lösen von Testaufgaben sein (vgl. z. B. Scherer 1995; Scherer 2003b).

In der Untersuchung von Ratzka differierten je nach Auswahl der Testaufgaben bei gleichem methodischen Arrangement die Leistungen z. T. erheblich, d. h., jede der Studien (hier: TIMSS, AMI oder Rechentest) testete letztlich etwas anderes. Selbst zwei

Tests, die beide aus Textaufgaben bestanden, schienen tendenziell unterschiedliche mathematische Fertigkeiten und Fähigkeiten zu überprüfen (ebd. 2003, 199). Dann mag es nicht verwundern, dass ein Lehrerurteil, die Bewertung von Leistungen im alltäglichen Mathematikunterricht, noch anders ausfallen kann.

Insgesamt sollte immer bedacht werden, was derartige Leistungsmessungen, wie etwa auch die im September 2004 durchgeführte landesweite Leistungsüberprüfung, leisten: »IGLU (PISA, TIMSS usw. entsprechend) misst nicht *die* Mathematik [...], sondern die Leistungen bei *diesem* Test unter *diesen* Bedingungen, die wir, wie bei jedem Test, zu einem großem Teil darin bestehen, das von den Autoren Gemeinte zu entschlüsseln« (Bender 2004, 101).

• *Zur Entstehung der Bildungsstandards*
Die KMK beschloss Mitte 2002 die Erarbeitung von Bildungsstandards, die sich auf Kernbereiche eines bestimmten Faches beziehen sollen, wobei schon damals einige Aspekte, insbesondere die geplanten bundesweiten Vergleichsuntersuchungen skeptisch gesehen wurden (vgl. etwa Schipper 2004). In den Jahren 2003 und 2004 wurden dann bundesweit geltende Bildungsstandards für verschiedene Fächer und verschiedene Jahrgangsstufen beschlossen (KMK 2005b, 5 f.): Bildungsstandards für den mittleren Schulabschluss (Jahrgangsstufe 10), Bildungsstandards für den Hauptschulabschluss (Jahrgangsstufe 9) sowie für den Primarbereich (Jahrgangsstufe 4).

Bei den Niveauanforderungen solcher Standards unterscheidet man zwischen ›Mindest- oder Minimalstandards‹, ›Regelstandards‹ und ›Exzellenz- oder Maximalstandards»‹ (vgl. KMK 2005b, 8 f.). Zu entwickeln und durch Aufgabenbeispiele zu konkretisieren waren sogenannte ›mittlere Standards‹ im Sinne von Regelstandards (vgl. Schipper 2004). Diese beschreiben Kompetenzen, die Schülerinnen und Schüler einer bestimmten Jahrgangsstufe im Durchschnitt oder in der Regel erreichen sollen (KMK 2005b, 9). Diese Entwicklungsarbeit wurde in verschiedenen Gruppen unter enormen Zeitdruck aufgenommen. Dabei war es bspw. nicht möglich, die Lehrpläne der einzelnen Bundesländer zu analysieren oder einen Konsens in unterschiedlichen Auffassungen zu konkreten Zielen des Mathematikunterrichts zu erhalten (vgl. z. B. Sill 2006, 299; auch Schipper 2004). »Die Standards sind nicht im Resultat gründlicher wissenschaftlicher Analysen internationaler und nationaler Entwicklungen entstanden, sondern sind Ergebnis eines politisch motivierten Beschlusses auf ministerieller Ebene, der in sehr kurzer Zeit umzusetzen war« (Sill 2006, 299 f.).

Für den Sekundarbereich wird zudem beklagt, dass in der Expertise zur Entwicklung der Standards (vgl. Klieme et al. 2003) kein Bezug auf bereits existierende Standards von 1995 genommen wurde (vgl. Sill 2006, 294 f.). Für den Primarbereich kritisch anzumerken ist sicherlich, dass erst »nach der Veröffentlichung der Entwurfsfassung dieser Mathematik-Standards [...] nachdrücklich »Abstimmungen« in dem Sinne gefordert [wurden], dass sich die Grundschul-Standards den inhaltlichen und sprachlichen Vorgaben der Standards für den mittleren Bildungsabschluss anzupassen hätten« (Schipper 2004, 17).

Wie sehen die Bildungsstandards für die Jahrgangsstufe 4 des Faches Mathematik nun konkret aus? Neben den allgemeinen mathematischen Kompetenzen Problemlösen, Kommunizieren, Argumentieren, Modellieren und Darstellen (KMK 2005a, 7 f.; vgl. auch Kap. 2.3) sind inhaltsbezogene mathematische Kompetenzen zu folgenden Bereichen aufgeführt: Zahlen und Operationen, Raum und Form, Muster und Strukturen, Größen und Messen, Daten, Häufigkeit und Wahrscheinlichkeit (ebd., 8 ff.). Diese Bereiche sind weiter untergliedert (etwa der Bereich Größen und Messen durch die Kompetenzen ›Größenvorstellungen besitzen‹ und ›mit Größen in Sachsituationen umgehen‹; vgl. auch Kap. 1.3.4 und 1.3.5) und jeweils durch Aufgabenbeispiele konkretisiert.

Sie finden nachfolgend das Aufgabenbeispiel 10 mit vier Teilaufgaben zu ›Größen und Messen‹ (KMK 2005a, 26 f.). Lösen Sie die Teilaufgaben mit grundschulgemäßen Strategien. Wo ergeben sich Mehrdeutigkeiten im Verständnis der Aufgaben, aber auch mit Blick auf die Auswertung und Bewertung der Schülerlösungen? Wo erwarten Sie Schwierigkeiten für Viertklässler? Überprüfen Sie in einem Schulbuch Ihrer Wahl für das 4. Schuljahr, ob derartige Aufgabentypen dort repräsentiert sind!

Aufgabenstellung:

Durchschnittlicher Wasserverbrauch pro Person / pro Tag			
Kochen, Trinken	5 Liter	Körperpflege	49 Liter
Geschirr spülen	8 Liter	Toilettenspülung	35 Liter
Blumen / Garten	5 Liter	Wäsche waschen	49 Liter
		Sonstiges	7 Liter

1. Aufgabe:

Wie viel Liter Wasser verbraucht eine Person an einem Tag durchschnittlich für Körperpflege und Wäsche waschen? *(AB I)*

2. Aufgabe:

Vervollständige das Streifendiagramm. *(AB II)*

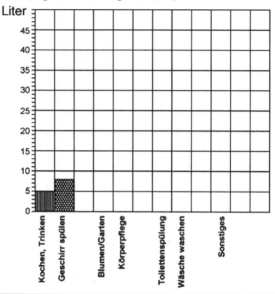

3. Aufgabe:

Wie viel Liter Wasser verbraucht eine Person insgesamt *(AB I)*

– an einem Tag?

– in einer Woche?

4. Aufgabe:

Familie Meister kommt nach 3 Wochen Urlaub nach Hause. Ute entdeckt, dass im Bad der Wasserhahn tropft. Sie stellt einen 5 Liter-Eimer unter den tropfenden Hahn. Nach 6 Stunden ist der Eimer voll. Wie viele Liter Wasser könnten während des Urlaubs verloren gegangen sein? *(AB III)*

- *Konsequenzen für Lehrpersonen und Unterricht*

Welche Konsequenzen die Umsetzung der Standards und die Durchführung der Vergleichsarbeiten haben, ist noch weitgehend offen. Offiziell sollen sie kein Selektionsinstrument darstellen, jedoch befürchten dies viele Lehrerinnen und Lehrer. Die kritischen Diskussionen könnten den Blick von Lehrpersonen schärfen und ihnen Hilfen für die eigene Unterrichtstätigkeit bieten (zu diesbezüglichen Bestrebungen vgl. etwa Koch et al. 2006). Es sollte also nicht darum gehen, solche Studien kategorisch abzulehnen. Vielmehr sollten Lehrerinnen und Lehrer sich dessen bewusst sein, welche Informationen einzelne Erhebungen bieten und wie diese für den eigenen Unterricht zu nutzen sind. U. a. erscheinen die folgenden Aspekte wichtig:

Ein aktuelles Verständnis von Mathematiklernen und -lehren, konkretisiert durch entdeckendes Lernen, Eigentätigkeit der Schülerinnen und Schüler, produktives Üben oder durch offenen Unterricht bzw. offene Aufgaben wird nach wie vor häufig als schwer vereinbar mit Leistungsmessungen angesehen (vgl. auch Kap. 4.6). Bei der oben skizzierten TIMSS-Aufgabe und bspw. den genannten Rahmenbedingungen solcher Vergleichsstudien (z. B. Zeitfaktor) kann dies durchaus zutreffen: So werden Schülerinnen und Schüler, die bei der genannten Aufgabe die Lösung kritisch hinterfragen und sie ggf. als unrealistisch verwerfen oder aber bei einer Aufgabe unterschiedliche Lösungsstrategien entwerfen und überprüfen, eher einen Nachteil für ihre Leistungsbewertung erfahren, im letzten Fall möglicherweise aufgrund des Zeitfaktors.

Allgemein ist jedoch festzuhalten, dass Schülerinnen und Schüler auch bei Vergleichsstudien von einem eher konstruktivistischen Lehr- und Lernverständnis ihrer Lehrpersonen profitieren und dies unabhängig von ihrem Fähigkeitsniveau (vgl. Staub/Stern 2002).»Dieses Ergebnis spricht sehr dafür, dass Lehrer das Verstehen und Lösen von mathematischen Aufgaben beeinflussen können. Lehrer, die eigenständiges Lernen für bedeutsam halten, fördern offensichtlich ein erweitertes mathematisches Verständnis, was vor allem bei schwierigen Aufgaben von Bedeutung ist. Von der konstruktivistischen Haltung und der damit vermutlich häufig verbundenen Unterrichtsgestaltung profitieren nicht nur die ›guten Mathematiker‹ unter den Kindern, die keine prinzipiellen Schwierigkeiten mit mathematischen Aufgaben haben, auch die ›schwächeren Mathematiker‹ erzielen tendenziell bessere Leistungen« (Ratzka 2003, 195).

Sowohl für die Schülerinnen und Schüler als auch (bei von außen gesteuerten Erhebungen) für die Lehrerinnen und Lehrer müssen die jeweiligen Anforderungen transparent sein. Schülerinnen und Schüler sollten im Mathematikunterricht einerseits Situationen erfahren, in denen das Explorieren, das Suchen nach individuellen Wegen und das kritische Diskutieren verschiedener Lösungen und Strategien wesentlich und wünschenswert ist. Sie sollten andererseits Testsituationen kennenlernen und möglicherweise vorab erfahren, dass hierbei bspw. die für eine Lösung benötigte Zeit nicht unerheblich ist oder dass nicht unbedingt vielfältige Lösungen gefragt sind.

Der Vergleich der eigenen Klasse mit der Parallelklasse oder den gleichen Jahrgängen im Schulamtsbezirk etc. ist sicherlich hilfreich, um das Niveau angemessen einzuordnen. Er darf jedoch nicht die Sicht auf das einzelne Kind vernachlässigen:»Informationen über durchschnittliche Leistungen helfen Lehrern nicht, ihren Mathematikunterricht zu verändern und die Leistungen der einzelnen Schüler zu verbessern« (Ratzka 2003, 42). Positive Beispiele für einen produktiven Umgang mit den jeweiligen Rahmenbedingungen sowie auch für alternative Formen der Leistungsbewertung liegen durchaus vor (vgl. z. B. Forthaus/Schnitzler 2004; Hilf/Lack 2004; Ruwisch 2004; Sundermann/ Selter 2006a/b; vgl. auch Kap. 4.6).

Erforderlich sind aktuell sicherlich Materialien für die Implementierung der Bildungs-standards (für die Sekundarstufe: vgl. Blum et al. 2006; entsprechendes Material für den Primarbereich ist in Vorbereitung) und ein diesbzgl. Erfahrungsaustausch. Offen bleibt jedoch weiterhin, welche Konsequenzen das Nichterreichen solcher Standards für eine bestimmte Klasse, eine Schule oder auch eine Region hat. Bildungsstandards und Ver-gleichsstudien werden eher als Werkzeug von außen gesehen mit dem »Risiko einer Entkoppelung der Unterrichts- und Schulentwicklung von der schulischen Qualitätsho-heit durch Einführung einer ouputgesteuerten Kontrollpraxis« (Hameyer/Heckt 2005, 9; vgl. auch Schipper 2004; Sill 2006). Es stellt sich die Frage, ob sich dadurch langfristig nicht wünschenswerte Veränderungen des Unterrichts ergeben werden, wie etwa eine Dominanz, die Schülerinnen und Schüler primär auf die Testsituation und die entspre-chenden Aufgaben vorzubereiten und zentrale Unterrichtsprinzipien aus dem Blick zu verlieren[99]. Tendenziell besteht die Gefahr, dass sich eine solche Haltung (>Teaching to the Test<[100]) in den Köpfen der Lehrerinnen und Lehrer einstellen kann.

3.1.3 Didaktische Gestaltung von Lernumgebungen

In diesem Kapitel wollen wir versuchen, den Begriff der Lernumgebungen etwas ge-nauer zu fassen sowie seine Implikationen für den Mathematikunterricht zu beschrei-ben, weil er in der Literatur recht schillernd gebraucht wird.

Da ist zunächst einmal ein pädagogisches Verständnis, bei dem es v. a. darum geht, den Kindern eine angenehme Lernatmosphäre zu ermöglichen, also eine Situation, in der sie sich aufgehoben, angenommen, ernst genommen fühlen. Förderlich dazu sind gewisse Rituale des miteinander Umgehens, der Eröffnung des gemeinsamen Unterrichtsvormit-tags, der Pausengestaltung usw. Die Kinder erwerben Vertrauen in die Person der Leh-rerin oder des Lehrers und haben z. B. keine Probleme damit, Schwierigkeiten oder all-gemeine Befindlichkeiten beim Lernen zu formulieren und um Hilfe zu bitten.

Ein anderes Verständnis von Lernumgebung bezieht sich das methodisch-organisa-torische Arrangement, also z. B. eine kindgerechte Gestaltung des Klassenraums. Der (im wörtlichen Sinne) Lern-Raum kann sich auf die Lernatmosphäre und damit auch auf den Lernprozess und die Lernergebnisse auswirken. Lehramtsstudierende können dies je nach Studienstandort auch an sich selbst erfahren, wenn sie in mehr oder weniger >heimelige< Seminarräume zu überfüllten Lehrveranstaltungen streben.

---

99 Einzuwenden wäre in diesem Zusammenhang, dass durchaus positive Beispiele für eine veränderte Testkultur existieren (>positive testing<, vgl. z. B. Van den Heuvel-Panhuizen 1994/1996; Van den Heuvel-Panhuizen/Gravemeijer 1991; auch Kap. 4.6).

100 Vgl. hierzu das Themenheft 5/2006 der >Grundschule<.

Wir wollen diese beiden Verständnisse von Lernumgebungen nicht gering schätzen, denn sie haben mit Sicherheit ihre Bedeutung für erfolgreiches Lernen. Nahezu jeder wird entsprechende Erfahrungen in seiner eigenen Lernbiografie finden (vgl. Krauthausen/Scherer 2004). Anders verhält es sich aber mit großer Wahrscheinlichkeit beim folgenden, *inhaltlich* gemeinten Verständnis von Lernumgebungen. Im Zuge des Paradigmenwechsels zum aktiv-entdeckenden Lernen und zur Öffnung des Unterrichts (vgl. Kap. 2 u. 4) hat sich auch bzgl. der ›Unterrichtsplanung‹ die Aufgabe der Lehrkräfte verändert, sie ist anspruchsvoller geworden. Kernaufgabe ist es nun, möglichst gehaltvolle *Lernumgebungen* gemäß fachdidaktisch aktueller Standards (hier jetzt nicht i. S. von Bildungsstandards, sondern als aktueller Forschungs- und Erkenntnisstand gemeint) zu gestalten, also bereitzustellen und das Lernen in diesem Rahmen angemessen zu begleiten.

3.1.3.1   Zum Begriff der substanziellen Lernumgebung

Im Rahmen des produktiven Übens (Kap. 2.1.2) haben wir bereits ›substanzielle Aufgabenformate‹ mit ihren konstituierenden Merkmalen vorgestellt. Diese sind im Grunde *eine* Form einer substanziellen Lernumgebung, mit dem Spezifikum, dass sie sich auf sogenannte Formate, also vorgegebene, ›formatierte‹ Gefäße beziehen, in denen Aufgaben angeboten werden können und innerhalb derer dann vielfältige Aufgaben oder Problemstellungen möglich sind. Lernumgebungen sind aber nicht darauf beschränkt, sondern ebenso im Rahmen anderer Inhalte der Arithmetik, aber auch in der Geometrie, beim Sachrechnen und natürlich auch mit inhaltsübergreifenden Aspekten sinnvoll.

Wir greifen daher noch einmal auf die Definition aus Kap. 2.1.2 von Wittmann (1995b, 528) zurück, allerdings in einer variierten und etwas allgemeineren Form, die sich anlehnt an Wittmann (2001, 2; Übersetzung GKr/PS). Danach sind (substanzielle) Lernumgebungen durch folgende Merkmale charakterisiert:

(1) Sie repräsentieren zentrale Ziele, Inhalte und Prinzipien des Mathematiklernens *auf einer bestimmten Stufe* (z. B. hier: der Grundschule).

(2) Sie sind bezogen auf fundamentale Ideen, Inhalte, Prozesse und Prozeduren *über diese Stufe hinaus* und bieten daher reichhaltige Möglichkeiten für *mathematische* Aktivitäten.

(3) Sie sind *didaktisch flexibel* und können daher leicht an die spezifischen Bedingungen einer (heterogenen) Lerngruppe angepasst werden.

(4) Sie integrieren *mathematische, psychologische und pädagogische Aspekte* des Lehrens und Lernens von Mathematik in ganzheitlicher und natürlicher Weise und bieten daher ein reichhaltiges Potenzial für empirische Forschungen.

Solche Lernumgebungen sind nicht identisch mit ›Unterrichtsstunden‹ oder ›Unterrichtseinheiten‹. Eine Lernumgebung muss weder zur gleichen Zeit von der gesamten Klasse bearbeitet werden noch ist ihre zeitliche Ausdehnung festgelegt; sie kann sich über 20 Minuten, eine 45-Minuten-Einheit, über mehrere Unterrichtsstunden erstrecken oder gar über mehrere Tage verteilt werden. Dies erleichtert übrigens die Etablierung eines solchen Vorgehens, da auch in dieser Hinsicht auf die Vorerfahrungen einer Lerngruppe Rücksicht genommen werden kann.

Konkretisierende Beispiele für Lernumgebungen finden sich durchgängig in diesem Buch (vgl. u. a. Kap. 2.1.2). Daher sollen hier keine weiteren Beispiele, sondern nur einige ergänzende Erläuterungen der vier Kriterien erfolgen. Wir orientieren uns dabei an jenen Anforderungen, wie sie sich für Grundschullehrerinnen und -lehrer stellen, die einen zeitgemäßen Unterricht planen, sprich: Lernumgebungen fachdidaktisch verantwortlich gestalten müssen.

Das 1. Kriterium fordert die glaubwürdige Realisierung der Ziele, Inhalte und Prinzipien aktueller Mathematikcurricula *für die Grundschule*. Diese Schulstufe kann aber von der Grundschullehrerin nicht als abgeschlossenes ›Biotop‹ verstanden werden, nach dessen Abschluss sie ja in Klasse 4 (bzw. in einigen Bundesländern Klasse 6) die Kinder an weiterführende Schulen abgibt. Ihre Verantwortung endet also durchaus nicht hier. Denn die mathematischen Lernprozesse der *Kinder* – und auf *sie* kommt es hier an – gehen weiter. Und damit dies möglichst harmonisch und ohne große Brüche erfolgen kann, erhöht es die Substanz und die Gestaltung der Lernprozesse in der Grundschule, wenn die Lehrerin weiß, worauf die von ihr hier thematisierten Inhalte später, im Mathematikunterricht der Klasse 5, 6, 7 ... einmal hinauslaufen werden.

Genau das ist gemeint, wenn das 2. Kriterium fordert, dass die Lernumgebungen in der Grundschule auf fundamentale Ideen ausgerichtet sein sollen (vgl. Kap. 1.2.2 u. 2.2). Diese sind ja naturgemäß nicht auf eine Schulstufe begrenzt, sondern ziehen sich von informellen mathematischen Lernprozessen über die verschiedenen Schulstufen bis hinein in die Fachmathematik. Dies ist *ein* Grund, warum auch die fachmathematischen Anforderungen an eine Grundschullehrerin nicht auf die Inhalte und auf das Niveau begrenzt sein dürfen, die bzw. auf dem sie diese tatsächlich unterrichtet (vgl. Krauthausen/ Scherer 2004). Denn den Kindern sollen *mathematische* Aktivitäten ermöglicht werden. Und das geht schlechterdings nur dann, wenn die Lehrerin die dahinterstehende Mathematik auch für sich selbst erschlossen hat, auf einem höheren Niveau als es dann ihre Kinder bearbeiten – »Elementarmathematik vom höheren Standpunkt« hat Freudenthal (1978, 63) diese Forderung bereits sehr früh genannt.

Das 3. Kriterium ist insbesondere vor dem Hintergrund heterogener Lerngruppen von Bedeutung und dort nicht zuletzt auch ein ökonomischer Gewinn: Denn es werden bei entsprechend (inhaltlich) ganzheitlichen Lernumgebungen auf recht unaufwendige Weise Formen einer natürlichen Differenzierung möglich (vgl. dazu Kap. 3.1.6).

Das 4. Kriterium schließlich macht deutlich, dass das Mathematiklernen nicht nur Kognition oder ein Abstraktum ohne Relevanz oder Anwendung für das tägliche Leben ist. Mathematiktreiben hat auch viel mit Emotion zu tun: Ästhetik und Schönheit sind in der Mathematik häufig gebrauchte Vokabeln und über den Muster-Begriff auch schon im Grundschulalter zu erfahren. Auch die Erkenntnisse und Postulate der Lernpsychologie und der Pädagogik sind in natürlicher Weise in einer substanziellen Lernumgebung realisiert. Dies ist auch ein Grund dafür, dass sich solche Lernumgebungen hervorragend für empirische Forschungen eignen. Und dies nicht nur für die Fachdidaktikerinnen und Fachdidaktiker, sondern besonders auch für Studierende: Zahlreiche Examens- oder Semesterarbeiten an diversen Standorten bestätigen diese Eignung, indem Studierende eigene kleine Forschungsprojekte im Rahmen einer bestimmten Lernumgebung zum Gegenstand vertieften Interesses und forschender Arbeit gemacht haben.

3.1.3.2 ›Gute Aufgaben‹ und ›neue‹ Aufgabenkultur

Insbesondere im Anschluss an internationale Vergleichsstudien ist eine intensiv geführte mathematikdidaktische Diskussion v. a. zu einer veränderten Aufgabenkultur zu verzeichnen. Bardy (2002) plädiert dafür, diese Diskussion aus den Sekundarstufen auch auf den Mathematikunterricht der Grundschulen auszuweiten. »Forderungen wie z. B. weniger Kalkül-Orientierung, mehr Verständnis-Orientierung, mehr selbstständiges und aktives Mathematiktreiben, mehr fächerübergreifendes Lernen, mehr inhaltliches Argumentieren, mehr Problemlöseaufgaben sind m. E. auch für den Grundschulunterricht, hier vor allem für die vierte Jahrgangsstufe, berechtigt« (ebd., 29 f.).

Es liegt auf der Hand, dass eine ganzheitlich gestaltete und den konstituierenden Merkmalen entsprechende Lernumgebung viel mit fachdidaktisch ›guten Aufgaben‹ bzw. einer entsprechenden Aufgabenkultur zu tun hat. Nicht umsonst gibt es deshalb in jüngerer Zeit auch zunehmend Publikationen mit entsprechenden Angeboten (z. B. Bardy 2002; Büchter/Leuders 2005; Hengartner/Wieland 2001; Hengartner et al. 2006; Ruwisch/Peter-Koop (Hg.) 2003). Es soll aber auch nicht verschwiegen werden, dass es für den Mathematikunterricht speziell in der Grundschule auch bereits in Vor-TIMSS-/ PISA-Zeiten *konzeptionelle* Vorschläge (und Umsetzungen) in dieser Hinsicht gab, die über gelungene Einzelbeispiele hinaus den nun besonders diskutierten ›neuen‹ Forderungen bereits entsprachen (vgl. z. B. zahlreiche Schriften von Freudenthal, Winter; oder Müller/Wittmann 1984 bzw. Wittmann/Müller 1990/1992).

Dabei zeigt sich auch, dass ›gute Aufgaben‹ nicht zwingend Anwendungsaufgaben sein müssen, die aus dem unmittelbaren physischen Erfahrungsbereich oder der Umwelt der Kinder entnommen werden – eine Verkürzung der Sichtweise, wie sie sich manchmal in der Literatur aufzudrängen scheint. So wichtig und sinnvoll eine angemessene Anwendungsorientierung ist und daher im Unterricht erfolgen soll, so sehr muss auch daran erinnert werden, dass Anwendungs- *und* Strukturorientierung »zentrale und eng miteinander verknüpfte Unterrichtsprinzipien sind« (MSJK 2003, 71; vgl. Kap. 1.3 u. 4.1). Auch dies ist keine neue Einsicht: »Außermathematische Sachverhalte bieten keine Gewähr für Problemhaltigkeit des Unterrichts« (Besuden 1985a, 75). Vor diesem Hintergrund lassen sich auch heute noch gewisse Sachaufgaben mit künstlichem Charakter legitimieren (vgl. Kap. 1.3). Und nicht zuletzt sind auch rein innermathematische Phänomene (vgl. z. B. die Aufgabenformate in Kap. 2.1.2) durchaus in der Lage, Grundschulkinder anhaltend zu faszinieren und zu ausdauernder Aktivität anzuregen.

3.1.3.3   Merkmale guter Aufgaben und einer sachgerechten Aufgabenkultur

Schulbuchverlage berichten einstimmig, dass ›die Basis‹ stets nach ›mehr Aufgaben‹ rufe, weil zu wenige Übungsaufgaben‹ in den Schulbüchern stünden. Ist es aber wirklich das zu geringe Angebot? »An Aufgaben fehlt es im Mathematikunterricht wahrlich nicht. Jedes Buch [Schulbuch; GKr/PS] hat rund 1000 Aufgaben. […] Die Qualität dieser Aufgaben ist sehr unterschiedlich. Dennoch werden nahezu sämtliche eingereichten Schulbücher ministeriell genehmigt« (Wielpütz 1999, 14). Daraus lässt sich lernen: Die Tatsache, dass eine Aufgabe in einem Schulbuch gedruckt erscheint, muss noch kein Gütemerkmal sein. Erneut kommt es wieder darauf an, wie mit den Aufgaben umgegangen wird.

Gächter (2004) beklagt: »Wir sind eine Aufgaben-Wegwerfgesellschaft! Muss man länger als 3 Minuten über den Lösungsweg nachdenken, ist die Aufgabe unlösbar. Das Verweilen bei einem Problem, das Nachdenken über verschiedene Lösungswege und das Ausschöpfen der Möglichkeiten scheint zu anstrengend« (ebd., 185). Und er fährt fort: »Wir sind eine Aufgaben-Hamstergesellschaft! […] Schülerinnen und Schüler haben das Bedürfnis, alle Aufgabentypen vor der Prüfung zu behandeln, damit diese berechenbar wird und sich nichts Unvorhergesehenes ereignet. Im Eilzugstempo eilt man (am liebsten mit Lösungsheft) von Aufgabe zu Aufgabe« (ebd., 185). Und ein weiteres Problem deckt Gächter auf: den Feiertags-Charakter von Aufgaben, die meist nur als Intermezzo eingestreut werden, wo sie doch eigentlich Alltag sein sollten: »Neuere Lehrbücher offerieren sogenannte ›Oasen‹ oder Einschübe, wo ›Mathematik mit Spaß‹ angeboten wird. Ich bin allergisch darauf. Spannende Mathematik reduziert sich nicht auf wenige Seiten. Im Übrigen sind Oasen nur als solche erkennbar, wenn rundherum Wüste ist« (ebd.).

Es ist also nicht die Quantität, sondern die Qualität von Aufgaben, die es in den Blick zu nehmen gilt. Und daher ist und bleibt es eine zentrale Aufgabe der Lehrerin oder des Lehrers, diese Qualität sachgerecht identifizieren und sie ggf. optimieren oder variieren zu können. Wie aber kann Aufgaben-Qualität eingeschätzt werden? Es ist nicht einfach, abgeschlossene Definitionsmerkmale guter Aufgaben und einer entsprechenden Aufgabenkultur zu benennen, da es vielfältige Abhängigkeiten gibt. Ohne Anspruch auf Vollständigkeit wollen wir daher im Folgenden nur einige, wenngleich sicher zentrale skizzieren.

Was man zunächst sicher sagen kann, ist die Tatsache, dass eine Aufgabe nicht per se ›gut‹ ist oder nicht, nicht per se offen oder geschlossen.»Aufgaben sind als solche weder eine Problemaufgabe noch eine Routineaufgabe. Ob sie zu dem einen oder zu dem anderen werden, hängt davon ab, wie Lehrer und Schüler sie behandeln« (Hiebert et al. 1996, zit. in Gravemeijer 1997, 16). Und wie dies geschieht, ist wiederum abhängig von zahlreichen Faktoren wie z. B. der allgemeinen Unterrichtskultur (wie verstehen Lernende und Lehrende ›Unterricht‹?), die in der Klasse etabliert ist, von sozialen Normen und v. a. von den Vorerfahrungen, die die Kinder einer speziellen Lerngruppe mit dieser oder jener Art von Aufgaben zu der gegebenen Zeit haben (vgl. Gravemeijer 1997).

Dennoch kann man gewisse Essentials benennen, die gute Aufgaben ausmachen bzw. eine wünschenswerte Aufgabenkultur befördern, denn diese muss ggf. erst (behutsam) etabliert werden. Gute Aufgaben …

- sind flexibel (vgl. die Definition substanzieller Lernumgebungen oben) und hinreichend komplex (das ist nicht dasselbe wie kompliziert!). Sie lassen sich variieren, wachsen mit über diverse Jahrgangsstufen, sind flexibel an wachsende Ansprüche und Möglichkeiten adaptierbar (vgl. Spiralprinzip, Kap. 2.2), bieten verschiedene Zugänge auf unterschiedlichen Niveaus, lassen sich auf verschiedenen Wegen bearbeiten und mit verschiedenen Mitteln.
- decken ein breites Spektrum an inhaltlichen und allgemeinen Zielen des (Mathematik-)Unterrichts bzw. des Lernens allgemein ab (vgl. Winter 1985, 21).
- bieten eine klare fachliche Rahmung und einen entsprechend reichhaltigen mathematischen Gehalt, den die Lehrenden zuvor für sich ausgiebig erkundet und auf höherem Niveau durchdrungen haben (sollten).
- erfordern eine bestimmte Haltung und Einstellung von Lehrenden und Lernenden gegenüber der Mathematik und dem Mathematiktreiben. Diese beinhaltet auch eine Absage an eine verkürzte Übungs- und Erklärungsideologie, derzufolge gehäuftes Üben durch die Kinder und ›gutes Erklären‹ seitens der Lehrerin bereits erfolgreiches Lernen garantiere.
- erfordern bei den Lernenden Geduld, Ausdauer, Konzentration und Anstrengungsbereitschaft. Hindernisse im Lernprozess sind kein Anlass abzubrechen oder den Inhalt bis zur Trivialität zu vereinfachen, sondern zur selbstständigen Entwicklung von Lösungsstrategien. Dass nicht der kürzeste oder schnellste Weg zum richtigen Ergebnis wertgeschätzt wird, kann für viele Kinder neu sein. Deshalb müssen diese veränderten Arbeitsweisen den Kindern erläutert werden. Eine unkommentierte und forcierte Umstellung des Unterrichts könnte ansonsten zu Verunsicherung und Entmutigung führen. Dieses ausprobierende, explorierende Vorgehen kann durchaus spielerischen

202

Charakter haben (vgl. Verboom 2002, 15) – hier zielgerichtet und sachbezogen gemeint, nicht als Aktionismus.

- erfordern Lehrende, die den Lernenden dafür Zeit, Raum und sachgerechte Hilfe (zur Selbsthilfe) ermöglichen, einschließlich der Möglichkeit von Irrwegen und Fehlern. Lehrerinnen müssen dafür sorgen, dass die Dinge ›frag-würdig‹ bleiben, solange sie noch Vermutungen oder mutige Behauptungen sind. »›Der Zweifel ist der Weg zur Erkenntnissicherung‹. Solche Vermutungen dürfen auch noch unvollkommen oder fehlerhaft vom Schüler formuliert sein, so dass dann noch an der Präzisierung oder Korrektur gearbeitet werden muss‹ (Besuden 1985a, 76).

- ersetzen nicht mit (einem lediglich umgedrehten) Absolutheitsanspruch alle anderen Aufgabenarten. Anstatt bspw. einseitig nur offene Aufgaben zu propagieren, sollte auf eine gesunde Mischung der Verhältnisse geachtet werden (vgl. Kap. 4.5). Das bedeutet, dass es in bestimmten Bereichen und an bestimmten Stellen des Lernprozesses auch ein ›Pflichtprogramm‹ geben sollte, in dem z. B. die Basisfertigkeiten gefördert werden (Einspluseins, Einmaleins, Kopfrechnen u. Ä.).

- …

Das Angebot an guten Aufgaben für substanzielle Lernumgebungen ist in den letzten Jahren deutlich gewachsen. Zu allen Inhalten kann man also leicht fündig werden. Daher gibt es keinen Grund, darauf zugunsten weniger gehaltvoller Aufgabenstellungen zu verzichten. Wichtig ist bei einer Umsetzung jedoch, auch sich selbst und die Kinder nicht mit überzogenen Zielen zu überfordern. Da substanzielle Lernumgebungen mit guten Aufgaben nicht als punktuelle Belohnung, als Abwechslung oder nur für ›die besser Lernenden‹ etabliert werden sollten, sondern für *alle* Kinder und im alltäglichen Unterricht (vgl. etwa Scherer 2003a/2005a), muss davon ausgegangen werden, dass eine solche Veränderung Zeit braucht – mehr oder weniger, je nachdem von welchem Punkt aus man startet. Wichtiger aber ist, sich überhaupt auf den Weg zu machen. »Die ersten offeneren Aufgaben, die ich anbot, verursachten Tränen und Beschwerden, denn meine Schüler verstanden nicht, warum sie etwas erklären und begründen sollten, wo sie die Antwort doch *einfach wussten*« (Leathem et al. 2005, 416; Übers. u. Hervorh. GKr/PS). Die Veränderungen mögen also stellenweise auch einmal schwierig sein, aber sie sind möglich, wie die zahlreichen und an vielen Schulen erprobten Lernumgebungen von Hengartner et al. (2006) überzeugend verdeutlichen. Und sie sind nötig, denn im Grunde sind die Prinzipien substanzieller Lernumgebungen durch alle Richtlinen und Lehrpläne gedeckt und gefordert.

3.1.4 Fehler und Lernschwierigkeiten

Mit der aufgekommenen Bedeutung des Konstruktivismus und der Fokussierung auf individuelle Lernprozesse (vgl. Kap. 2.1) hat sich auch der Umgang mit Fehlern und Lernschwierigkeiten gewandelt, wie wir an folgendem Beispiel verdeutlichen wollen:

Ali, ein Schüler mit großen Schwierigkeiten im Mathematikunterricht, soll Zerlegungen der 100 mithilfe des Hunderterpunktfelds finden (vgl. Scherer 1995a, 204 ff.). Der Zahlenraum bis 100 ist erst vor Kurzem offiziell im Unterricht thematisiert worden. Ali notiert insgesamt fünf Aufgaben (Abb. 3/13), darunter eine doppelte Aufgabe (50+50 = 100) und eine, die nicht unbedingt dem Arbeitsauftrag entspricht (100+100 = 2000). Er wählt für ihn vermutlich leichte 10er-Zerlegungen, und beim nochmaligen Aufschreiben der ersten Aufgabe unterläuft ihm ein *Notations*fehler (zu unterscheiden von *Rechen*fehlern[101]). Seine letzte Aufgabe entspricht – unter negativer Perspektive betrachtet – nicht dem Arbeitsauftrag. Positiv betrachtet zeigt sich hier das bewusste Überschreiten der offiziellen Grenzen (vgl. Kap. 2.2 ›Zone der nächsten Entwicklung‹), indem Ali die für ihn große Zahl 100 als Summand verwendet. Sein Ergebnis ›2000‹ könnte man – wiederum eher negativ – deuten als Un-

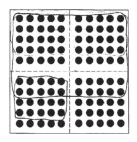

Abb. 3/13: Alis selbst gewählte Aufgaben (Scherer 1995a, 205)

kenntnis dieses neuen Zahlenraums (über 100). Mit einer positiven Sicht würde man möglicherweise erkennen, dass Ali hier eine Regel vermutet hat: Wenn ich zwei glatte 10er-Zahlen (d. h. Zahlen mit einer Null) addiere, hat das Ergebnis eine Null mehr. Folgerung für ihn: Wenn ich zwei 100er-Zahlen (d. h. Zahlen mit zwei Nullen) addiere, hat das Ergebnis wiederum eine Null mehr, d. h. in diesem Fall drei Nullen[102]. Wir sollten bei Alis Bearbeitung deutlich sehen, dass hier ein Fehler bei einer noch nicht behandelten Thematik gemacht wurde, und das Selbstvertrauen, sich an eine solche Aufgabe heranzuwagen, sollte stärker honoriert werden als etwaige Fehler! Bei derartigen Fehlern handelt es sich nicht um *Rechen*fehler (Verrechnen, Ermitteln eines *falschen Ergebnisses*).

Man sieht im obigen Beispiel oder auch bei den schriftlichen Verfahren (vgl. Kap. 3.1.4.1), dass hinter einem einzelnen Fehler oft eine *kohärente Strategie* steht, dass Fehler *stabile Ursachen* haben können und nicht zufällig oder aus Böswilligkeit der Schülerinnen und Schüler entstehen (vgl. Lorenz/Radatz 1993, 59 ff.; Radatz 1980). Das gilt

---

101 Generell muss die Lehrerin zwischen Konventionsverstößen, Rechenfehlern und Denkfehlern unterscheiden. In der Folge sind dann auch unterschiedliche Hilfen und Fördermaßnahmen notwendig.
102 Ob diese Erklärung tatsächlich zutrifft, ließe sich in einem Gespräch mit Ali möglicherweise klären. Es geht uns hier aber v. a. um die unterschiedlichen Perspektiven auf ein Phänomen.

auch für sogenannte rechenschwache Kinder: Auch sie »haben sich bemüht, sie sind einen Lösungsweg gegangen, der zwar nicht der gewünschte war und nicht zum richtigen Ergebnis führte, aber sie haben angestrengt gedacht. Es ist sinnvoll, ihnen dies zu unterstellen und nicht zu glauben, rechenschwache Kinder hätten einen Zufallsgenerator im Kopf, der nach Gutdünken Zahlen ausspucke« (Lorenz 2003, 17). Doch häufig wurden in der Vergangenheit (und z. T. leider auch noch aktuell) Fehler im Mathematikunterricht gerade so gedeutet: Die Mathematik ist klar und übersichtlich aufgebaut und strukturiert, und dann sind Fehler eigentlich immer vermeidbar. Diese Sichtweise folgt einer sogenannten Erklärungsideologie: »Sie besteht in der Annahme, dass man durch *klare und saubere Erklärungen* Verständnisschwierigkeiten weitgehend ausräumen und Fehler vermeiden kann« (Malle 1993, 26; Hervorh. i. Orig.). Und Malle führt weiter aus »Dieser Ansatz muss heute wohl als gescheitert betrachtet werden. [...] Wie kommt es, dass gerade ein Ansatz scheitert, der so viel Wert auf Klarheit und Hilfestellung durch saubere Erklärungen legt?« (ebd., 29) und nennt folgende Irrtümer der Erklärungsideologie: »*Irrtum 1:* Saubere Erklärungen ersetzen eigenes Tun. [...] *Irrtum 2:* Wer das Prinzip verstanden hat, kann es in jedem Einzelfall anwenden. [...] *Irrtum 3:* Was klar und sauber erklärt wird, wird als sinnvoll erkannt. [...] *Irrtum 4:* Man kann alle Eventualfälle in der Theorie vorweg erklären. [...]« (ebd., 29; Hervorh. i. Orig.). Bei einer solchen Erklärungsideologie sind Fehler immer Mängel des Individuums, Defizite der Lernenden etc. Mittlerweile hat sich dieses Bild jedoch etwas gewandelt, und da individuelle Sichtweisen, d. h. die Subjektivität des Verstehens angenommen wird, werden solche individuellen, jedoch nicht konventionellen Sichtweisen nicht als *nur* falsch angesehen werden. Dennoch sei an dieser Stelle die unterschiedliche Toleranz gegenüber Fehlern in verschiedenen Bereichen erwähnt:

»Man hält ein Kind sehr leicht für unbegabt, wenn sich seine ersten Zahlkenntnisse nicht glatt einstellen. Nach meiner Überzeugung ist das ein gründlicher Irrtum, wie schon die sehr lange Zahlbegriffsentwicklung bei den Naturvölkern zeigt. Alle motorischen und geistigen Fertigkeiten des Menschen benötigen zu ihrer Entfaltung ihre Zeit. Dies wird besonders an der Sprachentwicklung deutlich. Es dauert sehr lange, bis ein Kleinkind einen einzigen artikulierten Laut hervorbringen kann und die ersten Versuche sind noch sehr unvollkommen. Die Erwachsenen müssten dieselbe Nachsicht und dieselbe Bewunderung, mit der sie die Sprachentwicklung von Kindern gewöhnlich begleiten, auch für die Entwicklung des mathematischen Denkens aufbringen. Aber leider ist dies oft nicht der Fall. Vielmehr hält man ein Kind sehr leicht für unbegabt, wenn sich seine ersten Zahlkenntnisse nicht glatt einstellen. Die ersten unbeholfenen Versuche des Kleinkindes, ›Papa‹ und ›Mama‹ auszusprechen, werden jubelnd begrüßt, als wenn sich darin eine vielversprechende Rednerbegabung ausdrückte. Die ersten Versuche des kleinen Zahlenrechners dagegen, der überlegt, ob ›6+5‹ das Ergebnis 13, 8, 7 oder 10 haben könnte und nicht gleich zielgerichtet auf die 11 zusteuert, wecken bei Erwachsenen oft ganz und gar nicht die

Vision auf einen späteren Nobelpreisträger und werden keineswegs mit Sympathie verfolgt. Im Gegenteil, das Kind erntet mehr oder weniger leisen Tadel, weil es angeblich unaufmerksam ist oder sich dumm anstellt. Bei der *Sprachentwicklung* lernt das Kind *selbst gesteuert*. Es nimmt die *beiläufigen* Verbesserungen seiner Sprechversuche von den Erwachsenen produktiv auf und gelangt so unfehlbar zum Erfolg. Bei der *mathematischen Entwicklung* hingegen lassen sich die Erwachsenen dazu verleiten, das Kind *zu belehren*, und zwar mit Methoden, die keineswegs immer Erfolg versprechend sind. Irritiert oder gar genervt durch offensichtliche Misserfolge ihrer Belehrung neigen Erwachsene dazu, ungeduldig zu werden und ihre anfangs wohlwollende Haltung aufzugeben. Das Kind, das solche atmosphärischen Veränderungen außerordentlich sensibel wahrnimmt, wird dadurch gründlich verunsichert und entmutigt. Es gewinnt schließlich den Eindruck, die Schuld für den fehlenden Lernfortschritt liege bei ihm selbst, anstatt im didaktischen Ungeschick der Erwachsenen« (de Morgan 1833, Übers. E. Ch. Wittmann; zit. in Wittmann et al. 1994, 95 f.; Hervorh. i. Orig.).[103]

Es wird im Unterricht immer Kinder geben, denen das Lernen allgemein oder speziell das Mathematiklernen schwer fällt und dies sollten sich angehende Lehrerinnen und Lehrer bewusst machen, d. h. immer auch bei ihrer Unterrichtsvorbereitung berücksichtigen (vgl. Graeber 1999, 192). Dieses Bewusstsein ist notwendig, da häufig in Unterrichtssituationen – insbesondere, wenn diese begutachtet werden – die Tendenz besteht, Signale auftretender Schwierigkeiten nicht wahrzunehmen (vgl. Cooney 1999, 194). Hilfreich ist es für Studierende wie auch für Lehrerinnen und Lehrer, sich Wissen über Schwierigkeiten bei den verschiedensten Inhalten anzuzeigen und sich darüber auszutauschen, nicht zuletzt, um ggf. eigene existierende Schwierigkeiten und Fehlvorstellungen zu erkennen und zu überwinden (vgl. Graeber 1999, 199; vgl. hierzu auch Kap. 3.1.7). Wir können die gesamte Thematik an dieser Stelle nur überblicksartig behandeln und verweisen auf entsprechende weiterführende Literatur (vgl. z. B. Lorenz/Radatz 1993; Scherer 1995a/2005a). Wir wollen in diesem Kapitel aber vier Aspekten nachgehen:

• der Frage nach speziellen Themenbreichen der Grundschulmathematik, die Kindern Probleme bereiten,
• der Frage, wie sich Lernschwierigkeiten äußern und
• welche Möglichkeiten der Diagnose sich anbieten sowie
• der Frage nach Folgerungen für Förderung und Unterricht.

---

103 Auch im schulischen Bereich existiert i. d. R. eine unterschiedliche Toleranz gegenüber Fehlern beim Vergleich der Lernbereiche Sprache und Mathematik (vgl. hierzu Steinbring 1999a und die dort aufgeführten Beispiele).

206

3.1.4.1 ›Fehleranfällige‹ Lernbereiche?

Gibt es spezielle Bereiche, in denen bevorzugt Fehler und Lernschwierigkeiten auf ein grundlegendes Verstehensproblem hinweisen? Fragt man Lehrerinnen und Lehrer oder auch Studierende, so bestehen häufig bestimmte Vorstellungen über ›schwierige Bereiche‹. Bei Studierenden sind diese i. d. R. mit der selbst erlebten Schulpraxis als Schülerinnen und Schüler und weniger mit dem beobachteten Lernen von Kindern verbunden.

Genannt werden häufig neben Inhalten wie dem *Rechnen mit der Null* (vgl. Anthony/Walshaw 2004) oder dem *Zehnerübergang* im 20er-Raum folgende Bereiche:

* *Textaufgaben im Rahmen des Sachrechnens*
In einer Befragung von Grundschullehrerinnen und -lehrern zu verschiedenen Aspekten des Mathematikunterrichts (Radatz 1983) wurde u. a. gefragt: »Bei welchen Inhalten/ Themen des Mathematikunterrichts der Klassen 2 bis 4 haben viele Schüler Schwierigkeiten?« Hier wurden mit einer relativen Häufigkeit von 83 % ›Sachrechnen/Textaufgaben‹ genannt, weit vor allen anderen Themenkreisen. Das schlechte Abschneiden der deutschen Schülerinnen und Schülern in neueren Vergleichsstudien, insbesondere bei komplexeren Kontextproblemen (vgl. z. B. Walther et al. 2004, 216 f.), scheint diese Annahme weiterhin zu bestätigen.

Die Schwierigkeiten sind nicht verwunderlich, denn Defizite im Bereich der Sprache und des Lernens verursachen häufig »im Bereich des Sachrechnens Schwierigkeiten mit der Eingebundenheit von mathematischen Operationen in einen situativen Kontext mit der Beziehungsstiftung zwischen sachrechnerischen Größen und mit dem Erkennen von Fragestellungen« (Troßbach-Neuner 1998, 15; zu kritischen Anmerkungen bzgl. der Art von Aufgaben vgl. Kap. 1.3). Vernachlässigt werden sollte hierbei auch nicht der Aspekt der Lerneinstellung: »Die Einstellung der Schüler gegenüber Sachaufgaben – und darüber hinaus gegenüber Schulmathematik schlechthin – scheint jedoch eine der Hauptursachen für Lehr- und Lernschwierigkeiten beim Sachrechnen zu sein« (Dröge 1985, 207).

* *Schriftliche Algorithmen (Normalverfahren)*
Hier werden Subtraktion und Division häufiger genannt als Addition und Multiplikation.

Beispiel zur schriftlichen Addition (vgl. Radatz 1980, 56 bzw. 76):

563	623	243
+ 545	+ 551	+ 526
118	184	769

Bevor Sie weiterlesen, versuchen Sie zunächst selbst, die zugrunde liegende Fehlerstrategie herauszufinden!

Sie werden festgestellt haben, dass in algorithmischer Art und Weise (Schritt-für-Schritt) Regeln benutzt wurden: Alles, *was* gerechnet wurde, ist korrekt; das Problem ist, *wie* gerechnet wurde. Das Kind hat (vermutlich) die Zahlen ›von links nach rechts‹ abgearbeitet (bei entstehenden Überträgen wird die Zehnerziffer notiert, die Einerziffer übertragen), möglicherweise analog zur schriftlichen Division. Hinzu kommt, dass dieser ›individuelle‹ Algorithmus für eine Reihe von Aufgaben durchaus funktioniert, d. h. korrekte Ergebnisse liefert – so auch für das dritte obige Beispiel. Ein bestimmtes unterrichtliches Vorgehen ›Erst die einfachen Fälle, d. h. ohne Überträge – und ausschließlich diese‹ könnte die Kinder dazu verleiten, sich derartige Regeln anzueignen bzw. überzugeneralisieren (vgl. Jencks et al. 1980). Die Ursache dieses Fehlermusters ist letztlich nicht eindeutig; man erkennt jedoch, dass Kinder sich häufig nur einzelne Schritte des Verfahrens merken und diese abarbeiten. Möglicherweise wird im Unterricht auch nicht mehr von ihnen gefordert. Für die Kinder bleibt aber die Schwierigkeit, verschiedene Verfahren zu vergleichen bzw. zu erkennen, warum die eine Strategie falsch und die andere richtig ist.

- *Lesen und Gebrauch von Diagrammen und Anschauungsmitteln*

In einer Untersuchung von Schipper (1982) wurden Erstklässlern verschiedene Veranschaulichungen der Addition und Subtraktion vorgelegt, zu denen sie Rechengeschichten erfinden sollten. Zur Illustration haben wir zwei Darstellungen dieser Untersuchung herausgegriffen (vgl. Abb. 3/14):

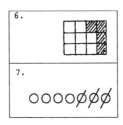

Abb. 3/14: Veranschaulichungen im 1. Schuljahr (Schipper 1982, 108)

Welche Operation und welche Aufgabe ist Ihrer Meinung nach bei diesen Abbildungen jeweils gemeint? Welche anderen Deutungen sind ebenfalls sinnvoll?

Die genannte Untersuchung zeigte, dass das Verstehen dieser Veranschaulichungen den Kindern erhebliche Probleme bereitete: Alle Veranschaulichungen, die zu mehr als 50 % richtig identifiziert wurden, kamen in dem von den Kindern benutzten Schulbuch auch vor. Aber auch diese Darstellungen haben durchschnittlich ein Drittel bzw. mehr der Kinder nicht verstanden. Auffällig war dabei auch die systematische Fehlinterpretation von *Subtraktions*darstellungen (bspw. die Deutung von Aufgabe 7 in Abb. 3/14 als »4 – 3 = 1«). Schipper folgert aus diesen Ergebnissen, dass Veranschaulichungshilfen für die Mehrzahl der Kinder »keine aus sich heraus ›sprechenden Bilder‹ [sind,] sondern Unterrichtsstoff, wie jeder andere« (ebd. 1982, 109; zu dieser Problematik der Mehrdeutigkeit bzw. Fehlinterpretation vgl. auch Radatz 1995a und Kap. 3.2).

3.1.4.2 Ursachen von Lernschwierigkeiten

Für den Mathematikunterricht sind insbesondere folgende Merkmale von Bedeutung (z. T. festgestellt in Untersuchungen zu Rechenleistungen; vgl. Scherer 1995a, 21 f. u. die dort angegeb. Lit.):

- eingeschränkte und weniger differenzierte Wahrnehmungsleistungen,
- verminderte und strukturell vereinfachte Vorstellungstätigkeit,
- verminderte, nach Zeit und Intensität wechselnde Konzentration, vor allem in komplexen Situationen und bei abstrakten Inhalten; dadurch häufig mitbedingt ein geringes Arbeitstempo,
- verminderte Leistungen des Kurzzeit- und des Langzeitgedächtnisses,
- Beeinträchtigung der kognitiven Verarbeitungsprozesse (Abstrahieren, Begriffsbildung, Urteilsbildung, produktives und reproduktives Denken, Transfer, Gestaltung),
- mechanisches Abarbeiten der Rechenvorgänge,
- weniger ausgeprägte Eigensteuerung und Selbstkontrolle, verringertes Ausmaß an Leistungsmotivation und Durchhaltevermögen,
- vermindertes Selbstvertrauen und Versagensängste,
- Beeinträchtigung der Sprache,
- Beeinträchtigung des Sozialverhaltens.

Solch eine Auflistung ist natürlich nicht in dem Sinne zu verstehen, dass ein Kind all diese Merkmale in sich vereinigt. Beeinträchtigungen sind oftmals nur partiell oder temporär festzustellen, und sie wirken sich unterschiedlich stark in verschiedenen mathematischen Bereichen aus: Störungen im Wahrnehmungsbereich werden möglicherweise eher im Umgang mit Arbeitsmitteln und Veranschaulichungen oder im Bereich der Geometrie offensichtlich, während sich eingeschränkte Gedächtnisleistungen bspw. besonders beim Kopfrechnen zeigen, wenn Kinder die verbal gestellten Aufgaben vergessen, bevor sie die Rechnung in Angriff nehmen. Lernschwächen sind in vielen Fällen veränderbar. Kutzer (1983, 11) hält in diesem Zusammenhang fest, dass die erlangten und feststellbaren Lernleistungen mitunter auch auf die (z. T. ungeeignete) Unterrichtspraxis zurückzuführen sind (s. u. Lehr-/Lernkonzept) und somit keinen Maßstab für die Lernmöglichkeiten darstellen (vgl. auch Winter 1984b, 28 oder Scherer 1999a).

Diese Abhängigkeit von der Art der Unterrichtspraxis, insbesondere auch von der Person der Lehrerin bzw. des Lehrers wird häufig von Schülern als Grund für ihre Lernschwierigkeiten angegeben: »*Der Lehrer konnte im Mathematikunterricht nicht gut erklären. Bei einem anderen Lehrer hätte ich es sicherlich verstanden.*« In einer veränderten Konzeption des Lehrens und Lernens, in der die Eigentätigkeit der Lernenden im Vordergrund steht (s. u.; vgl. auch Kap. 2.1), tritt dieser Aspekt der *Erklärung* oder des *Vormachens* stärker in den Hintergrund. Dazu müssen die Kinder natürlich Gelegenheiten zur Eigentätigkeit erhalten. Eine weitere, häufiger von Schülern formulierte Ursache ihrer Lernprobleme ist der fehlende Sinn der Inhalte des Mathematikunterrichts: »*Ich weiß gar nicht, wozu ich das später brauche.*« In der Folge sinken dann häufig Motivation und Interesse, und die Schüler begnügen sich bspw. mit der völlig unverstandenen Anwendung von Formeln. Diese Tendenz ist in der Sekundarstufe I stärker als in der Grundschule festzustellen und wird an dieser Stelle nicht weiter ausgeführt. Diese Problematik sollte dennoch im Unterricht immer bedacht werden und hat in der Vergangenheit auf der einen Seite bspw. zur erfolgreichen Entschlackung der Grundschullehrpläne und Konzentration auf fundamentale Inhalte geführt. Andererseits sollte nicht nur der *direkte Nutzen* alleiniges Kriterium für die Auswahl der Unterrichtsinhalte sein. So leistet bspw. der Mathematikunterricht einen großen Beitrag zur Denkschulung und dies u. a. auch durch innermathematische Problemstellungen (vgl. dazu auch Kap. 4.1 ›Anwendungs- & Strukturorientierung‹).

3.1.4.3 Diagnostik

Ein angemessener Umgang mit Lernschwierigkeiten, aber auch allgemein mit heterogenen Leistungen, setzt angemessene Kompetenzen der Lehrerinnen und Lehrer voraus (vgl. auch Kap. 3.1.7). Diagnostische Kompetenzen stellen neben Fachwissen, den didaktisch-methodischen Fähigkeiten und der Fähigkeit zur Klassenführung einen von vier Kompetenzbereichen dar, die erfolgreiche Lehrerinnen und Lehrer auszeichnet (vgl. Schrader/Helmke 2001, 49 und die dort angegeb. Lit.), und dies gilt für jedes Leistungsniveau und jede Art von Lehr- und Lernsituation. Die genannten Kompetenzbereiche sind nicht getrennt voneinander zu sehen, sondern sollten möglichst integrativ mit wechselnden Schwerpunktsetzungen zur Anwendung kommen.

Die diagnostische Kompetenz von Lehrerinnen und Lehrern ist bspw. für den Bereich ›Lesen‹ in der PISA-Studie in Frage gestellt worden: »Die von den Lehrkräften vorab als ›schwache Leser‹ benannten Schülerinnen und Schüler bilden nur einen kleinen Teil der Risikogruppe. Der größte Teil der Schülerinnen und Schüler der Risikogruppe [die die niedrigste Kompetenzstufe nicht erreichen; GKr/PS] wird von den Lehrkräften nicht erkannt« (Artelt et al. 2001, 120). Die Diagnose mathematischer (Minder-)Leistungen ist sicherlich differenzierter zu betrachten. So wurden bei der PISA-Studie die Mathematikleistungen nicht so direkt von den Lehrerinnen und Lehrern eingeschätzt. Im Rahmen von PISA durchgeführte Lehrerbefragungen deuten jedoch an, dass die Schwierigkeiten im mathematischen Bereich besser eingeschätzt werden können.

Vielleicht existiert vielerorts das Bild, dass im Mathematikunterricht Schwierigkeiten selbstverständlicher identifiziert werden können. Tatsächlich hat es aber nur vordergründig diesen Anschein, denn es geht um weitaus mehr als um eine Entscheidung über ›richtig‹ oder ›falsch‹. Die diagnostischen Methoden sind auch im Mathematikunterricht kritisch zu reflektieren. Insgesamt ist die diagnostische Kompetenz von Lehrerinnen im Hinblick auf mathematische Leistungen auf umfassende fachliche und fachdidaktische

Kompetenzen angewiesen, um differenziert und detailliert Schwierigkeiten von Kindern zu erkennen bzw. ihre vorhandenen Kompetenzen feststellen zu können (vgl. auch Woodward/Baxter 1997, 386).

Neben der Frage der diagnostischen Methode stellt sich die Frage des Zeitpunkts und der zugrunde liegenden Intention: Die ausschließliche Durchführung lehrzielorientierter Tests (die Ziel-Überprüfung *nach* Abschluss einer Unterrichtseinheit, eines Themengebietes) birgt die Gefahr der *Defizit*orientierung, die Fokussierung auf das, was die Kinder *nicht* können. Für den Bereich der Diagnostik sind aber auch *kompetenz*orientierte Methoden unabdingbar, die die vorhandenen *Fähigkeiten* der Kinder im Blick haben (vgl. Scherer 1996b/2005a; Van den Heuvel-Panhuizen/Gravemeijer 1991). Für den Unterricht bedeutet dies, diagnostische Überprüfungen auch *vor* der Behandlung einer neuen Thematik durchzuführen, um einerseits besser an die vorhandenen Kenntnisse anzuknüpfen und andererseits die möglichen Schwierigkeiten der Kinder besser zu berücksichtigen (vgl. auch Scherer 1995a).

Für die Unterrichtspraxis bieten sich einige methodische Möglichkeiten für die Analyse von Schülerfehlern und Lernschwierigkeiten an, die sich ergänzen können (vgl. Lorenz/ Radatz 1993, 60 f.; Radatz 1980, 64 ff.):

• *Fehleranalyse*
Hierbei geht es um die Analyse von Fehlern aus schriftlich vorliegenden Aufgabenlösungen (Tests, Klassenarbeiten, Übungsaufgaben, selbstständig gelöste Hausaufgaben u. a.). Diese Methode ist leicht anwendbar und gut in den alltäglichen Unterricht zu integrieren. Manche Fehler(-Ursachen) sind aber mit dieser Methode nicht analysierbar (vgl. das Beispiel zu schriftlichen Rechenverfahren in Kap. 3.1.4.1), und abgesehen davon kann es zu ein und demselben Fehlermuster durchaus unterschiedliche Fehlertechniken geben.

Daneben gibt es zu bestimmten Themenbereichen diagnostische Aufgabensätze bzw. Tests, die speziell für die Analyse von Fehlern entwickelt worden sind. Zu nennen sind hier etwa diagnostische Aufgabensätze von Gerster (1982) zu den schriftlichen Rechenverfahren, von Klauer (1994) zu Rechenfertigkeiten im 2. Schuljahr oder von Wagner/Born (1994) zu Basisfähigkeiten im Zahlenraum bis 20. Werden diagnostische Aufgabensätze von der ganzen Klasse bearbeitet, kann die Lehrerin einen Überblick über die häufigsten Fehler gewinnen, indem sie einen Fehler-Klassenspiegel[104] zu einem bestimmten Anforderungsbereich erstellt.

• *Lautes Denken*
Während der Bearbeitung einer Aufgabe sollen die Schüler ›laut denken‹, d. h. ihre Lösungsstrategie gleichzeitig verbalisieren. Bei dieser wie auch beim diagnostischen In-

---

104 ›Klassenspiegel‹ ist hier in seiner diagnostischen Funktion gemeint und nicht i. S. der sozialen Norm der Leistungsbeurteilung (vgl. Kap. 4.6).

terview müssen jedoch gewisse Schwierigkeiten einkalkuliert werden, »weil die Fähigkeiten der Introspektion über das eigene Denken noch nicht ausreichend entwickelt sind, weil die Sprachgewandtheit für das Verbalisieren der eigenen Gedankengänge nicht ausreicht oder weil manche Schüler nicht gleichzeitig rechnen (bzw. denken) und sprechen können« (Lorenz/Radatz 1993, 61).

• *Diagnostisches Gespräch/Klinisches Interview*
Gute Möglichkeiten bietet auch ein diagnostisches Gespräch zwischen Lehrerin und Schüler. Dies kann als Ergänzung zur Analyse eines Fehlers aus schriftlich vorliegenden oder mündlichen Lösungen geschehen. Diese Methode, auch als klinisches Interview bekannt, geht auf Piaget zurück und verfolgt das Ziel, etwas über die Denkprozesse zu erfahren, die sich hinter richtigen oder falschen Lösungen der Kinder verbergen. Gerade für die Diagnostik müssen Fehler unter *qualitativen* Gesichtspunkten analysiert werden (vgl. auch Wittmann 1982, 22). Das wohl größte Problem dieser Methode liegt in der Gefahr, dass die Lehrerin durch ihre Denkanstöße und Fragen den Schüler in eine Richtung verleitet bzw. zu einer Erklärung bringt, die er von sich aus nicht gegeben hätte, d. h. ein solches diagnostisches Gespräch, welches Aufschluss über vorhandenes Wissen geben soll, wird zum Unterricht, dem Kind wird etwas beigebracht. Für Lehrerinnen und Lehrer kann dies hin und wieder schwierig sein: Sie müssen nämlich erkennen und realisieren, dass es nicht um eine Lehr-/Lernsituation geht (vgl. Hunting 1997, 148).

Während die ursprüngliche Methode in starkem Maße vom sprachlichen Vermögen des Kindes abhängt (s. o.), eröffnet die revidierte klinische Methode weitere Möglichkeiten (vgl. Ginsburg/Opper 1991, 153): Die Kinder können Aufgaben mithilfe von Materialien lösen oder Strategien durch Material erklären. Hinweise zur Durchführung klinischer Interviews finden sich etwa bei Scherer (1995a/2005a) oder Selter/Spiegel (1997).

Die Durchführung von Fehleranalysen oder der Einsatz diagnostischer Aufgabensätze ist zunächst einmal sehr ökonomisch, denn der zeitliche Aufwand eines (kompletten) Interviews gegenüber Tests ist natürlich deutlich höher. Die Informationen, die die Lehrerin in einem Interview erhält, sind aber auch weitaus zahlreicher und detaillierter. Häufig erweist sich eine Kombination aus verschiedenen Methoden am sinnvollsten (vgl. Scherer 1996b).

Diagnostik ist außerordentlich wichtig für den weiteren Unterricht und mögliche Fördermaßnahmen (vgl. auch Scherer 2005a; Wember 2005): Nur mit der detaillierten Kenntnis vorhandener Kompetenzen *und* möglicher Defizite und Schwierigkeiten lässt sich der weitere Unterricht sinnvoll planen und durchführen. Zu warnen ist jedoch vor einer allzu einseitigen und festgelegten Interpretation solcher Erhebungen: Die durch ein Interview gewonnenen Erkenntnisse stellen einen momentanen Leistungsstand in einer spezifischen Interviewsituation dar[105]. Ergänzt werden sollten diese Daten durch weitere Beobachtungen während des Unterrichts oder bspw. außerunterrichtlicher Situationen. Daneben ist der Blick für Entwicklungsperspektiven immer offen zu halten und durch ein entsprechendes Lernangebot zu gewährleisten.

3.1.4.4 Folgerungen für Förderung und Unterricht

Welche weiteren Folgerungen ergeben sich nun für den Unterricht? Zunächst stellt sich die Frage nach der organisatorischen Form. Es besteht die Möglichkeit, auftretenden Schwierigkeiten durch Therapien oder Einzelförderungen zu begegnen, aber v. a. auch im regulären Unterricht sollten Fördermöglichkeiten genutzt werden. Es erscheint wenig sinnvoll, Maßnahmen zu konzipieren, die lediglich in einem spezifischen Organisationsrahmen zu realisieren sind. Vielmehr sind allgemeine Anregungen und konkrete inhaltliche Vorschläge für den *regulären Unterricht* erforderlich, die sich daneben auch in Einzel- oder Kleingruppenförderung einsetzen lassen.

Eine zweite Frage stellt sich nach dem zugrunde liegenden Lehr- und Lernkonzept. Es bleibt festzuhalten, dass es nicht *das* Konzept, Material oder Lehrwerk gibt, welches (alle) Lernschwächen verhindert und den allgemeinen Lernerfolg garantiert. Welches Vorgehen also ist zu empfehlen?

Traditionell wurde (und wird) Fehlern und Lernschwierigkeiten mit vermehrter Übung (oft im Sinne reiner Wiederholung) begegnet. Falls erforderlich, wurden darüber hinaus Inhalte reduziert sowie den Kindern feste Lösungsstrategien und Verfahren als vermeintliche Hilfen vorgegeben. Möglichkeiten des aktiv-entdeckenden Lernens hingegen werden für lernschwache Schülerinnen und Schüler vielfach recht skeptisch gesehen, in der Angst diese Kinder zu überfordern. Neuere Forschungen zeigen jedoch, dass *gerade* diese Schülerinnen und Schüler von einer solchen Unterrichtskonzeption profitieren (vgl. Ahmed 1987; Moser Opitz 2000; Scherer 1995a). Zudem bieten gerade *eigenständige* Lernformen die Möglichkeit, im Rahmen von alltäglichen Lernprozessen diagnostische Informationen zu erhalten. Dies ist nicht der Fall, wenn Kindern lediglich rein *reproduktive* Leistungen abverlangt werden. Hinzu kommt, dass die *Selbstständigkeit* als oberstes Ziel von Schule, das auch für Kinder mit Lernschwierigkeiten gilt, sich nur über selbstständiges Lernen erreichen lässt. Folgende Aspekte sollten daher im Mathematikunterricht besondere Berücksichtigung finden:

---

105 Erfahrungsgemäß gibt es Kinder, die im Interview eher bessere Leistungen als im Unterricht zeigen, da sie hier bspw. weniger stark abgelenkt werden. Für andere Kinder kann eine Interviewsituation aber sehr starken Bewertungscharakter haben, dadurch Leistungsdruck entstehen lassen und letztlich die Leistung negativ beeinflussen.

- *Differenzierungsmaßnahmen aufgrund der Heterogenität der Schülerschaft*

Um sowohl Über- als auch Unterforderung zu vermeiden, muss der Unterricht die Fest-legung eines einheitlichen Anspruchsniveaus vermeiden. Eine von der *Lehrerin* zuge-wiesene Differenzierung kann naturgemäß Fehleinschätzungen beinhalten und birgt die Gefahr der Festlegung. Daher müssen Differenzierungsangebote flexibel gestaltet wer-den. Hierzu sind etwa Formen der *natürlichen Differenzierung* (Wittmann 1990, 159; Kap. 3.1.6.2) sinnvoll, bei denen die Schüler *selbst* ihr Anspruchsniveau bestimmen und damit den individuellen Fähigkeiten gerecht werden (offene Aufgaben; ganzheitliche Zugänge zu neuen Lerninhalten; vgl. auch Kap. 2.1). Viele Aufgabenformate (i. d. R. *substanzieller* Natur; vgl. Kap. 2.1.2) erlauben Differenzierungen sowohl in *quantitati-ver* als auch in *qualitativer* Hinsicht.

- *Veränderung des negativen Selbstkonzepts*

Misserfolgserlebnisse oder ein unzureichendes Anspruchsniveau bewirken, dass lern-schwache Schüler dem Unterricht häufig gleichgültig oder ablehnend gegenüberstehen, und diese Haltung kann letztlich wieder ein Auslöser für weitere Schwierigkeiten sein. Je länger dieser Zustand andauert, desto größer werden die Motivationsschwierigkeiten. Notwendig sind geeignete Maßnahmen zur Veränderung des negativen Selbstkonzepts; einerseits die Vermeidung von Überforderung, die allerdings vielfach auch zu falsch verstandenen Konsequenzen führt: Das völlige Vermeiden von Misserfolgen ist weder möglich noch wünschenswert. Darüber hinaus bringt die Vermeidung von Misserfolgen zwar einerseits keine Frustrationen mit sich, kann aber andererseits zu einer erhöhten Bereitschaft führen, Schwierigkeiten zu umgehen. Mögliche Konsequenz einer perma-nenten Unterforderung ist, dass die Kinder sehr leicht bei drohendem Misserfolg aufge-ben bzw. mit Versagenserlebnissen nicht produktiv umzugehen lernen. Es ist daher er-forderlich, dass der Unterricht zu einem positiven Selbstkonzept beiträgt bspw. durch eigenständiges Lernen, offene Aufgaben (s. o.; vgl. z. B. Knollmann/Spiegel 1999; Scherer 2005a) oder selbstständiges Problemlösen und nicht zuletzt durch einen »be-wertungsfreien Raum«, d. h. *bewusste* Phasen, in denen Kinder explorieren und erkun-den, wobei Fehler durchaus erlaubt sind.

- *Verwendung sach- und schüleradäquater Arbeitsmittel und Veranschaulichungen*

Da lernschwache Schüler verschiedene Beeinträchtigungen aufweisen (z. B. Sprache, kognitive Verarbeitungsprozesse s. o.), kommt den Veranschaulichungen im Mathema-tikunterricht besondere Bedeutung zu. Viele Schüler werden zu *zählenden Rechnern* aufgrund ungeeigneter Arbeitsmittel und zu kurzer Phasen des Arbeitens mit Materia-lien und Darstellungen (vgl. auch Kap. 3.2). Der Unterricht muss bemüht sein, Veran-schaulichungen anzubieten, die der Vorstellung nützlich sind und zum Aufbau mentaler Bilder beitragen (vgl. Lorenz 1992a; Menne 1999; Scherer 1996a).

• *Besonderer Stellenwert der Übung*

Im Mathematikunterricht zeigt sich im Vergleich zu anderen Unterrichtsfächern ein besonders hoher Übungsbedarf; dies ist gleichzeitig ein Charakteristikum des Lernens schwächerer Schüler. Da der hohe Übungsbedarf zu Langeweile und Motivationsverlust führen kann, besteht natürlich die Forderung nach einer abwechslungsreichen Übungspraxis – häufig konkretisiert durch *äußere Anreize*, die jedoch kaum (wünschenswerte) längerfristige Auswirkungen haben (vgl. Kap. 2.1.2): Die Motivation aus der Sache heraus ist also auch und gerade für lernschwache Schüler unabdingbar (vgl. hierzu auch Kap. 3.1.5)! Übung ist als integraler Bestandteil des Lernprozesses und nicht als Gegensatz zu einsichtsvollem Lernen zu sehen. Um den vorher beschriebenen Erfordernissen gerecht zu werden, muss auch hier die *Selbsttätigkeit* im Vordergrund stehen. Dies lässt sich durch eine *produktive* Übungspraxis realisieren (z. B. durch substanzielle Aufgabenformate): Neben den bereits erwähnten offenen Aufgaben bieten sich bspw. auch operativ- oder problemstrukturierte Übungen an (vgl. Kap. 2.1.2). Neben den *Rechenfertigkeiten* werden bei solchen Übungsformen vor allem auch die *allgemeinen Lernziele* verfolgt, die gerade bei lernschwachen Kindern nicht vernachlässigt werden dürfen.

Zum Abschluss wollen wir ein konkretes Fallbeispiel geben, an dem Sie einige der vorab ausgeführten Aspekte anwenden sollen. Sie finden hier den Ausschnitt eines Interviews mit Julia, die im Unterricht im 20er-Raum rechnet:

I:	[*gibt Julia das Aufgabenblatt; vgl. Abb. 3/15*]
Julia:	Das Letzte.
I:	Genau.
Julia:	Das ist mehr. [*zeigt auf 4*]
I:	Ja. Kannst du mir die Aufgabe einmal vorlesen, was da steht?
Julia:	[*greift nach dem 20er-Rahmen auf dem Tisch*] Acht und eins.
I:	Steht da und?
Julia:	Minus.
I:	Ja. Kannst du die auch ausrechnen?
Julia:	Höchstens damit. [*zeigt auf den 20er-Rahmen*]
I:	Ja, kannst du damit machen.
Julia:	Eins, zwei, drei, vier, fünf, sechs, sieben, acht [*schiebt acht Kugeln in der oberen Reihe von links nach rechts*] … und eins. [*schiebt eine Kugel in der unteren Reihe von links nach rechts*] Eins, zwei, drei, vier, fünf, sechs, sieben, acht, neun. [*zählt alle Kugeln von links nach rechts, beginnend in der oberen Reihe*]
I:	Mhm. Hast du jetzt plus oder minus gerechnet?
Julia:	Minus.

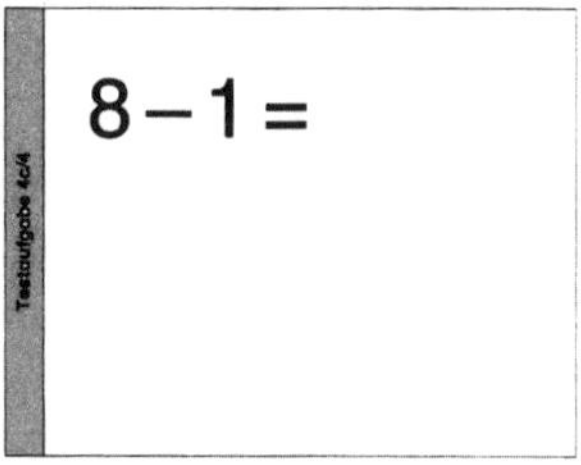

$$8 - 1 =$$

Testaufgabe 4/4

Abb. 3/15: Testaufgabe (Scherer 2005a, 120)

I:	Zeigst du mir noch einmal, wie du gerechnet hast?
Julia:	Eins, zwei, drei, vier, fünf, sechs, sieben, acht, neun. [*zählt alle Kugeln in der gleichen Weise wie vorher*]
I:	Mh. Und das ist acht minus eins?
Julia:	... Kommt die neun da hin.
I:	Dann schreib das einmal auf.
Julia:	[*notiert 9 unter der Aufgabe; nicht spiegelverkehrt wie in einer Aufgabe zuvor*]

- Welche Kompetenzen werden durch die genannte Aufgabe überprüft?
- Welche Schwierigkeiten und welche vorhandenen Fähigkeiten werden bei Julias Aufgabenbearbeitung deutlich?
- Welche weiteren Kompetenzen würden Sie bei Julia überprüfen?

3.1.5 Motivation

Der Pädagoge Holt (1979) beschreibt in seinem Buch »Wie Kinder lernen« verschiedene natürliche Situationen mit Kindern im vorschulischen, außerschulischen, aber auch schulischen Bereich. Zu Beginn dieses Abschnitts wollen wir eine dieser Szenen schildern, die sich zwar *in der Schule* ereignet, jedoch keine direkte *unterrichtliche Situation* darstellt:

»Eines Tages war ich gerade im Raum der ersten Klasse und ging daran, einige halboffene Schachteln herzustellen. Ich bemaß sie so, dass mehrere verschiedene Größen von Cuisenaire-Stäben genau hineinpassten. Als Werkzeug hatte ich mir ein Zeichenbrett, eine Reißschiene, Dreiecke, einen Maßstab und ein scharfes Messer mitgebracht, um den Karton zu zerschneiden. Alle diese Dinge interessierten die Kinder. Immer wieder verließen einige ihre normalen Schularbeiten, um mir in meiner Ecke, in der ich arbeitete, einige Sekunden lang zuzuschauen und dann wieder auf ihren Platz zurückzugehen. Manchmal fragten sie mich, was ich denn da täte, worauf ich antwortete: ›Ach, ich mache nur etwas.‹

Als ich einige wenige Schachteln fertig hatte, sahen sie, worum es ging. Nun wollten sie selbst welche machen. Sobald der Stundenplan es zuließ, gab der Lehrer ihnen starkes Papier und Scheren und ließ sie anfangen. Gesagt, getan. Sei es, dass sie es bei mir abgeguckt hatten oder bei anderen oder durch Nachdenken oder Probieren darauf gekommen waren – sie alle fanden heraus, dass man, um eine rechteckige offene Schachtel zu machen, ein Stück Papier von der Form eines breiten Kreuzes ausschneiden musste. Die ersten Formen sahen sehr grob aus; die Seiten waren nicht sorgfältig genug ausgemessen, wenn überhaupt, und die Kanten nicht rechtwinklig. Aber Kinder haben einen Sinn für gute Handwerksar-

beit. Wenn man sie nicht mit Belohnungen oder durch Gängeln bei der Arbeit hält, wollen sie immer das verbessern, was sie vorher getan haben. So machten auch diese Kinder ihre Schachteln immer sorgfältiger, versuchten herauszubringen, wie man sie schneiden musste, so dass die Kanten fugenlos aufeinander passten und dass die Öffnung eben wurde. Niemand bat mich um Hilfe. Hin und wieder schaute mir ein Kind eine Zeit lang zu, das war alles. Danach fuhren sie mit ihrer Arbeit fort.

Ich verfolgte ihre Arbeiten noch ein kleines Stück weiter – nicht so weit, wie ich gewollt hätte, denn ich hatte noch andere Klassen, außerdem musste ich einige besondere Unterrichtsstunden geben sowie Privatunterricht. Der Letztere bestand darin, dass ich den Betreffenden die Hoffnung eintrichtern musste, sie könnten irgendwelche Tests bestehen. Ich hatte also nicht so viel Zeit, wie ich gerne gehabt hätte, um in Ruhe zu forschen oder einen vielversprechenden Ansatz zu verfolgen. Und der Lehrer der ersten Klasse meinte natürlich, er müsste den vorgesehenen Stoff durchnehmen, um jene Kinder für die Versetzung in die zweite Klasse vorzubereiten. So blieb ihnen nicht genug Zeit, um die mathematischen Möglichkeiten, die sich bei der Herstellung dieser Schachteln ergaben, zu ergründen und entwickeln. Sie hätten etwa dazu übergehen können, Schachteln mit exakten Abmessungen herzustellen oder Schachteln, die eine bestimmte Anzahl von Holzblöcken aufnehmen konnten, oder Schachteln mit nicht rechteckigen Formen.

Dennoch gelangen in der kurzen Zeit einem kleinen Jungen einige sehr beachtliche Leistungen, die vielleicht ihm und der ganzen Klasse bisher ungeahnte Möglichkeiten eröffneten. Er war übrigens einer der Störenfriede einer an sich schon recht unruhigen Klasse. Nachdem er mehrere offene Schachteln gemacht hatte, fing er an zu überlegen, wie man eine geschlossene Schachtel machen musste. Nach kurzer Zeit hatte er herausgefunden, welche Form er dazu ausschneiden musste. Dann betrachtete er seine geschlossene Schachtel und versuchte, sie sich als Haus vorzustellen und zeichnete eine Türe und einige Fenster darauf. Das Ergebnis befriedigte ihn aber nicht so recht, weil es einem Hause nicht sehr ähnlich sah. Er überlegte nun, wie man ein Haus machen musste, das wirklich wie ein Haus aussah und ein spitzes Dach hatte. Ich sah ihn nicht, während er an diesem Problem arbeitete und weiß auch nicht, welche Schritte ihn schließlich dahin führten, aber wenige Tage später zeigte mir sein Lehrer ein Kartonhaus mit einem spitzen Dach, das er aus einem Stück ausgeschnitten hatte. Es war außerdem gut gearbeitet; die Seiten und das Dach passten ziemlich gut aneinander. Und er hatte Türen und Fenster nicht aufgezeichnet, sondern vor dem Falten ausgeschnitten. Eine wirklich außergewöhnliche Leistung« (ebd. 130 ff.).

Was kann diese Szene verdeutlichen? Wir erkennen, dass Kinder durchaus von komplexen, anspruchsvollen Aufgaben, die eine Reihe mathematischer Anforderungen beinhalten (vgl. dazu auch in Kap. 1.2.2 das Beispiel der Würfelnetze), motiviert werden. Wir sehen auch, dass schwierige Dinge im ersten Versuch nur fehlerhaft bewältigt werden und dass Kinder dies durchaus *selbst* erkennen können und sie darüber hinaus nicht *demotivieren* muss. Es besteht zwar nicht bei allen, so doch bei vielen Anforderungen die Chance, dass Kinder *selbst* beurteilen, ob etwas gut bzw. richtig ist und dass die Beurteilung von außen, z. B. durch die Lehrerin, nicht unbedingt erforderlich ist. Holt kommentiert ein anderes Beispiel, das ebenso die *natürliche Motivation* eines Vorschulkindes demonstriert: »Man sieht leicht, dass vieles von dem, was wir in der Schule tun, falsch sein muss, wenn wir uns so sehr um das kümmern müssen, was man ›Motivation‹ nennt.[106] Ein Kind hat kein größeres Verlangen, als die Welt zu verstehen, sich frei in ihr zu bewegen und diejenigen Dinge zu tun, die es größere Leute tun sieht« (ebd., 16; vgl. auch Whitney 1985, 230). Dabei sind weder die Leistungsorientierung noch ein überzogenes Konkurrenzstreben die entscheidenden Motive des Lernens. Vielmehr erwächst es aus einem Interesse an den Gegenständen des Lernens selbst (vgl. Loch in Bruner 1970, 15). »In ihrer besten Form ist Erziehung Faszination, Begeisterung« (Leonard 1973, 26). In welcher Weise Kinder im Unterricht motiviert werden, kann dabei individuell sehr verschieden sein.

Bevor in diesem Abschnitt exemplarisch einige wesentliche Aspekte für den Mathematikunterricht ausgeführt werden, wollen wir mit einer Zusammenstellung der unterschiedlichen Motivationsarten beginnen. Zech (2002, 187) weist darauf hin, zwischen *Motivation* einerseits und den zugrunde liegenden *Motiven* zu unterscheiden. Motive sind Einstellungen, die sich in wiederkehrenden Grundsituationen herausbilden, während es sich bei Motivation um ein situationsabhängiges und kurzfristiges Geschehen handelt (Heckhausen 1974, 142 f.). Motive sind in Verbindung mit situativen Bedingungen sozusagen die Grundkomponenten für das Entstehen von Motivation.

Folgende Motive sind zentral für die Motivationen im Mathematikunterricht (Zech 2002, 187 ff. u. die dort angegeb. Lit.): der kognitive Trieb (der Wunsch nach Wissen/ Verstehen), das Lebenszweckmotiv (der Wunsch nach besserer Lebensbewältigung), das Leistungsmotiv (der Wunsch nach Steigerung des eigenen Leistungsniveaus), das Selbstverwirklichungsmotiv (der Wunsch nach Selbstständigkeit/Eigenverantwortlichkeit), das Machtmotiv (der Wunsch, andere zu dominieren), das Anschlussmotiv (Sozialtrieb) oder das ästhetisch-ethische Motiv (das Bedürfnis nach Ordnung, Genauigkeit, Schönheit im weitesten Sinne; vgl. Strukturen und Muster). Aus diesen grundlegenden

---

106 Die einführende Szene zeigt in diesem Zusammenhang ganz deutlich, dass nicht unbedingt gewaltige Inszenierungen (›Motivationsakrobatik‹) notwendig sind, um Kinder zu motivieren: Die mitgebrachten Werkzeuge des Lehrers und sein Satz »Ach, ich mache nur etwas« können in ihrer Vagheit den erwünschten Effekt erzielen. Es ist an dieser Stelle nicht zu entscheiden, welches Motiv für die Kinder letztlich handlungsleitend ist. Möglich wären das Anschlussmotiv (für den Lehrer etwas zu tun), der kognitive Trieb oder das Leistungsmotiv (s. u.).

Motiven sind einige wesentliche Arten der Motivation herausgearbeitet worden, die wir an dieser Stelle ohne weitere Ausführung lediglich nennen und exemplarisch durch unterrichtliche Realisierung konkretisieren wollen (Tab. 3/2).

Motivationsart	Mögliche Konkretisierung im Mathematikunterricht
Strukturelle Motivation, ästhetische Motivation	Zahlenmuster (vgl. Kap. 2.3.1.2 ›Argumentieren‹)
Motivation durch dosierte Diskrepanzerlebnisse (z. B. Neuigkeit, Verfremdung, Provokation, Staunen, Komplizierung)	Schaffen von Neugier, v. a. durch innermathematische Problemstellungen
Motivation durch Nützlichkeitswert	Sachrechnen mit unmittelbarem Lebensbezug (vgl. Kap. 1.3.2, das Beispiel ›Teekesselchen‹ zur Umweltschließung)
Leistungsmotivation (z. B. Zielorientierung, Selbsttätigkeit, angemessener Schwierigkeitsgrad, Erfolg/Misserfolg)	Lernkontrollen, Tests (vgl. auch Kap. 4.6), Lerntagebücher (Kap. 2.3.2), natürliche Differenzierung (Kap. 3.1.6)
Soziale Motivation (z. B. sachbezogenes Lob, Kooperation, Lehrer als Modell => durch eigene Begeisterung ›mitreißen‹)	Kooperatives Lernen bei Unterrichtsaktivitäten im Rahmen eines Projekts (vgl. Kap. 1.3.3.8) oder anderer Lernumgebungen (vgl. das Einführungsbeispiel in Kap. 2.3.2)

Tab. 3/2: Motivationsarten (in Anlehnung an Zech 2002, 206 f.)

Schon an dieser Stelle wird deutlich, dass eine bestimmte Motivationsart nicht bei jedem Unterrichtsgegenstand zum Tragen kommt. So liegt die Motivation durch Nützlichkeitswert bspw. beim Erlernen der schriftlichen Division nicht auf der Hand, da gerade dieser Algorithmus im täglichen Leben nur noch selten Anwendung findet. Das Erlernen dieses Algorithmus ist dann möglicherweise eher durch eine anstehende Klassenarbeit motiviert (Leistungsmotivation). Beim Verstehen-Wollen der Funktionsweise von Algorithmen kann aber auch eine ästhetische Motivation zum Tragen kommen, die häufig mit Neugier verbunden ist, hier z. B. auf die dahinterstehenden arithmetischen Gesetze oder die Systematik, die den Algorithmus ›funktionieren‹ lässt. Das zeigt, dass gut und gerne verschiedene Motivationsarten zusammenwirken können. Auf der anderen Seite laufen Lernprozesse, die ausschließlich durch *eine* Motivationsart motiviert sind (bspw. durch die Leistungsmotivation), Gefahr, weitere wesentliche Bereiche zu vernachlässigen: Ein übertriebenes Leistungsstreben kann in ein übertriebenes Wettbewerbs- und Konkurrenzdenken münden (möglicherweise getragen von einem Machtmotiv, s. o.) und drängt in der Folge die soziale Motivation völlig in den Hintergrund.

Formulieren Sie selbst konkrete Unterrichtsbeispiele/-aktivitäten für den Bereich der Geometrie, in denen sich die verschiedenen Motivationsarten widerspiegeln! Diskutieren Sie anschließend die Beispiele aus dem Kapitel 7.2 bei Zech (2002).

• *Intrinsische und extrinsische Motivation*
Dieser Aspekt wird im Mathematikunterricht besonders für den Bereich der Übung diskutiert. Es steht außer Frage, dass im Mathematikunterricht das Üben einen großen Raum einnimmt, was zu Langeweile und Motivationsverlust führen kann. Daher besteht natürlich die Forderung nach einer abwechslungsreichen Übungspraxis (vgl. Motivation durch dosierte Diskrepanzerlebnisse in Tab. 3/2). Bezogen auf die Art der Motivation gibt es dabei unterschiedliche Auffassungen: Einerseits besteht die Möglichkeit der *intrinsischen (primären) Motivation*, der Motivation aus der Sache heraus (vgl. Wittmann 1990, 161). Eine solche Motivation wird nicht nur für die sogenannten leistungsstarken Kinder, sondern auch für lernschwache Schüler für unabdingbar gehalten (vgl. Böhm et al. 1990; Scherer 1995a, 297/2005a; Whitney 1985, 234; Wittoch 1985). Sie ist der *extrinsischen (sekundären) Motivation* vorzuziehen, die keine (wünschenswerten) längerfristigen Auswirkungen hat: Die Tätigkeiten bleiben i. d. R. aus, wenn die Belohnung ausbleibt (vgl. Bruner 1970; Dewey 1970; Donaldson 1991, 129)[107]. Kommt die extrinsische Motivation ausfernd und auf lange Sicht zur Anwendung, wird dies die eher negative Konsequenz haben, dass die Beschäftigung mit Mathematik behindert wird (vgl. Baireuther 1996b, 67): »Für kurze Zeit Interesse zu erwecken, heißt nicht dasselbe wie den Grund zu legen für ein lange anhaltendes Interesse im weiteren Sinne. Filme, audiovisuelle Unterrichtshilfen und dergleichen andere Hilfsmittel mögen den naheliegenden Effekt haben, Aufmerksamkeit auf sich zu ziehen. Auf weite Sicht dürften sie dahin führen, dass Menschen passiv werden und darauf warten, dass sich irgendeine Art von Vorhang auftut, um sie aufzurütteln« (Bruner 1970, 80).

Lepper et al. (1973) gingen der Frage nach, ob sich bei einer zuvor intrinsisch hoch motivierten Aktivität durch Erhalt extrinsischer Belohnungen Veränderungen ergäben. Vor der Durchführung des Experiments wurde folgende Gruppeneinteilung vorgenommen: Eine erste Gruppe erhielt keinerlei Belohnung, eine zweite Gruppe eine unerwartete Belohnung sowie eine dritte Gruppe eine erwartete Belohnung. In den ersten beiden Gruppen zeigte sich ein leichter (nicht signifikanter) Anstieg des Interesses im Verlauf des Experiments, während sich bei den Personen, die eine Belohnung erwarteten, ein signifikanter Abfall der Motivation manifestierte (ebd., 135). Festzuhalten bleibt des Weiteren, dass die Einstellungen und damit die Motivation für Mathematik bzw. mathemati-

---

107 Die Erkenntnisse der Verhaltensforschung bestätigen diese eher negativen Effekte: »Die Fähigkeit, sich durch immer höhere Reize zu verwöhnen und dabei der Anstrengung aus dem Wege zu gehen, ist ein Charakteristikum des Menschen, sie ist Bestandteil seiner reflexiven Fähigkeit schlechthin« (Von Cube/Alshuth 1993, 12).

sche Probleme und Aufgaben bereits durch die Erfahrungen in der Grundschule für mehrere Jahre oder die gesamte Zukunft festgelegt werden (vgl. Baroody/Ginsburg 1992, 62), was die Verantwortung der Lehrerin verdeutlicht.

Extrinsische Motivation findet sich recht häufig in Form von Lernspielen (vgl. dazu Kap. 2.1.3 oder das ›Spaßargument‹ in Kap. 3.3.2.2) oder realisiert durch besondere Organisationsformen (vgl. z. B. Gruber/Wienholt 1994): »In der Frage, ob eine ›didaktische Verpackung‹ dazu führe, dass die Kinder den Lernstoff besser annähmen, steckt implizit die Überzeugung, dass der Lernstoff im Grunde langweilig und banal sei und dass man ihn daher ›aufwerten müsse‹« (Engelbrecht 1997, 66).

Als wesentliches Problem von Schule und Unterricht sehen Lepper et al. (1973) die Unfähigkeit, die intrinsische Motivation, die die Kinder bei Schuleintritt besitzen, zu bewahren. Sie kommen zu dem Schluss, dass Unterricht dieses spontane Interesse und die Neugier und damit den Lernprozess an sich unterläuft (vgl. ebd., 136). Zu bedenken ist aber insgesamt, dass die Lebenswelt der Kinder, ihre außerschulische Umwelt weitgehend von extrinsischer Motivation dominiert ist. Es wäre daher realitätsfremd, *ausschließlich* auf primärer Motivation zu beharren, es ist jedoch u. E. eine Frage der Relationen (vgl. dazu auch Krauthausen 1998c, 36 ff.), und hier hätte Schule durchaus auch einen Erziehungsauftrag wahrzunehmen.

- *Interesse*

Um eine intrinsische Motivation zu gewährleisten, müssen die Schülerinnen und Schüler Interesse für den zu erlernenden Stoff aufbringen. Dieses Interesse am Lernstoff kann bspw. durch dessen Ästhetik oder dessen Nützlichkeitswert motiviert sein (Tab. 3/2). In diesem Zusammenhang ist häufig die Tendenz zu beobachten, dass *zunächst* ein Thema, ein Lernstoff ausgewählt wird und mit methodischen Tricks *anschließend* interessant gemacht werden soll (vgl. Dewey 1970, 163; s. o. die Ausführungen zur extrinsischen Motivation). »Wenn der Stoff so dargeboten wird, dass er einen passenden Platz innerhalb des sich weitenden Bewusstseins des Kindes hat, wenn er aus dem eigenen Tun, Denken und Fühlen des Kindes heraus- und in die weitere Entwicklung hineinwächst, dann braucht man keine Zuflucht zu methodischen Kunstgriffen oder Tricks zu nehmen, um ›Interesse‹ zu wecken. Substanzieller Stoff in psychologisierter Form *ist* interessant« (Dewey 1976; Hervorh. GKr/PS; vgl. auch Brosch 1999, 32). Nicht unerheblich ist auch das Interesse der Lehrperson am Unterrichtsstoff, denn »wie soll jemand eine Sache für andere interessant machen, der an ihr kein Interesse hat?« (Schreier 1995, 15). Das Vorbildverhalten der Lehrerin (als ›Modell‹) ist hier also sehr bedeutsam – ein Aspekt der auf die eigene Einstellung zum Fach Mathematik und auf die eigene diesbezügliche Lernbiografie verweist (vgl. Krauthausen/Scherer (2004).

Natürlich wird es kaum zu realisieren sein, dass *alle* Kinder zur *gleichen* Zeit am *gleichen* Unterrichtsgegenstand großes Interesse haben. Jedoch gibt es eine Reihe von Lernumgebungen, in denen *mit größerer Wahrscheinlichkeit* als bei anders gestalteten

Lernumgebungen das individuelle Interesse mehrerer Kinder berücksichtigt werden kann: Zu nennen wären hier bspw. die substanziellen Lernumgebungen, die i. d. R. ein breites Spektrum an Aktivitäten ermöglichen (vgl. Kap. 2.1.2 u. 3.1.3) oder aber die Arbeit an Projekten, bspw. in arbeitsteiliger Form, in der durchaus unterschiedliche Interessen realisiert werden (vgl. Kap. 1.3.3.8; auch das Erfinden von Rechengeschichten in Kap. 1.3.3.4).

• *Anstrengungsbereitschaft*

»Ein leistungsmotiviertes Handeln findet besonders dann statt, wenn die Tendenz ›Hoffnung auf Erfolg‹ die Tendenz ›Furcht vor Misserfolg‹ überwiegt. [...] Wünscht man, dass Lehrer oder Schüler vorwiegend *intrinsisch* motiviert sind, dann ist eine unverzichtbare Grundlage, dass sie bei ihren Aktivitäten häufig Erfolge erzielen. [...] Die *extrinsische* Motivation ist nicht unproblematisch. Wegen der häufig unerwünschten Nebenwirkungen (Erzeugen negativer Emotionen wie Angst und Scham) ist im Zweifelsfall die Belohnung dem Zwang vorzuziehen« (Edelmann 2000, 7, Hervorh. i. Orig.).

Implizit wird hieran deutlich, dass die Eigentätigkeit ein entscheidender Faktor ist: Ein Kind muss erfahren können, dass erfolgreiches Lernen auch immer an eigene Anstrengungen gebunden ist (vgl. MSJK 2003)[108]. Diese Mühe des Lernens kann man den Kindern nicht abnehmen, wohl aber kann man ihnen Hilfen anbieten, dass sie Mühe als lohnenswert empfinden lernen. Die Erfahrung des Gefordertseins und des Könnens ist zudem von grundlegender Bedeutung für die Persönlichkeitsentwicklung des Kindes (Christiani (Hg.), 1994). So zu tun, als wäre Lernen ausschließlich freudvoll sowie frei von Hindernissen und Beurteilungen, ist eine Vorspiegelung falscher Tatsachen und hat keine Entsprechung in der Realität: »In vielen verschiedenen Theorien zur Entwicklung des Denkens wird darauf hingewiesen, dass uns derartige kognitive Konflikte unerträglich sind und wir uns deshalb stets darum bemühen, sie zu beseitigen. ... Die Erziehung sollte das Ziel verfolgen, im Kind die Bereitschaft zu fördern, sich Widersprüchlichkeiten zu stellen beziehungsweise diese – aus Freude an der Herausforderung – sogar zu suchen. Zugleich sollte sie zu verhindern trachten, dass es zu Abwehrhaltungen oder zu innerem Rückzug kommt« (Donaldson 1991, 125). Die Leistungsbeurteilung im Sinne einer ermutigenden Rückmeldung (vgl. Sundermann/Selter 2006a), insbesondere der Umgang mit Fehlern, hat hierbei sicherlich auch entscheidende Auswirkungen auf die Motivation.

Anstrengungsbereitschaft zum Erbringen von Leistungen ist bei Kindern i. d. R. vorhanden (siehe Beispiele vorab). Gefordert sind im Weiteren die Lehrerinnen und Lehrer

---

108 Für ein Kind ist das übrigens keineswegs neu: In vorschulischen Lernprozessen hat es diese Erfahrungen bereits vielfach machen können und gemeistert (siehe auch das einführende Beispiel von Holt).

»mit der Organisation sehr differenzierter und reichhaltiger Lernangebote und Lernmöglichkeiten den mitgebrachten Leistungswillen zu erhalten« (Brosch 1999, 33).

- *Überforderung und Unterforderung*
Wie schon angedeutet, hat das Erleben von Erfolg und Misserfolg entscheidenden Einfluss auf die Motivation. Das Erleben von (ständigen) Misserfolgen, von Versagenssituationen kann zu ständiger *Überforderung* führen und möglicherweise bereits vorhandene Motivation zerstören. Nicht selten kann in derartigen Fällen die *natürliche* Motivation der Kinder versiegen (vgl. Holt 1979, 16), und dann müssen erst einmal Angst und Druck (Zeitdruck, Ergebniszwang oder Wettbewerb) abgebaut werden (vgl. Wittoch 1985, 102). Diese Beschreibungen stellen natürlich Möglichkeitsausssagen dar, d. h., es kann durchaus sein, dass die Motivation trotz allem bestehen bleibt, d. h., ein Kind es in jedem Fall besser machen will. Umgekehrt könnte man vorschnell meinen, dass erlebter Erfolg eine Art Garant für hohe Motivation darstellt. Tatsache ist jedoch, dass eine *Unterforderung* genauso zu mangelnder Motivation führen kann, ein Kind »tritt [...] auf der Stelle, darf nicht ausgreifen und voranstürmen und lernen, lernen. Man muss abwarten, was der Lehrer für angemessen hält, muss längst Begriffenes wiederkäuen« (Andresen 1985, 58). Die ausgeführten Folgen sowohl der Über- als auch der Unterforderung machen es unabdingbar, die vorhandenen Fähigkeiten der Kinder für den Unterricht ernst zu nehmen, d. h. Unterricht immer auch an ihrem Vorwissen zu orientieren (vgl. Kap. 3.1.1; auch Baroody/Ginsburg 1992, 58): Es muss zu einer Passung zwischen dem vorhandenen und dem neu zu erwerbenden Wissen kommen. Dies ist bereits in Kap. 2.2 im Rahmen der didaktischen Prinzipien angesprochen worden.

Insgesamt sollte man also dem Aspekt der Motivation bei der Organisation von Lernprozessen gezielt Beachtung schenken und dabei nicht nur auf extrinsische Motivationsmöglichkeiten schauen. Festzustellen ist nämlich, dass die Bedeutung der Motivation für kognitive Leistungen generell noch unterschätzt wird (Edelmann 2000, 8).

Wir wollen nun am Ende dieses Abschnitts noch einmal auf unsere einleitende Szene zurückkommen. Es könnte der Eindruck entstehen, dass das Aufrechterhalten der natürlichen (vorhandenen) Motivation der Kinder nur in nicht geplanten Situationen möglich ist. Dies ist jedoch keineswegs der Fall. Wir haben vergleichbares Interesse von Grundschulkindern und überdauernde Motivation schon recht häufig in Unterrichtsphasen erlebt und wollen hier ein kurzes Beispiel zur Illustration geben.

Das Unterrichtsbeispiel ›Zahlenketten‹ haben Sie bereits in Kap. 2.3.2.5 kennengelernt; es wird in Kap. 3.1.6 im Zusammenhang mit Differenzierungsmöglichkeiten sowie in Kap. 3.1.7 unter der Perspektive der erforderlichen Fachkompetenz der Lehrperson beleuchtet. Bevor Sie weiterlesen und das Schülerdokument (Abb 3/16) analysieren, versuchen Sie zunächst selbst, alle Lösungen für die Zielzahl 100 bei Zahlenketten mit fünf Zahlen zu finden. (Falls Sie dies nicht schon bei der Lektüre von Kap. 2.3.2.5 getan haben.)

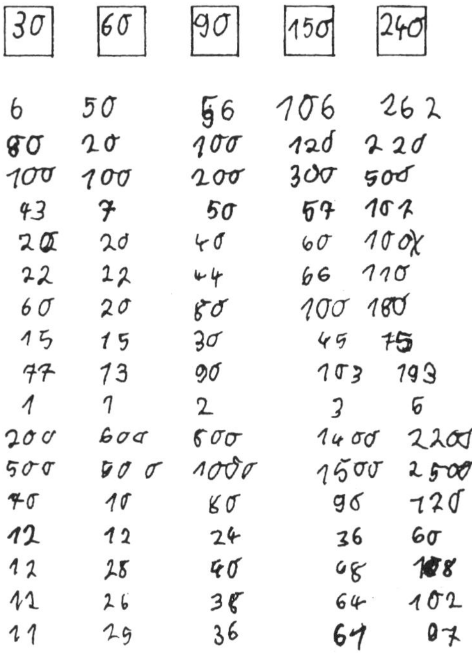

Das Erreichen der Zielzahl 100 bzw. nahe an diese Zielzahl heranzukommen, war eine Problemstellung für Drittklässler. Wir sehen in Abb. 3/16 die Versuche von Peter, der von Anfang an recht große Zahlen wählte, mit einem Stellenwertfehler im zweiten Beispiel. Drittes und viertes Beispiel beinhalten zwar die Zahl 100, allerdings nicht als Zielzahl. Peter traf im sechsten Beispiel die Zielzahl 100 und versuchte es dann mit identischen Startzahlen. Später zeigte sich der Reiz der Zahlen: zunächst bei den Startzahlen 1/1 und anschließend die glatten 100er. Seine Zielzahlen führten dabei jeweils über den ›offiziell‹

Abb. 3/16: Peters Zahlenketten (Scherer/Selter 1996, 24)

thematisierten 1000er-Raum hinaus, und dies mit fehlerfreien Rechnungen. Durch operatives Abändern der Startzahlen (z. B. Festhalten der ersten Startzahl und Erhöhen bzw. Erniedrigen der zweiten Zahl) versuchte er dann, die Zielzahl 100 zu erreichen (vgl. Scherer/Selter 1996, 23 f.).

Dieses Beispiel dokumentiert zunächst eine überdauernde Motivation, sich mit dieser Aufgabenstellung zu beschäftigen, die auch dadurch nicht zerstört wird, dass Peter erst bei seinem sechsten Versuch – und nur bei diesem – die geforderte Zielzahl erhält. Das Beispiel zeigt auch, dass ein substanzieller Kontext dazu führen kann, die eigentliche Aufgabe zwar etwas aus dem Blick zu verlieren und andere Dinge wie das Experimentieren mit großen Zahlen herausfordern kann. Die Motivation entsteht aus der Sache heraus! Nebenbei werden hier natürlich auch die Rechen*fertigkeiten* geschult: Peter berechnet 18 Zahlenketten, bei denen jeweils drei Rechnungen durchzuführen sind, also insgesamt 54 Additionen. Man vergleiche dies mit traditionellen Rechenpäckchen im Hinblick auf die dazu erforderliche Motivation.

Das geschilderte Beispiel ist kein Einzelfall, vielmehr häufen sich die positiven Erfahrungen mit substanziellen Lernumgebungen und die festgestellte »überdauernde Sachmotivation aller Kinder« (Krauthausen 1995d, 9). Das Entscheidende ist die mathematische Substanz mit gehaltvollen Frage- und Problemstellungen, »die vielfältige Wege und Lösungen auf verschiedenen Anspruchsniveaus zulassen« (ebd.). Beispiele und Erfahrungsberichte für den Grundschulunterricht existieren mittlerweile in einer großen Vielzahl, wenngleich ihre Nutzung noch nicht zum alltäglichen Unterricht gehört.

3.1.6 Differenzierung

Differenzierungsmaßnahmen gehören seit Jahren zum Standardrepertoire pädagogischer und didaktischer Anforderungen und Bemühungen. Ihre Notwendigkeit leitet sich ab aus der Akzeptanz von Lerngruppen als einer Gemeinschaft verschieden denkender, fühlender und lernender Individuen.

3.1.6.1 Heterogene Lerngruppen

Wir haben bereits in Kap. 3.1.2 über die heterogenen Leistungen berichtet, die im Rahmen verschiedener Vergleichsstudien festgestellt wurden. Diese Ergebnisse zu heterogenen Leistungen decken sich mit zahlreichen nationalen wie internationalen Untersuchungen zu Mathematikleistungen bei Schuleintritt (vgl. etwa Grassmann et al. 2002; Hasemann 2001; Hengartner/Röthlisberger 1994; Selter 1995; Van den Heuvel-Panhuizen 1994), aber auch zu anderen Zeitpunkten der Grundschulzeit (vgl. etwa Grassmann 2000; Ratzka 2003, 221). Hier wurden zwar einerseits Kompetenzen festgestellt, die deutlich höher waren als erwartet. Andererseits offenbarte sich eine große Heterogenität und ein nicht unbeträchtlicher Anteil an eher leistungsschwachen Schülerinnen und Schülern. Gerade in den letzten Jahren wird immer wieder von der zunehmenden Heterogenität der Kinder gesprochen (vgl. z. B. Radatz 1995b). Lorenz (2000, 22) verweist auf eine Entwicklungsvarianz bei Schulanfängern gleichen Alters von bis zu fünf Jahren: »So reicht die Spanne von Kindern, die nicht bis fünf und kaum bis drei zählen können, zu Kindern, die im Zahlenraum bis 1000 rechnen« (ebd.).

Anzumerken ist, dass eine eher niedrige Lernausgangslage noch keine Festlegung auf ein niedriges Leistungsniveau bedeutet: In einer Studie von Grassmann et al. (2003), in der sowohl zu Schulbeginn als auch am Ende des ersten Schuljahres mathematische Leistungen erhoben wurden, zeigte sich, dass die Klassen, die am Anfang durch besonders gute Vorkenntnisse auffielen, nicht identisch sein müssen mit denen, die am Ende der ersten Klasse die besten Leistungen zeigten.

Bei genauerer Betrachtung heterogener Leistungen im Mathematikunterricht lassen sich u. a. Abhängigkeiten von Geschlecht und Sozialstatus bzw. Migrationshintergrund erkennen (vgl. z. B. Pietsch/Krauthausen 2005), was wir an dieser Stelle jedoch nur kurz beleuchten wollen. Im Rahmen von IGLU/E, aber auch von PISA zeigte sich, dass der

Anteil der Mädchen innerhalb der Risikogruppe größer ist als der der Jungen (vgl. Walther et al. 2004, 133; Frein/Möller 2004). Die Befunde der IGLU-Studie zeigten für die Schülerinnen und Schüler am Ende der vierten Klasse ein ausgeglicheneres Bild als im Sekundarstufenbereich, was sich mit verschiedenen Forschungsbefunden deckt, wonach zu Beginn der Schulzeit keine geschlechtsspezifischen Unterschiede hinsichtlich der Mathematikleistungen (oder sogar Vorteile der Mädchen) festzustellen sind, sondern sich diese mit zunehmendem Alter vergrößern bzw. entwickeln (vgl. Grassmann et al. 2002; Hasemann 2001; Ratzka 2003; Tiedemann/Faber 1994). In der Studie von Grassmann et al. waren lediglich bei einigen Aufgaben entweder Vorteile der Jungen oder aber auch der Mädchen festzustellen (vgl. ebd. 2002, 47 ff.). Dies deckt sich auch mit internationalen Studien, wonach es keine allgemeinen Vor- oder Nachteile eines der Geschlechter gibt, sondern dies immer auch aufgabenabhängig ist (vgl. Anderson 2002; Van den Heuvel-Panhuizen/Vermeer 1999). Auch der Einfluss der Erwartungshaltung und Einstellung der Lehrerinnen und Lehrer scheint dabei eine nicht unerhebliche Rolle zu spielen (vgl. z. B. Tiedemann 2000), allerdings konnte in einigen Studien kein genereller Effekt nachgewiesen werden (vgl. Grassmann et al. 2002, 48 f.).

Hinsichtlich der Abhängigkeiten der Leistungen von Sozialstatus und Migrationshintergrund konnte bei der IGLU/E-Studie gezeigt werden, dass diese vermutlich in der Grundschule schon angelegt sind, sich jedoch erst im Sekundarstufenbereich deutlich verstärken (Schwippert et al. 2003, 300).

Neben diesen genannten Faktoren, die heterogene Leistungen und damit heterogene Gruppen entstehen lassen, gibt es seit geraumer Zeit auch die gezielte Zusammensetzung heterogener Lerngruppen: So werden an zahlreichen Grundschulen vor dem Hintergrund der Flexibilisierung der Schuleingangsphase die Klassen 1 und 2 Jahrgangs gemischt zusammengefasst und gemeinsam unterricht (vgl. Nührenbörger 2006; Nührenbörger/Pust 2006). Bei diesem Modell wird Heterogenität als besondere Chance zum selbsttätigen und individuellem Lernen gesehen und dies sowohl für die älteren als auch die jüngeren Kinder (ebd., 14 f.).

Insgesamt wird das Differenzierungsproblem nur noch dringlicher – und dies für alle Schulstufen (auch Halász et al. 2004), will man den pädagogischen Anspruch nicht aufgeben, Lernprozesse so zu organisieren, dass ihre bildungsrelevanten Wirkungen auch tatsächlich *alle* Kinder erreichen. Nun gehört aber die Differenzierung auf der anderen Seite zu jenen Begriffen der Pädagogensprache, die von so großer (vielversprechender) Allgemeinheit und damit auch Vagheit sind, dass sie in der Gefahr stehen, zum Schlagwort zu verkommen und ein Patentrezept zur Lösung schwieriger und ›sperriger‹ Probleme zu suggerieren (vgl. von der Groeben 1997). Gleichwohl ist und bleibt es eine überzeugende Leitvorstellung, für jedes einzelne Kind möglichst günstige Lernbedingungen zu schaffen (vgl. Wielpütz 1998a/b).

Wenn wir im Folgenden von Differenzierung sprechen, dann meinen wir Maßnahmen der *inneren* Differenzierung. *Äußere* Differenzierung, im Sinne separierender Lerngruppen (bspw. in der Sekundarstufe I und II, realisiert durch Grund- und Erweiterungskurse oder Grund- und Leistungskurse), findet sich in der Grundschule allenfalls in Form von Förderunterricht entweder für die leistungsschwachen oder aber für die leistungsstarken Kinder. Uns geht es hier aber um die Thematisierung der ›normalen‹ Unterrichtsorganisation.

3.1.6.2 ›Natürliche Differenzierung‹

Wirft man einen Blick in die verschiedensten Grundschulklassen, so kann der Eindruck entstehen, dass der heutige Unterricht dem Differenzierungsgebot doch flächendeckend gerecht zu werden scheint, finden sich doch gewohnheitsmäßig zahlreiche unterstützende Materialien (vgl. Kap. 3.2), Lernspiele, unterschiedlichste Arbeitsblätter usw. Und auch die Organisationsformen sind im Zuge der propagierten ›Öffnung von Unterricht‹ (ebenfalls ein Begriff mit potenziellem Schlagwortcharakter!) freier geworden und erlauben es den Kindern, sich zu unterschiedlichen Zeiten an unterschiedlichen Orten mit unterschiedlichen Inhalten auf unterschiedliche Weisen zu beschäftigen. Damit diese Praxis aber nicht der Gefahr erliegt, zur ›Beschäftigungstherapie‹ zu verkommen (Aktionismus statt Aktivität), müssen gewisse Kriterien erfüllt sein.

Differenzierung vorrangig durch äußere und organisatorische Maßnahmen bewältigen zu wollen, bedeutet eine Problemverkürzung (vgl. Wielpütz 1998b). Mancher »äußerlich offene Unterricht verläuft weitgehend in den inhaltlichen und methodisch geschlossenen Bahnen der herkömmlichen Aufgabendidaktik. Lehrerzentrierung, die man bei den Aktionsformen zu vermeiden trachtet, wird verlegt: ins Aufgabenmaterial und – vor allem – in die meist vorgeschriebenen Lösungswege. Überdies verführt der Markt mit Routineaufgaben, an denen so gut wie nichts offen ist« (ebd., 10). Insofern müssen verschiedenfarbige Ablagekästen voller Kopiervorlagen (›leicht – mittel – schwer‹ symbolisierend; man kann das Ganze auch noch aufwendiger betreiben, ohne dass dem ein entsprechendes Verhältnis inhaltlicher Substanz entsprechen muss) nicht notwendigerweise schon auf gelungene Differenzierung im wünschenswerten Sinne schließen lassen. Außerdem wird auf diese Weise das *soziale Lernen* (vgl. Kap. 2.3.2) oft in entscheidendem Maße vernachlässigt. Auch die tatsächliche Effizienz des so oft gepriesenen ›Helfer-System‹, bei dem schneller oder besser Lernende ihren Klassenkameraden helfen, ist an durchaus anspruchsvolle Voraussetzungen gebunden und nicht schon *per se* gut. Auch hier gilt es also, genauer hinter eine vielleicht ›modern‹ anmutende Oberfläche zu schauen.

Vielfach erschweren auch gewisse Klischees des Berufsbildes die Umsetzung wünschenswerter Differenzierungsmaßnahmen. Meier (1997) spricht in dem Zusammenhang von einem Mentalitätsproblem: Die meisten Erwachsenen haben (nicht zuletzt aufgrund ihrer eigenen Lernbiografie) ein Bild von Schule und Unterrichten verinnerlicht, das dominiert wird durch die gleichschrittige Weitergabe passend vorgefertigten Lernstoffs. Langsamer Lernenden wird ggf. ein wenig mehr (nicht ›zu viel‹) Zeit zugestanden, die ausgefüllt ist mit gehäuftem Üben nach dem Prinzip ›viel hilft viel‹. Schneller Lernende werden, da ›Vorlernen‹ verpönt ist und das Problem ja auch nur verlagert, mit zusätzlichen Sternchenaufgaben versehen.[109] Diese Mentalität ist laut Meier, und wir können seine Beobachtung aus eigenen Erfahrungen in unseren Lehrveranstaltungen nur bestätigen, häufig so verfestigt, »dass es Studienanfängern zum Beispiel schwer fällt, sich als andauernde Situation andere Unterrichtsarbeit der Kinder und Lehrerinnen vorzustellen« (ebd., 20 f.). Und auch bei Studierenden höherer Semester sind (sogar wider besseren Wissens; vgl. Wahl 2005) noch Rückfälle in jene tradierten Muster zu beobachten, z. B. wenn sie selbst eine Seminarsitzung moderieren oder im Praktikum selbst für eine Unterrichtssequenz verantwortlich sind.[110] Auf eine weitere Schwierigkeit differenzierenden Unterrichts, die der erforderlichen Fachkompetenz der Lehrenden, werden wir in Kap. 3.1.7 zu sprechen kommen.

Nicht zuletzt kommt bei einem Vorgehen wie eingangs beschrieben aber noch ein anderes, recht pragmatisches Problem hinzu: Aus der eigenen Ausbildungszeit sind uns noch lebhaft die Bemühungen in Erinnerung, v. a. bei Unterrichtsbesuchen alle ›Regeln der Kunst‹ auszuschöpfen und zeigen zu wollen, was ›man‹ so alles machen kann. Nicht selten führen solche Motive zu eher unangemessenen Materialschlachten; diese mögen sich dazu eignen, in ausgewählten Situationen ein beeindruckendes ›didaktisches Feuerwerk‹ zu entfesseln, sie werden aber sogleich fragwürdig, wenn man an die Realität des Unterrichtsalltags denkt.[111] Dieser Alltag besteht weder aus der Konzentration auf nur ein Fach, noch nur aus ›Stundenhalten‹, sondern er hält vielfältige Aufgaben auf verschiedenen Ebenen bereit, was ein entsprechendes Zeitmanagement erfordert. Insofern ist es ein durchaus legitimes Anliegen, auf einer gewissen Ökonomie der Vorgehensweisen zu beharren – und dennoch die pädagogisch-didaktischen Ansprüche nicht aufzugeben.

---

109 Wenn diese zudem lediglich in einer leichten Abwandlung des bisher Geübten bestehen und keine wirklich substanzielle Variation bereithalten, wird das Kind eigentlich sogar durch Mehrarbeit bestraft.

110 Es sind dies v. a. Situationen, die ein ›Handeln unter Druck‹ mit sich bringen, so dass hier natürlich auch andere Effekte als nur eine traditionelle Lernbiografie hineinspielen (vgl. Wahl 1991).

111 Wir vertreten dabei die Meinung, dass Lehrerbildung danach trachten sollte, für diesen Unterrichtsalltag auszubilden und demzufolge den Vorführcharakter solcher ›Schaustunden‹ weitmöglichst zu reduzieren. Wir sind uns allerdings auch dessen bewusst, wie schwierig dies sowohl aufseiten von Studierenden, aber vor allem von Lehramtsanwärterinnen wie auch aufseiten ihrer Ausbilderinnen tatsächlich umzusetzen i. S. von glaubhaft zu machen ist, da die Beratungsfunktion in der 2. Phase ja permanent von der Beurteilungsfunktion begleitet und z. T. überlagert werden kann (vgl. Krauthausen 1998c).

Was aber unterscheidet dann das Prinzip der *natürlichen Differenzierung* (als *einer* Art der inneren Differenzierung) von anderen, gängigen Vorgehensweisen der inneren Differenzierung? Zunächst, so könnte man vorausschicken, dass das ›Differenzierungsproblem‹ nicht als Problem aufgefasst wird, denn Heterogenität in Lerngruppen ist nicht problematisch, sondern normal![112] Wir greifen von anderer Stelle (Kap. 2.3.2.5) noch einmal ein Zitat auf:

>»Im Allgemeinen werden Lernende sich nebeneinander auf verschiedenen Stufen des Lernprozesses befinden, auch wenn sie am gleichen Stoffe arbeiten. Das ist eine Erfahrung, die man in jedem Klassenunterricht beobachten kann. Man betrachtet das als eine Not, und aus dieser Not will ich eine Tugend machen, jedoch mit dem Unterschied, dass die Schüler nicht neben-, sondern miteinander am *gleichen* Gegenstand auf *verschiedenen* Stufen tätig sind. [...] In einer Gruppe sollen die Schüler zusammen, aber jeder auf der ihm gemäßen Stufe, am gleichen Gegenstand arbeiten, und diese Zusammenarbeit soll es sowohl denen auf niedrigerer Stufe wie denen auf höherer Stufe ermöglichen, ihre Stufen zu erhöhen, denen auf niedrigerer Stufe, weil sie sich auf die höhere Stufe orientieren können, denen auf höherer Stufe, weil die Sicht auf die niedrigere Stufe ihnen neue Einsichten verschafft (Freudenthal 1974, 166 f.; Hervorh. GKr/PS).

Auf diesem Verständnis kann die folgende Begriffsbestimmung der natürlichen Differenzierung aufbauen:

>»Im Sinne des aktiv-entdeckenden und sozialen Lernens bietet sich [...] eine Differenzierung vom Kind aus an: Die gesamte Lerngruppe erhält einen Arbeitsauftrag, der den Kindern Wahlmöglichkeiten bietet. Da diese Form der Differenzierung beim ›natürlichen Lernen‹ außerhalb der Schule eine Selbstverständlichkeit ist, spricht man von ›natürlicher Differenzierung‹« (Wittmann/Müller 2004c, 15).

Fassen wir die konstituierenden Merkmale stichpunktartig zusammen:

- *Alle* Kinder der Klasse erhalten das *gleiche* Lernangebot (z. B. einen Aufgaben-/Problemkontext). Man benötigt hier also keine Unmenge an separat erstellten Materialien oder Arbeitsblättern.

- Dieses Angebot muss dem Kriterium der (inhaltlichen) *Ganzheitlichkeit* genügen (vgl. Kap. 2.1.1) und darf damit auch eine gewisse Komplexität nicht unterschreiten (Wie gesagt: Komplexität ist nicht zu verwechseln mit Kompliziertheit!). Von solch anspruchsvollen und komplexeren Lernumgebungen (gemessen an gewohnten Aufgabenstellungen) profitieren auch keineswegs nur, wie man befürchten könnte, leistungsstärkere Schülerinnen und Schüler (vgl. Scherer 1995a/1997b).

---

112 Diese Aussage ist durchaus mehr als ein Wortspiel (vgl. das o. g. Mentalitätsproblem).

- Ganzheitliche Kontexte i. d. S. enthalten *naturgemäß* Fragestellungen unterschiedlichen Schwierigkeitsgrades. Das aus diesem Spektrum jeweils zu bearbeitende Niveau wird nicht mehr von der Lehrerin vorgegeben oder zugewiesen, sondern das *Kind* trifft eine selbst verantwortete Wahl des Schwierigkeitsgrades, dem es sich zu stellen versucht[113]. Dies dient nicht nur der Förderung zunehmend realistischerer Selbsteinschätzungen, sondern das Kind ist auch am ehesten in der Lage, seine spezifischen Fähigkeiten einzuschätzen – eher jedenfalls als die Lehrerin, die nicht in den Kopf des Kindes hineinschauen, sondern sich nur auf Indizien oder Erfahrungswerte aus anderen Situationen berufen kann.[114]

- Neben dem Level der Bearbeitung sind den Kindern freigestellt: die Lösungswege, die Hilfsmittel, die Darstellungsweisen[115] und in bestimmten Fällen auch die Problemstellungen selbst (Problemlösefähigkeit impliziert auch Problemfindefähigkeit!).

- Das Postulat des sozialen Mit- und Voneinanderlernens wird in ebenso natürlicher Weise erfüllt, da es *von der Sache* her sinnvoll ist, unterschiedliche Zugangsweisen, Bearbeitungen und Lösungen in einen interaktiven Austausch (z. B. in Form von Rechenkonferenzen, Forscherheften o. Ä.; vgl. Fußnoten 87/88 in Kap. 2.3.2.4) einzubringen, in dessen Verlauf Einsicht und Bedeutung hergestellt, umgearbeitet oder vertieft werden können. »Alle Schülerinnen und Schüler werden mit alternativen Denkweisen, anderen Techniken, unterschiedlichen Auffassungen konfrontiert, unabhängig von ihrem jeweiligen kognitiven Niveau. Bei strikter innerer Differenzierung wird gerade diese Chance der Begegnung eher erschwert. [...] Die verschiedenen, individuell auszugestaltenden Lösungsmöglichkeiten wirken also auch im affektiven Bereich. Sie lassen den Schülerinnen und Schülern kognitive Spielräume, die das Identifizieren mit den Anforderungen im Unterricht erleichtern können und damit – vorwiegend durch die direktere Erfahrung von Autonomie – zu Motivation und Interesse beitragen« (Neubrand/Neubrand 1999, 155).

---

113 Manche Leserin oder mancher Leser wird sich fragen: Sind Kinder dazu wirklich in der Lage? Werden sie diese Freiheit nicht ausnutzen? »Wieder zeigt sich ein Mentalitätsproblem: Wir trauen den Kindern und ihrer Lernbereitschaft nicht« (Meier 1997, 22). Aus unserer Sicht können wir Sie beruhigen, denn es liegen inzwischen zahlreiche unterrichtspraktische Erfahrungen und Dokumente vor (und dies betrifft alle Schülerinnen und Schüler), die Lehrerinnen und Lehrern Mut machen sollten.

114 Den Blick für die Diskrepanz zwischen solchen Lehrerinnen-Einschätzungen und den tatsächlich erbrachten Leistungen der Kinder haben nicht zuletzt die aufschlussreichen Untersuchungen über Vorkenntnisse geöffnet (vgl. Kap. 3.1.1).

115 Ebenso, wie Mathematiker für sich in Anspruch nehmen, sich bei ersten Ansätzen des Problemlösungsprozesses auch Notizen zu machen, die gewisse Verkürzungen beinhalten und noch nicht den Konventionen entsprechen, die sie bei der Publikation der gefundenen Ergebnisse selbstverständlich einhalten würden, so plädieren wir auch bei den Kindern für eine situationsbezogene Sicht der Darstellungsformen: Vorläufiges auf dem Schmierpapier (das man in diesem Sinne als Medium durchaus kultivieren sollte) darf eine andere, auch noch ›fehlerhafte‹ Form haben als jene Produkte, die man veröffentlichen, z. B. in ›Mathematikkonferenzen‹ (vgl. Schütz 1994; Sundermann 1999) den Mitschülern unterbreiten und zur Diskussion stellen will.

230

Wir wollen im Folgenden erneut anhand des Aufgabenformats ›Zahlenketten‹ (vgl. Scherer 1996c/1997a/2005a; Scherer/Selter 1996; Selter/Scherer 1996) eine natürliche Differenzierung exemplarisch verdeutlichen, diesmal am Falle von *Vierer*ketten.

Zur Erinnerung: Eine *Zahlenkette* wird wie folgt gebildet: Wähle zwei Zahlen (Startzahlen), schreibe sie nebeneinander hin, notiere rechts daneben deren Summe. Daneben addierst du die 2. und die 3. Zahl und schreibst das Ergebnis als *Zielzahl* rechts daneben, also z. B.

| 2 | 10 | 12 | 22 | oder | 8 | 4 | 12 | 16 |

Mögliche Aufgabenstellungen (diesmal für die 1. Klasse) sind die folgenden[116]:

- Kannst du beide Startzahlen so wählen, dass du möglichst nahe an die Zielzahl 20 herankommst?
- Kannst du genau 20 erreichen?
- Findest du weitere Möglichkeiten, 20 zu erreichen?
- Finde *alle* Möglichkeiten, 20 zu erreichen!

Bevor Sie weiterlesen, versuchen Sie zunächst wieder selbst die Fragen zu bearbeiten (wenn möglich auf unterschiedlichen Wegen).

Nachfolgend finden Sie zwei Schülerdokumente von Erstklässlern, die nach einer ersten Erkundungsphase mit der Wahl beliebiger Startzahlen versuchen sollten, möglichst nahe an die Zielzahl *20* heranzukommen oder diese Zahl genau zu erreichen (vgl. hierzu Scherer 1996c/1997a). Serkan begann mit den Startzahlen *5* und *5* (Abb. 3/17a). Um näher an die *20* zu gelangen, erhöhte er die erste Startzahl um *1*, während er die zweite um *1* erniedrigte, was aber zu einer Verminderung der Zielzahl führte[117]. Im nächsten Beispiel wählte er weitaus größere Zahlen: Zunächst *7* (später radiert) und *8*, berechnete die dritte Zahl und stellte fest, dass die Zielzahl zu groß wird. Die Differenz zur gewünschten Zielzahl betrug *3*, und er glich diese entweder bei der dritten Zahl oder der ersten Startzahl aus[118]. Leider unterlief ihm bei der Addition *8+12* ein Rechenfehler, und er erhielt die Zielzahl *18*. Auch im folgenden Schritt radierte er Zahlen, gelangte aber zur *20*. Er fand dann im Weiteren noch drei Lösungen und man hat den Eindruck, dass er sich an der zweiten und dritten Zahl orientierte und systematisch die Zerlegungen der *20* fand. Für diese Vermutung spricht, dass er sein vorletztes Beispiel schon

---

116 Die Vielfalt der zu diesem Aufgabenformat denkbaren Fragestellungen ist noch weit größer, wie Sie in den in Kap. 2.3.2.5 herausgegriffenen Beispielen sehen konnten.

117 An dieser Stelle des Unterrichts wurde auf solche oder ähnliche Phänomene bewusst noch nicht eingegangen. Sie stellen allerdings substanzielle Gesprächsanlässe für eine Folgestunde dar, in der gezielter gewisse Strukturen ins Auge gefasst werden.

118 Serkan selbst konnte sein Vorgehen im Nachhinein nicht mehr genau erklären.

früher gefunden hatte, er aber jetzt nach einer bestimmten Strategie vorging und die bereits berechneten Beispiele nicht mehr beachtete.

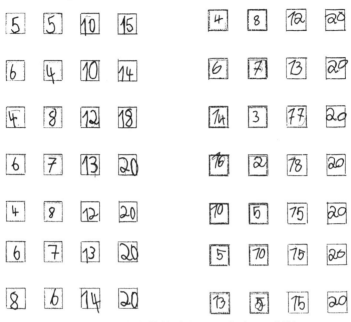

Abb. 3/17a und 3/17b: Zahlenketten von Serkan und Sirin

Sirin fand mit den Startzahlen *4* und *8* eine korrekte Lösung (Abb. 3/17b). Mit Blick auf die erforderliche 20er-Zerlegung für die zweite und dritte Zahl fand sie sofort eine weitere durch gegensinniges Verändern der beiden Summanden. Als neue Strategie fand sich das Tauschen der Einer bei der zweiten und dritten Zahl (*7/13*, dann *3/17*; anschließend *2/18* aus dem ersten Beispiel *8/12*). Ein Fehler unterlief ihr beim sechsten Beispiel: Sie hatte einfach die Startzahlen getauscht (*10/5*, dann *5/10*). Im letzten Beispiel versuchte sie, eine weitere Zahlenkette mit den Startzahlen *13* und *2* (später radiert) zu erhalten, was zur Addition *2+15* für die Zielzahl führte. Um die gewünschte Zielzahl zu erhalten, änderte sie kurzerhand die zweite Zahl in *5*.

An diesem Beispiel sollten einige der zuvor aufgelisteten Kriterien verdeutlicht werden: Alle Kinder dieser 1. Klasse erhielten das *gleiche* Lernangebot, das *ganzheitlich*, d. h. auch mit einer entsprechenden *Komplexität* präsentiert wurde. Die Möglichkeiten der Differenzierung ergeben sich hier in *natürlicher* Weise sowohl in *quantitativer* Hinsicht (Anzahl der berechneten Ketten) als auch in *qualitativer* Hinsicht: Die Differenzierung bestand einerseits in der Wahl der *Hilfsmittel*. Einige Kinder wählten Plättchen zum *Berechnen* der Zahlenketten; aber auch operative Veränderungen oder das Erreichen der Zielzahl 20 mit der weiter unten genannten Strategie des ›Rückwärts-Rechnens‹ ist gut am 20er-Feld zu veranschaulichen (vgl. Scherer 2005a, 196). Auch das Niveau der *arithmetischen Anforderungen* konnten die Kinder *selbst* bestimmen, z. B. durch die Wahl zunächst einfacher Aufgaben, etwa glatter 10er-Zahlen als Startzahlen o. Ä. Des Weiteren differenziert hierbei die Wahl der *Strategie*: Die Schülerdokumente zeigen ein operatives Verändern der Startzahlen, um weitere Möglichkeiten der Zielzahl 20 zu finden. Andere Kinder fanden korrekte Lösungen, ohne dass ganz klar wurde, welche Strategie sie verwendeten. Insgesamt gingen die Kinder bis auf wenige Ausnahmen keineswegs planlos an die Aufgabenstellung, sondern verwendeten vielfältige Strategien (vgl. auch Steinbring 1995; Walther 1978). Dass diese Strategien nicht immer sofort zum Ziel führen, ist ganz natürlich und sogar wünschenswert. Durch Probieren lassen sich Auffälligkeiten und Strukturen entdecken, und nicht selten werden erst durch Fehlversuche Erkenntnisprozesse initiiert. Für die Kinder sollte daher klar sein, dass nicht nur das *Ergebnis* (hier: das Erreichen einer bestimmten Zielzahl) wichtig ist, sondern die *Versuche*, und sie wurden hier explizit darauf hingewiesen, ihre Fehlversuche nicht auszuradieren[119].

Um alle Möglichkeiten der Zielzahl 20 zu erreichen, sei hier eine weitere Strategie[120], u. a. auch von Grundschulkindern entdeckt, vorgestellt – das Ausnutzen operativer Beziehungen –, wodurch sich anschließend Zahlenketten rückwärts berechnen lassen. Betrachtet man bspw. die Zahlenkette

$$8 \qquad 6 \qquad 14 \qquad 20,$$

so lässt sich erkennen, dass die Summe der zweiten und dritten Zahl *20* ergeben muss. Die erste Zahl lässt sich dann aus der Differenz der dritten und zweiten Zahl bestimmen. Bei der Wahl von natürlichen Zahlen (einschl. der Null) als Startzahlen ergeben sich insgesamt 11 Lösungen.

Abschließend bleibt zu diesem Aufgabenbeispiel zu betonen, dass das Schwierigkeitsniveau nicht von vornherein durch die Lehrerin festgelegt, sondern von den Kindern *selbst* bestimmt wird. Lösungsstrategien und Entdeckungen sind auf verschiedenen Niveaus möglich. In Anbetracht der Tatsache, dass viele Erstklässler schon bei Schuleintritt eine Reihe der vorgesehenen Inhalte beherrschen (vgl. auch Kap. 3.1.1), sich andererseits aber auch lernschwache Schüler finden, sind derartige Aufgabenformate in be-

---

119 Das Radieren kann im Rahmen solcher Erkundungsprozesse zu einer wahren Untugend werden, da man sich selbst jener Spuren des Vorgehens beraubt, die sich oft erst später oder in der Gesamtheit der Versuche als ausgesprochen nützlich und manchmal sogar lösungsentscheidend herausstellen können.

120 Die Lösung kann natürlich auch auf der formalen Ebene erfolgen, und dies sollte durchaus Inhalt von Lehrveranstaltungen für die Primarstufe sein: Es geht dabei um das Lösen einer diophantischen Gleichung (vgl. Selter/Scherer 1996), die aufgrund der Teilerfremdheit der Fibonacci-Glieder stets beliebig viele ganzzahlige Lösungen hat.

sonderem Maße bedeutsam: Anspruchsvolle Aufgaben, die für *alle* Schüler Anreiz und Motivation bieten und vielfältige Lernprozesse in Gang setzen.

Das Prinzip der natürlichen Differenzierung hält damit drei ausgesprochen gewichtige Vorteile gleichermaßen bereit: Sie erlaubt den Kindern ein Lernen, das sowohl ihre individuellen Bedürfnisse und Vorerfahrungen wirklich ernst nimmt und sich weitmöglichst daran orientiert (weil es eben v. a. die Kinder selbst sind, die ihr Lernen in die Hand nehmen – eines der obersten Leitziele der Grundschule), zum anderen lassen sich berechtigte Forderungen des Faches und der Fachdidaktik erfüllen. Und nicht zuletzt: dies alles in einer für die Lehrerin ausgesprochen ökonomischen Art und Weise, was die Organisation der Lernprozesse betrifft.

Die Potenz und die Vorteile für das Lernen, die dieses Prinzip der natürlichen Differenzierung mit sich bringt, ist in unseren Augen so groß und gleichzeitig noch eher verhalten praktiziert, dass wir ihm zum einen eine sehr viel stärkere und selbstverständlichere Beachtung im täglichen Unterrichtsgeschehen wünschen können – Mut machende Vorschläge dazu finden sich in der Literatur (vgl. die Hinweise in Kap. 2.1.2). Zum anderen muss, Müller/Wittmann (1984, 159) folgend, natürlich auch relativierend im Blick bleiben, dass nicht nur didaktische Prinzipien für den Erfolg und die Effizienz von Unterricht verantwortlich sind, sondern in nicht zu unterschätzendem Ausmaß auch das, was man mit Lern- und Unterrichtsklima einer Klasse bezeichnet. Diese Relativierung trifft für alle Unterrichtsbeispiele und -vorschläge nicht nur des vorliegenden Buches zu. Niemals sind sie voraussetzungslos zu realisieren. Insofern ist die Argumentation, die wir manchmal von Studierenden hören, dass dieses oder jenes Beispiel in der Klasse A in B-Stadt überhaupt nicht funktioniert habe, kein Argument gegen dieses Beispiel. Lehrerbildung hat i. S. ihres Innovationsauftrags die Aufgabe, zeitgemäße und auch (evtl. noch) ungewohnte Impulse und Konzepte zu vermitteln. Und eine veränderte Unterrichtspraxis zu installieren, wird naturgemäß nur auf mehreren Ebenen vonstatten gehen; kein Unterrichtsbeispiel, und sei es noch so durchdacht und begründet, wirkt für sich alleine als Garant für ›guten Unterricht‹. Nichts und niemand wird ›Lernerfolg‹ garantieren können, denn für ein so multifaktorielles Geschehen wie ›Unterricht‹ kann es nicht *den* ›Zauberstab‹ geben. Was wir aber durchaus tun können, ist, *Wahrscheinlichkeiten* zu erhöhen, dass sich erfolgreiches Lernen bei mehr Kindern ereignet. Und dazu tragen die mathematikdidaktischen Konzepte der substanziellen Lernumgebung (vgl. Kap. 3.1.3) und der natürlichen Differenzierung mit Sicherheit in besonderer Weise bei.

Andererseits soll auch daran erinnert werden, dass die häufig beklagten Disziplinprobleme, die angeblich einem Arbeiten, wie wir es beschrieben und propagiert haben, von vorneherein entgegenstünden, in einem engen Zusammenhang mit Fragen der natürlichen Differenzierung zu sehen sind! Und dieser Zusammenhang ist kein einseitiger, wie oft befürchtet. Probleme mit Disziplin, Aufmerksamkeit, Konzentration, Ausdauer oder Anstrengungsbereitschaft sind nicht selten auch Folge von *Über*forderung und (wohl mindestens so häufig) *Unter*forderung. Auch wir Erwachsene widmen uns doch im Falle systematischer Über- oder Unterforderung gerne anderen Nebentätigkeiten, denn dies ist nur allzu menschlich. Bieten wir den Kindern also gehaltvolle geistige Nahrung; die Wahrscheinlichkeit, dass sich manches disziplinarische Problem *dadurch* (zumindest teilweise) miterledigt, ist durchaus nicht gering – dazu haben wir in solchen Situationen zu viele von der Lehrerin als ›auffällig‹ beschriebene Kinder zu intensiv und motiviert arbeiten sehen …

Zum Abschluss dieses Abschnitts wollen wir einen Kontext vorstellen, der es Ihnen selbst erlaubt, daran Möglichkeiten einer *natürlichen* Differenzierung zu erforschen: DIN-Formate (aus Wittmann/Müller 1990, 97 f.)

Papierformate

Beispiele	DIN–Format	Breite	Länge
	A 0		
	A 1		
	A 2		
	A 3		
	A 4		
	A 5		
	A 6		
	A 7		
	A 8		
	A 9		
	A 10		

Abb. 3/18: Arbeitsblatt zu DIN-Formaten (aus Wittmann/Müller 1990, Anhang 3/22)

- Füllen Sie zunächst selbst die Tabelle aus (Abb. 3/18) und halten Sie Ausschau nach Auffälligkeiten und Mustern! Wo finden Sie in der Umwelt überall DIN-Formate?
- Überlegen Sie nun, auf welchen unterschiedlichen Niveaus bzw. mit welchen Strategien Grundschulkinder sich in einem solchen Kontext bewegen können!
- Welche konkreten Arbeitsaufträge könnten Sie den Kindern stellen?
- Welche weiteren Informationen bzw. welche Materialien sind Ihrer Meinung nach erforderlich oder könnten hilfreich sein (vgl. hierzu auch Eggenberg/Hollenstein 1998b, 35 ff.).

3.1.7 Rolle und Fachkompetenz der Lehrenden

Bei dem vorliegenden Buch handelt es sich um eine Einführung in die *Fachdidaktik*, wir haben jedoch schon an mehreren Stellen die Bedeutung *fachwissenschaftlicher* Aspekte betont und wollen ihnen nun auch einen gesonderten Abschnitt widmen, denn »die Kompetenz der Lehrer ist der wichtigste Faktor für den Unterrichtserfolg. Ihre fachwissenschaftliche und fachdidaktische Ausbildung braucht eine solide Grundlage und muss ständig gepflegt werden« (Revuz 1980, 143). Anspruchsvolle Lehrplaninhalte und steigende Heterogenität der Schülerschaft erfordern entsprechende mathematische Kompetenzen. Festgestellt wurde demgegenüber in der Vergangenheit immer wieder ein mangelndes Fachwissen von angehenden Lehrerinnen und Lehrern für die Primarstufe und die Sekundarstufe I (vgl. De Jong/Brinkmann 1997, 121 u. die dort angegebene Literatur).

Wie viel und welche Mathematik aber sollte eine Grundschullehrerin kennen, um 6- bis 10-Jährige in diesem Fach zu unterrichten? Die Bedeutung der Fachwissenschaft für diese Aufgabe wird gemeinhin unterschätzt. Studierende der Primarstufe sind häufig der Meinung, dass sie den Stoff der Grundschule – was immer sie darunter verstehen – doch recht gut beherrschen (»Es geht doch nur um Grundschulmathematik. Das kleine Einspluseins bzw. Einmaleins und die Rechenverfahren beherrscht man doch nun wirklich.«)[121] und andere (eher methodisch orientierte) Inhalte die Lehrveranstaltungen dominieren sollten. Diese Meinung wird z. T. auch von Lehrenden geteilt, in deren Ausbildungskonzepten primär Aspekte der Pädagogik, Psychologie etc. dominieren:»Fachliche Anforderungen werden hier einerseits trivialisiert und andererseits, sobald sie über ein bestimmtes Niveau hinausgehen, verteufelt, als wenn die Unterrichtstätigkeit überhaupt keine fachlichen, sondern nur erziehungswissenschaftliche oder allenfalls noch methodische Anforderungen stellen würde« (Wittmann 1996, 3; vgl. auch Jablonka 1998). Hinzu kommt häufig die Annahme, »dass mangelhaftes Fachwissen und Unkenntnis entweder bereits in der Ausbildung auffallen und zu entsprechenden Korrekturen oder andern [sic!] Konsequenzen führen oder dass eben fehlendes fachliches Wissen auch im Beruf leichter zu kompensieren ist als andere Mängel« (Schwarz 1997, 191).

Eine aktuelle Langzeitstudie (*Study of Instructional Improvement*) legt aber nahe, dass derartige Einschätzungen sehr fragwürdig sind: Jerald (2006) berichtet von einer Untersuchung, die das mathematische Wissen von Lehrkräften der 1. und 3. Klasse erhoben hatte. Alsdann wurden jene Effekte erhoben, die dieses Wissen auf den Lernfortschritt der Schüler im Mathematikunterricht im Laufe des Schuljahres hatte. Es zeigte sich er-

---

121 Verstärkt findet sich diese Einstellung auch, wenn es um lernschwache Kinder geht, die möglicherweise noch nicht einmal auf Grundschulniveau arbeiten. Gerade bei diesen Kindern ist jedoch die fachliche Kompetenz außerordentlich wichtig, um auf mögliche Schwierigkeiten (kompetent und sachgerecht) eingehen zu können, und wir vertreten die These »Je schwächer die Kinder sind, desto größer muss die fachliche Kompetenz der Lehrerin sein«.

236

neut (s. o. Revuz 1980), dass das Lehrerwissen einen erheblichen Einfluss auf das Mathematiklernen der Kinder hatte. Das standardmäßig vorhandene mathematische Wissen Erwachsener bzgl. der Lerninhalte der Grundschule ist wohl bei den meisten (angehenden) Lehrerinnen vorhanden. Die Studie hat aber herausgearbeitet, dass insbesondere das ›spezifische Wissen‹ oftmals nicht zum Repertoire von Erwachsenen gehört, welches gebraucht wird, um die oft ungewöhnlichen, jedenfalls nicht standardmäßigen Wege der Kinder verstehen, einschätzen, wertschätzen, auswerten und unterstützen zu können. Das *hierzu* nötige Wissen aber ist ein genuin *mathematisches*, kein pädagogisches (Jerald 2006, 5).

Wir wollen hier nicht den Eindruck erwecken, dass innerhalb des Lehramtsstudiums im Fach Mathematik ausschließlich *fachwissenschaftliche Angebote* zu machen sind (erst recht nicht i. S. der hochspezialisierten Mathematik, s. u.). Es geht uns jedoch um ein *angemessenes Verhältnis* der verschiedenen Bereiche – gerade für die Ausbildung in der Primarstufe. Die Bereiche umfassen *(a)* das Verständnis fachlicher Konzepte (»Elementarmathematik vom höheren Standpunkt«; Freudenthal 1978, 73), *(b)* das reflektierte Verständnis eigener Lernprozesse, *(c)* das Verständnis von Lernprozessen von Kindern und *(d)* das Verständnis von konzeptionell fundiertem Mathematikunterricht. Die Lehrerbildung muss *in allen* Phasen das *gesamte* Spektrum dieser Kompetenzbereiche in hinreichendem Ausmaß sowie ausdrücklicher und bewusster als in der Vergangenheit zum Gegenstand spezifisch dazu organisierter Lernprozesse machen (vgl. Krauthausen 1998c, 113 ff.; auch Selter 1995).

Die fachspezifischen Besonderheiten der Mathematik sind in jedem Fall von Bedeutung: Auch wenn die fächerübergreifenden und pädagogischen Aspekte notwendigerweise miteinbezogen werden müssen, so läuft eine einseitige ›Verpädagogisierung‹ des Unterrichts aktuellen Erkenntnissen sowohl der Fachdidaktiken wie auch der Lernpsychologie entgegen, die gleichermaßen erkannt haben, dass die Spezifika des Faches in der Vergangenheit zu sehr vernachlässigt wurden und die angenommene Bereichsunabhängigkeit der Lerntheorien oder didaktischen Prinzipien nicht tragfähig ist (vgl. Schoenfeld 1988). So ist bspw. soziales Lernen bzw. Sozialkompetenz auch kein von Fachkompetenz losgelöstes Konstrukt, vielmehr sind beide grundsätzlich aufeinander zu beziehen (vgl. Kap. 2.3.2: »kognitiv orientiertes soziales Lernen«; Hollenstein 1997a/b).

3.1.7.1 Angebote der Lehrerbildung

Angebote in der Lehrerbildung beziehen sich auf drei Bereiche (vgl. Bromme 1992, 96; Shulman 1986):

• *Fachliche und fachdidaktische Angebote,* wobei die fachlichen Angebote nicht zu verstehen sind als – bspw. gemessen am Lehrangebot für Diplomstudiengänge – ›ausgedünnte‹ mathematische Fachausbildung. Vielmehr meinen sie eine solide, gleichwohl *berufsbildspezische* Fachausbildung. Diese Andersartigkeit ist nicht mit Begrifflichkeiten von (z. B. weniger anspruchsvollen) Niveaustufen beschreibbar. Die Fachausbildung für Lehramtsstudierende kann nicht unabhängig und isoliert von jenen Fähigkeiten geschehen, über die sie zukünftig als Lehrerinnen und Lehrer verfügen müssen. Diese fachlichen Angebote sind auch nicht im Sinne isolierter Wissensvermittlung zu verstehen, sondern schließen die möglichst eigenständige Erarbeitung zentraler Inhalte ein sowie das Aufdecken ihrer unterrichtlichen Relevanz: Für die Lehrperson ist es nicht nur erforderlich zu wissen, *dass* etwas gilt, vor allem muss sie wissen, *warum* dies so ist (Shulman 1986, 9; vgl. auch Bender et al. 1997/1999).

Für die angehende Grundschullehrerin gehört dazu bspw. auch der Umgang mit formalen Darstellungen (vgl. hierzu Krauthausen 1998c, 106 ff.): Erst sie erlauben bei der Unterrichtsvorbereitung, gewisse Problemstellungen ökonomischer anzugehen und nicht mehr zahllose Beispiele durchprobieren zu müssen (und selbst dann noch nicht wirklich sicher zu sein, ob ein Muster allgemeine Gültigkeit hat). Den Gegebenheiten des Unterrichtsalltags entspricht es daher in hohem Maße, wenn die Lehrerin in der Lage ist, die Ergebnisse eigener Erkundungen eines potenziellen Unterrichtsbeispiels zu verallgemeinern, d. h. in einen formalen Ausdruck zu überführen, der gleich in mehrerer Hinsicht hilfreich ist: als Grundlage für die schülergemäße Auswahl und Formulierung von Arbeitsaufträgen, von Aufgabenvariationen oder -fortführungen sowie zur fundierteren und flexibleren Einschätzung von und Reaktion auf Schülerbeiträge und -lösungen während des Unterrichts.

Neben den fachlichen und fachdidaktischen Angeboten geht es auch um

• *Unterrichtsbezogene Angebote*, die konkrete, alltägliche Lehr- und Lernprozesse beleuchten. Verschiedene unterrichtsnahe Verfahren sollten Lehramtsstudierende im Verlauf ihres Studiums kennenlernen, erproben und reflektieren.

• *Pädagogische Angebote*, die sich einerseits mit fachunspezifischen Aspekten, aber auch mit fachspezifischen Aspekten befassen (z. B. Differenzierung, Leistungsmessung, Integration oder Lernschwierigkeiten und Fehler; vgl. hierzu auch die entsprechenden Kapitel dieses Buches).

Diese letzten beiden Komponenten können nicht getrennt von der ersten gesehen und behandelt werden, sondern nur integrativ mit jeweils angemessenen wechselnden Schwerpunktsetzungen (vgl. auch White et al. 2004). Wir wollen im Folgenden verdeutlichen, wie sich eine unzureichende Fachkompetenz in Lern- und Unterrichtsituationen auswirken kann.

3.1.7.2 Folgen mangelnder Fachkompetenz

Wer sich im zu unterrichtenden Fach selbst unsicher fühlt, neigt zu verstärkter, auch entsprechend unkritischer Anlehnung an, und gar Abhängigkeit von Vorgaben wie

Schulbüchern, vorgefertigten Arbeitsblättern oder ›Mathe-Spielen‹, wobei selbst solche Umsetzungsversuche z. B. der Schulbuchvorschläge nicht zwingend dem von diesem Schulbuch *eigentlich* Intendierten entsprechen müssen. Eine solche Überforderung der Lehrperson kann durchaus verschiedene Ursachen haben. Wir vermuten aber einen vergleichsweise hohen Anteil in mangelnden Eigenerfahrungen mit einem aktiv-entdeckenden Mathematiktreiben anhand substanzieller Aufgaben- oder Problemkontexte (vgl. Krauthausen 1998c) sowie – damit zusammenhängend – dem Grad der Fachkompetenz angehender Grundschullehrerinnen (vgl. Strehl 2000). Auch wenn das eigene Verständnis bzw. eine hohe Fachkompetenz wiederum noch kein Garant für guten Mathematikunterricht ist (vgl. Hefendehl-Hebeker 1998; Schweiger 1992b), so sollten aber die möglichen Folgen mangelnder Fachkompetenz bewusst reflektiert werden:

• *Differenzierung*
Differenzierende Angebote bereitzustellen, insbesondere auch die Realisierung einer *natürlichen* Differenzierung (vgl. Kap. 3.1.6) setzt eine hinreichende Fachkompetenz voraus, da die Substanz eines Themas, einer Problemstellung überschaut werden muss. Fehlt diese Fachkompetenz, wird sich dies bspw. in einem wenig differenzierenden Unterrichts äußern: »Überforderte Lehrerinnen und Lehrer werden zu egalisierendem Unterricht neigen. Und damit wächst potenziell die Zahl der besonderen Kinder im unteren Leistungsbereich« (Wielpütz 1998a, 54).

• *Eigene Wege*
Wem die notwendige fachliche Kompetenz fehlt, der wird Kindern im Unterricht nur wenig Freiraum für individuelle Strategien lassen. So sind bei einer Reihe halbschriftlicher Strategien – insbesondere, wenn Kinder Mischformen ›erfinden‹ – verschiedene mathematische Gesetze im Spiel. Um schnell und sicher zu überprüfen, ob eine solche entdeckte Strategie vielleicht nur rein zufällig das korrekte Ergebnis liefert oder allgemeingültig ist, sind fachliche Grundlagen unverzichtbar.

• *Mathematisch substanzielle Problemstellungen*
Auch für die Thematisierung komplexer Aufgabenformate mit anspruchsvolleren Fragestellungen ist Fachwissen unabdingbar. I. d. R. gibt es hier unterschiedliche Lösungsstrategien und Argumentationen sowie vielfältige Entdeckungen, und diese muss die Lehrerin zunächst einmal *selbst* kennen[122]. Dies schließt ganz bewusst auch die Kenntnis verschiedener Ebenen ein, d. h. bspw. Lösungen auf algebraischem und auch auf inhaltlich-anschaulichem Niveau.

Nun wird man schnell den Einwand hören, dass der Einsatz solcher substanziellen Mathematik nicht notwendig wäre – insbesondere, wenn man es mit leistungsschwächeren Schülern/Klassen zu tun hat. Wir verweisen daher noch einmal auf die vielfältigen Vor-

---

122 Mit solchen muss im Unterricht stets gerechnet werden, und eine Lehrerin kann leicht in die Lage kommen, auch einmal situativ sinnvoll darauf zu reagieren.

teile, die solche Lernumgebungen haben (vgl. Wittmann 1995b; Scherer 1997a), u. a. in Bezug auf die Motivation (Kap. 3.1.5), die Möglichkeiten einer natürlichen Differenzierung (Kap. 3.1.6.2) oder für die Realisierung allgemeiner Lernziele (Kap. 2.3.1).

• *Missverständnisse und Fehlvorstellungen*
Nicht selten entsteht bei Schülern mangelndes Verständnis mathematischer Sachverhalte durch unzureichende didaktische Arrangements seitens der Lehrperson. Im Falle schriftlicher Algorithmen wird bspw. ein Verfahren Schritt für Schritt (im Sinne eines Rezeptes) erklärt, die Thematisierung zugrunde liegender mathematischer Gesetze und Beziehungen bleibt aber häufig aus und gehört möglicherweise auch bei den Lehrern nicht zum eigenen Wissensrepertoire (vgl. z. B. Leinhardt/Smith 1985, 255). Insgesamt ist damit zu rechnen, dass unzureichende Erklärungen der Lehrperson eine nur unzureichende Verstehensbasis der Schüler entstehen lassen. Wenn nun eine Verstehensbasis nicht ausreichend ausgebildet ist, dann werden sich Fehlvorstellungen, Missverständnisse und Fehllösungen häufiger zeigen (vgl. ebd., 269; auch Resnick 1980).

• *Umgang mit Fehlern*
Eine Lehrerin, die ihr Fach nicht ausreichend beherrscht, wird Fehler zwar erkennen und auch anstreichen. Sie wird aber vermutlich dazu tendieren, eher die korrekte Lösung vorzugeben als mit den Kindern die entsprechenden Fehlermuster aufzuarbeiten. Ohne das fachliche Hintergrundwissen kann sie eigentlich keine konstruktive Hilfe bei Schwierigkeiten bieten, da sie i. d. R. die fehlerhaften Strategien der Kinder nicht verstehen kann.

• *Konsistentes Bild vom Fach und der weiteren Entwicklung des Mathematiklernens*
Besitzt die Lehrerin nur eine unzureichende Fachkompetenz, so kann sie möglicherweise keine Interdependenzen zwischen verschiedenen Fachinhalten erkennen und nutzen und eben auch bestimmte Unterrichtsthemen nicht in übergeordnete (fachliche) Zusammenhänge einbetten. In der Folge muss es ihr zwangsläufig schwer fallen, das Mathematiklernen ihrer Schülerinnen und Schüler perspektivisch auf später folgende Inhalte auszurichten, d. h. diese auch für sich als Hintergrundwissen für die Organisation der Lernprozesse adäquat zu nutzen.

Insgesamt wird die Qualität von Unterricht also in entscheidendem Maße von der Qualität, sprich den fachlichen und fachdidaktischen Kompetenzen der Lehrperson abhängen, und hier ist natürlich die Lehreraus- und -fortbildung gefragt (vgl. Weinert 1999, 31). Wir möchten zum Abschluss dieses Kapitels die hier gemachten Aussagen für Sie in einem Arbeitsauftrag konkretisieren. Dazu ziehen wir erneut eine der bereits erwähnten substanziellen Lernumgebungen, die Zahlenketten, heran, welche sowohl auf dem Niveau der Grundschulkinder als auch von Lehramtsstudierenden angemessene Fragestellungen eröffnet (vgl. Kap. 2.3.2.5).

- Zur Wiederholung: Versuchen Sie, bei fünfgliedrigen Zahlenketten alle Lösungen für die Zielzahl 100 zu erreichen!
- Lösen Sie einige der in Kap. 2.3.2.5 genannten Aufgaben (z. B. operative Variationen: *Was geschieht, wenn ...?*) auf verschiedenen Niveaus!
- Überlegen Sie explizit, welche dieser Wege Grundschulkindern offen stehen.
- Wie könnte eine unterrichtliche Aufbereitung für eine sehr heterogen zusammengesetzte Klasse aussehen, d. h., welche Möglichkeiten der Differenzierung sehen Sie? Formulieren Sie ggf. die konkreten Möglichkeiten einer natürlichen Differenzierung.
- Welche Fehler und Schwierigkeiten können bei der Bearbeitung auftreten? Wie gehen Sie damit um?
- Welche weiteren Fragestellungen könnten im Rahmen dieses Aufgabenformats bearbeitet werden? ...

3.2 Arbeitsmittel und Veranschaulichungen

Arbeitsmittel, Lernmaterialien, Lernhilfen, Veranschaulichungen, Anschauungshilfen, Diagramme, Bilder – die Namen sind zahlreich, ebenso wie das damit beschriebene Angebot selbst: Weder in der Fachliteratur und in der Unterrichtsrealität noch in den Werbebroschüren der Anbieter kann von einem einheitlichen Sprachgebrauch und Begriffsverständnis gesprochen werden. Und die Zahl der am Markt befindlichen Materialien für das Mathematiklernen im Grundschulalter ist schier unüberschaubar geworden, v. a. seit der schulische Lehrmittelmarkt durch zahllose Angebote für den häuslichen oder Nachhilfe-Bereich erweitert wurde (vgl. die einschlägigen Abteilungen der Spielwarenbranche und Buchhandlungen) und beide zusätzlich noch durch den Einzug des Computers (vgl. Kap. 3.3.2) expandieren. Wittmann (1993) spricht von einer wachsenden Flut von Anschauungs- und Arbeitsmitteln, die die Grundschule überschwemme und die durch Eigenerzeugnisse der Lehrenden noch verstärkt würde. »Die Devise scheint dabei zu sein: ›Viel hilft viel‹« (ebd., 394; vgl. auch Brosch 1991).

Umso mehr besteht ein Bedarf an wohlüberlegten Entscheidungen zur verantwortlichen Auswahl und zum begründeten Einsatz solcher Materialien. Diese Entscheidungen müssen auf der Basis zeitgemäßer fachdidaktischer, lernpsychologischer und pädagogischer Erkenntnisse erfolgen, d. h., Lehrerinnen müssen über entsprechende Hintergrundinformationen und Gütekriterien im Hinblick auf Arbeitsmittel verfügen. Von daher ist es eine Aufgabe fachdidaktischer Ausbildung, dass angehende Lehrerinnen nicht nur verschiedene konkrete Materialien kennenlernen. Mindestens so bedeutsam ist in Anlehnung an Winter (1999b) der Erwerb systematischer Kenntnisse über die Bedeutung der

Anschauung, der Visualisierung und der Wahrnehmung in Lehr-/Lern-Kontexten, über die verschiedenen Funktionen, die solche Materialien übernehmen können, und wie »die Förderung der Anschauungsfähigkeit als ein übergeordnetes Lernziel legitimiert und der MU [Mathematikunterricht; GKr/PS] entsprechend organisiert werden kann« (ebd., 254).

3.2.1 Das Qualitätsproblem

Die Notwendigkeit solcher Ausbildungsinhalte besteht einerseits, um aus begangenen Fehlern zu lernen, von denen auch erfahrene Kolleginnen berichten: »Ich hatte zu Beginn meiner Umstellung auf Offenen Unterricht und Freiarbeit – vor nunmehr 10 Jahren – den Fehler gemacht, meine Kinder mit einer Angebots-Inflation von Materialien zu erschlagen« (Zehnpfennig/Zehnpfennig 1995, 7). Zum anderen sind zahlreiche und durchaus verbreitete Materialien »prinzipiell keine *Lernmaterialien* […]. Rechnen lernen können die Kinder damit nicht, denn die bloße Zuordnung von Aufgaben und Ergebnissen, verbunden mit irgendeiner Form der Rückmeldung, hat mit *einsichtigem* Lernen nichts zu tun!« (Floer 1995, 21; Hervorh. i. Orig.). Methodische Offenheit und Vielfalt geht vielfach einher mit didaktischer Geschlossenheit und Einfalt (vgl. Lipowsky 1999).

Und so könnten die folgenden Beobachtungen aus dem Sprachunterricht ebenso aus dem Mathematikunterricht stammen: Arbeitskarteien fordern von Kindern Lerngehorsam, indem sie Schritt für Schritt nach vorgegebenem Muster vorzugehen haben. »Bei der propagierten individuellen Abarbeitung einer solchen Kartei werden dem Kind elementare lernfördernde Unterrichtselemente vorenthalten […] das Herausarbeiten des Problems, das Vermitteln von Anregungen zur Konturierung der Aufgabenstellung, das Entwerfen von Lösungsideen – alles genuine Bestandteile von Unterricht – [werden] ganz einfach dem jeweiligen Kind überlassen. Es wird schon etwas anzufangen wissen mit den Karten« (Spitta 1991, 7 f.). Auch Claussen (1994, 10) beschreibt dies als ein generelles Problem: »Es ist überraschend, wie wenig selbstständige Bewegung z. B. eine sogenannte Freiarbeits-Kartei (Fächer und Lernbereiche beliebig!) tatsächlich zulässt und wie viel Lenkung sie enthält. Besonders zeigt sich dies an kompletten Arbeitsmittelpaketen. Sie gelten als ›teacher-proof‹, pflegeleicht, zudem handlungsarm und mit Blick auf die Kinder gut kalkulierbar. Müssten sie nicht eigentlich ›children-proof‹ gestaltet werden?«

Vor allem im Fahrwasser von Konzeptionen wie Freiarbeit, Öffnung von Unterricht, Wochenplan o. Ä. besteht die Gefahr (z. T. auch in Verfälschung dieser Konzeptionen), den *Sachanspruch* des Unterrichts aus dem Auge zu verlieren zugunsten einer übergebührlichen Konzentration auf äußere Aspekte einer offeneren Unterrichtsorganisation – in der aber die Strukturen des kleinschrittigen Lernens ungebrochen fortwirken (Wittmann 1996, 5). Darüber sollten auch wohlklingende Vokabeln nicht hinwegtäuschen. »Selbsttätiges Arbeiten mit Freiarbeitsmaterialien wie Arbeitsblättern, Stöpselkarten und anderen Arbeitsmitteln ist stärker als bisher auf seine Qualität zu befragen« fordert Lipowsky (1999, 49), denn »viele Materialien und Arbeitsmittel für offene Lernsituationen lassen sich mit der postulierten Offenheit für das kindliche Denken und mit Individualität beim Lernen kaum vereinbaren« (ebd., 50). Sie sind vielfach so konstruiert (vgl. Neuhaus-Siemon 1996, 21), dass sie das Problem als solches isolieren, scharf eingrenzen und das Kind gezielt nur auf das hinlenken, was es an diesem Material zu lernen gilt. Außerdem betreffen die Beurteilungskriterien für die Qualität von Arbeitsmitteln, so man sie denn explizit macht, häufig v. a. erzieherische und pädagogische, seltener aber fachspezifische/fachdidaktische Aspekte, also inhaltliche Qualität und Ansprüche (vgl. Kap. 3.2.7).

3.2.2 Versuch einer Begriffsklärung[123]

Wie bereits angedeutet, ist die Begrifflichkeit in der Literatur nicht einheitlich. Man könnte unterscheiden zwischen *Veranschaulichungs*mitteln und *Anschauungs*mitteln. Erstere würden (im traditionellen Sinne) hauptsächlich von der Lehrerin eingesetzt, um bestimmte (mathematische) Ideen oder Konzepte zu illustrieren. Veranschaulichungsmittel dienen dann also z. B. dazu, arithmetische Zusammenhänge möglichst konkret darzustellen, um so das Lernen und Verstehen zu vereinfachen. Als Werkzeuge der Lehrerin unterliegen sie dem didaktischen (passivistischen) Grundverständnis, dass Wissen von Lehrenden an Lernende *übermittelt* werden könne (vgl. Wittmann 1998a, 155; Seeger/Steinbring (Ed.) 1992). Demgegenüber entspräche der Begriff der *Anschauungsmittel* eher dem aktivistischen Lernverständnis: Hier sind Arbeitsmittel oder Darstellungen mathematischer Ideen in der Hand der Lernenden zu sehen, als Werkzeuge ihres eigenen Mathematiktreibens, d. h. zur (Re-)Konstruktion mathematischen Verstehens. Man kann von einem Perspektivwechsel in den letzten Jahren sprechen: von Werkzeugen des Lehrens zu Werkzeugen des Lernens. Und der Status der Werkzeuge ist nicht mehr ein vorrangig didaktischer, sondern ein epistemologischer (vgl. Wittmann 1998a; Becker/Selter 1996). Das bedeutet auch, entgegen traditionellem Verständnis, dass sie Werkzeuge für *alle* Schüler sein müssen, denn »Anschauung ist nicht eine Konzession an angeblich theoretisch schwache Schüler, sondern fundamental für Erkenntnisprozesse überhaupt« (Winter 1996, 9).

Diese Unterscheidung zwischen Veranschaulichungs- und Anschauungsmitteln darf allerdings nicht als wirklich trennscharfe Zuschreibung verstanden werden. Selbstverständlich ist die Lehrerin weiterhin ganz besonders für ein entsprechend überlegtes An-

---

123 Wir streben hier keine verbindliche Definition an, sondern lediglich ein gemeinsames Verständnis für den vorliegenden Rahmen.

gebot verantwortlich; auch muss sie in den sachgerechten Gebrauch einführen und Hilfen (zur Selbsthilfe) im Umgang mit Anschauungsmitteln gewähren. Entscheidend ist aber, dass sie nicht bei der Veranschaulichungsfunktion bspw. des Hunterterfeldes als *Demonstrations*material stehenbleibt, sondern ihre Kinder befähigt, dieses Arbeitsmittel auch für sich als ›Anschauungsmittel‹ zunehmend selbstständiger sachgerecht zu nutzen. Auch kommt es ganz entscheidend auf den Verwendungszusammenhang bzw. die jeweiligen Aktivitäten an: Wenn Kinder etwa die Ergebnisse ihrer Erkundungen, sei es einen Rechenweg oder einen Argumentationsgang, anderen Mitlernenden präsentieren wollen, so können sie gewisse Darstellungen zur Veranschaulichung nutzen, und dieser Vorgang wäre sehr wohl ein aktivistischer – und dies sogar für beide Seiten, wenn man von einem interaktiven Zugang zu Darstellungen ausgeht (vgl. Wittmann 1998a).

Der Begriff des ›*Arbeitsmittels*‹ ist von daher gesehen etwas neutraler. Arbeitsmittel können im o. g. Sinne sowohl als Veranschaulichungs- wie auch als Anschauungsmittel eingesetzt werden. Wir verstehen darunter *konkretes*, ›handgreifliches‹ Material, also z. B. Wendeplättchen, Cuisenaire-Stäbe, Mehrsystemblöcke usw. Diagramme und Veranschaulichungen wären dagegen eine Tabelle, der Rechenstrich, eine Einspluseinstafel, die Stellentafel[124] o. Ä.

Auch der *Anschauungsbegriff* als solcher wird nicht immer eindeutig gebraucht. So kann damit der Vorgang des Anschauens gemeint sein (nicht gleichbedeutend mit dem Verständnis des Anschauungs*objektes* oder der dadurch verkörperten Idee! s. u.), oder das sinnesmäßige Wahrnehmungs*ergebnis* (die neuronale Repräsentation im Gehirn bzw. an den Wahrnehmungsorganen wie z. B. der Retina), oder die kognitive Verarbeitung und Integration des so Wahrgenommenen in die bereits vorhandenen Denkkategorien und -strukturen. Wesentlich ist in diesem Zusammenhang ganz offensichtlich zweierlei:

a) Der Wahrnehmende, der Lernende, muss sich das Wahrnehmungsobjekt in Form eines *aktiven kognitiven* Vorgangs ›aneignen‹. Es besteht keine direkte, zwingende Verbindung zwischen Wahrnehmungsobjekten oder Veranschaulichungen und dem Denken des Lernenden. Die jeweilige mathematische Struktur »muss durch einen geistigen Akt in die konkrete Situation hineingelesen werden« (Lorenz 1995a, 10). Das bloße Anschauen (oder Demonstrieren) einer konkreten Repräsentation von 7+5 am Zwanzigerfeld muss noch kein Verständnis in die dahinterliegende arithmetische Struktur oder die Idee der Addition bedeuten. Wie wir in Kap. 1.1.6.1 gesehen haben, kann ja ein und dieselbe Darstellung z. B. einer Aufgabe durchaus unterschiedlich ›gesehen‹ werden. Nicht das Arbeitsmittel oder die Darstellung ›zeigt‹ die mathematische Idee (weil es

---

124 Die Stellentafel kann als konkretes Material wie bspw. in Gestalt des ›Registerspiels‹, aber auch als Arbeitsmittel verstanden werden, da hier wiederum ›handgreiflich‹ mit dem Arbeitsmittel gearbeitet werden kann.

244

diese Idee in sich trüge), »sondern Menschen denken Strukturen in die konkreten Gegenstände hinein« (Lorenz 2000, 20).

Anschauung ist auch zu unterscheiden von bloßer *Anschaulichkeit*. Wenn die Objekte des Lernens sehr anschaulich sind, wozu ja Arbeitsmittel auch eingesetzt werden, dann verspricht man sich davon – manchmal voreilig – die erwünschten Einsichten. Aber »Begriffsverwendung ohne Anschauung führt zum Verbalismus, Anschauung ohne die Anstrengung des Begriffs nur zur Anschaulichkeit« (Petersen 1994, 190) und bereits bei Kant heißt es: »Begriffe ohne Anschauung sind leer, Anschauung ohne Begriffe ist blind.« Wenn also auch Anschaulichkeit als Postulat des Lernens in der Grundschule berechtigt sein mag, so darf gleichwohl bei ihr nicht stehengeblieben werden: ›Perfekte Anschaulichkeit‹ beinhaltet kaum mehr eine (notwendige) Herausforderung des Lernenden im Hinblick auf geistige Aktivitäten.

b) Ziel des Wahrnehmungsprozesses (bzw. des Einsatzes von Arbeitsmitteln) ist der Aufbau von Vorstellungs- oder Anschauungsbildern sowie das mentale Operieren mit ihnen (s. Kap. 3.2.3). Diese ›*mentalen Bilder*‹ sind kein bloßes Abbild der Sinneswahrnehmung; sie sind maßgeblich beeinflusst durch *zusätzliches* Wissen über das Wahrnehmungsobjekt sowie durch die individuellen Wahrnehmungsgewohnheiten und -erfahrungen. Das erklärt u. a., warum Kinder, die im Unterricht mit den gleichen Arbeitsmitteln und Veranschaulichungen arbeiten, nicht zwingend gleiche Vorstellungsbilder entwickeln müssen. Sie bringen nämlich zu den einzelnen Materialien oder Darstellungsformen ihre individuellen Vorerfahrungen mit ein. Dabei können die einzelnen Erfahrungsbereiche (vgl. Bauersfeld 1983a) aus Sicht des Individuums u. U. recht unverbunden nebeneinander existieren, obwohl sie aus Erwachsenensicht doch ›dasselbe‹ zu sein scheinen. So »ist ein Addieren oder ein Subtrahieren mit Perlen, mit Steckwürfeln, mit Fingern oder mit Rechengeld jeweils ein Operieren in einer anderen ›Mikrowelt‹, zwischen denen nicht einfach eine abstrakte (mathematische) Beziehung besteht« (Radatz 1991, 49), deren Isomorphie (Strukturgleichheit) selbstverständlich erkannt würde.

Anschauung oder Anschauungsfähigkeit bleibt zwar, soweit damit der Prozess der Wahrnehmung gemeint ist, »als Sinnestätigkeit untrennbar mit unserer Physis verbunden, jedoch in ihrer Entwicklung dann mehr und mehr eine Angelegenheit intellektueller Einflussnahme« (Winter 1998, 76). Entscheidend ist also der »*Übergang vom Blick zum Durchblick*« (ebd.), und diese Förderung der Anschauungsfähigkeit beinhaltet, Winter folgend, dass man auf mehr Dinge aufmerksam wird (vgl. o.: *suchendes* Anschauen), dass man seine so gewonnenen Sinneseindrücke strukturiert, durch Variationen Regelhaftigkeiten entdeckt, dass man über »ein wachsendes Arsenal von Anschauungsmitteln« (ebd., 78) verfügt, und nicht zuletzt: »man hält stets Distanz zum blanken Augenschein, ist sich der grundsätzlichen Spannung zwischen Begriff und Wahrnehmung bewusst und sucht beständig nach besseren Einsichten« (ebd.).

3.2.3 Mentale Bilder und mentales Operieren

Mit Arbeitsmitteln und Veranschaulichungen geht die Hoffnung einher, dass sich bei den Kindern das gewünschte Verstehen der mathematischen Idee einstellt. Diese Hoffnung jedoch kann trügerisch sein, zumindest wenn man die dahinterstehenden Prozesse unterschätzt (vgl. u. a. Lorenz 1987, 1992a, 1995b). Selbst wenn die Struktur des mathematischen Sachverhaltes adäquat in einem Arbeitsmittel repräsentiert ist (z. B. Hunderterfeld oder Hundertertafel), dann gibt es keinen direkten und zwingenden Weg vom ›Anschauen‹ des Arbeitsmittels zur gewünschten Verinnerlichung des mathematischen Begriffs. Da es sich hierbei, wie wir gesehen haben, um einen konstruktiven Akt des lernenden Individuums handelt, sind verschiedene Möglichkeiten denkbar:

- Es ist dem Schüler nicht möglich, die intendierte Struktur hineinzudenken (im o. g. Sinne von kognitiv zu verarbeiten). Unterschiedliche Gründe sind dafür denkbar: Die angebotene Repräsentation passt wenig zu seinen bisherigen Wahrnehmungsgewohnheiten, seinem Vorwissen über den Sachverhalt oder den Möglichkeiten des benutzten Arbeitsmittels. Ebenso kann die Ursache in einem Bereich liegen, der häufig mit dieser Situation nicht gleich in Zusammenhang gebracht wird und auf die Radatz (1993b, 5) aufmerksam macht: »Bei den zahlreichen Ikonisierungen im arithmetischen Anfangsunterricht wird offensichtlich als selbstverständlich vorausgesetzt, dass die zum Verstehen der grafischen Darstellungen notwendigen *geometrischen* Kenntnisse und Fähigkeiten (geometrische Ordnungsbeziehungen, geometrische Qualitätsbegriffe, Eigenschaften ebener Figuren und Anordnungen, räumliches Vorstellenkönnen u. v. a. m.) bei allen Schulanfängern und Grundschülern gleichermaßen vorhanden und entwickelt sind. Das ist ein verhängnisvoller Irrtum« (Hervorh. GKr/PS; vgl. Kap. 1.2.1).

- Ein anderer Schüler entwickelt zwar möglicherweise eine Vorstellung, allerdings eine fehlerhafte oder weniger tragfähige, bspw. dann, wenn sie zu eng an die empirische Anschaulichkeit eines konkreten Falles gekoppelt ist, nicht aber die notwendigen Abstraktionen und damit Transfers auf strukturgleiche Situationen erlaubt (vgl. Kap. 3.2.4). Ein Beispiel wäre die Fähigkeit, Anzahlen in Gestalt von Würfelbildern simultan zu erfassen, dabei aber auf eben diese Würfelbilder festgelegt zu sein, d. h., es gelingt nicht, die gleichen Anzahlen in anderen strukturierten Darstellungen schnell zu erfassen (vgl. Scherer 2005a, 21 u. 28 f.).

- Ein dritter Schüler entwickelt eine tragfähige Vorstellung, die sich aber durchaus von der ebensolchen eines Mitschülers unterscheiden kann.

Mit anderen Worten: Es gibt keine ›automatische‹ Verinnerlichung mathematischer Ideen, Strukturen oder Begriffe, nur weil mit Arbeitsmitteln konkret gehandelt wird. Dies ist unabhängig von der ›Güte‹ der Arbeitsmittel i. S. der Repräsentanz dieser Strukturen in dem Material. Es ist auch keine Frage der Sehfähigkeit von Kindern oder ihres motorischen Geschicks bei der Handhabung der Arbeitsmittel, denn die relevanten Eigenschaften können nicht einfach abgelesen und dann verstanden werden. Von daher geht der gut gemeinte Hinweis: »Schau noch einmal genau hin!« in vielen Fällen am eigentlichen Problem vorbei. Um ein Arbeitsmittel unter einem bestimmten (von der Lehrerin intendierten und mathematisch konventionalisierten) Aspekt zu betrachten und nutzen zu können, bedarf es eines selbstständigen konstruktiven Aktes, bei dem das Intendierte ›herausgesehen‹ und von anderem ›abgesehen‹ werden muss (vgl. Lorenz 1992a, 170):

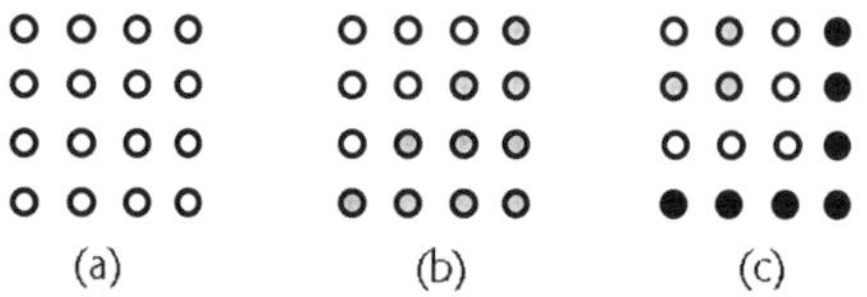

Ein quadratisches Punktefeld wie in Abb. 3/19 (a) ist zunächst einmal offen für ein solches ›Heraussehen‹ und ›Absehen von ...‹. Man mag die Zahl 16 sehen, additiv als vier Viererspalten oder -zeilen, als vier Würfelbilder der 4, oder auch als 4·4-Feld, oder als

Abb. 3/19: Deutungsalternativen eines Punktfeldes

vierte Quadratzahl (a); man mag darin aber auch elementare zahlentheoretische Muster erkennen (b): das 4·4-Quadrat wird vorstellungsmäßig zerlegt in zwei ›Treppen‹ mit der Basis 3 bzw. 4 (in der Zahlentheorie bekannt als Summe zweier benachbarter Dreieckszahlen, die stets eine Quadratzahl liefert). Auch kann man aus der gleichen quadratischen Felddarstellung den Satz heraussehen (c): »Eine Quadratzahl ist stets die Summe fortlaufender ungerader Zahlen.«, wobei auf die sogenannte ›Winkelhakenstruktur‹ zurückgegriffen wird (beginnend bei der weiß dargestellten 1 wird jeweils rechts ein solcher Winkel angelegt; vgl. Abb. 3/19 (c)).

Ziel des Einsatzes von Arbeitsmitteln und Veranschaulichungen ist nicht eine schlichte ›Vereinfachung‹ der Zugänge zu mathematischen Sachverhalten, sondern die Konstruktion und der Ausbau klarer, tragfähiger mentaler Vorstellungsbilder, »an denen die arithmetischen *Operationen in der Vorstellung ausgeführt* und die Rechenergebnisse ›abgelesen‹ werden können« (Gerster 1994, 41; Hervorh. i. Orig.). Und der Aufbau solcher mentaler Bilder wie der Fähigkeit des mentalen Operierens braucht sowohl seine *Zeit* als auch ausdrückliche und planvolle *Aktivitäten*, die dem förderlich sind.

Ein Beispiel mag illustrieren, wie viel umfassender die eigentlichen Anforderungen sind: »Die Hunderter-Tafel verkörpert in prägnanter Weise die dezimale Struktur unseres Zahlensystems und hilft Einsichten zu gewinnen in Analogien, die auf dieser Struktur beruhen. [...] Das konkrete Modell der Hunderter-Tafel muss zu einem mentalen Modell, gleichsam einer ›Hunderter-Tafel im Kopf‹ werden. Diese darf man sich nun nicht als eine Kopie des konkreten Materials vorstellen, sie ist vielmehr das verinnerlichte Wissen über die strukturellen Eigenschaften der Zahlen bis 100, insbesondere das Wissen über Stellenwerte, Nachbarschaftsbeziehungen, über Zehnernachbarschaften und über Analogien« (Radatz et al. 1998, 35). Von daher sollte man sich nicht von (noch vordergründigen) ›Lernerfolgen‹ blenden lassen. Daraus nämlich die (fatale) Konsequenz zu ziehen, den Einsatz von Arbeitsmitteln und Veranschaulichungen ›zurückzufahren‹[125], nicht zuletzt, um dadurch (*vermeintlich!*) Zeit sparen zu wollen, ist kontraproduktiv und untergräbt den Aufbau langfristig tragfähiger und flexibler Rechenstrategien/-fertigkeiten.

Die wesentlichen mentalen Vorstellungsbilder und Operationen werden im 1. Schuljahr ausgebildet, vor allem während der Arbeit im Zahlenraum bis 20 (vgl. Lorenz 1992a, 186). Aufgrund der fundamentalen Bedeutung des Vorstellens und mentalen Operierens für spätere Lernprozesse liegt hier eine ganz entscheidende Stelle der Unterrichtspraxis vor. Eine verfrühte Abkehr von anschaulichen Darstellungen, bevor *wirklich tragfähige* mentale Bilder vom Kind konstruiert und genutzt werden können, kann als *der Kardinalfehler* des Anfangsunterrichts bezeichnet werden.

3.2.4 Konkretheit, Symbolcharakter und theoretische Begriffe

Es mag zunächst widersprüchlich erscheinen, im Zusammenhang mit Arbeitsmitteln und Veranschaulichungen, die doch gemeinhin zur *Konkretisierung* und Vereinfachung an sich schwieriger mathematischer Zusammenhänge dienen sollen, von Symbolcharakter und theoretischen Begriffen zu sprechen. Soll nicht gerade in der Grundschule das Symbolhafte durch geeignete Konkretisierungen veranschaulicht, gar ersetzt, zumindest aber hinausgeschoben werden? Im arithmetischen Anfangsunterricht werden sicher zu Recht die Zahlen ganz selbstverständlich durch vielfältige empirische Bezüge zu konkreten Dingen begründet, und nach wie vor bleiben konkrete Erfahrungssituationen, damit verbundene Handlungen an konkreten Materialien, die Übersetzung in ikonische Darstellungsweisen (Diagramme) eine unverzichtbare Grundlage (Steinbring 1994a, 1997c). Insofern legen Arbeitsmittel und Veranschaulichungen eine gegenständliche Deutung der zu erlernenden Begriffe und Konzepte nahe. Tatsache ist aber ebenso, dass der Unterricht hierbei (bloße Anschaulichkeit; vgl. Kap. 3.2.3) nicht stehen bleiben darf und zwar aus mehreren Gründen.

Zum einen haben wir ja oben bereits gesehen, dass es keinen direkten Weg vom Arbeitsmittel zum mathematischen Begriff gibt (vgl. Steinbring 1997c u. Kap. 3.2.2). Durch einen konstruktiven Akt muss aus den konkreten Repräsentationen der Begriff ›herausgesehen‹ und herausgearbeitet werden. Und dieser Begriff ist, wie wir weiter unten sehen werden, mehr als seine singuläre, konkret-empirische Realisierung in einer Veranschaulichung. Zum anderen darf das Postulat der Vcranschaulichung nicht dar-

---

125 Wir betonen, dass das ›Zurückfahren‹, die Ablösung von Arbeitsmitteln auch grundsätzlich nicht das vorrangige Ziel ist, da auch weiterhin jederzeit der Rückbezug möglich sein muss und v. a. unterschiedliche Funktionen von Arbeitsmitteln (vgl. Kap. 3.2.6) vorliegen, die auch zu einem späterem Zeitpunkt keine endgültige Ablösung sinnvoll erscheinen lassen.

über hinwegtäuschen, dass wir den Kindern bereits im Mathematikunterricht der Grundschule *abstrakte (theoretische) Begriffe* zumuten, und zwar unvermeidbarerweise, denn »sie können nicht durch methodische Tricks und unterrichtliche Maßnahmen umgangen oder in scheinbar konkrete und direkt begreifbare Deutungen umgewandelt werden« (Steinbring 1997c, 16; vgl. etwa Kap. 1.1.6.2 zum Zusammenhang zwischen Multiplikation und Division). Bereits das Erkennen und Ausnutzen wirkungsvoller Strategien des geschickten Rechnens auf der Grundlage und unter Ausnutzung von Rechengesetzen und funktionalen Beziehungen im 2. oder 3. Schuljahr sprengt die Grenzen der bloß konkreten Bezüge.[126]

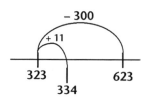

Abb. 3/20: Marcels Strategie am Rechenstrich
(Scherer/Steinbring 2001, 195)

Betrachten wir das folgende Beispiel, entnommen einer Unterrichtsepisode aus einem 4. Schuljahr (vgl. Scherer/Steinbring 2001). Zur Aufgabe 623 – 289 sollten verschiedene ›günstige‹ Strategien am Rechenstrich (Zahlenstrahl ohne Skalierung) gefunden werden. Marcel schlug vor, die Aufgabe zu vereinfachen (623 – 300 + 11) und zeichnete wie in der Abb. 3/20 zu sehen.

Dann stellte er Überlegungen an, wie mit der 11, die zu viel subtrahiert wurde, verfahren werden müsste: »Ja, also, durch das, also, *danach* wird ja noch die *elf* abgez', also, dazu wieder gerechnet, also … abgezogen von der dreihundert … da kommt man ja auf zweihundertneunundachtzig« (ebd.). Marcel gelang es, die Gültigkeit der arithmetischen Beziehung: 623 – 289 = 623 – 300 + 11 sprachlich zu begründen. Er merkte auch an, dass eigentlich die 11 von der 300 abgezogen werden muss. Übersetzt man seine Argumentation einmal in die ›Klammer–Schreibweise‹, dann sähe das wie folgt aus: 623 – 289 = 623 – (300 – 11) = 623 – 300 + 11. Diese schwierige Beziehung (›Von einem zu großen Subtrahenden etwas zu subtrahieren bedeutet, diesen Betrag zum Minuenden zu addieren.‹ bzw. die Regel von der ›Umkehrung des Rechenzeichens bei einem Minus vor der Klammer‹) wird am Rechenstrich (s. o.) mit seiner geometrischen Beziehungsstruktur sichtbar.

Wie Scherer/Steinbring (2001) zeigen, lässt sich dieses Diagramm am Rechenstrich einerseits als Ablauf des Rechenweges deuten (»grafisches Verlaufsdiagramm«; ebd.

---

126 An anderer Stelle hat Steinbring (1994b) am Beispiel der Einführung negativer Zahlen gezeigt, wie eine empirische Begründung und Herleitung, die an konkrete und unmittelbar inhaltliche Vorstellungen und Anwendungskontexte anzuknüpfen versucht, zu Brüchen, Künstlichkeiten und Ungereimtheiten für die Lernenden führt, da der Begriff der negativen Zahlen »nur in Grenzen entsprechend den gewohnten Ansichten auf konkrete Sachsituationen und reale Umweltbezüge anwendbar« (ebd., 277) ist.

195).»[M]an kann andererseits aber auch den Blick auf die strukturellen *Beziehungen* im Diagramm richten und diese Struktur zur Erklärung der Rechenstrategie benutzen, so wie es auch Marcel versucht hat. Auf diese Weise wird das Diagramm zu einer ›*symbolischen Struktur*‹, mit der man verschiedene Rechnungen [gleicher Kategorie, und damit eine allgemeingültige Regel; GKr/PS] begründen kann« (ebd.). Zwar *ausgehend* von konkreten Erfahrungssituationen oder Darstellungen zeigt sich hier bereits ein Ansatz für den Erwerb *theoretischer* Begriffe: durch die aktive und bewusste Deutung von Veranschaulichungen wird die Grenze der konkreten Bezüge überschritten und in ein theoretisches Konzept übergeleitet.»Bei Divisionsaufgaben, die in Sachkontexte eingebettet sind, können die Kinder auf der Basis konkreter Handlungen und Vorstellungen operieren, indem sie z. B. mit eigenen Strategien nach und nach 24 Bonbons gerecht auf 3 Kinder verteilen. Dies kann man dann mathematisch mit der Operation 24:3 = 8 (Kann man überhaupt Bonbons durch Kinder ›teilen‹?) abkürzend beschreiben, aber die mathematische Bedeutung der symbolischen Division – was bedeutet ›geteilt durch‹? – ist damit nicht vollständig erfasst« (Steinbring 1997c, 17; was darüber hinaus dazugehört, wurde im Kap. 1.1.6.2 erläutert im Rahmen der Abschnitte ›Modellvorstellungen der Division‹ und ›Zum Zusammenhang zwischen Multiplikation und Division‹).

Konkrete und anschauliche Repräsentationen mathematischen Wissens sind also in der Grundschule einerseits unverzichtbar. Problematisch wäre aber die »*Dominanz* empirischer Begründungen des elementaren mathematischen Wissens im Unterricht der Grundschule« (Steinbring 1994a, 7), da empirische Deutungen bereits hier durch »eine relationale Sichtweise auf die Zahlbeziehungen« (ebd.) ersetzt werden müssen, um zu wirklich trag- und ausbaufähigen Grundlagen des Mathematiklernens werden zu können.

Diagramme wie der Rechenstrich sind, wie auch andere Veranschaulichungen, nicht nur Bilder, sondern *symbolische*[127] Repräsentationen, in denen *Beziehungen* enthalten sind. Diese in der Darstellung enthaltene mathematische Strukturen müssen vom Schüler immer aktiv wahrgenommen und interpretiert werden (vgl. Scherer/Steinbring 2001). Veranschaulichungen sind also nicht nur Bilder, sondern Symbole (»eigene Denkgegenstände«, Steinbring 1994b, 286), das Verstehen von Vorstellungsbildern »beinhaltet also immer einen symbolischen Akt« (Jahnke 1984, 35), denn man kann mit ihnen (mental) operieren (vgl. Lorenz 1992a, 51). In einem geometrischen Diagramm können die vorkommenden Strecken mit *a*, *b* und *c* bezeichnet werden (vgl. auch den Rechenstrich im o. g. Beispiel), sie haben also keine spezifische Länge und besitzen damit Variablencharakter, vergleichbar mit jenem von Buchstaben in algebraischen Termen (vgl. Jahnke 1984, 35).

---

127 Die strikte Unterscheidung zwischen der ikonischen und der symbolischen Repräsentationsebene wäre von daher für visuelle Vorstellungsbilder in einem anderen Licht zu sehen (vgl. Lorenz 1992a, 52).

250

Insofern können Arbeitsmittel und Veranschaulichungen zwischen der mathematisch-relationalen Struktur der Symbole einerseits und der inhaltsbezogenen Struktur von konkreten Elementen (Rechenstäbe, Wendeplättchen o. Ä.) und Sachsituationen andererseits *vermitteln*. Und eben diese Funktion ist mit ein Grund für die oben bereits einmal angedeutete Aussage, dass Arbeitsmittel und Veranschaulichungen nicht umso besser sind, je konkreter sie sind. Hilfreich ist vielmehr eine gewisse Merkmalsarmut und Vagheit, die sie zu Repräsentanten für alle mögliche Dinge machen können (Personen, Tiere, Gegenstände usw.). Wittmann spricht von der ›Doppelnatur‹ z. B. von Wendeplättchen: Wie Amphibien auf dem Land und im Wasser leben können, so sind die Plättchen »gleichzeitig konkret und abstrakt und daher ideale Vermittler zwischen Realität und mathematischer Theorie« (Wittmann 1994, 44)[128]. Arbeitsmittel und Veranschaulichungen haben so gesehen eher einen epistemologischen als einen didaktischen Status (Wittmann 1993). Dieser epistemologische Charakter zeigt sich nicht zuletzt bereits in der Geschichte der Mathematik: Wittmann (1998a, 158) erinnert daran, dass einerseits bereits die Griechen die ersten Theoreme über gerade und ungerade Zahlen sowie figurierten Zahlen (Quadratzahlen, Dreieckszahlen, Rechteckszahlen, ...) durch das entsprechende Legen von Mustern aus kleinen Steinen (unseren heutigen Rechenplättchen vergleichbar) entdeckt und bewiesen haben (vgl. das o. g. Beispiel mit den Quadraten), und andererseits auch heutige herausragende Mathematiker die explorative Kraft solcher Muster zur Erforschung der Arithmetik nutzen (Penrose 1994, vgl. auch Nelsen 1993 u. 2000 sowie Kap. 3.2.6 zum anschaulichen Beweisen). Der amphibische, epistemologische Charakter von Arbeitsmitteln und Veranschaulichungen ermöglicht es also zu erleben, wie mathematisches Wissen *entsteht*: »In diesem Sinne sind Rechensteinchen und ›figurierte Zahlen‹ mehr als bloße Veranschaulichungen. Sie stehen nicht nur historisch, sondern auch epistemologisch am Übergang zwischen gegenstandsbezogenem und symbolischem Rechnen. Sie fördern das *theoretische Sehen*« (Hefendehl-Hebeker 1999, 108).

Aus den skizzierten Erkenntnissen ergeben sich mehrere Konsequenzen (vgl. Steinbring 1994a, 1997c, Lorenz 1992a): *Erstens* können Arbeitsmittel und Veranschaulichungen die beschriebene Vermittlungsfunktion nur dann wahrnehmen, wenn man sie als relationale Strukturen nutzt, d. h. die enthaltenen strukturellen Beziehungen bewusst in den Blick nimmt.

Dies wiederum setzt *zweitens* ihre potenzielle Offenheit voraus: Das meint keine Beliebigkeit oder Willkür, aber es sollten *mehrdeutige* Interpretationen möglich, zugelassen, aufgesucht und verschiedene Beziehungen erkundet und genutzt werden. Das mag ein ungewohntes Postulat sein, zeigen doch Unterrichtsanalysen (z. B. Voigt 1993), dass im alltäglichen Unterricht üblicherweise eher alles dafür getan wird, um Eindeutigkeit in-

---

128 Becker/Selter (1996, 11) sprechen von semi-konkret und semi-abstrakt.

teraktiv herzustellen und Mehrdeutigkeiten möglichst zu eliminieren (vgl. Steinbring 1994a, Voigt 1993). Sachbilder etwa werden im Unterricht gerne in standardisierter und eindeutiger Weise gelesen (vgl. auch Kap. 1.3.3.1); ggf. versucht man, die Kinder i. S. des Trichtermusters (vgl. Bauersfeld 1983b) auf das Gemeinte hinzulenken: In diesem Prozess der didaktisch (und weniger sachlich) motivierten ›Vermathematisierung‹ fragt die Lehrerin dann in suggestiver Weise einzelne Elemente des Bildes und ihre Beziehungen so ab, dass schrittweise der von ihr intendierte, eindeutige Zahlensatz zum Vorschein kommt (vgl. Voigt 1993, 155).

In dem schon klassischen Bild vom Wärter und Affen (Abb. 3/21) gilt es, eindeutig die Aufgabenstellung 5–2 = 3 abzulesen. Bei der üblichen Einbettung in eine Schulbuchseite hilft manchmal auch der Blick in die Kopfzeile der jeweiligen Seite, und schon wissen die Kinder, dass es hier um die Subtraktion geht, woraufhin sie i. S. der sozialen Erwünschtheit auch den ›richtigen‹ Zahlensatz produzieren. Gegenüber einer derartigen Rigidität des ›kor-

Abb. 3/21: Affe und Wärter – eine eindeutige Aufgabenstellung? (Voigt 1993, 149)

rekten‹ Lesens von Bildern und dem Erlernen (vermeintlich) eindeutiger Indikatoren zu ihrer Interpretation plädiert Voigt für eine gezielte Nutzung von Mehrdeutigkeiten, die in solchen Bildern stecken. Zum Sachbild aus Abb. 3/21 können etwa folgende empirische Deutungen bzw. Gleichungen auf der Ebene der mathematischen Zeichen und Operationen gehören:

5–3=2 Der Wärter hat 5 Bananen und gibt davon 2 weg (dem Affen).
3+2=5 Der Affe gibt dem Wärter, der 3 Bananen hat, 2 Bananen dazu.[129] (Summe der Bananen, die Wärter und Affe in Händen halten)
3–2=1 Der Wärter hat 1 Banane mehr als der Affe.
1+1=2 Man sieht 1 Wärter und 1 Affen. (Dass auf die Bananen und dabei ausgerechnet auf deren Anzahlaspekt fokussiert werden soll, ist nicht selbstverständlich!)
5–4=1 Es gibt 1 Banane mehr als Hände, und daher fällt (wie man sieht?) dem Wärter gleich 1 Banane herunter.

Und bei der Kreativität der Kinder kann durchaus mit weiteren Deutungen gerechnet werden ... Es ist potenziell vorteilhafter für den Unterricht, solche Mehrdeutigkeiten aufrechtzuerhalten, zuzulassen und produktiv für das Lernen zu nutzen.

Neben dieser *empirischen Mehrdeutigkeit*, bei der ein Sachkontext in vielfältiger Weise interpretiert werden kann (vgl. auch Steinbring 1994a), gibt es beim Gebrauch von Dia-

---

129 Dieses spielerisch verstandene Motiv ist für Kinder nicht abwegig, da solche vermenschlichten Praktiken zu ihren Fernseherfahrungen mit Tieren gehören (vgl. etwa die ZDF-Serie ›Unser Charly‹).

grammen und Arbeitsmitteln auch eine sogenannte *theoretische (strukturelle) Mehrdeutigkeit*, die sich gezielt die mehrdeutige, vom Lernenden selbst vorzunehmende Interpretation zunutze macht. Der dabei zu vollziehende Perspektivwechsel z. B. an ein und demselben Diagramm fördert den aktiv-entdeckenden Umgang mit Arbeitsmitteln und Veranschaulichungen und ihr konstruktives Verstehen, z. B. beim Zahlenstrahl (Steinbring 1994a):

Der vollständig beschriftete Zahlenstrahl (hier für den Zahlenraum bis 100) trägt eine Skalierung mit 100 Strichen, die *alle* mit Zahlen (von 1–100) beschriftet sind; jede Zahl kann abgelesen werden, jeder Strich ist eindeutig benannt, Mehrdeutigkeit weitestgehend ausgeschlossen. Der teilweise beschriftete Zahlenstrahl trägt ebenfalls eine Skalierung mit 100 Strichen (meist mit hervorgehobenen Fünfer- und Zehnerstrichen), aber nur einige Stützpunkte (Zehner) sind mit Zahlen benannt. Damit sind erste strukturelle Beziehungen (z. B. Abstände) zwischen den Zahlen zu deuten. Mehrdeutigkeit kommt dann ins Spiel, wenn am ansonsten völlig identischen Zahlenstrahl eine andere Beschriftung gewählt wird (vgl. Abb. 3/22): Der gleiche Abstand kann einmal für eine 1 stehen, dann aber auch für eine 10, und was im ersten Fall ein Zehnerintervall war, muss nun als Hunderterintervall verstanden werden:

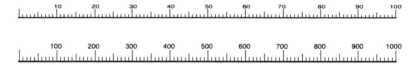

Abb. 3/22: Verschiedene Deutungen eines Zahlenstrahls

Bei der Darstellung und Beschreibung oben haben wir es eigentlich mit einer Zahlen*geraden* zu tun, obwohl sich der Begriff Zahlen*strahl* eingebürgert hat. Im nächsten Schritt betrachten wir nun ›unbeschriftete Zahlenstrahlausschnitte‹ (Abb. 3/23).

Abb. 3/23: Was kann diese Darstellung bedeuten?

Hier werden mehrdeutige Interpretationen ganz ausdrücklich nahe gelegt; möglich sind etwa: 15+5=20 oder 65+5=70 oder 155+5= 160 oder 450+50=500 oder 1,5+0,5. Ähnliches erlaubt die ›Lupen‹-Funktion, bei der gezielt Ausschnitte ›heraus vergrößert‹ und dann gedeutet werden:

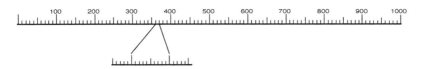

Abb. 3/24: Lupenfunktion – Vergrößern von Zahlenstrahlausschnitten

Die Kinder müssen passende Deutungen (mögliche Beschriftungen) suchen, und dabei steht die erwünschte Vielfalt der Interpretationen explizit im Vordergrund (Abb. 3/25).

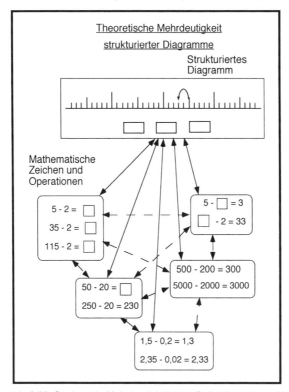

Abb. 3/25: Strukturelle Mehrdeutigkeit (aus Steinbring 1994a, 18)

Einen weiteren Schritt erlaubt der sogenannte ›Zahlenstrich‹ oder ›Rechenstrich‹ (vgl. Treffers 1991). Dabei handelt es sich um einen einfachen Strich, der weder beschriftet ist noch irgendeine Art von Skalierung trägt. Er eröffnet damit gute Möglichkeiten zum *selbstständigen* Darstellen und Strukturieren arithmetischer Aufgaben und Rechenoperationen; auch eignet er sich als Kommunikationsmittel i. S. des Argumentierens und Begründens (vgl. Kap. 3.2.6). Beim Zahlen- oder Rechenstrich spielt wegen der fehlenden Skalierung die maßgetreue Anordnung der Zahlen eine untergeordnete Rolle

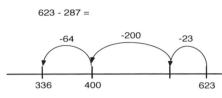

Abb. 3/26: Subtraktion am Rechenstrich

(*ungefähre* oder angedeutete Größenverhältnisse werden als hinreichend akzeptiert), und aus gleichem Grunde kann man auf die o. g. Lupenfunktion verzichten. Ein Lösungsweg für die Aufgabe 623–287 sähe dann beispielsweise wie in Abb. 3/26 aus (vgl. auch Abb. 3/20).

Die geforderte Offenheit von Arbeitsmitteln und Veranschaulichungen ist erst dann möglich, wenn Kinder die Gelegenheit erhalten, sich diese Mittel und ihre Möglichkeiten selbstständig zu erschließen. Das bedeutet, dass den Kindern bei der Einführung eines neuen Arbeitsmittels zunächst eine Phase der freien Exploration eingeräumt wird, denn der Wunsch nach selbstbestimmten Aktivitäten ist stärker als die Bereitschaft, sogleich gemäß den Intentionen der Lehrerin vorzugehen. Offenheit heißt aber auch, z. B. einerseits »Koordinierung *verschiedener* Veranschaulichungen zu *einer* arithmetischen Aufgabe und andererseits durch Konstruktion von Strukturen zu *verschiedenen* arithmetischen Aufgaben in *einem* Veranschaulichungsmittel« (Steinbring 1994a, 18; Hervorh. GKr/PS). Und nicht zuletzt beinhaltet die Offenheit auch, dass die Kinder alle Entscheidungs-Freiheit haben, welche Arbeitsmittel und Veranschaulichungen sie benutzen und wie sie das jeweils tun, bis hin zu der Freiheit, sie auch gar nicht zur Hand zu nehmen (vgl. Wittmann 1998a, 171), und dies gilt ausdrücklich auch für lernschwache Schüler (vgl. Scherer 1995a).

3.2.5 Ablehnung und Ablösung von Arbeitsmitteln und Veranschaulichungen

Der soziale Kontext, in dem Arbeitsmittel und Veranschaulichungen genutzt werden, kann u. U. das Verständnis der Lernenden auch *erschweren*, z. B. dann, wenn Kinder dazu angehalten werden, für sie bedeutungslose Handlungen und bloße Verfahrensregeln auszuführen. So haben wir Kinder rasch und vermeintlich souverän mit Plättchen in Stellentafeln hantieren gesehen, auf Nachfrage jedoch war ihnen kaum transparent, was diese Handlungen bedeuteten, wozu sie hilfreich und was man dabei lernen konnte; sie folgten lediglich einem Handlungsalgorithmus. Unterschwellig kann sich dadurch ein Bild von Mathematik entwickeln, das aus dem Anlernen begrenzter Ideen und rigider Regeln besteht (vgl. Aubrey 1997, 26 f.). Ist es dann nicht verständlich, dass Kinder den Gebrauch von Arbeitsmitteln verweigern?

Die Lehrerin sollte stets darauf achten, ob in einer Situation das Handeln mit konkretem Material auch sachlich geboten ist. Eine Überinterpretation und formalistische Handhabung des E-I-S-Prinzips (enaktiv – ikonisch – symbolisch; Bruner 1974, 16 f., 49) kann dazu führen, dass das Arbeiten am konkreten Material zum Selbstzweck wird und sich verselbstständigt. Handlungsaufforderungen können dann z. B. sehr aufwendig werden, und auch dann sollte es nicht verwundern, dass Kinder unter solchen Umständen z. B. das Rechnen mit konkretem Material als ›schwierig‹ einstufen und stattdessen auf andere Methoden zurückgreifen, die durchaus fehleranfälliger sein können. Mit anderen Worten: Eine wünschenswerte Einstellung der Kinder gegenüber Arbeitsmitteln und Veranschaulichungen kann sich nur dann entwickeln, wenn die eingesetzten Materialien das Ausnutzen effektiver Strategien auch wirklich nahelegen (vgl. Scherer 1996a).

Eine solche positive Einstellung lässt sich nicht verordnen. Man muss es den Kindern ermöglichen, Arbeitsmittel als solche selbst auszuwählen und auch selbst zu entscheiden, wann sie sie nutzen wollen und wann nicht. Die Befürchtung, dass dann aber womöglich auch Kinder das konkrete Handeln verweigern werden, die es aus Sicht der Lehrerin durchaus noch nötig hätten, muss ernst genommen werden. Allerdings wird dabei manchmal Folgendes vergessen: Kinder sind nicht von Natur aus Verweigerer, und so ist auch die Ablehnung konkreter Materialien i. d. R. im Vorfeld, oft unterschwellig, ›gelernt‹ worden. Manchmal sind es nur kleine Bemerkungen, die im Unterricht situativ fallen können und von Kindern (häufig unbewusst) wahrgenommen und interpretiert werden, obwohl es so nicht gemeint war: Die Bemerkung etwa »Versuch mal, ob du es *auch schon ohne* Plättchen kannst …«, kann eine implizite Wertung suggerieren (»*schon*«) und sich beim Kind zu dem Eindruck verfestigen, dass diese Plättchen lediglich eine ›Krücke‹ für die Schwächeren seien und es mithin ein Ziel ist, sie möglichst schnell nicht mehr zu benötigen.

Nun wird man es als Lehrerin, so sehr man sich auch bemühen mag, wohl nie ganz vermeiden können, dass einem einmal solch ein Satz entfährt. Aber auch eigenes Vorbildverhalten kann zu einer veränderten Sicht bei Kindern führen: z. B. indem man Kindern zeigt, dass und wie man *selbst* mit (epistemologischen) Materialien umgeht. Eine solche Situation muss keineswegs künstlich wirken, denn es gibt zahlreiche Fälle, in denen es auch für Erwachsene sehr hilfreich sein kann, sich konkreter Arbeitsmittel zu bedienen. Wir werden dazu im nächsten Abschnitt im Rahmen der möglichen Funktionen konkreten Materialeinsatzes oder grafischer Darstellungen noch sehen, dass hier insbesondere der Bereich des *Argumentierens* und *Beweisens* sehr geeignet ist[130]. Die Lehrerin kann also den Gebrauch von Arbeitsmitteln und Veranschaulichungen modellieren. Wenn die Kinder ihre Lehrerin dabei beobachten, sind sie eher bereit, diese Mittel wertzuschätzen und sie auch für eigene Erkundungen zu nutzen (vgl. Joyner 1990, 7).

---

130 Manche unserer Studierenden haben die irgendwann einmal auswendig gelernten binomischen Formeln nach eigenen Aussagen erst wirklich verstanden, nachdem sie Gelegenheit hatten, sie in den Lehrveranstaltungen aus dem konkreten Umgang mit Arbeitsmitteln selbst zu entwickeln.

Eine gelernte Aversion gegen Arbeitsmittel lässt sich also auch wieder ›verlernen‹. In jedem Fall sollte ein Kind, das sich dem Einsatz von Arbeitsmitteln systematisch zu entziehen versucht, Anlass sein, die Ursachen hinter diesem Verhalten zu erkunden. Es ist eine Frage der pädagogischen Verantwortung, mit dem Kind zu sprechen, sein Verhalten verstehen zu wollen und zu einer Verständigung zu kommen – dies ist eine Stufe auf dem Weg zu dem übergeordneten Ziel (auch des Mathematiklernens), Kinder zu zunehmender Selbstverantwortung für ihren Lernprozess zu erziehen.

Ein anderes Problem, neben der *Verweigerung* der Arbeitsmittelnutzung, ist die Befürchtung, dass sich der Ablösungsprozess von den konkreten Materialien, der ja ab einer bestimmten Stelle im Lernprozess auch geboten ist[131], sich nur sehr schwer oder gar nicht vollziehen könnte, dass also die Kinder grundsätzlich *abhängig bleiben* von der Nutzung konkreter Materialien. Manchmal ist diese Befürchtung eine Frage noch unzureichender Geduld der Lehrerin: Es kann nämlich sehr unterschiedlich und manchmal auch recht lange dauern, bis verschiedene Kinder sinnvolle Ablösungsprozesse vollziehen; sie können ihn aber *selbst* vollziehen (vgl. Scherer 1996a).

Konkrete Materialien hingegen zu versagen, um damit die Ablösung zu beschleunigen, ist oft genug sogar kontraproduktiv. Vergleichen Sie das mit anderen Situationen, in denen Hilfsmittel sinnvoll sein können, weil man sich auf noch unsicherem Terrain bewegt: Wer einen fremdsprachigen Text verfassen soll, wobei ihm ein Wörterbuch aber vorenthalten wird, der kann in dieser Lage unterschiedliche Konsequenzen ziehen (vgl. Scherer 1996a, 55): Man könnte es in Kauf nehmen, Fehler zu machen. (Diese werden ja anschließend von einer ›externen Autorität‹ korrigiert.) Wenn aber (und v. a. bei Kindern mit Lernschwierigkeiten ist das häufig der Fall) ein negatives Selbstkonzept mit Versagensängsten vorliegt, liegt es auch nahe, nur einfache, sichere Wörter zu verwenden (wobei kaum ein Weiterlernen stattfindet!). Bestünde nun andererseits die Freiheit, jederzeit ein Hilfsmittel zu verwenden, dann würde das sicher nicht unmittelbar auch bedeuten, z. B. das Wörterbuch ständig, auch für einfache, eigentlich sicher verfügbare Wörter zu verwenden. Auch Kinder streben nach Unabhängigkeit, nach effizienten und letztlich ökonomischen Methoden.

Hilfreicher als erzwungene Ablösungsbemühungen sind sicher gezielte und (auch für die Kinder *bewusste*) Übungen, die zum Aufbau tragfähiger mentaler Bilder und des mentalen Operierens beitragen, denn je verlässlicher die Vorstellungsbilder verinnerlicht sind, umso eher kann auf ihre konkreten Realisate verzichtet werden.

---

131 Wir betonen noch einmal, dass die an manchen Stellen sinnvolle Fähigkeit zur Ablösung von Arbeitsmitteln nicht als vollständige oder endgültige Ablösung verstanden werden darf. Ein jederzeitiger Rückgriff auf Aktivitäten mit Arbeitsmitteln muss möglich sein und auch vom Lernenden als normal akzeptiert werden können. Dies ist keine Rechtfertigung für zahlreiche Übungen zur wechselseitigen Übersetzung zwischen den Repräsentationsebenen (intermodale Transfers).

3.2.6 Funktionen von Arbeitsmitteln und Veranschaulichungen

Arbeitsmittel und Veranschaulichungen lassen sich in unterschiedlichen Funktionen und damit an unterschiedlichen didaktischen Orten und mit unterschiedlichen Zielen nutzen. Sie lediglich als Hilfe für lernschwache Kinder zu sehen, entsteht manchmal dadurch, dass vorrangig auf die beiden ersten Funktionen fokussiert wird, die als solche bereits eine lange Tradition im Grundschulunterricht haben. Die dritte Funktion blieb dabei meist unbeachtet, sie ist aber im modernen Mathematikunterricht zunehmend bedeutsam geworden (auch für die Grundschule), insbesondere vor dem Hintergrund der allgemeinen Lernziele des Mathematikunterrichts (z. B. argumentieren, darstellen; vgl. Kap. 2.3.1.2). Die drei zentralen Funktionen des Einsatzes von Arbeitsmitteln und Veranschaulichungen sind folgende:

1. Mittel zur Zahldarstellung: Konkrete Materialien und ikonische Darstellungen werden genutzt, um Zahlen darzustellen. Zahlverständnis und Zahlbeziehungen sollen an konkrete, empirische Objekte anknüpfen (was noch nicht dasselbe ist wie das Verständnis des theoretischen Begriffs der Zahl).

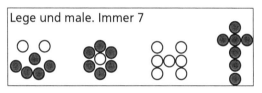

Abb. 3/27: Zahldarstellungen (aus Wittmann/Müller 2004a, 16)

Diese Objekte können didaktische Materialien sein wie bspw. Cuisenaire-Stäbe, Zwanzigerfeld, Wendeplättchen (Abb. 3/27), oder auch Umweltgegenstände wie Bälle, Äpfel, Tiere, … Im 2. und 3. Schuljahr dienen z. B. Hunderterfeld oder Tausenderbuch diesem Zweck. Vielfältige Übungen sollen zu einer flexiblen und tragfähigen Orientierung im jeweiligen Zahlenraum beitragen: »Zeige mit dem Zahlwinkel die Zahl 78 in der Hundertertafel!« »Wo im Tausenderbuch steht die Zahl 538? (welche Seite, welche Zeile, welche Spalte?)« Mit zunehmender Größe der Zahlen werden solche Darstellungen naturgemäß schwieriger, und so ist dann die Stellentafel als Darstellungsmittel besser geeignet. Mit ihr lassen sich auch große Zahlen recht ökonomisch darstellen und zudem die Bedeutung des Stellenwertprinzips, der Stufenzahlen (= Potenzen zur Basis des Stellenwertsystems) durchdringen (vgl. Kap. 1.1.5):

Wichtige Aktivitäten sind in diesem Zusammenhang sogenannte Lege- und Schiebeübungen: Vorgegebene Zahlen müssen durch Legen von Plättchen in die Stellentafel dargestellt und umgekehrt solche Darstellungen in Zahlen übersetzt werden (s. linken Teil der Abb. 3/28); durch Verschieben, Hinzulegen oder Wegnehmen von Plättchen lassen sich neue Zahlen generieren (vgl. auch die Aufgabe am Ende von Kap. 2.2).

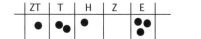 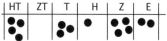

Abb. 3/28: Aktivitäten in der Stellentafel

Ein weiteres Beispiel für die Darstellung und gedankliche Durchdringung großer Zahlen zeigt der rechte Teil der Abb. 3/28. Antworten auf die dort angedeuteten Fragestellungen lassen sich finden, indem man entsprechende Stellenwerte nach rechts hin verdeckt.

Im Zusammenhang mit der Funktion als Mittel zur Zahldarstellung sind auch Übungen wichtig, die ein und dieselbe Zahl in unterschiedlichen Darstellungen zeigen. Zwischen diesen Darstellungen müssen wechselseitige Übersetzungen durchgeführt werden. Solche Koordinierungs- oder Verzahnungsübungen sind nicht nur, aber insbesondere für lernschwache Kinder von grundlegender Bedeutung, da es häufig zu Transferschwierigkeiten kommen kann bzw. zu Problemen, die Strukturgleichheit der Darstellungen zu erkennen (Scherer 2005a, 18). »Erst eine thematisierte Verzahnung, bei der Beziehungen genutzt werden müssen, schafft eine tiefere Einsicht. Anzahlen sollten daher in Orientierungsphasen an allen verwendeten Veranschaulichungen dargestellt werden, um so strukturelle Gemeinsamkeiten herauszustellen« (ebd.; vgl. auch Wittmann/Müller 1992, 19).

2. Mittel zum Rechnen: Mithilfe von Arbeitsmitteln und Veranschaulichungen lassen sich Rechenoperationen veranschaulichen. Wir können an dieser Stelle auf die Beispiele in Kap. 1.1.6 sowie die entsprechenden Seiten in allen gängigen Schulbüchern verweisen. Betonen wollen wir aber noch einmal, dass es in einem zeitgemäßen Mathematikunterricht nicht darum gehen sollte, über eine ganz bestimmte Darstellungsweise einen ganz bestimmten Rechenweg festzuschreiben und einzuüben. Die verwendeten Arbeitsmittel und Veranschaulichungen sollten so ausgewählt werden (vgl. Kap. 3.2.7), dass sie den Kindern *unterschiedliche* Zugänge und Lösungswege offen lassen und ermöglichen. Verschiedene Wege an ein und demselben und auch an verschiedenen Arbeitsmitteln im Unterricht bewusst zu vergleichen, ist nicht zuletzt wichtig, um ein Gefühl dafür entwickeln zu können, welcher Lösungsweg und welche Darstellungsweise situativ, d. h. unter Berücksichtigung einer spezifisch vorliegenden Rechenanforderung, naheliegt, geschickter oder einfacher ist als ein anderer (und was die Kriterien für Attribute wie ›geschickt‹, ›einfach‹, ›schwierig‹ etc. sind!).

3. Argumentations- und Beweismittel: So selbstverständlich (im Prinzip) die bisherigen Funktionen auch sein mögen, so sehr wird diese dritte Funktion von Arbeitsmitteln und Veranschaulichungen bislang unterschätzt und wohl auch wenig realisiert. Die Gründe dafür sind sicherlich vielfältig: Diesbezügliche Anregungen finden sich zahlreicher und ausdrücklicher erst in der jüngeren Vergangenheit in der fachdidaktischen Literatur (z. B. Müller 1997; Scherer/Steinbring 2001; Wittmann 1997c).[132] Auch in der Lehrerbildung wird augenscheinlich erst seit einigen Jahren – und dies noch wenig flächendeckend und selbstverständlich – explizit auf diese dritte Funktion abgehoben. Eine angemessene Realisierung der Möglichkeiten (in der Grundschule wie in der Lehrerbildung) ist angewiesen auf eine entsprechende *Fachkompetenz* der Lehrerinnen (vgl. Kap. 3.1.7).

So sehr der Gebrauch als Argumentations- und Beweismittel deutlich unterrepräsentiert ist, so geeignet ist gerade diese Funktion, um zu belegen, dass Arbeitsmittel und Veranschaulichungen keineswegs nur eine ›Stützfunktion‹, sondern eine eigenständige Bedeutung haben, insbesondere im Hinblick auf die fundamentalen *allgemeinen Ziele* des Mathematikunterrichts (vgl. Kap. 2.3.1). Dazu zählen das Argumentieren und Beweisen oder auch die mündliche und schriftliche Ausdrucksfähigkeit (vgl. MSJK 2003). Wenn auch diese im Mathematikunterricht in der Grundschule durchgängig geschult werden sollte, so gibt es zahlreiche Situationen, in denen Kinder bestimmte Einsichten durchaus gewonnen, bestimmte Regelhaftigkeiten oder ›Muster‹ adäquat erkannt haben können, ihre derzeitige (schrift-)sprachliche Ausdrucksfähigkeit aber nicht so weit entwickelt sein mag, um sie anderen entsprechend mitzuteilen. ›Mündliche und schriftliche Ausdrucksfähigkeit‹ jedoch muss nicht nur ›(schrift-)sprachliche Kompetenzen‹ sein. Erklärungen des Gemeinten und sogar Argumentationen und Beweise können (nicht nur für Grundschüler) alternativ auch z. B. ikonisch, durch Skizzen, durch konkrete Handlungen oder durch Fortsetzen einer Handlungs- oder Aufgabenfolge bewerkstelligt werden.

Dies kann bereits auf sehr einfachem Niveau geschehen (vgl. Wittmann/Ziegenbalg 2004): Ein *allgemeingültiger* Nachweis des Satzes, dass die Summe zweier (un-)gerader Zahlen stets eine gerade Zahl ergeben muss (vgl. Abb. 3/29 u. 3/30), liegt bereits in Reichweite von Grundschulkindern. So gehört es zum gewohnten Repertoire des Anfangsunterrichts, Zahlen in verschiedener Art und Weise darzustellen (Funktion a; vgl. z. B. Wittmann/Müller 2004a, 90). Gerade Zahlen lassen sich (da halbierbar) stets als *Doppelreihe* darstellen (ihre allgemeine Form lautet eben *2n*).

Formal, d. h. auf algebraischem Niveau, ist es selbstverständlich, dass die Addition zweier gerader Zahlen mit $2n + 2m = 2 \cdot (n+m)$ ergibt, mithin wieder eine gerade Zahl – unabhängig davon, wie n und m beschaffen sein mögen. Diese algebraische Argumentationsweise ist natürlich für Grundschulkinder weder beabsichtigt noch erforderlich. Gleichwohl ist der Gehalt dieses elementaren zahlentheoretischen Satzes, wie Abb. 3/29 zeigt, auch auf dieser Stufe einsehbar und beweisbar, nämlich in ikonischer Weise (die wiederum entsprechende Handlungen repräsentiert).

---

132 Natürlich finden sich auch ältere Publikationen, die hierzu wertvolle Anregungen geben können: Besuden (1978) etwa bietet Beispiele zum Einsatz von Cuisenaire-Stäben; Winter (1983) macht deutlich, wie die Stellentafel für präformale Beweise von Teilbarkeitsregeln genutzt werden kann.

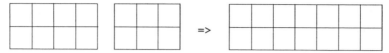

Abb. 3/29: Addition gerader Zahlen

Eine ungerade Zahl lässt sich nicht als Doppelreihe darstellen, es bleibt stets eine ›Nase‹ (1 Quadrat) übrig (allgemein: *2n+1*; vgl. Abb 3/30 u. Wittmann/Müller 2004a, 90). Bei der Addition zweier ungerader Zahlen ergibt sich dann durch geschicktes Zusammenfügen: *(2n+1) + (2m+1) = 2n + 2m + 2 = 2·(m+n+1)*, also eine gerade Zahl, unabhängig von *n* und *m*.

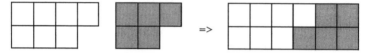

Abb. 3/30: Addition ungerader Zahlen

Der Sachverhalt wird zwar hier an *einem Beispiel* (exemplarisch) konkretisiert, gleichwohl – und das ist essenziell notwendig für anschauliches Beweisen! – bleibt der Gültigkeitsbereich der Argumentation nicht auf Beispiele eingeschränkt. Damit ist ein wichtiger Unterschied angesprochen zwischen beispielgebundener Verifikation einerseits und dem Nachweis der *Allgemeingültigkeit* andererseits: Welche gerade Zahl auch immer, sie lässt sich *prinzipiell* als Doppelreihe wie gezeigt darstellen (weil die beiden Doppelreihen nach außen beliebig weit verlängert gedacht werden können), und Gleiches gilt für die Darstellung ungerader Zahlen. Die Handlung des Zusammenfügens ist ebenfalls gleich für alle denkbaren Fälle, und sie *kann* nur zu dem gezeigten Ergebnis führen.

Im Unterricht kann man häufig beobachten, dass Veranschaulichungen den Schülern am Anfang weniger als eigentliches Mittel zur Erläuterung und Begründung dienen, sondern als *Verifikation* einer zuvor an Symbolen durchgeführten Strategie – eine Rechenaufgabe, welche eine Hypothese offensichtlich zu belegen scheint, wird nachträglich ›belegt‹ durch ein entsprechendes Bild. »Dies macht aber lediglich einen Teil anschaulichen Beweisens oder allgemeinen Verstehens aus. Wie gezeigt, können Veranschaulichungen auch eine ›symbolische Struktur‹ erhalten, d. h., sie können nicht nur *exemplarische* Beispiele, sondern *allgemeingültige* Begründungen liefern. Nicht schon die Kenntnis eines Rechen*wegs*, sondern erst die Wahrnehmung der *Struktur* der Rechnung ermöglicht *mathematisches Verstehen*« (Scherer/Steinbring 2001, 200; Hervorh. i. Orig.).

Anschauliches Beweisen, eine wichtige und zu verstärkende Kompetenz im Mathematikunterricht der Grundschule, erfordert Lehrerinnen und Lehrer, die damit zunächst auch *selbst* hinreichend Erfahrung gesammelt haben. In den meisten Fällen liegen derartige Vorerfahrungen aus der eigenen Lernbiografie jedoch nicht vor. Erforderlich ist also ein Um- oder Neulernen, das naturgemäß mit gewissen Anstrengungen und auch mit einem erhöhten Übungsbedarf verbunden ist. Insofern möchten wir Sie ermuntern, vielfältige Gelegenheiten zum anschaulichen Beweisen gezielt aufzusuchen und wahrzunehmen (Anregungen z. B. in Wittmann/Müller 1990/1992 oder Krauthausen 1998c, 130 ff.).

Beweisen Sie in ähnlicher Weise wie im o. g. Beispiel die Gültigkeit der folgenden Aussagen (in *IN*) jeweils anschaulich *(auf Grundschulniveau)* und formal (*algebraisch*):
- Die Differenz zweier ungerader Zahlen ist stets gerade.
- Die Summe dreier aufeinanderfolgender Zahlen ist stets durch 3 teilbar.
- Das Produkt zweier gerader Zahlen ist stets gerade.
- Das Produkt zweier ungerader Zahlen ist stets ungerade.

3.2.7 Beurteilung von Arbeitsmitteln und Veranschaulichungen

Aus dem bisher Gesagten lässt sich als eine bedeutsame Konsequenz ziehen, dass es im Unterricht nicht auf die Vielzahl der Materialien und Darstellungen ankommt, sondern ein *bewusstes Auswählen einiger weniger, didaktisch wohlüberlegter* und sinnvoller Arbeitsmittel und Veranschaulichungen geboten ist (vgl. Radatz 1989, Wittmann 1993). »Sparsamkeit ist insbesondere für schwächere Schülerinnen und Schüler hilfreich, da jedes neue Material eine eigene Fremdsprache darstellt, in die die arithmetischen Operationen übertragen, übersetzt werden müssen. Materialvielfalt ist eher ein Ausdruck von Hilflosigkeit, bestenfalls einer theoretischen Hoffnung« (Lorenz 2000, 21).[133] Für eine solche Auswahlentscheidung lassen sich zahlreiche Kriterien heranziehen, die verschiedene Aspekte betreffen (z. B. didaktische, unterrichtspraktische/-organisatorische, ästhetische, ökologische, ökonomische) und die unterschiedlichen Gewichtungen unterliegen. Es gibt hier kein allein richtiges Rezept, sondern die Lehrerin hat selbst zu entscheiden, was sie für ihre Klassensituation für sinnvoll und verantwortbar hält. Von daher gibt es auch nicht *das* Arbeitsmittel, welches alle Kriterien umfassend erfüllen wür-

---

133 Widerspricht das nicht andererseits dem sogenannten Prinzip der Variation der Veranschaulichungsmittel? Zum einen ist dieses von Dienes in den 60-er Jahren propagierte didaktische Prinzip (vgl. auch Kap. 2.2) im Lichte neuerer Erkenntnisse relativiert zu betrachten. Und zum anderen sollte die berechtigte Forderung nach Variabilität nicht isoliert auf die verwendeten Arbeits- und Anschauungsmittel projiziert werden. »Es ist durchaus richtig, dass der Unterricht in der Regel methodisch zu wenig variabel ist. Falsch war an den didaktischen Vorstellungen, fehlende Vielfalt allein auf das Schulbuch und das eingesetzte Material zu beziehen, nicht hingegen auf die Sozialformen, das Verhalten von Lehrenden, die verschiedenen Lösungswege etc., die das Denken an einer Sache flexibel machen« (Lorenz 2000, 21).

de. Wohl wissend um die naturgemäß einzugehenden Kompromisse ist es daher Aufgabe der Lehrerin, zum einen im Rahmen eines ›Arbeitsmittel-Checks‹ zu prüfen, welche und wie viele Gütekriterien bei den ins Auge gefassten Materialien erfüllt sind, und sich zum anderen die Gewichtungen der einzelnen Kriterien bewusst zu machen. In der Literatur finden sich diverse Kriteriensammlungen, die im Sinne einer Checkliste genutzt werden können (z. B.: Lorenz 1995a; Radatz 1991; Radatz et al. 1996; Wittmann 1993/1998a). Wir werden im Folgenden eine Synopse versuchen, ohne darunter eine ›Meta-Liste‹ verstehen zu wollen. Beabsichtigt ist lediglich, für die Komplexität und Differenziertheit der Entscheidungsfindung zu sensibilisieren; in jedem Fall verweisen wir daher auf die o. g. Originalquellen.

Untersuchen Sie mithilfe der folgenden ›Checkliste‹ verschiedene Arbeitsmittel und Veranschaulichungen und schreiben Sie jeweils einen ›Prüfbericht‹, der für Lehrerinnen und Lehrer pointierte Informationen bereitstellt und eine Entscheidungshilfe sein kann.

Einige wesentliche Gütekriterien zur Beurteilung von Arbeitsmitteln und Veranschaulichungen[134]

1. Wird die jeweilige mathematische Grundidee angemessen verkörpert?

2. Wird die Simultanerfassung von Anzahlen bis 5 bzw. die strukturierte (Quasi-simultan-)Erfassung von größeren Anzahlen unterstützt?

3. Ist eine Übersetzung in grafische (auch von Kindern leicht zu zeichnende) Bilder möglich? (Ikonisierung)

4. Wird die Ausbildung von Vorstellungsbildern und das mentale Operieren mit ihnen unterstützt?

5. Wird die Verfestigung des zählenden Rechnens vermieden bzw. die Ablösung vom zählenden und der Übergang zum denkenden Rechnen unterstützt?

6. Werden verschiedene individuelle Bearbeitungs- und Lösungswege zu ein und derselben Aufgabe ermöglicht?

7. Wird die Ausbildung heuristischer Rechenstrategien unterstützt?

8. Wird der kommunikative und argumentative Austausch über verschiedene Lösungswege unterstützt?

9. Ist eine strukturgleiche Fortsetzbarkeit gewährleistet?

10. Ist ein Einsatz in unterschiedlichen Inhaltsbereichen (anstatt nur für sehr begrenzte Unterrichtsinhalte) möglich?

---

134 Die Reihenfolge bedeutet keine Priorisierung oder Hierarchisierung.

11. Ist ein Einsatz im Rahmen unterschiedlicher Arbeits- und Sozialformen möglich?
12. Ist eine ästhetische Qualität gegeben?
13. Gibt es neben der Variante für die Hand der Kinder auch eine größere Demonstrationsversion?
14. Ist die Handhabbarkeit auch für Kinderhände und ihre Motorik angemessen?
15. Ist eine angemessene Haltbarkeit auch unter Alltagsbedingungen gegeben?
16. Ist die organisatorische Handhabung alltagstauglich (schnell bereitzustellen bzw. geordnet wegzuräumen)?
17. Sind ökologische Aspekte angemessen berücksichtigt?
18. Stimmt das Preis-Leistungs-Verhältnis?

3.3 Elektronische Medien

3.3.1 Taschenrechner

Beantworten Sie die folgende Frage *möglichst spontan* und mit den Ihnen am naheliegendsten erscheinenden Mitteln: Wie viel ist 25 · 36?

Hatten Sie angesichts der genannten Aufgabe spontan das Bedürfnis, am liebsten einen Taschenrechner zu benutzen? Sie würden damit gewiss nicht zu einer Minderheit gehören, wie wir weiter unten noch sehen werden.

Was einen *unterrichtlichen* Gebrauch dieses Rechenwerkzeugs betrifft, lässt sich immer noch in der Grundschule (und vielleicht noch stärker in der Öffentlichkeit) eine gewisse Skepsis beobachten, und dies in einer Zeit, in der Taschenrechner ganz selbstverständlich allerorten benutzt werden und verfügbar sind. Kinder tragen sie ebenso wie Erwachsene gewohnheitsmäßig mit sich herum, implementiert in Uhren oder Handys. Einfache Taschenrechner sind für Bagatellbeträge oder als Werbegeschenk erhältlich, und selbst wissenschaftliche Taschenrechner kosten heute nur Bruchteile dessen, was vor wenigen Jahren noch Standardpreise waren.

Die Skepsis beruht v. a. auf der Befürchtung, sein Einsatz könne zu einer Verkümmerung der Rechenfertigkeiten führen (vgl. Padberg 2005, 312; Spiegel 1988a). Und dies mag man bestätigt sehen, wenn der Griff zum Taschenrechner die erste und spontane Reaktion (auch vieler Erwachsener) angesichts gewisser Rechenanforderungen darstellt, bei denen die Zahlen über das kleine Einmaleins oder Einspluseins hinausgehen. In einer Übungssitzung zu einer fachdidaktischen Veranstaltung des Hauptstudiums wurde u. a. die Aufgabe gestellt, aus einer ungeordneten Sammlung von 10 zwei- oder dreistelligen Zahlen *mittels Überschlagen* möglichst viele Zahlenpaare zu finden, deren Produkt zwischen 1000 und 2000 liegt. *Anschließend* sollten die gefundenen Fälle durch exaktes Berechnen kontrolliert werden. Auffällig war die o. g. Aufgabe 25·36 insofern, als die meisten Studierenden hier spontan zum Taschenrechner griffen – ein Phänomen, das wir mittlerweile in anderen Veranstaltungen mit dieser Aufgabe wiederholt reproduzieren konnten. Als wir diese Beobachtung zur Diskussion stellten, wurde das häufig wie folgt begründet: »Ab zweistellig nehm' ich immer den Taschenrechner« oder: »Ich könnte es ja *vielleicht* auch im Kopf, aber um sicher zu gehen, ist mir der Taschenrechner doch eine Hilfe.« Ein großer Anteil der Studierenden war auch der Meinung, dass der Taschenrechner hier nicht nur sicherer sei, sondern auch *schneller.* Auch der Hinweis, sich doch die beiden Faktoren einmal genau anzusehen und auf evtl. Rechenvorteile zu achten, führte nur wenige weiter. In die gleiche Richtung geht unsere folgende, mehrfach erlebte Beobachtung: Die Information, dass für eine anstehende Klausur ein Taschenrechner von den Rechenanforderungen her mit Sicherheit nicht erforderlich, aber eben auch als Hilfsmittel nicht gestattet sei (weil es im Falle des Falles gerade um den Nachweis angemessener Rechenfertigkeiten mit anderen Methoden gehen sollte), kann regelmäßig Verunsicherung auslösen.

Die obige Episode kann illustrieren, was Menninger (1992, 17; Hervorh. i. Orig.) bereits Anfang der 60er-Jahre geraten hat: »Die Zahlen *vor* dem Rechnen *anzuschauen,* [...] das ist das Wichtigste, wenn du ein guter Rechner werden willst!« Denn: »Nur der lernt vorteilhaft rechnen, der diesen *Zahlenblick* entwickelt« (ebd., 18; Hervorh. i. Orig.). Was bedeutet das konkret für unser Beispiel? Schaut man sich die beiden Faktoren an, dann erkennt man mit dem besagten ›Zahlenblick‹: 25 ist ein Viertel von 100, und 36 ist eine durch 4 ohne Rest teilbare Zahl, so dass sich die folgende geschickte Rechnung ergibt:

$$25 \cdot 36 = (100 : 4) \cdot 36 = (100 \cdot 36) : 4 = 100 \cdot (36 : 4) = 100 \cdot 9 = 900 \text{ oder}$$

$$25 \cdot 36 = (25 \cdot 4) \cdot (36 : 4) = 100 \cdot 9 = 900 \text{ (Konstanz des Produkts)}$$

So lang diese ausführliche Notation wirken mag, so schnell sind die dargestellten Schritte für einen geübten Rechner im Kopf auszurechnen – schneller jedenfalls als das Eintippen der Aufgabe in den Taschenrechner. Der Weg zum Zahlenblick kann und sollte bereits in der Grundschule angelegt werden, zumal seine Grundlagen vielfach zum Alltag des Arithmetikunterrichts gehören (vgl. Abb. 3/31): Die Interpretation der 25 als einem Viertel von 100 (= einem Quadranten des Hunderterfeldes) gehört nämlich bereits im 2. Schuljahr zu den Standarddarstellungen oder Orientierungsübungen bei der Erschließung des Hunderterraums. Und die 36 als Zahl der Viererreihe wird ebenfalls in Klasse 2 verfügbar. Gleichwohl löste dieser Weg in der o. g. Seminarsitzung große Überraschung, ja fast Bewunderung aus: »Das ist ja trickreich! Darauf wär' ich nie gekommen ...!«

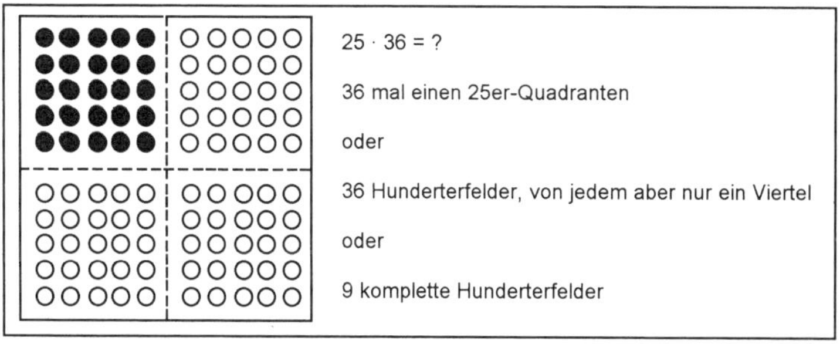

```
●●●●● ○○○○○    25 · 36 = ?
●●●●● ○○○○○
●●●●● ○○○○○    36 mal einen 25er-Quadranten
●●●●● ○○○○○
●●●●● ○○○○○    oder

○○○○○ ○○○○○    36 Hunderterfelder, von jedem aber nur ein Viertel
○○○○○ ○○○○○
○○○○○ ○○○○○    oder
○○○○○ ○○○○○
○○○○○ ○○○○○    9 komplette Hunderterfelder
```

Abb. 3/31: Geschicktes Rechnen

Zusammenfassend betrachtet ist nach unserer subjektiven Wahrnehmung der Taschenrechner in den Augen vieler Lehrerinnen und damit in vielen Klassen noch *nicht* konzeptionell integrierter Bestandteil des Mathematikunterrichts. Dabei kann die Forschungslandschaft durchaus Ermutigendes berichten.

3.3.1.1 Zum Forschungsstand

Diverse Untersuchungen und Meta-Analysen kommen zu dem Schluss, dass der Taschenrechnereinsatz sich *per se* nicht schädlich oder kontraproduktiv auswirkt auf die allgemeinen Rechenfähigkeiten, die Problemlösefähigkeiten und die Konzeptentwicklung (Becker/Selter 1996; Dick 1988; Hembree 1986; Hembree/Dessart 1986). Insgesamt können die Befunde also einen Taschenrechnereinsatz in der Grundschule *grundsätzlich* stützen. Forschungsbedarf, insbesondere mit Langzeitstudien, wird hingegen formuliert im Hinblick auf die Frage des richtigen Zeitpunktes (Becker/Selter 1996). Empfohlen wird heutzutage meist, *vor* dem Taschenrechnereinsatz zunächst die arithmetischen Basisqualifikationen verlässlich grundzulegen (Becker/Selter 1996), d. h. ihn ab dem 4. Schuljahr, dann aber gezielt einzubinden (vgl. die fundamentale Bedeutung der Tausenderstruktur in unserem Zahlsystem).

3.3.1.2 Mögliche Gründe für die Zurückhaltung in den Schulen

Wie lässt sich die Zurückhaltung im real existierenden Unterricht erklären?

Ist es noch das *diffuse Image* des Rechenvermeidungsgerätes? Dick (1988, 37) sah noch keinen Grund zu der Hoffnung, dass die Widerstände gegen einen Taschenrechnereinsatz in der Grundschule aufbrechen würden, weil die Resistenz eher auf *Vorurteilen* basiere denn auf inhaltlichen Argumenten.

Sind es die *Schulbücher* als heimlicher Lehrplan, die den Taschenrechnereinsatz manchmal nur verschämt (wenn überhaupt) an unauffälliger Stelle erwähnen oder die potenziellen Möglichkeiten durch ihr Aufgabenangebot nur ansatzweise ausschöpfen?

266

Neuere Lehrwerke haben inzwischen durchaus begonnen, den Taschenrechner bewusst zu präsentieren.

Ist es die *Unsicherheit der Lehrenden*, die zu wenig konzeptionelle Ankerpunkte für einen verantwortlichen Taschenrechnereinsatz vorfinden? Grundlegend im deutschsprachigen Raum sind nach wie vor die Aufsätze von Floer (1990) und Spiegel (1988a), in denen Grundsätzliches zu didaktischen Prinzipien nachzulesen ist. Weitere, hin und wieder erscheinende neuere Publikationen greifen die dort im Prinzip bereits angebotenen Beispiele meist erneut auf oder liefern weitere (Franke et al. 1994; Grassmann 1999b, Lorenz 1998); insgesamt scheint uns aber ein ausgearbeiteter didaktisch-konzeptioneller Entwurf, der weiterführen würde als Spiegel (1988a), bis heute zu fehlen.

3.3.1.3   Entweder – oder?

Aus Großbritannien, wo vor 8 Jahren ein viel beachtetes Experiment unternommen worden war, bei dem der Taschenrechner den Kindern vom ersten Schultag an die Hand gegeben wurde (die schriftlichen Normalverfahren wurden nicht unterrichtet, dafür mehr Wert auf Kopfrechnen und halbschriftliches Rechnen gelegt; vgl. Shuard et al. 1991), gab es 1997 Folgendes zu lesen. Das Wochenmagazin DIE ZEIT zitiert in seiner Ausgabe vom 6. Juni den (blinden) britischen Erziehungsminister und bezeichnet ihn ob seiner Aussagen in einem wenig gelungenen Wortspiel als ›Seher‹ i. S. eines Weisen: »Gleich in der ersten Woche nach seinem Amtsantritt schlachtete Erziehungsminister Blunkett eine heilige Kuh der modernen, kindorientierten Erziehungstheorie – die ›zur spielerischen Erforschung von Zahlenkonzepten und als Mittel zum Umgang mit realistischen Daten, z. B. mehrstelligen Zahlen‹ im Rechenunterricht der Grundschulen eingeführten Taschenrechner. Kinder, so Blunkett, ›müssen wieder Kopfrechnen anstatt Knöpfedrücken lernen‹«« (Luyken 1997, 36). Auch aus unserem Land hörte man Ähnliches: »Und was das reine Rechnen angeht, also die praktische Anwendung von Mathematik, so glaube ich, gibt es wirklich erhebliche Schwächen. Die Schüler lernen ja auch nicht mehr richtig rechnen, sie haben immer gleich einen Taschenrechner zur Hand« (Hintze 1999, Vorsitzende der Rheinischen Direktorenvereinigung[135]).

Als ob dies sich einander ausschließende Alternativen sein müssten, und als ob Taschenrechnereinsatz nur ›Knöpfedrücken‹ sein müsste! Taschenrechner können in sehr unterschiedlicher Weise benutzt werden – in schlechter wie in guter (vgl. Spiegel 1988a). Um aber auch vor unangemessener Euphorie zu warnen, ist es hilfreich, sich zu überlegen, was der Taschenrechner denn in der Tat kann und was nicht – und zwar be-

---

135 Aus Platzgründen wollen wir hier nicht näher eingehen auf die große Fragwürdigkeit der Gleichsetzung des ›reinen Rechnens‹ mit ›praktischer Anwendung von Mathematik‹ (vgl. auch Kap. 4.1).

zogen auf Dinge, die wir allgemein für zentrale Aspekte des Mathematiklernens erachten (vgl. auch die Stufen bei Polya 1995 sowie Floer 1990):

1. Verstehen: kann er nicht! (z. B. Aufbau von Zahlvorstellungen)
2. einen Plan entwerfen: kann er nicht!
3. den Plan ausführen: kann er!
4. den Lösungsprozess reflektieren: kann er nicht!
5. Ergebnisse interpretieren: kann er nicht!
6. Ergebnisse präsentieren: kann er (jedenfalls für grundschulrelevante Fälle) nicht!

3.3.1.4 Perspektiven

Es sollte unseres Erachtens nicht länger eine Frage sein, *ob* der Taschenrechner eingesetzt werden soll, sondern eher *wie*.[136] Gültige Lehrpläne lassen ihn jedenfalls ausdrücklich zu, allerdings nicht – wie bisweilen geschehen oder zumindest befürchtet – als Rechenvermeidungs- oder Rechenverdrängungsgerät. Seine Funktionen gehen auch weit darüber hinaus, fortgefallene Rechenanlässe zu kompensieren oder diese gar erst zu verursachen. So legt bspw. der Lehrplan NRW nahe, den Taschenrechner als Werkzeug zum Rechnen und zum Entdecken von Gesetzmäßigkeiten kennenzulernen (MSJK 2003, 79), und ergänzt, dass er in geeigneten Situationen zu verwenden ist und über den sinnvollen Einsatz nachzudenken ist (ebd.). Mit Nachdruck muss aber darauf hingewiesen werden, dass die Betonung der Kopfrechenpraxis und die Entwicklung eines Gefühls für Größenordnungen (Zahlvorstellungen) die unbedingten Voraussetzungen für einen sinnvollen Taschenrechnereinsatz sind, soll es nicht beim blinden ›Einhacken‹ von Ergebnissen ohne Kontrollmöglichkeiten bleiben.

Ein begründeter Taschenrechnereinsatz erfordert daher eine Reihe didaktischer Überlegungen, denn wie jedes andere Medium auch kann er natürlich missbraucht werden. Es wäre also nachdrücklich auf seine didaktischen Funktionen zu pochen. Und dazu wäre eine weiter *ausgearbeitete didaktische Konzeption*, integriert in andere Bereiche des Mathematikunterrichts, hilfreich. Ein effektiver Einsatz des Taschenrechners wird ermöglicht durch seine *erweiterten Funktionen* unter dem *Primat der Didaktik*. Spiegel (1988a) hat hier Möglichkeiten aufgezeigt: Statt Routinerechnen mit großen Zahlen geht es mehr um die Betonung ...

... der Erfassung von Zahlbeziehungen,

... des Überschlagsrechnens und generell

... der Sensibilität für Zahlen.

Ein Einsatz des Taschenrechners kann also didaktisch überzeugend gestaltet und im Dienste zeitgemäßer Lernziele des Mathematikunterrichts durchgeführt werden. Aus

---

136 Hier unterscheidet sich die Situation unseres Erachtens von der beim Computer (vgl. Kap. 3.3.2.1), und zwar weil zum Taschenrechnereinsatz fundierte didaktische Konzepte vorliegen.

dieser Prämisse entwickelt Spiegel (1988a) unterschiedliche Funktionen, die der Taschenrechner somit übernehmen könnte:

- *Instrument zur (indirekten) Ergebniskontrolle*
Diese Form der Überprüfung kann Kindern u. U. auch einen angstfreieren Umgang mit Fehlern ermöglichen, da sie nur ihm selbst mitgeteilt und nicht durch Außenstehende sanktioniert werden (vgl. Lörcher/Rümmele 1986). Es ist übrigens möglich, dass der Taschenrechner dabei nur eine *indirekte* Kontrolle von Ergebnissen, die ohne ihn ermittelt wurden, liefert. D. h., dem Kind wird zwar die Rückmeldung gegeben, *dass* etwas falsch gerechnet wurde (unmittelbares Feedback), ohne dass jedoch das korrekte Ergebnis gleich mitgeliefert wird (Beispiele bei Spiegel 1988a, 180). Diese Praxis erlaubt und provoziert ein erneutes Nachdenken, Überprüfen und Eindringen in die strukturellen Zusammenhänge, ein allmähliches Annähern an die Lösung.

- *Unaufwendige Produktion von Beispielmaterial bzw. Aufgaben zum Entdecken von Gesetzmäßigkeiten*
Im Zusammenhang z. B. mit operativen Aufgabenserien oder Problemstellungen (›Was geschieht, wenn...?‹) ist es oft recht mühsam, zeitintensiv und dennoch notwendig, eine angemessene Fülle von Beispielen auf schriftlichem oder halbschriftlichem Wege zu produzieren, um dann eine Erkundung zugrunde liegender Regelhaftigkeiten zu beginnen.[137] Wenn daher Lernziele wie Kreativität oder Argumentationsfähigkeit im Vordergrund stehen, kann der Taschenrechner von der (*in dem Fall* sekundären) reinen Rechenarbeit entlasten und damit geistige Kräfte freihalten für verständigen und begründenden Umgang mit den Gesetzmäßigkeiten.

- *Anlass für neuartige Problemstellungen*
Manche Aufgabenstellungen werden durch den Taschenrechner als solchen erst möglich, z. B. durch ›Tastenbeschränkungen‹: Man nimmt an, dass eine oder mehrere Tasten nicht funktionieren. Mit den so eingeschränkten Bedingungen sollen dennoch bestimmte Zahlen erzeugt oder Operationen ausgeführt werden (vgl. Spiegel 1988a, 183 f.; De Moor/Treffers 1999; Hoffmann/Spiegel 2006a/b):

- Es funktionieren lediglich die Tasten ON/C, 1, 0, +, –, =
- Erzeugen Sie damit die Zahlen 99, 109, 890, 55555
- Erzeugen Sie 1000 mit den Tasten 2, 7, x, –, =
- Nur eine Zifferntaste funktioniert, aber alle Operationstasten: Erzeugen Sie die 24, und zwar auf *viele verschiedene* Weisen.
- Eine Zifferntaste (oder eine Operationstaste) ist ausgefallen. Erzeugen Sie ...
- Tasten verschiedener Sorten sind ausgefallen. Erzeugen Sie ...

---

137 Diese Situation ist eine andere als die Bearbeitung operativer Aufgabenserien zur Förderung des denkenden Rechnens (vgl. Kap. 2.1.2).

- *Bestandteil mathematischer Spiele, etwa zum Training von Grundfertigkeiten und kognitiver Strategien (vgl. z. B. Spiegel 1988a, 185 f.)*

- *Ergebnisermittlung von (meist Anwendungs-)Aufgaben,*
bei denen der Schwerpunkt eher auf anderen Aspekten liegt als auf dem bloßen Rechnen. Hier fördert der Einsatz des Taschenrechners die Konzentration auf die Sachsituation, auf die Fähigkeit, sie angemessen in arithmetische Operationen umzusetzen und allgemein auf strategische Aspekte von Problemlöseprozessen. Zudem eröffnen sich durch den Taschenrechner auch Aufgaben mit realistischeren Situationen: Die Realität pflegt ja – ganz anders als die oft an Unterricht ›didaktisierten‹ Sachsituationen – keine Rücksicht auf bislang in der Klasse bereits thematisierte Zahlenräume zu nehmen. Man kann es vielmehr mit Dezimalzahlen oder gleichzeitig sehr großen/kleinen Zahlen zu tun bekommen, die nicht unbedingt mit dem arithmetischen Rüstzeug des jeweiligen Kindes in vertretbarer Zeit und mit annehmbaren Aufwand zu lösen sein werden (vgl. Müller 1991).

- *Anlass zur Auseinandersetzung mit eher metakognitiven Fragestellungen, z. B.*
Was macht man und warum besser mit einem Taschenrechner? Wie schützt man sich vor falschen Ergebnissen und was muss man dazu gut können? Wo sind die Grenzen des Taschenrechners?

Zusammengefasst: Dem Taschenrechner seinen didaktischen Wert zuzubilligen, heißt nicht zwangsläufig, ihn vom ersten Tag der Grundschule an einzusetzen. Stellt man aber folgende Rahmenbedingungen sicher (vgl. Wittmann/Müller 1992, 3 f.) …

– Vorrang vor einem Taschenrechnereinsatz hat die Ausbildung sicherer Zahlvorstellungen;

– ein fest umrissener Bestand an zuverlässig verfügbaren Kopfrechenfertigkeiten ist sichergestellt;

– eine flexible Nutzung halbschriftlicher Strategien ist gewährleistet;

– ein tragfähiges Gefühl für Größenordnungen liegt vor;

… dann ist allerdings auch nicht zu befürchten, dass der Taschenrechner überflüssig oder gar kontraproduktiv für den Mathematikunterricht sein wird. Da Kopfrechenmethoden und das Überschlagsrechnen von so eminenter Bedeutung sind (vgl. Kap. 1.1.7), sollten sie stets in die Taschenrechnernutzung integriert werden und bleiben (vgl. Dick 1988). Denn es ist wichtig, das Selbstvertrauen der Kinder in ihre eigenen Kopfrechenfähigkeiten zu stärken. Es empfiehlt sich auch im Hinblick auf Schnelligkeit oder Fehleranfälligkeit, stets einen bewussten Vergleich zwischen Taschenrechner und dem Kopfrechnen oder schriftlichen Rechnen durchzuführen (vgl. Padberg 2005, 313). Dies trägt zu einem überlegten Einsatz des Taschenrechners bei, denn die Kinder werden dann in der Lage sein, zu entscheiden, wann ein Taschenrechner wirklich Sinn macht (vgl. Duffin 1997, 138 und das eingangs erwähnte Beispiel zu 25·36). Insgesamt bleibt aber auch noch ein entsprechender Fortbildungsbedarf bei Lehrerinnen und Lehrern bestehen; ausgewiesene Angebote speziell zum Taschenrechnereinsatz in der Grundschule sind insgesamt noch selten.

3.3.1.5 Beispiele für einen sinnvollen Taschenrechnereinsatz

Obwohl viele Kinder i. d. R. schon über Erfahrungen mit dem Taschenrechner verfügen, ist die Einführungsphase im Unterricht von zentraler Bedeutung. Hier sollten die Kinder das ihnen verfügbare Gerät erkunden: Welche Tasten gibt es? Wie ›verhält‹ sich der jeweilige Taschenrechner bei Tastenwiederholungen (z.B.: + 3 = = = …) und wie bei der Lösung bestimmter Aufgaben, wie kommen möglicherweise unterschiedliche Ergebnisse bei ein und derselben Aufgabe zustande (vgl. Suggate et al. 1999, 36)?

- Berechnen Sie das Ergebnis von *6 + 3 · (4 − 2) + 8 · 3 − 14 : 2 = ?* mit Ihrem und anderen Taschenrechnern. Welchen Wert haben Sie erhalten?
- Alle drei folgenden Ergebnisse sind mit handelsüblichen Taschenrechnern zu erzielen: 56, 33, 29. Erläutern Sie, wie diese Ergebnisse jeweils zustande gekommen sein müssen! Welche mathematischen Regeln beherrscht der Taschenrechner und welche offensichtlich nicht?
- Was lernen Sie daraus für den Taschenrechnereinsatz in der Grundschule?

Diese Aufgabe zeigt die Bedeutung der Vertrautheit mit Funktionen bzw. der sogenannten Logik des Taschenrechners, mit seinen technischen Besonderheiten – wie jedes Medium oder Arbeitsmittel ist er als solcher zunächst einmal *Lernstoff*: Arbeitet der vorliegende Taschenrechner mit einer *arithmetischen* Logik (Verarbeitung der Zahlen strikt in der Reihenfolge der Eingabe) oder liegt ihm eine *algebraische* Logik zugrunde, bei der algebraische Regeln intern und automatisch Berücksichtigung finden (Punktrechnung vor Strichrechnung, Klammerregeln)? Hilfreiche Anregungen und Aktivitäten hierzu finden sich bei Floer 1990; Shuard et al. 1991; Spiegel 1988a; Van den Brink 1984). Es empfiehlt sich auch eine bewusste Thematisierung der Verschiedenheit der Rechner z. B. bzgl. der Anzahl angezeigter Stellen im Display, damit kein Schematismus oder unorganisiertes Herumprobieren eintritt, sondern die jeweilige Aktion des Rechners nachvollziehbar bleibt. Dies kann insbesondere durch das Schreiben von Gebrauchsanweisungen in Form von Tippanweisungen geschehen (vgl. Van den Brink 1984, 20).

Im Folgenden wollen wir noch Einsatzmöglichkeiten für den Bereich des Sachrechnens exemplarisch aufzeigen. Hier kann der Taschenrechner u. a. dort didaktisch sinnvoll sein, wo relevante Probleme den Kindern – insbesondere den leistungsschwächeren – verschlossen blieben, weil der erforderliche Rechenaufwand die Kinder möglicherweise überfordert. Die Entlastung vom mühevollen Rechnen durch den Taschenrechner kann der Konzentration auf das Wesentliche zugute kommen (vgl. Spiegel 1988a, 22), nämlich dem Blick auf die *Sache*. Insbesondere ermöglicht der Taschenrechner die Verwendung realistischer Zahlen (s. o.). Es soll natürlich nicht darum gehen, dass Schüler ohne jegliches Verständnis Aufgaben lösen und etwa rein mechanisch Zahlen eintippen. Notwendig sind, wie beim Sachrechnen generell (vgl. Kap. 1.3), so hier aber mit noch größerem Gewicht:

- das Verstehen der Aufgabe und die Auswahl der angemessenen Operation,
- das Verständnis der relevanten Größenbereiche und entsprechende Zahlvorstellungen,
- ggf. die Abschätzung des Ergebnisses des Taschenrechners *vor* der Bearbeitung,
- die Interpretation der mithilfe des Taschenrechners ermittelten Ergebnisse.

Das war's: Das Jahr 1995 als gemischter Zahlensalat

Mit Knallfröschen, Obst, Robotern, Dieben und TV-Geräten

Von Wilfried Beiersdorf

Ein Jahr - was ist das? 365 Tage. Klar. Aber hinter jedem Jahr stecken viel mehr Zahlen. Wir haben einige davon zusammengetragen. Herausgekommen ist ein gemischter Zahlensalat zum Jahresende.

Bleiben wir gleich beim Salat, besser beim Gemüse: **80 Kilo** davon verputzt jeder Deutsche im Jahr. Bei Frischobst sind es sogar **90 Kilo**. Trockenobst hat dagegen kaum Fans: Schlappe **1,4 Kilo** knabbert der Durchschnitts-Deutsche im Jahr. Heiß begehrt ist dagegen Tiefkühlkost. **61 Päckchen** der gängigen 300-Gramm-Klasse taut jeder deutsche Esser im Jahr auf.

Damit das Essen gut rutscht, wird eifrig getrunken. **57 Flaschen** mit Saft leert jeder Deutsche im Jahr. Europameister.

Doch das ist nichts gegen den Bierverbrauch: Der Inhalt von **16 Kästen** oder **320 Halbliterflaschen** werden von jedem potentiellen Biertrinker (für die jeder über 15jährige) geschluckt.

Lieb und teuer ist den Deutschen nach wie vor das Auto. **40 Millionen Pkw** rollen inzwischen über unsere Straßen. Ein Wagen für zwei Leute - statistisch gesehen. Jedes Auto fährt im Jahresdurchschnitt **12 400 Kilometer**. Und wenn es steht, lockt es oft Diebe an. Jede **2. Minute** wird ein Auto gestohlen. Fahrräder sind bei Ganoven noch beliebter: Jede Minute verschwindet ein Rad.

Noch intensiver wird in den Geschäften geklaut. Alle **54 Sekunden** fliegt in Deutschland ein Ladendiebstahl auf. Kaum zu glauben? Nun, immerhin gibt es allein in NRW **113 000 Geschäfte**. Sie geben **800 000 Leuten** Arbeit - so vielen Menschen wie in Essen und Mülheim wohnen.

Es wird immer kräftiger geworben. **336 DM** pro Kopf fließen inzwischen in jedem Jahr in die Werbung. Eine Summe, die die umworbenen Kunden über den Preis natürlich selbst aufbringen müssen.

Andere würden etwas dafür geben, umworben zu sein. Jugendliche zum Beispiel. In NRW sind im Sommer 1995 **12 von 100 jungen Leuten** unter 20 Jahren arbeitslos. Und warum? Neben der schwierigen wirtschaftlichen Lage und dem fehlenden Bedarf an neuen Fachkräften sagen von 100 befragten Betriebsleitern 31 schlicht, daß ihnen die Ausbildung junger Leute zu teuer ist.

Doch auch wer im Jahr 1995 Arbeit hat, muß immer öfter um seinen Job bangen. In diesen Tagen sind bundesweit **3,5 Millionen Menschen** ohne Arbeit. **150 000** mehr als vor einem Jahr. Bei den Industrierobotern ist der Trend umgekehrt. **6000** dieser Maschinen sind 1995 installiert worden. Vor allem in der Montagetech-

nik werkeln in deutschen Fabrikhallen inzwischen **55 000 Industrieroboter** vor sich hin. Fast doppelt soviel wie 1990.

Diese Maschinen haben dazu beigetragen, daß z. B. die Produktion eines TV-Gerätes jetzt nur noch **20 Minuten** dauert, 1990 waren es noch **50 Minuten**. Minuten spielen auch im Fernsehen eine Rolle. Und zwar die Minuten-Kosten fürs Programm. Beispiel ARD: 1 Minute TV-Film verschlingt **17 000 DM**, 1 Minute Tagesschau kommt auf **7000 DM** und die Minute Wetterbericht kostet immerhin noch **2100 DM**.

Was die Wetterkarte für Silvester vorhersagt, wird vor allem auch die Fans von Knallfröschen, Raketen und Co. interessieren. **2 DM** pro Einwohner werden für die lautstarke Begrüßung des neuen Jahres ausgegeben.

Womit unserer Jahreszahlen-Salat angerichtet ist. Wir hoffen, er hat gemundet.

Abb 3/32: Zeitungsmeldung (aus WAZ 30.12.95)

Geeignete Unterrichtsbeispiele für den Einsatz des Taschenrechner sind häufig Zahlen aus der Umwelt. Entsprechende Anlässe oder Sachsituationen finden sich sowohl in Schulbüchern, Sachtexten oder Zeitungsmeldungen (s. Abb. 3/32; vgl. auch Hengartner et al. 1999, 82 ff.: Wie oft schlägt das Herz in 1 Jahr/im Leben? Wie viele Tage bin ich alt?; weitere Bsp. in Spiegel 1988a, 187 f. und 1988b). Der Einsatz des Taschenrechners ist darüber hinaus sinnvoll bei der Durchführung aufwendiger Rechnungen (z. B. Durchschnittsberechnungen) oder aber wie gesagt, wenn ein Fundus an Beispielmaterial produziert werden soll, um daran dann Zusammenhänge zu entdecken. Einige der folgenden Beispiele sind mit anderer Schwerpunktsetzung durchaus auch als Rechenübungen denkbar und sinnvoll, aber eben auch für den Einsatz des Taschenrechners geeignet.

a) Zahlen aus der Zeitung

Ein Text wie in Abb. 3/32, zu dem sich immer wieder vergleichbares aktuelles Material finden lässt, enthält eine Fülle an Sachinformationen und wirft daneben auch weitere Fragestellungen auf, die zu einer produktiven Auseinandersetzung mit dem Text anregen können. Beispiele: Der Jahresverbrauch pro Kopf an Gemüse beträgt 80 kg. Was bedeutet das? 80 kg : 365 = 0,219178 kg; das entspricht 0,219 kg = 219 g Gemüse pro Person pro Tag. Das wiederum entspricht ungefähr 1,5 Paprika oder aber 4 bis 5 Tomaten pro Tag (1 Paprika ca. 150 g; 1 Tomate ca. 50 g; gerechnet wird dazu u. a. auch verarbeitetes Gemüse). Oder Obst: 90 kg pro Person pro Jahr. Das entspricht 0,247 kg = 247 g Obst pro Person pro Tag. Das wiederum entspricht 2 Äpfeln oder Bananen (1 Banane bzw. Apfel ca. 125 g). Oder Saft: 57 Flaschen pro Person pro Jahr; hierbei wäre es interessant zu überlegen, ob 0,7- oder 1-Literflaschen zugrunde gelegt wurden. Oder Bier: 16 Kästen oder 320 Halbliterflaschen (160 l Bier); die Anzahl der Flaschen pro Kasten sollte man aber wohl *ohne* Taschenrechner herausfinden! Hierbei wurden offenbar Standardkästen zugrunde gelegt; wie sähe es bei außergewöhnlichen Kästen z. B. mit 12 Flaschen aus, die es ja ebenfalls gibt? Was kosten Tagesschau und Wetterkarte in 1 Jahr? Vergleichbare Aspekte bei diesem wie bei vielen ähnlichen Unterrichtsbeispielen sind diese: Welche Fragen könnte ich stellen? Welche Informationen muss ich mir zu ihrer Beantwortung ggf. noch beschaffen (und wo)? …

Wie würden Sie folgende Fragen aus dem Kontext des Zeitungsartikels bearbeiten?

- Stellen Sie sich die 40 Millionen PKW hintereinander geparkt vor. Wie lang wird diese Schlange (bezogen auf die Nord-Süd-Ausdehnung Deutschlands oder bezogen auf den Erdumfang)? (vgl. Peter-Koop 2003)
- Wie viele Kilometer fahren diese 40 Millionen PKW zusammen in 1 Jahr? Wie zeigt der Taschenrechner das Ergebnis an und wie muss man das lesen/interpretieren?

Auch dies scheint also eine wichtige Frage zu sein: Welche Lösungen kann und sollte ich *ohne* den TR ermitteln können? Und wie sind die entstehenden Ergebnisse zu interpretieren? In der o. g. Aufgabe etwa zeigt ein Taschenrechner als Ergebnis »4.96E11« an, andere melden auch ein ›falsches‹ Ergebnis (»49.60000000 ERROR«)!).

b) Ratenzahlungen

Der Größenbereich Geld ist ein wichtiger Bereich, bei dem die Kinder schon früh mit Dezimalzahlen in Berührung kommen. Wie bei vielen Sachproblemen hat dort das angemessene Abschätzen eine besondere Bedeutung: Man denke an die einfache Situation des Einkaufens, bei der es häufig auf das Runden und Abschätzen ankommt (Reicht das Geld wohl für die Waren im Einkaufskorb?) und der genaue Betrag zunächst einmal weniger interessiert. Ein weiteres Unterrichtsbeispiel im Bereich Geld sind *Ratenzahlungen* (vgl. Wittmann/Müller 1992, 163): Kredite und Ratenkäufe finden sich in z. T. sehr unterschiedlichen oder undurchsichtigen Varianten. Eine Relevanz bereits für Kinder und Jugendliche wird zurzeit besonders häufig in der Presse diskutiert, nämlich die ›gefährlichen‹ Kosten beim Handygebrauch, die zunehmend viele Kinder mit Schulden in Berührung kommen lassen.

Die Beispiele zeigen: Der Taschenrechner *muss* keine Gefahr für das Rechnen darstellen, sollte allerdings auch nicht zu früh eingesetzt werden (s. o.). Bei realistischen Aufgaben wie den oben skizzierten treten auch u. U. Probleme auf, die üblicherweise noch nicht Thema der Grundschulmathematik sind (z. B. Dezimalzahlen in unterschiedlichen Größenbereichen und häufig mit weitaus mehr Dezimalstellen als offiziell thematisiert). Andererseits sollte man bedenken, dass Kinder auch in ihrem außerschulischen Umfeld mit diversen Dezimalzahlen in Kontakt kommen, seien es Geldbeträge, Längen oder Gewichte. Hier reicht häufig ein ›naiver‹ Zugang, dass es sich bei den Nachkommastellen nur um einen Teil, also keine ganze Zahl handelt. Shuard et al. (1991) berichten hierzu von Beispielen, in denen Kinder ihre vorhandenen Zahlvorstellungen sinnvoll mit der Schreibweise des Taschenrechners in Verbindung bringen (z. B. 0,5 als Entsprechung für $^1/_2$).

Beim Einsatz des Taschenrechners im Bereich des Sachrechnens gibt es also zum einen spezifische Aspekte dieses Arbeitsmittels zu bedenken, andererseits spielen aber auch allgemein wünschenswerte Prinzipien des Sachrechnens eine große Rolle. Der Taschenrechner verlangt also keine neue Unterrichtspraxis, sondern kann und *sollte* – bei wohlüberlegtem Einsatz – *gute* Sachrechenpraxis unterstützen (vgl. Kap. 1.3).

3.3.2 Computer

3.3.2.1 Vorbemerkungen

Wir können in diesem Abschnitt 3.3.2 die komplexe Diskussion zum Computereinsatzes im Mathematikunterricht nicht erschöpfend behandeln, selbst für den Bereich Grundschule nicht. Das würde einen eigenen Band füllen (vgl. z. B. Weigand/Weth 2002). Eingrenzungen nehmen wir daher in dreierlei Hinsicht vor:

(1) Grundsatzdiskussion: Sie zu führen, würde den hier verfügbaren Rahmen sprengen. Darüber hinaus halten wir die grundsätzliche Frage eines Computereinsatzes aber aus-

drücklich nicht für abschließend geklärt – anders als Mitzlaff/Speck-Hamdan (1998) dies tun, wenn sie sagen: »Es geht heute [...] nicht mehr um die Frage des ›Ob‹, sondern um einen selbstverständlichen, pädagogisch sinnvollen Einsatz des Computers als ein Medium neben anderen« (ebd., 11). Es mag vielleicht diesen Anschein haben, weil ja doch auch in der Grundschule die Instrumentierung weit fortgeschritten ist und sich der Softwaremarkt zunehmend ausweitet – quantitativ zumindest, qualitativ bewegt er sich nicht annähernd vergleichbar (s. u.).

Die »Ergebenheit in den Lauf der Dinge« (von Hentig 2002, 13) sollte aber nicht darüber hinwegtäuschen, dass nach wie vor aus unterschiedlichen Perspektiven neue Beiträge vorliegen, die nicht einfach ignoriert werden dürfen. Ob das nun provokativ vorgetragene Plädoyers für ein *Pro* sind, die behaupten, wir (und d. h. auch bereits kleine Kinder) würden durch Computerspiele und TV ›klüger‹, weil man von einem veränderten Intelligenzbegriff ausgehen müsse und die heutigen Medien förderlich für den Umgang mit Komplexität seien (Johnson 2006). Oder ob es die mahnenden Worte eines Weizenbaum (2006), eines von Hentig (2002) oder auch eines mit neuen Fakten (eher selten in dieser Diskussion) aufwartenden Spitzer (2005) sind: Sie lassen sich argumentativ nicht einfach als rückständige Kritik unbelehrbarer Bedenkenträger aushebeln oder gar vom Tisch wischen. Beiträge wie diese verdienen eine ernsthafte Berücksichtigung. Und das wiederum bedeutet, dass sie ggf. auch zur Revision bisheriger Meinungen führen müssten. Insofern halten wir die Grundsatzdiskussion durchaus noch für virulent und betrachten sie keinesfalls nur noch als eine Frage des Wie.

(2) Fokus auf Grundschule, Mathematikdidaktik und (sogenannte) ›Lernsoftware‹: Wir beschränken uns auf die Grundschule und speziell ihren Mathematikunterricht. Und damit meinen wir einen zeitgemäßen Unterricht gemäß den Postulaten und Standards des aktuellen *mathematikdidaktischen* Forschungsstandes (wie er generell in diesem Band skizziert wird). Das bedeutet, dass auch hier der Primat der Didaktik beansprucht wird, und wir sollten präzisieren: der Primat der *Fach*didaktik. Das ist deshalb zu betonen, weil ›die Computerdiskussion‹ in der Grundschule seit Jahren dominiert wird von der (Allgemeinen, Schul- oder Medien-)*Pädagogik* (sie liefern i. d. R. professionelle Beiträge zur Diskussion, auch wenn das die Notwendigkeit einer fachdidaktisch begründeten Konkretisierung oder Absicherung nicht entbehrlich macht), aber leider auch von zahlreichen *Pseudoexperten* (das ist die zweifelhafte Seite). Die Geschichte dieser sogenannten ›Expertenratschläge‹ außerhalb jedweder didaktischer oder schulpädagogischer Professionalität ist zum großen Teil eine unrühmliche. »Es ist nicht der unwesentlichste Vorteil wissenschaftlicher Kenntnisse, dass sie uns immun gegen Pseudowissenschaft machen« (Gopnik et al. 2003, 237), und dies ist ein wesentlicher Grund für unser Plädoyer, der primär zuständigen Wissenschaft vom Lernen fachlicher Inhalte, der Fachdidaktik, eine prominentere Rolle und Beachtung als bisher einzuräumen. Denn

mathematikdidaktische Minimalanforderungen sind in großem Ausmaß für den Computereinsatz in der Grundschule (immer noch) nicht erfüllt.

(3) Exemplarische Auswahl: Diese dritte Eingrenzung betrifft die Tatsache, dass wir im Rahmen dieses Buches nur auf ausgewählte Aspekte und Beispiele eingehen können. Wir haben aber versucht, Kernaspekte oder die (aus unserer Sicht bemerkenswerten) Problem-Facetten zu markieren. Den Gebrauch von Suchmaschinen, E-Mail, Weblogs o. Ä. lassen wir außen vor, Anwendersoftware und Internet berühren wir nur peripher und fokussieren v. a. auf die sogenannte Lernsoftware, also Programme für das Mathematiklernen und -üben (i. d. R. auf CD) im Grundschulalter. Denn laut einer Erhebung des BMBF stellt diese Kategorie 94 % der Computernutzung in der Grundschule dar (BMBF 2004). Wir haben den Terminus ›sogenannte Lernsoftware‹ benutzt, weil wir zwar im Folgenden von Lernsoftware sprechen, diesen Begriff aber weder für terminologisch geklärt noch für glücklich halten.

Unsere Grundposition zur Frage ›Computer, ja oder nein?‹ bezeichnen wir als *kritisch-optimistisch.* Kritisch, weil es nach wie vor (mehr als) die im Folgenden genannten Probleme gibt. Optimistisch, weil wir noch die Zuversicht haben, dass sich Grundschule und Fachdidaktik nicht in die normative Kraft des Faktischen ergeben müssen, sondern gestalten können. Wir binden den Einsatz des Computers in der Grundschule an bestimmte, v. a. fachdidaktische *Minimalanforderungen,* hinter die er unseres Erachtens nicht zurückfallen darf. In diesem Sinne plädieren wir für didaktische Konsequenz und Beharrlichkeit. Wer eine solche Position vertritt, muss mit folgenden Standard-Entgegnungen rechnen:

• Selbstverständlich achte man heute verstärkt auf pädagogisch-didaktische Belange.
• Es gäbe mittlerweile zahlreiche Informationsquellen (Software-Rezensionen, Gütesiegel für empfehlenswerte Produkte usw.) und ein recht breites Angebot an guten Programmen sei, anders als noch vor Jahren, inzwischen verfügbar.
• Auch ohne Internet gehe heute nahezu nichts mehr, und so müssten die Kinder bereits möglichst früh, d. h. in der Grundschule, darauf vorbereitet werden.

Wir sehen aber hinreichend Indizien dafür, dass all dies in großem Ausmaß, zumindest für die Grundschule immer noch nicht zutrifft. Zu finden ist eher – v. a. aus fachdidaktischer Perspektive – ein Konglomerat aus verklärender, vordergründiger, ja oft inkompetenter Praxis, die den potenziellen Abnehmern (Eltern, Lehrerinnen, Schülerinnen und Schülern) etwas vorzumachen versucht. Und obwohl die Naivität des Vorgehens manchmal schon fast rührend ist, entfalten diese Praktiken z. T. auf recht subtile Weise ihre Wirkung.

In der Diskussion und den einschlägigen Publikationen ist zudem Klartext zu sehr unterrepräsentiert – und das halten wir für einen nicht unerheblichen Teil des Problems. Mit unseren kritischen Einwürfen verfechten wir gleichwohl keine irrationalen, technikfeindlichen, ideologischen Ressentiments. Computer-Phobie nach Art historischer Maschinenstürmerei ist ebenso fehl am Platze wie ein euphorisches »Chip-Chip-Hurra« (Brunnstein 1985). Wir möchten aber an Dinge erinnern, die auch durch den erreichten Stand der Technik alles andere als bedeutungslos geworden sind.

3.3.2.2 Fragwürdige Suggestionen

Erfolgs-Versprechungen
Nachdem in den 90er-Jahren einmal eine Software nur kurz (aus juristischen Gründen?) mit einer ›Versetzungsgarantie‹ warb, nennt sich ein kürzlich erschienenes Produkt immerhin »die Software mit Lerngarantie« (Barber et al. 2002, 2). Worauf gründet sich diese Garantie? Auf »die Reihenfolge: Erst üben, dann testen und danach spielen« (ebd.). Das Bedenkliche ist, dass solche Versprechungen von zahlreichen Eltern geglaubt werden und leider auch manches *vordergründige* Gewissen von Lehrkräften beruhigen können, anstatt ihr *didaktisches* Gewissen zu beunruhigen.

Abgesehen davon, dass dieser Dreischritt absolut kein zwingender ist (vgl. Kap. 2.1.3), liegt bei vielen Programmen in allen drei Fällen ein fragwürdiges Begriffsverständnis vor: Die Konzeption des Übens ist z. T. überholt oder zu einseitig. Transparenz und konzeptioneller Aufbau des ›Tests‹ sind nicht selten kritikwürdig. Und das sogenannte spielerische Lernen ist schon seit Langem einer der am meisten missbrauchten Begriffe (nicht nur) im Zusammenhang mit Lernsoftware (s. u.). Das Versprechen der Leistungsverbesserung erweist sich bei folgendem Gedankenexperiment sofort als wenig beeindruckend: Man stelle sich einen primär fertigkeitsorientierten Mathematikunterricht (ohne Computer) vor, in dem das Abarbeiten von Aufgabenplantagen, die Produkt- und Ergebnisorientierung im Vordergrund stehen und die Beherrschung algorithmischer Lösungsverfahren dominieren. In einem solchen Unterricht werden strukturell auch die Lernkontrollen so konstruiert sein, dass sie bevorzugt genau diese Fertigkeiten abprüfen. Und da ist es nun überhaupt nicht verwunderlich, dass in einem solchen Fall massives und ausgiebiges Üben eine Verbesserung bewirken wird. Aus dem Blick geraten sollte nur zweierlei nicht: Erstens hat das so Angelernte erfahrungsgemäß nur eine sehr geringe Halbwertzeit und gerät schnell wieder in Vergessenheit (hier geschieht eigentlich kein Lernen, sondern nur ein Merken). Und zweitens hat ein solches Vorgehen so gut wie nichts mit lehrplankonformem Unterricht zu tun, bei dem Lernen, Leistung und Mathematik sehr viel mehr und Differenzierteres bedeutet als in diesem Gedankenexperiment (und in den meisten Software-Realisierungen).

Lehrer-Surrogate
Es gehört beim Einsatz von Computern im Unterricht zum guten Ton, nachdrücklich darauf hinzuweisen, dass dadurch die Lehrperson nicht ersetzt werden solle[138]. Tatsache

---

138 Jens Holger Lorenz (persönliche Mitteilung) hat einmal gesagt: Lehrer, die man durch Computer ersetzen könne, solle man auch getrost ersetzen.

ist aber, dass die meisten Lernprogramme gleichwohl versuchen, möglichst detailgetreu Professions-typische Aktivitäten einer ›guten‹ Lehrerin zu simulieren – oder das, was man dafür hält: Sie weist vor-ausgewählte Aufgaben zu (Sperrmöglichkeiten im Lehrermodul), sie zeigt, wie's geht (›Hilfen‹), sie kontrolliert, sie wertet aus, sie belohnt und sanktioniert, sie vergibt Noten. Zu all diesen Teilhandlungen eines klischeehaften Lehrerinnenbildes, das man bei Schule spielenden Kleinkindern beobachten, aber auch in den Köpfen vieler Entwickler von Grundschulsoftware erkennen kann, lassen sich problemlos Entsprechungen in den zahlreichen Software-Produkten finden.

Ein Trend ist seit einiger Zeit unübersehbar: »Die CD zum Buch« ist nahezu ein Muss. Der laut Aussage zahlreicher Verlage ständige Ruf der Praxis nach »mehr Übungsaufgaben« kann mit einer CD unaufwendig bedient werden, ohne das Schulbuch oder Übungsheft kostenintensiv auszuweiten. *Aber*: Dabei werden auch die gängigen methodischen Muster übernommen, wobei programmiertechnische Gimmicks vorzugaukeln versuchen, hier wäre der Paradigmenwechsel zum ›neuen Lernen‹ vollzogen. Tatsächlich sind die meisten Produkte, sobald man sie vor mathematikdidaktischem Hintergrund oder der Lehr- und Bildungspläne durchleuchtet, sehr schnell als »betriebsblinde Lernmittelmodernisierung« (Schönweiss 1994) zu entlarven.

Und *wenn* versucht wird, statt einer *Lehrer*simulation ein zeitgemäßes *Lerner*bild zu implementieren, dann erkennt man nicht selten genau jene Fragwürdigkeiten wieder, die auch z. B. aus Fehlformen offenen Unterrichts (auch ohne PC) bekannt sind: Beliebigkeit, Strukturlosigkeit, Vernachlässigung des Sachanspruchs, Dominanz von Oberflächenphänomenen und eine unüberlegte Auswahl der Lernangebote.

Spaß & spielerisches Lernen
Zu den resistentesten ›Viren‹ im Lernsoftware-Geschäft gehören das Spaß-Argument und die Verheißung eines spielerischen Lernens. Es ist die *immer wiederkehrende* Polarisierung der angeblichen Gegensätze von Spielen/Spaß versus Lernen. In der Folge wird nahezu reflexhaft die Mathematik in aufwendige Rahmenhandlungen eingebunden, verbunden mit einem für Design-Fachleute z. T. unerträglichen Umgang mit Grafik, Klang, Farbgebung und Grundsätzen des Screen-Designs. Die *edutainment*-Welle des Nachmittagsmarktes ist voll in die Klassenzimmer geschwappt.

Ist das Differenzierungsvermögen zwischen leisen, harmonischen Klängen, Farben oder Darstellungen auf der einen Seite und lauten, aggressiven Darstellungen im gehetzten Comic-Stil auf der anderen bereits verloren gegangen ...? Hat auch hier schon die ›McDonaldisierung‹ des Lernens eingesetzt? Da Lernen an sich nicht interessant *sein* kann, muss es interessant *gemacht* werden – so die unausgesprochene Philosophie. Und das geschieht offenbar am besten dadurch, dass man um den ›heißen Inhalt‹ eine Verpackung herumlegt – das multimediale Brötchen um die mathematische Wurst. Aber es geht um die Wurst – *gerade* um die Wurst!

Die Hoffnung oder das Motiv, das Kind möge vor lauter Spiel und Action gar nicht merken, dass es in Wirklichkeit lernt, ist der Versuch, Kinder zum Lernen zu ›überlisten‹. Aber Kinder haben ein Anrecht zu erfahren, dass Lernen auch an Ausdauer, Anstrengung und Verantwortlichkeit gebunden ist (vgl. aktuelle Bildungspläne, z. B. MSJK (Hg.) 2003, 16 f., 72, 88) und keineswegs nur ständig aus ›fun‹ und weiter Zappen besteht. Des Weiteren haben sie ein Anrecht zu erfahren, wie befriedigend eine Motivation aus der Sache sein kann, und dass es nicht nur und immer und sofort der Befriedigung durch extrinsische Belohnungssysteme bedarf (zur Problematik von sekundärer und primärer Motivation vgl. Kap. 3.1.5).

»Kognitive Anforderungen [...] sind mit kognitiven Mitteln zu lösen«, sagt Wember (1987, 174). Dies durch spielerische Einkleidungen zu verdecken und dieser Praxis gar noch den pädagogischen Qualitätsausweis des ›Fortschrittlichen‹ zuzusprechen, halten wir für ein unlauteres Vorgehen. Geissler (1998, 30) spricht vom ›Schöner Lehren‹ bzw. ›Schöner Wohnen‹ im Haus des Lernens. »Allein, dies funktioniert nur um den Preis der sich erhöhenden Dosis; das Karussell dreht sich immer schneller, die Aufmachung wird immer greller, die Illusion immer dünner und der Spaß immer kleiner« (ebd.).

»Walter Benjamin hat diese Tendenz der Didaktik, *Lernen als unbewusste Übung durch Spiel*, schon 1930 als ein Nicht-ernst-Nehmen von Kindern kritisiert. Die Hinterlist dieser Inszenierung kennzeichnet ›...die ungemeine Fragwürdigkeit, die das Kennzeichen unserer Bildung geworden ist‹ [...]. Der Gegensatz zur Paukschule ist nicht die Spielschule, sondern eine Schule, die Kindern die Mühe abverlangt, über ihre Erfahrungen und ihre Theorien nachzudenken« (Scholz 2001, 72).

Es wird häufig entgegnet, dass Kinder dies anders sähen und genau diese Produkte oder Phänomene so lieben würden, die wir hier kritisieren. Das bestreiten wir auch gar nicht, halten es aber auch nur bedingt für ein gutes Argument: Denn es ist nicht Aufgabe der Schule, das Motivationsgefüge des Kindes, seinen Geschmack und sein Qualitätsgefühl zu verabsolutieren. Statt Anbiederung an den Publikumsgeschmack lautet der Auftrag von Erziehung v. a. auch: Erziehung zur Geschmacks*bildung*, Erziehung zu *wünschenswerter* Lernmotivation und zu *wünschenswerteren* Qualitätskriterien anstatt bloße *fast-food*-Mentalität.

Um es klar zu sagen: Unsere Kritik am ›Spaß-Argument‹ soll keineswegs besagen, dass ›gutes‹ Lernen keinen Spaß machen könne oder sollte, oder sobald etwas Spaß mache, habe es nichts mehr mit ›richtigem‹ Lernen zu tun. Im Gegenteil: Effektive Lernprozesse zeichnen sich durch ein hohes Maß an Motivation und Freude aus, die allerdings aus der Sache erwächst und nicht aus ihrer Umverpackung (vgl. Kap. 2.1.3 u. 3.1.5)! Ganz zweifellos ist der Spaß also ein unersetzlicher Bestandteil des Lernens. Er ist notwendig – aber nicht schon hinreichend. *Dass* Kinder etwas mit großer Motivation tun, heißt keineswegs schon immer, dass es sie auch geistig beansprucht. Lernfreude kann z. B.

auch vordergründig sein und darin begründet liegen, dass das Kind sich gezielt einer anforderungsarmen Tätigkeit hingibt, um echte Anforderungen aus dem Weg zu gehen. Hier gilt für das Lernen mit dem Computer das Gleiche wie für das Lernen mit bunten Hunden und grauen Päckchen.

Begriffliche Irritationen
Im Umfeld von Lernsoftware wird häufig mit Versprechungen in Form von Etiketten gearbeitet, die Eltern und auch Lehrerinnen an einer sensiblen Stelle tangieren können: Offener Unterricht, Freiarbeit, Projekte, neues Lernen, abgestimmt auf die Lehrpläne aller Bundesländer etc. *Hinter* diesen Begriffen stehen aber nicht selten ausgesprochen fragwürdige Realisierungen. So ist zu befürchten, dass z. B. unter dem Etikett Offener Unterricht, für den der PC angeblich wie geschaffen sei, eine Kopplung von verfeinerter, ›offener‹ Unterrichtstechnologie, geschlossener Kommunikation und inhaltlicher Standpunktlosigkeit (Brosch 1991) lediglich technisch perfektioniert wird. Spitzenreiter unter den begrifflichen Irritationen auf Verpackungen und in Anzeigen sind nach wie vor folgende:

• *Selbstkontrolle*: Tatsächlich handelt es sich in aller Regel um eine delegierte Fremdkontrolle: Anstelle der Lehrerin sagt der Computer (genau wie die Stöpselkarte oder die Lösungsziffer oder ein konsistentes Puzzlebild) dem Kind, ob seine Lösung richtig oder falsch ist. Das ist keine Selbstkontrolle! Oehl hat bereits 1962 sehr klar darauf hingewiesen, dass wirkliche Selbstkontrolle »eine erhöhte geistige Urteilskraft« (ebd. 33) verlangt. Man muss mathematische Beziehungen von einem übergeordneten Standpunkt aus und kraft einer Einsicht in die Zusammenhänge überprüfen. »Jeder Kontrolle muss ein Denkakt zugrunde liegen, der die Kontrollmaßnahmen auslöst« (Oehl 1962, 33 f.; vgl. Kap. 2.1.2). Es lohnt nicht nur im Computerkontext, die Passagen dort noch einmal nachzulesen.

• *Diagnostik:* Meist wird programmintern nur auf falsch/richtig geprüft. Das ist nicht prinzipiell zu kritisieren, denn die Sinnhaftigkeit ist abhängig vom didaktischen Ort. Problematisch wird es, wenn der Umgang mit den so erhaltenen Informationen fragwürdig wird (nach dem 3. Fehler Vorgabe der richtigen Lösung), oder wenn weit mehr suggeriert wird als eine Software über-

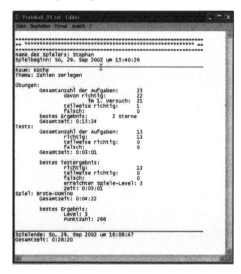

Abb. 3/33: ›Lernprotokoll‹? (Barber et al. 2002)

haupt leisten kann, z. B. Adaptivität (s. u.) oder angeblich aufschlussreiche Hinweise für die Lehrerin (= prozentuale Auszählungen von richtig/falsch oder Noten; vgl. z. B. Abb. 3/33). Auch wenn Lehrkräfte immer wieder nach solchen Diagnosemodulen verlangen, kann man das durchaus mit didaktischen Argumenten diskutieren (Krauthausen 2004a) und muss diesem Bedürfnis nicht vorschnell nachkommen durch eine Implementierung einer Pseudo-Diagnostik.

- *Adaptivität* – Zahlreiche Programme werben mit der Fähigkeit, sich (automatisch) genau auf die individuellen Lernbedürfnisse seiner Nutzer einzustellen. Suggeriert wird damit eine hochkomplexe Diagnostik, die in effiziente Lehraktivitäten der Software umgesetzt wird. Zugrunde liegt aber meist die Verwechslung der Begriffe Adaptivität und Adaptierbarkeit: »Ein System ist adaptierbar, wenn es durch externe Eingriffe an veränderte Bedingungen angepasst werden kann« (Leutner 1995, 142; Bsp.: verstellbarer Autositz, Handventil-gesteuerte PKW-Heizung, Veränderung von Programmfunktionen durch Auswahlmenü/Voreinstellungen). *Das* leisten die meisten Programme auch (jedenfalls annähernd). Was sie aber suggerieren, ist *mehr*, nämlich Adaptivität: »Ein System ist dann *adaptiv*, wenn es sich *selbstständig* an veränderte Bedingungen anzupassen vermag« (ebd., 143; Bsp.: elektronische Motorregelung, thermostatgesteuerte Heizung, kontext-sensitive Hilfen bei Anwendersoftware). Adaptivität wird von Lernsoftware ständig behauptet, tatsächlich aber meist nur simuliert, z. B. durch ein voreingestelltes ›Herauf-‹ bzw. ›Herunterschalten‹ zwischen vorab fest definierten Stufen: Drei Fehler auf Ebene *A* bewirken den Sprung auf Ebene *B*. Und zehn korrekte Lösungen auf Ebene *B* erlauben den Sprung auf Ebene *A*.

Und selbst dies ist an diverse Vorannahmen gebunden (was ist ›herauf‹ oder ›herunter‹?!). Für Schüler *X* oder Schülerin *Y* muss eine ›niedrigere‹ Schwierigkeit nicht dasselbe bedeuten, und es ist auch gar nicht vorauszusetzen, dass diese Stufe dann auch wirklich die optimale Förderung sein muss. Zudem werden auch die Hilfsangebote selbst inhaltlich nicht hinreichend durchdacht: Ein Programm (Abb. 3/34) bietet zur Aufgabe 4·9 (standardmäßig) u. a. folgende ›Hilfen‹ an: *Vormachen* oder *Leichtere Aufgabe*. Die naheliegenden Nachbaraufgaben 5·9 oder 10·4, die man bei dem Auswahlangebot ›leichtere Aufgabe‹ erwarten würde, werden aber nicht angeboten; stattdessen heißt es, es gäbe hierzu keine leichtere Aufgabe.

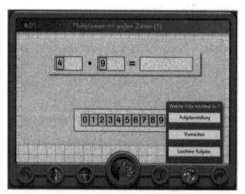

Abb. 3/34: »Leichtere Aufgabe« – nicht angeboten (Grassmann (Hg.), 2002)

Die mitunter vorgetragene Behauptung, ein Programm individualisiere den Lernvorgang, ist auch deshalb fragwürdig, weil der Schwierigkeitsgrad von Aufgaben nicht alleine daran gemessen werden kann, welche formal-syntaktischen Schritte zur Lösung durchlaufen werden müssen (vgl. Matros 1994). Das Implementieren einer natürlichen Differenzierung (vgl. 3.1.6.2) jedoch, die noch am ehesten hier sinnvoll sein würde, sucht man vergebens in gängigen Lernprogrammen. Aus erklärbaren Gründen, denn diese setzt eine andere Aufgabenkultur und einen anderen Lernbegriff voraus, als den meisten Programmen zugrunde liegt.

Und wenn in der theoretischen Literatur der Multimediaentwicklung von einem ausgesprochen hohen Implementationsaufwand adaptiver Systeme gesprochen wird (hier bedarf es nicht zuletzt einer aufwendigen Realisierung ›künstlicher Intelligenz‹), dann ist plausibel, warum eine Grundschulsoftware im Preissegment um 40 € dies realistischerweise wohl nicht *wirklich* anbieten kann.

3.3.2.3 Entprofessionalisierungs-Tendenzen

LehrerInnen als ExpertInnen
In der Praxis wie in der Literatur kokettieren Lehrkräfte hin und wieder mit einer lockeren Haltung gegenüber den Inhalten oder Arbeitsmitteln und stellen die Tatsache, dass ihnen ihre Schüler überlegen seien, als Merkmal moderner Pädagogik dar:

> *»Rainer wollte nicht den vorgeschlagenen Budenberg bearbeiten, sondern es reizte ihn, ein anderes Programm – den ›Baukasten‹ – zu versuchen. Ich hatte das selbst noch nie ausprobiert, wusste also natürlich nicht, wie es funktionierte, und ich bekam es bei meinen ersten Versuchen auch nicht hin. Als ich merkte, dass ich ungeduldig wurde, drückte ich Rainer die Maus in die Hand und bat ihn, ein bisschen zu experimentieren. Es vergingen keine fünf Minuten, da kam er mit einer Erfolgsmeldung. Später hat er mir das Programm erklärt und er war sehr stolz darauf. Die Kinder erklären uns Lehrern etwas. Das kommt öfter einmal vor, aber meistens wissen wir bereits, was die Schülerinnen und Schüler uns erzählen. Diese Situation war ganz anders: Ich profitierte von dem, was Rainer herausgefunden hatte, ich lernte von ihm«* (Schwichtenberg 2001, 124).

Keine Frage, wenn ein Kind eine Software gut (gar besser als die Lehrerin) beherrscht, dann verschafft ihm der Umgang damit wohl einen gewissen Lustgewinn. Man sollte das aber nicht ›Lernzuwachs‹ nennen (vgl. Matros 1994). Und um Missverständnissen vorzubeugen: Das Postulat des Von- und Miteinander-Lernens halten wir ausdrücklich auf Schüler *und* Lehrer anwendbar. Nachdenklich stimmt aber die Frage, ob es nicht doch eine didaktische Selbstverständlichkeit sein sollte, sich erst sehr gründlich mit einer Software zu beschäftigen, bevor man sie in den Unterricht einbindet? Bitte machen Sie einmal das folgende Gedankenexperiment: Übertragen Sie das o. g. Zitat auf eine *computerfreie* Unterrichtssituation. Würde sich eine Lehrerin mit der gleichen Selbstverständlichkeit z. B. im Zusammenhang mit einem Schulbuch äußern? Falls nein, dann zeigt das die Macht des Mediums.

Die genannten Selbstzuschreibungen beziehen sich übrigens meist auf *technische* Aspekte. Die *primäre* Kompetenz einer Lehrerin, die den Computer einsetzt, liegt aber an anderer Stelle, nämlich a) bei ganz grundsätzlichen pädagogischen Fragen (von Hentig 2002) und b) bei Fragen, für die gerade *sie* als Spezialistin ausgewiesen ist: Fragen sinnvollen Lernens und Lehrens, hier: von Mathematik – ob mit oder ohne Computerunterstützung. Wer fachdidaktisch ›fit‹ ist, hat auch eine ganze Reihe substanzieller Argumente und Gütekriterien für eine sinnvolle Computernutzung im Unterricht. Unbekümmertheit in der folgenden Hinsicht ist daher für uns schwerer nachzuvollziehen, kommt aber in der Literatur an prominenter Stelle durchaus vor:

> »*Die Programme, die ich benutze, sind keine Software, die entdeckendes Lernen begünstigen. So bleiben zwar noch die alten Lernformen, aber die Computer sind interessante Werkzeuge, die genutzt werden können, um den Lernstoff zu bearbeiten. Und vielleicht könnte der Computer in dem einen oder anderen Fall ein Auslöser dafür werden, den Unterricht doch ein wenig offener zu gestalten?!*«
> (Schwichtenberg 2001, 126).

Warum hat man kein Störgefühl dabei, Arbeitsmittel einzusetzen, von denen man selbst erkannt hat, dass sie fundamentalen Forderungen aller Bildungspläne *nicht entsprechen*? Der Computer als extrinsischer Motivations-Automat – das gleiche Argument seit 20 Jahren. Zudem völlig unnötig, weil die produktiven Alternativen in der Mathematikdidaktik heutzutage wirklich nicht mehr zu übersehen sind. Unter diesen Umständen fällt es schwer, die im Zitat ausgedrückte Hoffnung zu teilen. Auch fragt man sich aus fachdidaktischer Sicht, was dort unter ›offen‹ verstanden wird – erneut die einseitig auf Methode und Organisation ausgerichtete Öffnung unter Ausklammerung der mindestens ebenso notwendigen Öffnung vom Fach aus? (vgl. Wittmann 1996)

Publikationen zum Mathematikunterricht
Dort, wo in der Literatur etwas zum Computer im Mathematikunterricht der Grundschule gesagt wird – auffallend oft äußern sich hierzu v. a. Pädagogen (nicht selten relativ allgemein) oder Praxislehrkräfte (die von konkreten Einzelerfahrungen berichten) – findet eine ernsthafte Auseinandersetzung mit *fachdidaktischen* Standards i. d. R. kaum statt. Zwar wird von Voraussetzungen gesprochen, unter denen der Computereinsatz Sinn mache. Dass diese aber auf breiter Front gar nicht gegeben sind, wird entweder flugs übergangen oder gar nicht erst erwähnt, jedenfalls im Fortgang solcher Texte nicht weiter berücksichtigt. So entsteht der Eindruck, es handle sich um Fakten statt um einen Konjunktiv. Kritische Beiträge sind insgesamt selten (etwa Scholz 2001).

Des Weiteren ist auffallend, dass im Rahmen des recht breiten Angebots zum Thema Computer und Grundschule der *Mathematikunterricht* überraschend selten vorkommt. In dem Buch *Grundschule und neue Medien* des Grundschulverbandes (Mitzlaff/ Speck-Hamdan (Hg.) 1998) findet man 26 Beiträge, kein einziger davon zum Mathematikunterricht. Unter über 40 Beiträgen eines anderen Handbuchs (Reiter et al. (Hg.) 2000) sind es immerhin drei zum Mathematikunterricht (auf 2,5 % der Seiten). Diese sechs Seiten sind schnell charakterisiert. Es geht um

»Zu- und Wegzählen im Zahlenraum bis 10«: Mit dem ›Kran‹ des Budenberg-Programms müssen Plus-Terme dem entsprechenden Ergebnis ›zugeführt‹ werden.

»Mathematik-Fitness-Training«: Neben einer Reihe computerfreier Aktivitäten in Gestalt der sprichwörtlichen bunten Hunde sowie voreingestellter Additionsaufgaben geht es hier um das Würfeln mit 3 Würfeln (H, Z, E), bei dem 2 bis 5 Summanden erwürfelt und addiert werden müssen, die Kontrolle erfolgt mit einem Excel-Arbeitsblatt – mit Kanonen auf Spatzen geschossen.

»In-Sätzchen mit Rest« (Divisionsaufgaben mit Rest; Winter 2000): Ziel: Die Kinder sollen »durch entdeckendes Lernen selbst herausfinden, dass Mal-Sätzchen und In-Sätzchen in einem Zusammenhang stehen« (ebd., 100): In Word (einem zudem für diese Zwecke falschen Werkzeug) erzeugen die Kinder Ellipsen und setzen Größen-angepasste ClipArts in diese Mengenkreise ein, um zu sehen, wie oft die 2 in die 9 hineinpasst. »Wenn sich der Hase weigert, sich in die Ellipse zu setzen, klickt man ihn mit der rechten Maustaste an => Reihenfolge => in den Vordergrund. Man kann ihn jetzt problemlos in die Ellipse platzieren« (ebd., 101; vgl. Abb. 3/35). Anschließend entwerfen die Kinder mit Word eine zweispaltige Tabelle und schreiben in die linke Spalte (irgendwelche!) ›In-Sätzchen‹ und in die rechte Spalte die zugehörigen Ergebnisse (vgl. Abb. 3/36).

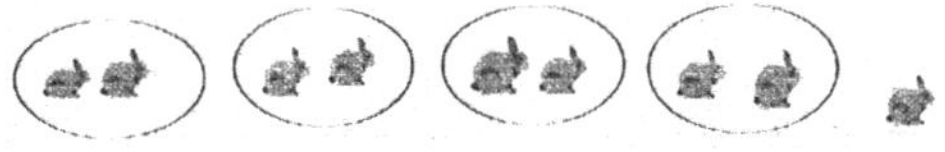

Lernziel:
Kinder sollen durch entdeckendes Lernen selbst herausfinden, dass Mal-Sätzchen und In-Sätzchen in einem Zusammenhang zueinander stehen.

Durchführung:
- Word öffnen:
  Start
  Programme
  Microsoft Word
- Aufgabenstellung: z. B. 2 in 9 =
- Die Kinder „zaubern" jetzt 9 Dinge her:
  Einfügen
  Grafik
  ClipArt: durch Anklicken ein Tier auswählen (Bei den Kategorien entscheiden die Kinder sich meistens für Tiere.)
  Einfügen: Nun erscheint z. B. ein riesiger Hase, der durch Anklicken der Rahmenmarkierungen und schräges Ziehen nach innen verkleinert wird. Als Bestätigung außerhalb der Grafik klicken. Diesen Vorgang wiederholen die Kinder so lange, bis die gewünschte Anzahl Objekte vorhanden ist.
- In der unteren Werkzeugleiste *Ellipse* anklicken. Ins Dokument klicken und die Ellipse auf gewünschte Größe ziehen.

2 in 9 = 4(1)

- In unserem Beispiel jeweils 2 Hasen in eine Ellipse ziehen.
  4 Ellipsen sind mit Hasen besetzt, 1 Hase bleibt übrig, das ist der Rest.

Abb. 3/35: Entdeckendes 1x1-Lernen? (Winter 2000, 100)

Ist das Mathematiktreiben oder ein Kurs zum Handling einer Textverarbeitung? *Best* oder auch nur *good practice*-Beispiele, die diesen Namen aus *fachdidaktischer* Sicht nur annähernd verdienten und deren Integration in ein Unterrichtskonzept überzeugend erkennbar wäre, sehen u. E. anders aus.

In-Sätzchen von 2	
2 in 15 =	7 (1)
2 in 9 =	4 (1)
2 in 11 =	5 (1)
2 in 5 =	2 (1)
2 in 6 =	3
2 in 3 =	1 (1)
2 in 13 =	6 (1)
2 in 16 =	8
2 in 8 =	4
2 in 19 =	9 (1)

Abb. 3/36: Winter 2000, 101

Bewertung von Software

Hier kann es aus Platzgründen nicht im Detail um Gründe der mangelnden didaktischen Qualität des Marktangebots gehen. Dieses ist jedenfalls nach wie vor grundsätzlich und dramatisch zu kritisieren (z. B. Scholz 2001). Auch an der Gültigkeit der Zustandsbeschreibung von Radatz et al. (1999) hat sich seither wenig verändert: »Noch immer sind über 97 % aller angebotenen Softwareprodukte nichts anderes als elektronische Arbeitsblätter, die ›graue Päckchen‹ und ›bunte Hunde‹ in überquellenden Animationen verstecken und so das angeblich so leidige Geschäft des Übens interessanter gestalten wollen« (ebd., 32).

Wir möchten die *Bewertungspraxis* in den Blick nehmen, weil hier u. E. ein erheblicher Professionalisierungsbedarf besteht. Auch die fachdidaktische Wissenschaft überlässt das Feld der Bewertung von Schulsoftware zu sehr externen Akteuren, die keine spezifische Expertise in Fachdidaktik oder Lernen oder Grundschule aufweisen. Deren Lernsoftware-Ratgeber aber sind für Schulen oft das Leitmedium für Kaufentscheidungen. Dabei ist die Substanz der Bewertungen fachdidaktisch dürftig und die Kriterien undurchsichtig, z. B. was die Vergabe der bis zu 6 *Büffel* (!) betrifft – Mathematik und büffeln, ein offenbar unausrottbares Klischee. Da nützt es auch nichts, einen imaginären Lehrer zu Wort kommen zu lassen: Eine Bildschirmabbildung wird betitelt mit »Was ist das kleinere Übel? Mathe oder Viren? Gordi auf der Jagd nach Computerviren.« (Feibel o. J.; tatsächlich geht es um Matheaufgaben). Und sodann: »das sagt der Lehrer: Lässt man die didaktischen Schwächen außer Acht, kann Mathematik mit diesem Programm durchaus schmackhaft gemacht werden« (ebd.). *Gerade* sie, die didaktischen Schwächen, *darf* man aber nicht außer Acht lassen, sie sind, abgesehen davon, dass es um mehr als ›Schmackhaftmachen‹ geht, ein *K.-o.-Kriterium*! Hier wie vielerorts besteht ein deutlicher Bedarf nach mehr Klartext. Natürlich, dies ist nur *ein* Beispiel, aber die Argumentationsstruktur ist leider symptomatisch. Und sie zeigt auch die Gefahr, wie selbst Lehrkräfte dafür anfällig werden können.

Auch die Vielzahl (meist ungeschützter) Gütesiegel sind eher als Marketing-Instrument zu verstehen denn als (fachdidaktisch) fundierte Orientierungshilfe. Das belegt die Zusammensetzung der ›Expertenrunden‹, hier am Beispiel der Giga-Maus der Zeitschrift *Eltern for family* (Hinze 1999): Pädagogische Psychologen, Fachjournalisten der Zeitschrift Eltern, Redakteur mit Schwerpunkt Erziehung, Redakteurin mit Schwerpunkt Unterhaltung für Kinder, Redakteurin, zuständig »*für die schönen Seiten des Lebens:*

Reisen, Essen, Wochenende« (!), Leiterin der HP ›Consumer-Products-Business-Organisation‹, Software-Rezensent der Computerzeitschrift CHIP, WDR-Mitarbeiter. Wohlgemerkt: Von solchen Gremien wird auch Software für das Mathematiklernen bewertet – für die *Grundschule*, niemals aber z. B. ein Dynamisches-Geometrie-System der Mittel- oder Oberstufe. Da ist man natürlich kein Fachmann; für Grundschule und ›die Kleinen‹ aber ist offenbar jeder ein Experte.

Die resultierenden Hinweise der Ratgeberliteratur sind eher schlicht: »Deswegen ist der Computer vor allem für lernschwache Schüler ein Segen. Man kann es auf folgende Formel bringen: Je mehr Probleme ein Kind beim Lernen hat, desto wichtiger wird der PC bei der Wissensvermittlung« (Wiesner 1999, 24). Doch es geht auch euphorischer: »Weil es beim Lernen mit dem Computer nicht mehr so viel Leerlauf wie beim Frontalunterricht gibt, kann das bisherige Lernpensum in zwei Tagen pro Woche bewältigt werden. Mit dem Vorteil, dass der Lernstoff etwa dreimal so lange im Gedächtnis bleibt« (ebd., 24 f.). Man ist geneigt, solchen Unfug lieber gleich als Satire zu nehmen und hinzuzufügen: … und folglich sechsmal so viel Spaß macht, denn 2·3 = 6.

Fachdidaktik hingegen als die Wissenschaft vom Lernen fachlicher Inhalte wird als naheliegende Instanz für Softwarebewertung kaum wahrgenommen, erst recht nicht als zentrale Instanz. Aber auch bei Bewertungsversuchen vor stärker pädagogisch-didaktischem Hintergrund gibt es noch große Probleme, z. B. den Allgemeinheitsgrad. Das liegt nicht am grundsätzlichen Fehlen von Kriterien (diese stehen im Grunde in den fachdidaktischen Anteilen der Bildungspläne), wohl aber am Fehlen *fachdidaktisch differenzierter* Kriterienkataloge. Der vielleicht unrealistische Spagat zwischen dem Wunsch nach einem leicht handhabbaren und ökonomisch zu erstellenden Eignungsprofil für eine Software kollidiert immer wieder mit der an sich erforderlichen Akribie des genauen Hinsehens.

Vorliegende Kriterienkataloge sind allerdings, so wenig sie sich bislang wirklich für eine fachdidaktische Bewertung eignen, ein ergiebiger Reflexions-Gegenstand für Veranstaltungen der Lehrerbildung. Denn man kann daran trefflich in fachdidaktische Theorien eintauchen und das didaktische Bewusstsein schärfen: Ist ein ›Nein‹ auf die Frage, ob das Programm unmittelbare Rückmeldungen auf die Eingaben des Nutzers bietet, eher negativ oder positiv zu bewerten? Ist eine große Anzahl an Aufgaben schon ein Qualitätsmerkmal? Ist es nur ein Manko (immer, wann, unter welchen Bedingungen?), wenn ein Programm es dem Lehrer verwehrt, das Angebot um eigene Aufgaben zu erweitern? Ein und dasselbe Kriterium kann bei einer offenen Lernumgebung ganz anders zu bewerten sein als bei einem explizit ausgewiesenen Trainingsprogramm. Eine unmittelbare Rückmeldung etwa kann in einem Falle durchaus Sinn machen, in einem anderen aber völlig kontraproduktiv sein. Darüber täuschen die schlichten Ankreuzformulare oder standardisierten Fragebögen hinweg, sie lassen solche Unterscheidungen nicht zu.

Ein weiterer Grund neben der Kriterien-Vagheit ist die nicht immer hinreichende Vertrautheit der Rezensenten mit relevanten theoretischen Konzepten der Mathematikdidaktik: Wer das *operative Prinzip* nicht kennt, der wird auch schwerlich unterscheiden oder gar wertschätzen können, ob das Aufgabenangebot einer konkreten Software dieses zentrale mathematikdidaktische Prinzip konsequent umsetzt, oder ob es sich um eine völlig willkürliche, zufallsgesteuerte Aufgabenabfolge handelt. Wer das Konzept des *produktiven Übens* nicht kennt, der wird auch nicht wissen, dass dazu – ab einer bestimmten Stelle im Lernprozess und nur bei einigen Inhalten (z. B. Kopfrechnen oder schriftliche Algorithmen) – auch die Automatisierungsphase gehört, wohlgemerkt unter dem konzeptionellen Dach des aktiv-entdeckenden Lernens. In Unkenntnis dessen wird dann mit leichter Hand das Kind mit dem Bade ausgeschüttet (Engel et al. 1998, 19).

Ansätze, die den fachdidaktischen Blick ins Zentrum rücken, findet man zwar, Ergebnisse und weitere Bemühungen stehen aber noch aus: Mitte der 90er-Jahre war ein Projekt von Becker-Mrotzek/Meißner (1994/1995) mit diesem Anspruch angetreten (wenn auch nicht konsequent fortgeführt). Auch das DEP-Projekt an der Universität Siegen (Didaktische Entwicklungs- und Prüfstelle für Lernsoftware Primarstufe; Brinkmann/ Brügelmann 2004) verfolgt ein solches Ziel. Allerdings wurden auch dort keine ausdrücklichen Empfehlungen herausgegeben, was die Gruppe mit dem Fehlen spezifisch fachdidaktischer Bewertungskriterien begründet (ebd.) – die entsprechende Website wurde zuletzt am 10.11.2004 aktualisiert.

In jüngerer Zeit sind vermehrt auch Software-Rezensionen mit Beteiligung von Kindern zu lesen, wogegen im Prinzip gar nichts zu sagen wäre. Es macht sogar großen Sinn, eine Beurteilung nicht nur vom grünen Tisch, sondern ›im Feld‹ zu erproben. Bedenken schienen uns allerdings dann angebracht, wenn das abschließende Urteil primär durch ihre Einschätzung und Meinung zustande käme (Kortus 1998). Nach unserer Wahrnehmung wird oft recht gedankenlos behauptet, was alles ›kindgemäß‹ sei. Nicht selten liegt dem ein klischeehaftes Niedlichkeitsschema (Gopnik et al. 2003, 197) zugrunde und weniger eine halbwegs realistische Einschätzung sowohl über ästhetische wie inhaltliche Bildungsbedürfnisse von Kindern als auch über ihre Fähigkeit, diese bereits aus übergeordneter Perspektive selbst beurteilen zu können. Wie soll man es einschätzen, wenn behauptet wird, dass die durchgeführten Interviews mit Kindern erbracht hätten, dass »Kinder sehr wohl fähig sind, Computerprogramme zu rezensieren und auch ihre Wünsche hinsichtlich Aufbau und Inhalt einer Software zu verbalisieren« (ebd., 142), obwohl in dem Beitrag klar wird, dass diese Einschätzungen rein gar nichts zu tun haben mit didaktischen Kriterien, sondern bloße Anmutungen der Kinder darstellen! Etwas voreilige oder zu einseitige Euphorie, wenn »[m]an sieht, es waren richtige Experten am Werk« (ebd., 143).

Noch einmal: Wir bezweifeln den Sinn der Befragung von Kindern als solche keineswegs, fragen aber, was daraus resultiert? Es wird zu schnell so getan, als sei die einzig denkbare und vernünftige Konsequenz, Kinderwünschen unmittelbar in vollem Umfang zu entsprechen oder noch drastischer: Man schaue nur genau hin, was Kindern Spaß macht und produziere dann eine Software, die möglichst viel davon bietet (s. o.: Anbiederung an den Publikumsgeschmack).

Kostenfaktor von High-Quality-Software
Nahezu jeder Schulbuchverlag hat heute auch Grundschulsoftware im Programm. Aber die professionelle Entwicklung von *High-Quality-Software* (HiQ-Software) ist nicht aus der Portokasse zu bezahlen. Sie kann nur gelingen, wenn *spezifisch* ausgebildete Profis aus *diversen* Bereichen kooperieren. Und solche Spezialisten kosten Geld. »Die Skala zwischen Professionalität und Dilettantismus [allein bei den Programmierern; GKr/ PS]«, schreibt ein Fachmann der Multimedia-Produktion, »spreizt sich zuweilen sogar bis zum Faktor hundert« (Peters 1995). Solche Unterschiede bei der Auswahl geeigneter Programmierfirmen zu erkennen – das ist sicher ein Dilemma –, gelingt aus verständlichen Gründen eher Insidern. Erfahrungen von Schulbuchverlagen mit *Print*-Produkten sind da nicht ohne Weiteres zu übertragen, ja, manchmal sogar hinderlich. Und trotzdem muss sich ein Verlag entscheiden: *Quick-&-dirty*, wie es in der Multimedia-Szene heißt, oder *High-Quality*.

Ein nicht unwesentlicher Teil des Problems besteht in der naiven Vorstellung, die Entwicklung von Lernsoftware bestünde darin, Inhalte auf ein anderes Medium zu portieren – statt auf Papier jetzt auf CD-ROM. Ein Irrtum, der die Eigengesetzlichkeiten des Mediums und die sich daraus ergebenden spezifischen Anforderungen (auch didaktisch konzeptioneller Art) verkennt und der zu eben jenen Produkten führt, wie sie mehrheitlich am Markt sind: elektronische *Lehrer*-Surrogate statt medial unterstützte Arbeitsumgebungen für *Lernende*.

Für die technische Seite (Programmierung) gilt angesichts des im Prinzip Machbaren: Weniger ist sehr oft mehr (s. u. *FACTORY*). Aber nichts ist auch schwieriger, als Einfachheit und Schlichtheit (in der positiven Bedeutung des Wortes) zu realisieren, denn die Komplexitäten unterhalb der Benutzeroberfläche sind bei *HiQ*-Entwicklungen enorm. Es ist eine eigene Kunst (und daher teuer), diese Komplexität und Flexibilität eines Programms durch eine gleichwohl intuitive, übersichtliche und ästhetisch anspruchsvolle Programmoberfläche handhabbar zu machen. Die Ansprüche an die Programmierung werden also nicht einfacher, sondern komplexer – und das v. a. bei Software für die Grundschule! Das erinnert an einen bekannten Aphorismus von Einstein: »Alles sollte so einfach wie möglich gemacht werden, aber nicht einfacher«.

3.3.2.4 Beispiele für einen sinnvollen Computereinsatz

REKENWEB – ein Beispiel für kleine, aber feine Web-Applets

Das REKENWEB (Freudenthal Insituut 1999–2006) ist ein Internet-Angebot im Rahmen des niederländischen Rekennet-Projekts (de Lange o. J.). Die Website[139] beinhaltet derzeit 43 kleine Applikationen, Aktivitäten oder Arbeitsblätter für den Unterrichtseinsatz (vgl. Abb. 3/37) für die Altersgruppe von 5–12 Jahren – jeweils kleine, aber gehaltvolle mediale Ergänzungen für die Bearbeitung zentraler Inhalte des Mathematikunterrichts dar: Folgen von Mustern (Beads on a Chain), ›defekter Taschenrechner‹ (Broken Calculator; vgl. Spiegel 1988a, 183 ff.; de Moor/Treffers 2001; Hoffmann 2006a/b bzw. Kap. 3.3.1.4), schnelle (Quasi-)Simultanwahrnehmung an verschiedenen Darstellungsmitteln (Speedy Pictures); Sprünge am Zahlenstrahl (Number Line); Zielzahlen treffen (Number Factory) oder verschiedenste Aktivitäten zu Würfelbauwerken (z. B. Building Houses, unter Berücksichtigung perspektivischer Darstellung: bewertete Grundrisse; Grund-, Auf- und Seitenriss als Vorbereitung der Dreitafelprojektion; s. u. BAUWAS) – um nur einige zu nennen.

Abb. 3/37: REKENWEB

Die englischsprachigen Bezeichnungen der Aktivitäten und der Website sollten nicht abschrecken. Alle Übungen sind (mehr oder weniger) selbsterklärend. Die textgestützten Erläuterungen sind für Lehrkräfte auch mit Schulenglisch-Kenntnissen zu erschließen. Und es spricht nichts dagegen, den Kindern die Handhabung und den Sinn der Übungen dann zu erklären. Alle Aktivitäten als solche sind für Grundschulkinder einfach zu handhaben, anregend gestaltet (nicht überladen) und funktionell: Würfelgebäude lassen sich z. B. mit der Maus um alle drei Raumachsen drehen, was den Einblick in verborgene Winkel ermöglicht, aber auch eine Hilfs- und (Selbst-)Kontrollfunktion er-

---

139 Gemeint ist hier die englisch-sprachige Version. Auf der holländisch-sprachigen Version der Website finden sich noch weitere Aktivitäten, die sich ebenfalls weitgehend selbst erschließen.

füllen kann. Nicht zuletzt ist das Angebot kostenlos, da die Schulen i. d. R. über einen Internetzugang verfügen. Die Aktivitäten verstehen sich nicht als ›Lernprogramm‹, sie können aber einen (an sich schon substanziellen und zeitgemäßen) Unterricht bereichern, weil hier in vielen Fällen gerade die *spezifischen* Möglichkeiten des Computers zum Tragen kommen (Verarbeitung zeitbasierter Daten).

BAUWAS – der Klassiker
Ebenfalls zur Bereicherung des Geometrieunterrichts kann *BAUWAS* beitragen. Eine voll funktionstüchtige Demoversion kann kostenlos aus dem Internet geladen werden (MACH MIT 2006). An gleicher Stelle finden sich auch Unterrichtstipps und Erfahrungsberichte. Die Software kann unabhängig eingesetzt werden, ist aber auch Teil eines Mediensystems, bestehend aus Würfelbauklötzen (entsprechend gefärbt), einem Karteikastensystem mit Arbeitsaufträgen, Dateien mit Übungsaufgaben sowie didaktischen Hinweisen für Lehrkräfte.

BAUWAS dient der Förderung der Raumvorstellung und arbeitet, ähnlich wie *Building Houses* aus dem REKENWEB, mit Würfelkonfigurationen: Per Mausklick können beliebige Würfelgebäude aus gleich großen Einheitswürfeln konstruiert werden. Der Konstruktionsraum lässt sich bis zu

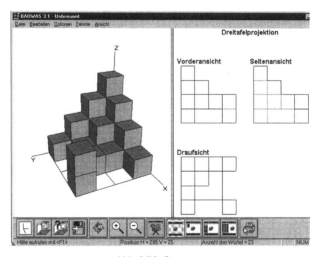

Abb. 3/38: BAUWAS

einem 10x10x10-Würfel frei definieren. *BAUWAS* wurde nicht in allererster Linie für die Grundschule entwickelt. Das zeigt sich nicht zuletzt an den weiteren Features dieses Programms: Die Würfelgebäude lassen sich nicht nur durch Mausklick, sondern auch durch Eingabe von Positionen im kartesischen Koordinatensystem konstruieren. Auch ist die Möglichkeit gegeben, die Würfelgebäude in alle Richtungen zu drehen, zu vergrößern, zu verkleinern, zu animieren und unterschiedlich darzustellen und auszudrucken (z. B. Dreitafelprojektion, Isometrie, verschiedene Perspektive-Arten; Abb. 3/38). Die Funktionsvielfalt muss aber nicht zwingend ausgeschöpft werden. Und so lässt sich *BAUWAS* durchaus auch mit Erfolg bereits in der Grundschule einsetzen (vgl. Heinrich

1997; Kösch 1997; Kösch/Spiegel 2001; Sander 2003). Da das Programm bereits etwas älter ist, entspricht das Screendesign sicher nicht mehr heutigen Standards. Es sollte aber dabei bedacht werden: Die technische Entwicklung folgt anderen Gesetzen und Innovationszyklen als die Didaktik. *BAUWAS* ist so gesehen auch ein Beispiel dafür, dass für Programme zu Lern- und Übungszwecken die didaktische und inhaltliche Substanz weitaus wichtiger ist als die Frage, ob aktuellste programmiertechnische Möglichkeiten ausgeschöpft wurden. Der Primat der Didaktik ist entscheidend! Das nächste Beispiel kann genau dieses ebenfalls verdeutlichen.

FACTORY – ›klein, aber fein‹

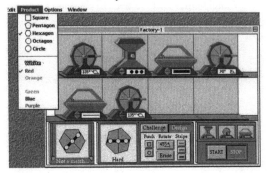

Abb. 3/39: FACTORY

Erneut haben wir ein Programm für die Förderung der Raumvorstellung ausgewählt. *FACTORY* wird vom amerikanischen Hersteller *Sunburst* vertrieben (http://store.sunburst.com/). Geometrische Grundformen (Quadrat, Fünfeck, Sechseck, Achteck, Kreis) – in Abb. 3/39 wurde ein rotes Sechseck ausgewählt – sollen vielfältig ›gefällig ›gestaltet‹ werden: durch aufgezeichnete Linien (dick, mittel, dünn) und eingestanzte Löcher (runde, quadratische, in jeweils diversen Konstellationen). Die ›Zielform‹ ist in der unteren Reihe im 2. Fenster von links dargestellt (vgl. Abb. 3/39). Zur entsprechenden Gestaltung der ausgewählten Grundform gibt es drei Arten von ›Maschinen‹ (zum Zeichnen von Linien, zum Stanzen von Löchern, zum Drehen der Form), die erstens jede für sich speziell konfiguriert und zweitens hintereinander geschaltet (auch mehrfach möglich) ein Fließband in einer Fabrik (*FACTORY*) ergeben. Die Maschinen werden per Drag-and-Drop in eine Maschinenstraße gezogen und so konfiguriert, dass die anschließend durchlaufende Grundform zielkonform behandelt wird (Abb. 3/39). Um eine aufgabengerechte Fertigungsstraße zusammen zu stellen, ist es erforderlich, die ausgewählte Grundform *im Kopf* vorstellen und bewegen zu können (mentale Bilder, mentales Operieren; vgl. Kap. 3.2.3). Neben diesem Modus (›Nachbauen‹ vorgegebener Zielformen) sind noch weitere Modi im Angebot von *FACTORY* – mit einfachen Schwierigkeitsgraden etwa für das 1. Schuljahr bis hin zu auch für Erwachsene durchaus nicht trivialen Anforderungen.

FACTORY – zur näheren inhaltlichen Beschreibung und Würdigung verweisen wir auf Krauthausen (2003b) – ist ein aussagekräftiges Beispiel dafür, wie eine sehr schöne und mathematisch gehaltvolle Idee zunächst (mit damals noch beschränkten technischen Möglichkeiten) in ein substanzielles und fachdidaktisch überzeugendes Softwareprodukt überführt worden ist, dann aber ein technisches ›Upgrade‹ erfahren hat (FACTORY de Luxe), welches tatsächlich ein ›Downgrade‹ darstellt. Zwar wurde am Inhalt nur wenig verändert, das Screendesign hingegen wurde so dominant und v. a. auch so wider alle Grundsätze der Design-Ästhetik ›aufgepeppt‹ (grelle Farben, permanente Sounduntermalungen und wilde Animationen), dass man es bedauern muss, dass die ursprüngliche Version inzwischen nicht mehr offiziell erhältlich ist. Die Abb. 3/40 gibt in der stark verkleinerten und zudem Graustufendarstellung die Katastrophe nur sehr unzureichend wieder. In der alten Version gehört FACTORY aber nach wie vor zu unseren absoluten Favoriten.

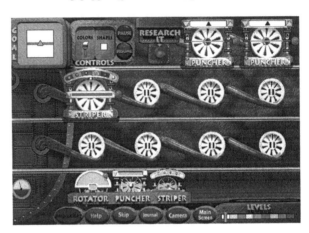

Abb. 3/40: FACTORY de Luxe

Carniel et al. (2002) haben die FACTORY-Idee vom Computer ›befreit‹ und eine analoge Lernumgebung mit konkreten Materialien entwickelt. Das zeigt zum einen, dass die inhaltliche Substanz (wenn sie denn, so wie hier, vorhanden ist) auch ohne Computereinsatz möglich ist. Zum anderen wird aber an diesem Beispiel auch wieder deutlich, dass eine spezifische Stärke des Computers (die Verarbeitung zeitbasierter Daten) hier doch auch den Vorteil und Sinn dieses Mediums deutlich machen.

ZAHLENFORSCHER – Jahrgangsstufen-übergreifendes Forschen
Der ZAHLENFORSCHER (Krauthausen 2006) ist eine neue Software-Reihe zur Förderung des produktiven Übens an substanziellen Aufgabenformaten. Mit dieser innovativen Entwicklung, bei der die Fachdidaktik eine Schlüsselfunktion innehatte, sollte gezeigt werden, dass es prinzipiell möglich ist, den aktuellen fachdidaktischen Postulaten tatsächlich gerecht zu werden und insbesondere, dass auch produktives Üben (vgl. Kap. 2.1.2) zu ermöglichen. Die erste CD der Reihe thematisiert das aus den meisten Schulbüchern bekannte Format der Zahlenmauern. Diese spielen keineswegs nur eine punktuelle Rolle im Unterricht, sondern sie lassen sich immer wieder während eines

Abb. 3/41: ZAHLENFORSCHER 1

Schuljahres (mit unterschiedlichen Zielen) als gehaltvolle Lern- und Übungsumgebung nutzen – und dies auch über viele Schuljahre hinaus (bis Klasse 10, wie ein Text-Beitrag im Lehrerteil auf der CD zeigt; Müller 2005). Das ist auch der Grund, warum diese CD Jahrgangsstufen-übergreifend für die Klassen 2–6 konzipiert wurde. Zahlenmauern sind mehr als bloße Aufgabenträger. Zwar können sie auch lediglich so eingesetzt werden, ihre eigentliche Potenz geht aber – entsprechend konzipiert – weit darüber hinaus. Sie erfüllen, analog zu anderen Aufgabenformaten wie Zahlenketten, Rechendreiecken usw., alle definitorischen Merkmale von substanziellen Lernumgebungen (vgl. Kap. 2.1.2) und erlauben und fördern entdeckendes Lernen, produktives Üben und Erkunden *per excellence*.

Inhaltlich reicht das Spektrum des Programms vom Modus *Rechnen* (zum Üben vorgegebener Zahlenmauern-Sets, denen aber allen auch ein bestimmtes Zahlenmuster zugrunde liegt), über den Modus *Selbst wählen* (zur freien Konstruktion eigener Zahlenmauern durch Lehrkräfte oder Kinder) bis hin zum Modus *Forschen*, dem innovativsten Teil des Programms: Hier stehen elf ›Forschungsaufträge‹ zur Auswahl, die bearbeitet werden können (Abb. 3/42). Dazu hilfreiche Werkzeuge (Forscherheft, Ergebnisordner, Lernbericht) sollen v. a. auch allgemeine Ziele des Mathematikunterrichts explizit fördern wie z. B. das Beschreiben, das Erklären, das Argumentieren und Begründen (vgl. Kap. 2.3.1). Diese Ziele wurden hier erstmals ausdrücklich in der Programmentwicklung berücksichtigt und umgesetzt. Im Hinblick auf das Ziel

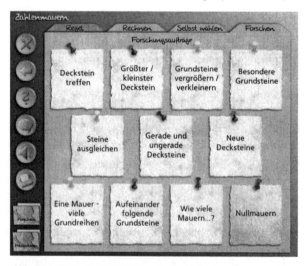

Abb. 3/42: ZAHLENFORSCHER – Auswahl der Forschungsaufträge

des Darstellens (vgl. Kap. 2.3.1.2) wird z. B. ein sogenanntes Forscherheft von den Kindern geführt, in dem sie ihr Vorgehen, ihre Vermutungen, ihre Versuche und Argumentationen *verschriftlichen* sollen und mit den wichtigsten Features einer Textverarbeitung auch gestalten können.

Das mag auf den ersten Blick anspruchsvoll erscheinen. Dies ist es aber meist nur deshalb, weil viele Kinder dazu im Unterricht (noch) nicht regelmäßig angehalten werden und daher nicht mit dieser Anforderung vertraut sind. Und genau deswegen bietet es das Programm an: Die hier relevante Fähigkeit ergibt sich nämlich nicht von alleine, sie muss unterrichtlich gezielt erarbeitet werden. Also *weil* es nicht trivial ist, seine Gedanken in Textform, als mathematische Aufsätze niederzuschreiben, wird es hier gezielt gefördert, gemäß dem Leitmotiv: »Nicht weil es schwer ist, fangen wir es nicht an, sondern weil wir es nicht anfangen, ist es schwer« (Seneca). Zahlreiche Erfahrungen dazu (nicht nur mit dieser Software) haben gezeigt, dass auch Grundschulkinder dann recht schnell kleine Aufsätze nicht nur im Sprachunterricht (*dort* sind sie es gewohnt!) schreiben lernen.

Der *ZAHLENFORSCHER* will noch in einem weiteren Punkt neue Wege beschreiten: Zu jedem Schulbuch gibt es ganz selbstverständlich einen Lehrerband. Bei Lernsoftware beschränkt sich das ›didaktische Begleitmaterial‹ meist auf technische Hinweise oder Selbstverständlichkeiten wie etwa die Information, dass in einem Programm für die 2. Klasse das Einmaleins enthalten ist. Auf der *ZAHLENFORSCHER*-CD befindet sich nun eine 136-seitige didaktische Handreichung für Lehrkräfte. Das Handbuch legt ausführlich das zugrunde liegende Lern-, Lehr- und Übungsverständnis der Software offen. Es beschreibt zu allen enthaltenen Forschungsaufträgen Erfahrungen aus den umfangreichen Erprobungen und gibt Tipps zum unterrichtlichen Einsatz der Forschungsaufträge (ob mit oder ohne Software) – jeweils dokumentiert mit konkreten Schülerdokumenten. Alle enthaltenen Forschungsaufträge werden auch inhaltlich-mathematisch nachvollziehbar aufgeklärt. Nicht zuletzt umfasst das Material für die Lehrkräfte als Anregung noch eine Reihe von PDF-Texten, die im Verlauf der letzten Jahre in diversen Fachzeitschriften zum Thema Zahlenmauern erschienen sind. Nachdem im Herbst 2006 die erste CD der Reihe erschienen ist, sollen weitere zu anderen Aufgabenformaten folgen.

Weitere Software-Kategorien

Aus Platzgründen können wir keine weiteren Beispiele in dieser Ausführlichkeit beschreiben. Leider gibt es aber auch wenige weitere Beispiele, die sich von den üblichen elektronischen Arbeitsblättern oder ›CDs zum Buch‹ unterscheiden und bei denen die Fachdidaktik vorrangige und ernsthafte Entwicklungsinstanz war.

Die genannten Beispiele stellen aber auch nicht das gesamte Spektrum denkbarer Software-Kategorien dar. »Bislang kaum beachtet wurde die Tabellenkalkulation im Unterricht der Primarstufe. [...] Mit der Tabellenkalkulation wird somit die Dynamisierung des Rechenblattes erreicht, eine Option, die in der herkömmlichen ›Papier-Mathematik‹

so nicht möglich ist« (Arnold 1997, 20). Im Sprachunterricht ist inzwischen die Textverarbeitung weithin geläufig; analog kann in bestimmten Bereichen des Mathematikunterrichts (projektorientierte, fächerübergreifende Vorhaben des Sachrechnens) u. U. der Einsatz von Tabellenkalkulationen sinnvoll sein, seien es jene aus handelsüblichen Office- oder Works-Paketen oder speziell für jüngere Anwender konzipierte Programme, die (entsprechend angepasst) im Prinzip auf eine vergleichbare Funktionalität zurückgreifen können.

Aufgaben zur Sammlung, Organisation, Darstellung und Analyse von Daten (Verkehrsaufkommen vor der Schule, Papierverbrauch, Müllaufkommen, Wasserverbrauch, ›Rekorde‹ im Tierreich, …) als (eine) Grundlage für Entscheidungsfindungen finden sich zunehmend in Schulbüchern der Grundschule, nachdem dies inzwischen durch alle Bildungspläne gefordert wird. Im Rahmen solcher statistischer Erhebungen aus dem kindlichen Erfahrungsbereich lassen sich Tabellenkalkulationen und einfache Statistikprogramme zielgerichtet einsetzen. Kleine Projekte aus dem Bereich der Stochastik (vgl. etwa Schwirtz/Begenat 2000) ermöglichen hier zentrale Erfahrungen auch über die Darstellungsabhängigkeit von Schlussfolgerungen und Ergebnissen, wenn Datensätze in Tabellen, Graphen und diversen Diagrammformen dargestellt und ihre Vor- und Nachteile verglichen werden (vgl. Kerrigan 2002; Niess 1993). Der Umgang mit Daten und Rechenoperationen (Funktionen) erlaubt in diesem Zusammenhang auch die Simulation von ›Was-wäre-wenn‹-Problemen (vgl. u. a. Kniep-Riehm 1996).

Abschließend zu den Software-Beispielen noch ein Wort zu *Trainingsprogrammen*. Sie werden oft zu undifferenziert als ›altes Lernen‹ abgetan (Engel et al. 1998; van Lück 1997). Dabei wird allzu leicht das Kind mit dem Bade ausgeschüttet. Denn sie sind es sicher nicht *per se*. Es kommt immer noch auf die didaktisch-konzeptionelle Grundlegung an: Nach Winter (1984) soll im Mathematikunterricht entdeckend geübt und übend entdeckt werden. Damit *völlig verträglich* ist die Tatsache, dass nach wie vor *gewisse* Inhalte der Grundschulmathematik auch zu automatisieren sind – wenn auch nur einige *wenige* und erst *ab einer bestimmten Stelle des Lernprozesses*. Hier besteht also kein Widerspruch oder Konflikt zwischen automatisierter Beherrschung grundlegender Rechenfertigkeiten (z. B. *BLITZRECHNEN*; Krauthausen 1999) und Postulaten eines aktiv-entdeckenden Lernens: Sinnvolle Automatisierung muss auf Einsichts- und Verständnisgrundlagen aufbauen, ist also angewiesen auf aktiv-entdeckende Lern-Erfahrungen. Und auf der anderen Seite ist weiterführendes, entdeckendes Lernen angewiesen auf automatisiert verfügbare Fertigkeiten. Davon profitieren erheblich: geschicktes Rechnen in größeren Zahlenräumen, Überschlagsrechnen, das Identifizieren, Beschreiben und Begründen von Zahlenmustern. D. h.: Nicht jedes Fertigkeitstraining ist immer schon bloßer Behaviorismus, lerntheoretisch überholt und ›out‹.

3.3.2.5 Perspektiven

Was wir für die Grundschule nach wie vor brauchen, ist mehr Ernsthaftigkeit und mehr *spezifische* Expertise bei der Entwicklung, bei der Bewertung und beim Einsatz von Software im Unterricht. Dazu scheint uns Folgendes vonnöten zu sein:

Stärkerer Einfluss der Fachdidaktik
Die Fachdidaktik müsste häufiger und deutlicher Position beziehen und damit nicht zuletzt der Schulpraxis klarere Entscheidungshilfen anbieten. Die bisherige Zurückhaltung hat mit dazu beigetragen, dass die Gesetze des Nachmittagsmarktes (Video- und Computerspiele) auch den Computereinsatz im Unterricht mehr und mehr infiltrieren. Das ›Einmischen‹ kann auf verschiedenen Ebenen geschehen:

a) Im Zusammenhang mit dem Computereinsatz müssen *fachdidaktische Standards* deutlich vertreten werden: inhaltliche und *allgemeine* Ziele, entdeckendes und soziales Lernen, *produktives* Üben, *substanzielle* Lernumgebungen – all dies darf nicht dem Computer als Motivationsautomat geopfert werden.

b) Die Dominanz der elektronischen Arbeitshefte oder Dubletten von Schulbuchseiten könnte relativiert werden, wenn a) Übungsprogramme den formulierten Standards des produktiven Übens gerecht würden, b) stärker die medienspezifischen Vorteile des Computers (Verarbeitung zeitbasierter Daten) nutzen würden und c) auch über didaktisch sinnvolle alternative *Software-Typen* nachgedacht und entsprechende Beispiele auf konzeptionell sinnvolle Integrations- oder Adaptionsmöglichkeiten geprüft würden (vgl. 3.3.2.4).

c) *Lehrerbildung*: Es gibt zu selten und zu unregelmäßig spezifische Veranstaltungen über Grundschulsoftware für den Mathematikunterricht, die von *FachdidaktikerInnen* mit diesem Fokus angeboten werden. Auch oder gerade angesichts der schlechten Qualitätsstandards verfügbarer Produkte wäre aber dieses Thema wichtig. Software-Beispiele oder diverse Bewertungskataloge im Rahmen der Lehrerbildung zu analysieren, kann über die jeweilige Software hinaus auch ausgesprochen ergiebig sein für die *fachdidaktische* Professionalisierung, denn »auch ganz absurde Lehrmittel und -methoden können Lehrer, wenn sie sie gerade kennenlernen, zum Nachdenken anstacheln und so ein Erwachen didaktischen Bewusstseins markieren« (Freudenthal 1978, 93). In diesem Sinne kann das Software-Angebot als hervorragende Anregung zum Nachdenken und Diskutieren über wichtige didaktische Fragen dienen: Welches Bild von Mathematik wird vermittelt? Welche Vorstellungen von Lernen liegen dem Programm zugrunde? Was lernt ein Kind durch dieses Programm?

Die Lehrerinnen als Experten für das Lehren und Lernen müssen zwecks kompetenter Urteilsbildung heutzutage auch Expertinnen des Lehrens und Lernens mit Computerunterstützung sein – ohne aber dabei ihre bisherigen und gut begründeten Bezugssysteme und Standards aus den Augen zu verlieren! Mit der Entscheidung für einen Computereinsatz sind ihr bisheriges Wissen und ihre ureigenste Expertenschaft keineswegs obsolet geworden. Nur *informiert* können sie ihrer Verantwortung für das Lernen in der Schule und im Hinblick auf ihre Beratungsfunktion (z. B. der Eltern) kompetent gerecht werden. Naives Alltagsverständnis oder der sprichwörtliche gesunde Menschenverstandes reichen dazu nicht aus.

Lehrerinnen müssen dazu v. a. in ihrem *pädagogischen und fachdidaktischen* Selbstbewusstsein gestärkt werden, damit sie nicht auf vordergründige Versprechungen der Medienbranche hereinfallen. Es gilt der *Primat der Didaktik.* Vielfach wird es um das Auspendeln von Faszination und Distanzierung gehen, keines von beiden sollte sich verselbstständigen. Wir bewahren unsere Schulen umso eher vor einer Flut von *Junk-Software*, je besser die LehrerInnen ihr *ureigenes* Geschäft verstehen und versehen, und das heißt eben auch, je solider ihre fachdidaktischen Kenntnisse sind. Gute Schule kommt von guten Lehrerinnen, nicht von guter Software!

d) Sofern es um *konkrete Entwicklungen* geht, muss die Fachdidaktik *federführend* sein, was, realistisch betrachtet, ein umfassendes Arbeitsprogramm bedeutet! Und in letzter Konsequenz sollte es auch Rückzug bedeuten, wenn es, von welcher Seite und aus welchen Gründen auch immer, didaktisch fragwürdig werden sollte (vgl. Matros 1994).

e) Aussagen über die Qualität von Software lassen sich zum einen durchaus auch bereits am grünen fachdidaktischen Tisch gewinnen. Zum anderen müssen aber auch die Verwendungssituation und der Kontext des Unterrichts, v. a. sinnvolle Integrationsmöglichkeiten berücksichtigt werden. »Nach dem heutigen Erkenntnisstand ist es kaum möglich, prinzipielle Aussagen über die Lernwirkungen von Multimedia zu machen. Der Vergleich und eine kritische Bewertung der existierenden Studien- und Übersichtsarbeiten hat zwar gezeigt, dass Multimedia über Potenziale zur Verbesserung der Lernleistung verfügen. Dennoch hat die überwiegende Mehrheit der heute im Einsatz befindlichen Multimediasysteme nur wenig oder gar keine positive Wirkung auf die Lernleistung« (Hasebrock 1995, 390). Für den Grundschulbereich stehen dezidierte Arbeiten zur *Wirkungsforschung* in diesem Sinne noch aus. Es wäre aber lohnenswert, mehr darüber zu wissen, wie eine verfügbare Medientechnik aus *didaktischer* Sicht mit vorhandenen (oder wünschenswerten) Lernumgebungen zusammengebracht werden und mit ihnen harmonisieren kann. Dass der Computereinsatz im Mathematikunterricht der Grundschule die Wahrscheinlichkeit dafür erhöht, dass sich entdeckendes Lernen eher – und zwar *medienbedingt* – einstellen wird, dafür fehlen auch heute noch die nachweislichen Plausibilitäten bzw. wirklich überzeugende Beispiele, die entweder über singuläre Exempel hinausgehen oder überzeugend dafür sprächen, dass sie verbreitet einwurzeln würden, indem entsprechende Folgeentwicklungen zu erwarten wären.

Grundschule als Abnehmer und ›Markt‹

Auch die Grundschule selbst sollte ihren Einfluss nicht unterschätzen. Zwar ist es keine leichte Aufgabe, den Horizont neuer Entwicklungen im Auge zu behalten und dennoch Bodenhaftung zu bewahren. Aber solange die Schule hier nicht *wirklich auf Qualität für ihre Kinder besteht*, wird es beim fragwürdigen Status quo bleiben. »Wir bekommen das, was wir akzeptieren« (Higgins 1988) – das gilt nicht nur für das Lehr-/Lerngeschehen zwischen Kindern und Lehrpersonen, es wird auch mitbestimmend sein für den weiteren Weg des Computers im Grundschulunterricht. Die Grundschule hat allen Anlass, didaktisch selbstbewusst zu sein und sich von den Gesetzen des Nachmittagsmarktes das Heft nicht aus der Hand nehmen lassen. Sie muss allerdings laut und deutlich ihre konkreten Bedarfe für die mediale Zukunft und begründete Qualitätsmaßstäbe äußern – *und* dann auch durch ihr Kaufverhalten *konsequent* dokumentieren!

Wo ist der Fortschritt?

Zweifellos ist in den letzten 10–15 Jahren eine enorme *quantitative* und *technisch-qualitative* Entwicklung zu verzeichnen: Es gibt *mehr* Computer an Grundschulen. Es gibt *bessere* Computer an Grundschulen. Ein *inhaltlich-qualitativer, didaktischer* Durchbruch lässt aber im Prinzip immer noch auf sich warten, jedenfalls sofern man auf breite Erträge setzt und sich nicht schon von Einzelaktionen beeindrucken lässt.

Es besteht in unseren Augen immer noch die Gefahr, den Computer als Allzweckwaffe gegen Defizite zu benutzen, die an anderer Stelle und aus anderen Gründen verursacht wurden – und eigentlich auch dort angegangen werden müssten. Sehr oft könnte der Computer vorab dazu veranlassen, über Dinge nachzudenken, über die man vielleicht auch schon vorher (ohne den Computer) hätte nachdenken sollen. Das Delegieren an die Maschine kann ein schlechtes ›Unterrichts-Gewissen‹ leicht wegsuggerieren, v. a. weil es sich sehr schön durch positiv besetzte Motive rationalisieren lässt: Man ermöglicht schließlich den Kindern, nicht ins Hintertreffen zu geraten. (Wirklich? Gemessen woran? Und in welcher Hinsicht?)

1991 wurde angesichts der Frage des Computereinsatzes in der Grundschule die AWARE-Strategie vorgeschlagen: <u>A</u>nforderungen definieren / <u>W</u>arten können / <u>A</u>rgumente fordern / <u>R</u>essentiments vermeiden / <u>E</u>uphorien verhindern (Krauthausen 1991). Glaubt man neueren Publikationen (Padberg 2005, Radatz et al. 1999), dann scheint diese Strategie auch heute noch das Gebot der Stunde zu sein, denn die Postulate können keineswegs als generell erfüllt, ja im Einzelfall nicht einmal als konsensfähig gelten (vgl. Büttner/Schwichtenberg 2001).

Immer bessere Technik mag neue Möglichkeiten eröffnen, und so kann der Eindruck entstehen, die Schule hinke stets hinterher, weil sie ja immer erst wieder neu über die Innovationen nachdenken müsse – und selbst das gesteht man ihr manchmal bereits nicht mehr zu! Dieses Nachdenken sollte sie sich aber, wie wir meinen, in der Tat auch nicht nehmen lassen – und es sollte ein *Nach*denken bleiben, kein *Hinterher*denken. Didaktische Konzepte unterliegen nämlich anderen Gesetzen und Halbwertzeiten als technische Innovationsschübe. Beständigkeit, reflektierte Wachsamkeit (s. o. *AWAREness*) ist also nicht zwangsläufig gleichbedeutend mit Trägheit und verpassten Anschlüssen, wie man es der ›konservativen‹ oder ›unbeweglichen‹ Schule so gerne vorwirft.

Dem bekannten Jazz-Trompeter Dizzy Gillespie wird das Bonmot zugesprochen, es habe ihn zehn Jahre gekostet, ein Musikinstrument spielen zu lernen, und weitere zehn Jahre, um zu wissen, welche Stücke er besser *nicht* spielen sollte. Bedenkt man, wie lange inzwischen Computer im Mathematikunterricht der Grundschule erprobt und zunehmend selbstverständlich eingesetzt werden, dann stellt seine technische Beherrschung und Funktionssicherheit zwar (leider) immer noch keine zu vernachlässigende Größe dar. Aber das ›Instrument spielen zu können‹ ist immer weniger das Problem. Inzwischen sollten wir aber auch gelernt haben, welche Stücke wir besser *nicht* weiter präsentieren wollen, d. h. welche Zielsetzungen, Einsatzformen und welches Qualitätsniveau von Software in der Grundschule aus guten Gründen entbehrlich sind. Denn es muss auch bei einem beabsichtigten Computereinsatz um ein Mathematiklernen auf der Grundlage aktueller Erkenntnisse mathematikdidaktischer Forschung und Unterrichtspraxis gehen. Es gibt keine Rechtfertigung, hinter diesen Stand zurückzufallen, erst recht nicht alleine die faktische Existenz ›neuer‹ Technologien in unseren Schulen.

4   Spannungsfelder des Mathematikunterrichts

Im Mathematikunterricht hat es seit jeher Spannungsfelder gegeben, die häufig als zunächst unvereinbare Gegensätze angesehen wurden. Mittlerweile sind einige von ihnen relativiert, wie bereits in den vorangegangenen Kapiteln ausgeführt wurde. Wir wollen zum Abschluss dieses Buches noch einmal auf die Kapitel 1 bis 3 zurückblicken:

Im Bereich der Arithmetik (Kap. 1.1) wurde als ein Diskussionspunkt das früher vorgeschriebene Teilschritt-Verfahren der Zehnerüberschreitung angesprochen und den heute verwendeten flexiblen Strategien gegenübergestellt (vgl. auch Kap. 4.4). Das traditionelle Verfahren ist dabei immer noch gültig (und zweifellos auch wichtig), gleichwohl ist es eine Strategie unter mehreren. Bei den Ausführungen zur Geometrie (Kap. 1.2) wurde das Spannungsfeld zwischen einem festen Lehrgang und eher beliebigen, voneinander losgelösten Unterrichtsbeispielen angesprochen. Hier wird man sicherlich für die eigene Unterrichtsgestaltung Kompromisslösungen suchen. Kap 1.3 (Sachrechnen) hat das Spektrum an Aufgaben und damit der Sachrechenpraxis beleuchtet. Die Gegensätze zwischen realistischen und unrealistischen/künstlichen Kontexten sind für den Unterricht produktiv zu nutzen. Beide Formen haben ihre Berechtigung, jeweils mit unterschiedlichen Zielsetzungen. In Kap. 2.1 wurden aktuelle und traditionelle Positionen zum Verständnis von Lernen und Üben dargestellt, die Konzeption des Lernens auf eigenen Wegen und produktiven Übens einerseits, die des Lernens auf vorgegebenen Wegen und reproduktiven Übens andererseits sowie der vermeintliche Gegensatz zwischen Lernen und Üben. Real existierender Unterricht wird sich i. d. R. zwischen diesen beiden Polen bewegen (vgl. auch Winter 1984a, 5). Des Weiteren fanden sich vermeintliche Gegensätze wie etwa die scheinbare Unvereinbarkeit fachlicher und allgemeiner Lernziele (vgl. Kap. 2.3.1), der Balance zwischen Vorkenntnissen von Kindern und Vorgaben der Lehrwerke (Kap. 3.1.1) oder die Realisierung selbstverantworteten Lernens und den Lernmöglichkeiten leistungsschwächerer Schülerinnen und Schüler (Kap. 3.1.4).

An verschiedenen Stellen haben wir also solche Spannungsfelder bereits angesprochen. Einige weitere, z. T. aktuell diskutierte wollen wir im folgenden Abschnitt kurz beleuchten.

4.1   Anwendungs- & Strukturorientierung

Betrachtet man die Geschichte des Mathematikunterrichts, so wurde Anwendungsorientierung häufig verstanden als vornehmliche Orientierung an der Lebenswirklichkeit und ausschließliche Nutzung lebenspraktischer Bezüge für Inhalte des Mathematikunterrichts. Auf der anderen Seite entsprach dem Verständnis von Strukturorientierung eine

Orientierung an der ›reinen‹ Mathematik. Bei der Entwicklung des Mathematikunterrichts konnte man eine immer wieder wechselnde Polarisierung zwischen diesen beiden Richtungen feststellen, mit Extremformen der einen wie auch der anderen Seite (z. B. die Abkehr von formalen, abstrakten Methoden und die ›Herrschaft der praktischen Lebensbedürfnisse‹ (Eisenlohr 1854, zit. in Radatz/Schipper 1983, 34 f.) oder die ›Neue Mathematik‹ in den 70-er Jahren als Extrem der Strukturorientierung). Mittlerweile hat man realisiert, dass ein wechselseitiger Bezug zwischen mathematischer Ebene und Sachebene erforderlich ist (vgl. z. B. Oehl 1962, 15 ff.).

Bei einem Blick in den aktuellen Lehrplan NRWs für die Grundschule finden sich die beiden Begriffe der Anwendungsorientierung und der Strukturorientierung unter den *zentralen Prinzipien der Unterrichtsgestaltung*, was die Bedeutung der beiden Aspekte unterstreicht:

»Anwendungsorientierung meint einerseits, dass mathematische Vorerfahrungen in lebensweltlichen Situationen aufgegriffen und weiterentwickelt werden. Andererseits werden Einsichten über die Realität mithilfe mathematischer Methoden neu gewonnen, erweitert oder vertieft.

Anwendungsorientierter Mathematikunterricht verbindet mathematische Begriffe und Operationen mit echten oder simulierten, für die Schülerinnen und Schüler bedeutsamen Situationen.

Das Prinzip der Strukturorientierung unterstreicht, dass mathematische Aktivität häufig im Finden, Beschreiben und Begründen von Mustern besteht. Dazu werden die Gesetze und Beziehungen aufgedeckt, die Phänomene aus der Welt der Zahlen, der Formen und der Größen strukturieren. So werden auch Vorgehensweisen wie Ordnen, Verallgemeinern, Spezifizieren oder Übertragen entwickelt und geschult« (MSJK 2003, 74 f.).

Auch bei diesen Ausführungen könnte man den Eindruck eines Gegensatzes gewinnen, der jedoch in den vorangestellten Bemerkungen geklärt wird: »Anwendungs- und Strukturorientierung sind zentrale und eng miteinander verknüpfte Unterrichtsprinzipien. Sie verdeutlichen die Beziehungshaltigkeit der Mathematik und zeigen auf, wie diese für vernetzendes Lernen genutzt werden kann« MSJK 2003, 74 f.). Strukturen und Gesetzmäßigkeiten gilt es zum einen in der *Welt der Zahlen* und *Formen* aufzudecken, zum anderen und insbesondere aber auch in der *Lebenswelt*.

Diese enge Verknüpfung von Anwendungs- und Strukturorientierung ist fundamental notwendig. Die einseitige Betonung einer der beiden Seiten hätte unerwünschte Beschränkungen zur Folge. Dazu einige Beispiele:

• Bezogen auf den Bereich des Sachrechnens müsste man bei einem einseitigen/falschen Verständnis von Anwendungsorientierung auf die Kategorie der ›Denkaufgaben‹ verzichten (Kap. 1.3.3.3), die (bewusst) z. T. *völlig* unrealistische Situationen enthalten, was angesichts ihrer spezifischen Ziele eine Verarmung des Mathematikcurriculums bedeuten würde.

- Beim Begriff der ›Authentizität‹ (Erichson 1998/1999/2003b), der für anwendungsorientierte Aufgaben bspw. die Verwendung realistischer Daten oder authentisches Handeln bedeutet, wird ausdrücklich betont, dass es sich bei authentischen Problemen auch um innermathematische Probleme handeln kann, denn »das mathematische System selbst [ist] die authentische Materialgrundlage schlechthin. Die Entdeckung von Mustern, Strukturen, operationaler Logik in der Zahlenwelt oder der Geometrie bedarf eher keiner lebensweltlichen (›Über-)Rechtfertigung‹. Diese ist vielmehr dazu geeignet, den Blick dafür zu verstellen« (Erichson 1999, 164).

- Auch bei der niederländischen Konzeption der ›realistic mathematics education‹[140] sind nicht ausschließlich anwendungsbezogene Aufgaben gefordert: Es wird betont, dass zentrale Problemstellungen aus realen Kontexten erwachsen können, aber dies nicht zwingend notwendig ist. Genauso passend sind bspw. Märchen oder die Welt der reinen Mathematik, sofern sie von Kindern verstanden und vorstellbar (›realisierbar‹) sind (vgl. u. a. Van den Heuvel-Panhuizen 1998, 12).

Dass das gezielte Ausblenden der Realität und der Fokus allein auf die Struktur manchmal sogar für das Lösen von Sachaufgaben besonders hilfreich sein kann, wollen wir anhand der folgenden Aufgabe illustrieren. Bevor Sie unsere Lösungshinweise lesen, versuchen Sie zunächst, eigene Strategien zu entwickeln.

Die Kinoaufgabe: Ein Kino hat zwei Ausgänge. Die komplette Leerung des vollen Kinos dauert mit diesen beiden Ausgängen 5 Minuten. Es werden zwei zusätzliche, neue Ausgänge dazugebaut; die komplette Leerung des vollen Kinos dauert nur mit diesen beiden neuen Ausgängen allein 3 Minuten. In welcher Zeit ist das Kino leer, wenn alle vier Ausgänge geöffnet sind?

Die Lösung könnte folgendermaßen aussehen: Wir variieren die Sache so, dass sie zwar der Realität überhaupt nicht mehr entspricht, uns aber einen einfachen Lösungsweg eröffnet: Wir lassen die Leute selbst dann noch das Kino durch die vier Ausgängen verlassen, wenn eigentlich schon niemand mehr im Kino ist.

- Nach 5 Minuten ist das Kino zweimal (und ein bisschen mehr) geleert worden: einmal durch die beiden alten und einmal (und ein bisschen mehr) durch die beiden neuen Ausgänge.

---

140 Dieses Konzept wird häufig als ›realistische Mathematik‹ übersetzt und dann im Sinne von ausschließlich realitätsbezogener Mathematik falsch verstanden: Der niederländische Ausdruck meint aber ›realisieren‹ im Sinne von ›verstehen‹.

- Nach 10 Minuten ist das Kino fünfmal (und ein bisschen mehr) geleert worden: zweimal durch die beiden alten und dreimal (und ein bisschen mehr) durch die beiden neuen Ausgänge.
- Nach 15 Minuten ist das Kino *genau* achtmal geleert worden: dreimal durch die beiden alten und fünfmal durch die beiden neuen Ausgänge.
- In 15 Minuten achtmal geleert bedeutet gerade einmal in $^{15}/_8$ = 1,875 Minuten (1 Min. und 52,5 Sek.).

Dieses Beispiel zeigt, wie wichtig die *strukturelle* Variation der hier beteiligten Daten sein kann – selbst wenn dabei zwischenzeitlich unrealistische Sachverhalte entstehen.

Strukturen werden in allen zentralen Bereichen Arithmetik, Geometrie und Sachrechnen erkennbar (MSJK 2003, 74 f.), und wir wollen für jeden der drei Bereiche ein Beispiel für Strukturen geben, wobei auch die Anwendungsorientierung verdeutlicht werden soll.

Strukturen in der Arithmetik: Muster bei Zahlenfolgen, hier der *Fibonacci-Folge* (vgl. Kap. 2.3.2.5 und das daraus entwickelte Aufgabenformat ›Zahlenketten‹):

$$1 \quad 1 \quad 2 \quad 3 \quad 5 \quad 8 \quad 13 \quad 21 \quad \ldots$$

Diese Struktur ist bspw. auch bei der Anordnung der Schuppen bei einer Ananas oder bei Tannenzapfen wiederzufinden (vgl. z. B. Ziegenbalg/Wittmann 2004, 226 ff.).

Um dem oben angedeuteten möglichen Missverständnis noch einmal zu begegnen, halten wir fest, dass selbstverständlich auch Zahlenfolgen, die *keinerlei* Anwendung haben, für den Unterricht relevant sind. Das Erkennen und Fortführen von Zahlenmustern hat durchaus einen Eigenwert (vgl. auch Kap. 2.3.1.2 ›Argumentieren‹ als allgemeines Lernziel)!

Strukturen in der Geometrie: Bestimmen von Symmetrien und Symmetrieachsen (vgl. Kap. 1.2.2)

Abb. 4/1a und 4/1b: Rote Krabbe und Winkerkrabbe (aus Wittmann/Müller 2005a, 45)

Bei der Thematisierung des mathematischen Begriffs ›Symmetrie‹ sollte es im Unterricht u. a. auch darum gehen, achsensymmetrische Figuren in der Umwelt zu entdecken und die Zweckmäßigkeit der Symmetrie zu erkennen (Abb. 4/1a). Dies ist häufig auch anhand unsymmetrischer Objekte zu verdeutlichen (z. B. bei der Winkerkrabbe mit einer ausgeprägten großen Schere rechts, Abb. 4/1b; vgl. auch die Beispiele in Kap. 1.2.2).

Strukturen im Bereich des Sachrechnens: Hier werden insbesondere im Bereich der *Größen* Strukturen sichtbar, z. B. die dekadische Struktur im Größenbereich Längen[141]:

$$1 \text{ m} = 10 \text{ dm} = 100 \text{ cm} = 1000 \text{ mm} = \dots$$

Die Anwendungsorientierung dieser Struktur liegt natürlich auf der Hand.

Bezogen auf die genannten Anwendungen der jeweiligen Struktur wollen wir noch einmal betonen, dass i. d. R. eine Diskrepanz besteht zwischen der mathematischen Definition und dem realen Objekt[142]: So genügt bspw. die Symmetrie der Roten Krabbe (Abb. 4/1a) sicherlich nicht immer der exakten mathematischen Definition, aber genau das sollte bei der Anwendungsorientierung bzw. allgemein dem Sachrechnen bedacht werden (vgl. hierzu auch Kap. 1.3.1). Auch beim letzten Beispiel ist keine Eins-zu-Eins-Übersetzung vorhanden: Der Größenbereich Längen bietet mehr als die dekadische Struktur (vgl. Kap. 1.3.5.1 und das Beispiel des Größenbereichs ›Geld‹ aus Steinbring 1997a).

4.2 Fertigkeiten & Fähigkeiten

Bezogen auf diese beiden Begriffe herrscht häufiger Unsicherheit als man annehmen mag. Als wichtigste mathematische *Fertigkeit* von Grundschulkindern ist das Rechnen, speziell das sachgerechte Ausführen der vier Grundrechenarten in mündlicher und schriftlicher Form, zu sehen (vgl. MSJK 2003, 71). Eine wichtige von Grundschulkindern zu erwerbende *Fähigkeit* ist bspw. das Problemlösen (ebd.). Welche Beziehung besteht nun zwischen diesen beiden Begriffen? Oehl konkretisiert dies bezogen auf das Sachrechnen wie folgt: »Unter dem Begriff der *Rechenfertigkeit* verstehen wir die Gesamtheit der elementaren Fertigkeiten des mündlichen und schriftlichen Rechnens mit ganzen und gebrochenen Zahlen; sie bezeichnet die mehr technische Seite des Mathematischen, eben den Umgang mit Zahlen. Unter *Rechenfähigkeit* dagegen wollen wir die Fähigkeit verstehen, Sachaufgaben in ihrer Sachsituation zu erfassen und daraus die notwendigen Operationsschritte abzuleiten; in diesem Sinne können wir auch von An-

---

141 Die dekadische Struktur ist aber nicht immer so einfach in den unterschiedlichen Größenbereichen wiederzufinden: So kann im Größenbereich Zeit sowohl das dekadische als auch das 60er-System auftauchen (vgl. die Ergebnisbestimmung bei der obigen Kinoaufgabe).

142 Vgl. Fußnote 40 (Idealisierungen im Zusammenhang mit geometrischen Begriffen).

wendungsfähigkeit sprechen. Eine gute Rechenfertigkeit ist zwar eine *notwendige*, aber noch keine *hinreichende* Voraussetzung für die Rechenfähigkeit. Die beste Einmaleinskenntnis sichert allein noch nicht die Lösung einer Sachaufgabe, auch wenn hierbei nur die Multiplikation anzuwenden ist. Entscheidend für die Lösung einer Sachaufgabe ist vielmehr das Erschließen der Sachsituation, das Auffinden des Ansatzpunktes der mathematischen Erkenntnis, die das Herauslösen der notwendigen Operationsschritte aus dem Sachzusammenhang ermöglicht« (ebd. 1962, 18 f.; Hervorh. GKr/PS; vgl. auch Modellbildung in Kap. 1.3.1).

Verdeutlichen kann man sich diesen Zusammenhang an der *Kinoaufgabe* aus Kap. 4.1: Sie alle verfügen mit Sicherheit über die für diese Aufgabe notwendigen Rechen*fertigkeiten*. Dennoch fehlten Ihnen möglicherweise die *Fähigkeiten* (eine Idee, ein Ansatz, ein mathematisches Modell), diese Aufgabe zu lösen.

Die Begriffe Fertigkeiten und Fähigkeiten sind aber nicht ausschließlich auf den Bereich des Sachrechnens zu beziehen und meinen bspw. bezogen auf die schriftlichen Rechenverfahren Folgendes: Über die *Fertigkeit* des schriftlichen Addierens zu verfügen, bedeutet, eine Aufgabe wie 395+218 schriftlich lösen zu können. Über *Fähigkeiten* in diesem Bereich zu verfügen, bedeutet bspw. auch zu verstehen, *warum* dieser Algorithmus funktioniert, seine Funktionsweisen und strukturellen Gegebenheiten zur Analyse von Fehlern, zur Argumentation und Begründung – auch anderer Inhalte und Strukturen – ausnutzen zu können, für ›geschicktes‹ Rechnen zu nutzen (flexibles Umbauen von Aufgabenstellungen; hier z. B. 395+218 = 400+213) etc.

> Versuchen Sie, im Sinne Menningers (1992), die Fähigkeit des ›Zahlenblicks‹ zu entwickeln, d. h. geschickte Optionen sehen zu lernen: Lösen Sie die folgenden Aufgaben also möglichst geschickt:
>
> $23 \cdot 27 =$ $25 \cdot 36 =$ $3000 : 125 =$ $750 : 15 =$

Diesen Fähigkeiten im Unterricht einen breiteren Raum zu geben, wird häufig als Gefahr für den Erwerb der *Fertigkeiten* gesehen. Beide Aspekte stehen jedoch nicht in Konkurrenz zueinander: »Wenn man versteht, wie und warum ein Algorithmus funktioniert, wird man ihn vermutlich besser erinnern und fähig sein, ihn für die Lösung eines neuen Problems anzupassen. Wenn man einen Algorithmus erinnert, aber keine Ahnung hat, wie er funktioniert, wird man ihn kaum flexibel einsetzen« (Hiebert 2000, 437; Übers. GKr/PS). Auch für den wichtigen Fertigkeitsbereich der *automatisierten* Wissenselemente ist keineswegs eine Unvereinbarkeit mit den Fähigkeiten zu erkennen: »Die Automatisierung steht [...] nicht etwa im Gegensatz zum aktiv-entdeckenden Lernen, sondern ist vielmehr komplementär dazu: Durch aktiv-entdeckendes Lernen wird die Verständnisgrundlage für die Automatisierung geschaffen. Umgekehrt machen automatisiert verfügbare Fertigkeiten den Lerner frei für weiterführende aktiv-entdeckende Lernprozesse« (Wittmann 1997a, 135; vgl. Kap. 1.1.7.1).

4.3 Schülerorientierung & Fachorientierung

Der in Kap. 2.1 ausgeführte Paradigmenwechsel im Verständnis von Lernen und Lehren hat auch bezogen auf Schüler- und Fachorientierung entscheidende unterrichtliche Konsequenzen bewirkt. So ist einerseits ein schülerorientiertes Vorgehen aus verschiedensten Gründen erforderlich, wie etwa der *Eigentätigkeit* der Schülerinnen und Schüler, des Ernstnehmens von *Vorkenntnissen* oder auch der allgemein zunehmenden *Heterogenität* der Schülerschaft der Grundschule (vgl. z. B. Radatz 1995b sowie Kap. 3.1.1).

Mit der Forderung nach Schülerorientierung dürfen natürlich andere Aspekte wie etwa das soziale Lernen nicht vernachlässigt werden (vgl. Hawkins 1969; Radatz 1995b). Auch Wallrabenstein (1991) spricht von einer notwendigen Balance zwischen Individualisierung, sozialem Lernen und dem Lerngegenstand, denn häufig sei – abhängig vom Schultyp – eine Dominanz jeweils eines Aspektes vorzufinden, was durchaus Gefahren in sich berge. Bspw. kann eine übermäßige Individualisierung in der Grundschule dazu führen, dass jedes Kind isoliert für sich Arbeitsblätter bearbeitet. Des Weiteren hält man häufig die Schülerorientierung bereits *allein* durch die *methodische* Öffnung in Form von Frei- oder Wochenplanarbeit für gegeben. Das Fach spielt in dieser Sichtweise lediglich eine untergeordnete Rolle.

Der Pädagoge Dewey hat schon 1926 das Verhältnis von Kindorientierung und Wissenschaftsorientierung treffend beschrieben und den vermeintlichen Gegensatz relativiert: die zunächst dominierende fachliche Orientierung mit dem Belehrungsgedanken – weitestgehend ohne Berücksichtigung individueller Unterschiede; später dann eine Kindorientierung, bei der man vom Kinde erwartete, »dass es diese oder jene Tatsache oder Wahrheit aus seinem eigenen Geiste heraus ›entwickelt‹ […], ohne ihm Rahmenbedingungen zu geben, die es als Anregung und zur Selbstkontrolle braucht. […] Entwicklung heißt nicht, dass dem kindlichen Geist *irgendetwas* entspringt, sondern, dass *substanzielle* Fortschritte gemacht werden, und das ist nicht möglich, wenn nicht eine geeignete Lernumgebung zur Verfügung steht« (Dewey 1976, 282 f.; Hervorh. u. Übers. E. Ch. Wittmann).

Wie kann nun im Fach Mathematik eine geeignete Lernumgebung aussehen, wenn ›schülerorientierter Unterricht‹ insbesondere auch *inhaltliche Öffnung* heißen soll? Gemeint ist keinesfalls eine Beliebigkeit der Inhaltsangebote. Anderseits darf es nicht lediglich um *gelehrte* Verfahren und Inhalte gehen, denn ein derartiges Vorgehen hat nur wenig mit Offenheit und Lebendigkeit zu tun (vgl. Hawkins 1969; Wittmann 1996). Durch die Konzentration auf *fundamentale Ideen des Faches* (Wittmann 1995a, 20 ff.; vgl. auch Kap. 2.2) ist zwar der Rahmen abgesteckt, aber innerhalb dieses Rahmens ist Offenheit gegeben. Im Unterricht muss den Kindern eine lebendige Begegnung mit dem Lernstoff ermöglicht werden, und dies geschieht umso besser, je mehr der Unterricht an die kindlichen Erfahrungen anknüpfen kann.

Möglichkeiten dafür bieten sich bspw. im Rahmen von Projekten, aber eben auch bei innermathematischen Fragestellungen. Wir haben dazu an verschiedenen Stellen sogenannte ›Substanzielle Lernumbebungen‹ konkretisiert, deren Charakteristika in Kap. 2.1.2 und 3.1.3 näher beleuchtet wurden. Auch hier verfügen die Kinder über Erfahrungen, und viele Übungsformen beinhalten mathematische Gesetzmäßigkeiten, die von den Kindern entdeckt und genutzt werden und zum Weiterdenken anregen können. Dabei werden die fachlichen Strukturen den Kindern aber nicht fest vorgeschrieben, sondern ergeben sich aus der Sache heraus. So wird die 10er-Strukturierung, die Grundlage unseres Zahlsystems, in ganz natürlicher Weise und zwangsläufig verwendet (z. B. bei Anzahlerfassungen und Rechenoperationen). Wie Verbindungen zwischen individuellen und konventionellen Wegen im konkreten Fall aussehen können, werden wir im folgenden Kap. 4.4 beleuchten.

Auch Schülerorientierung und Fachorientierung sind also nur *vermeintliche* Gegensätze: Ausgehend vom Fach können substanzielle Lernumgebungen und Aufgabenkontexte in natürlicher Weise den Fähigkeiten *aller* Schülerinnen und Schüler gerecht werden und sie individuell angemessen fördern. Auch Dewey hat herausgearbeitet, dass Individuen die Wechselwirkung, d. h. das wechselseitige Spiel von geistigem Bedürfnis und inhaltlichem Angebot benötigen. Er betont die fachliche Kompetenz aufseiten der Lehrerin, denn »wenn der Lehrer die Erkenntnisse der Menschheit, die in den Inhalten der Fächer verkörpert sind, nicht wohlweislich und gründlich kennt, kann er die momentanen Kräfte, Fähigkeiten und Einstellungen [...] und ihre Möglichkeiten nicht einschätzen. Noch weniger weiß er, wie sie zu stärken, zu üben und weiterzuentwickeln sind« (Dewey 1976, 291; Übers. E. Ch. Wittmann; vgl. auch Kap. 3.1.7). Die Vereinbarung von Schülerorientierung und Fachorientierung ist *möglich* und sie ist *notwendig*, wenn Schülerorientierung als Förderung und Hilfe zur individuellen Weiterentwicklung verstanden werden soll (vgl. Scherer 1997b).

4.4   Eigene Wege & Konventionen

In Kap. 2.1.1 wurde verdeutlicht, dass eigene Wege, die Entwicklung eigener Lösungsstrategien erforderlich sind, und auch Kap. 4.3 hat die gebotene Verbindung zwischen den individuellen Vorgehensweisen und dem Fach aufgezeigt. Die Frage und häufig auch die Unsicherheit besteht darin, wie sich dann der Erwerb der *konventionellen* Wege vollzieht und ob sich hier etwa ein Widerspruch auftut.

Erinnert werden sollte vorab daran, dass das Lernen auf eigenen Wegen aufseiten der Lernenden keine völlige Beliebigkeit bedeutet. Ihre Strategien, seien sie auch noch so unkonventionell, beinhalten in der Regel mathematische Ideen und Gesetzmäßigkeiten. Aufgabe der Lehrerin ist es daher, diese mathematischen Ideen herauszuarbeiten und offenzulegen (vgl. Ginsburg/Seo 1999, 113) sowie den Grad der Konventionsnähe zu erkennen. Das wiederum setzt natürlich eine hinreichende fachliche Kompetenz voraus (vgl. Kap. 3.1.7). Fest steht, dass Schülerinnen und Schüler (ab einem bestimmten Zeitpunkt) letztlich auch die konventionellen Wege verstehen müssen (vgl. auch Kap. 1.1.7). Dabei ist das Optimieren eigener Strategien kein Widerspruch zum konstruktivistischen Verständnis (vgl. Ginsburg/Seo 1999, 127).

Wir wollen anhand eines Beispiels zunächst individuelle Wege von Schülerinnen und Schülern zur Aufgabe 24·4 vorstellen, um anschließend Verbindungen zu den Konventionen, hier bspw. zu Hauptstrategien der halbschriftlichen Multiplikation, aufzuzeigen. Die Schülerdokumente stammen von Fünftklässlern einer Schule für Lernbehinderte, von Schülern, denen man eigene Strategien häufig in wohlgemeinter Absicht nicht zugesteht (vgl. auch Kap. 3.1.4). Diese Gruppe hatte Aufgaben wie 24·4 noch nicht behandelt (zur ausführlichen Darstellung vgl. Scherer 1997b).

> Überlegen Sie zunächst selbst, wie Sie die Aufgabe 24·4 im Kopf berechnen, und versuchen Sie vor dem Weiterlesen, die individuellen Wege der drei Kinder (Abb. 4/2a und 4/2b sowie 4/3) zu verstehen!

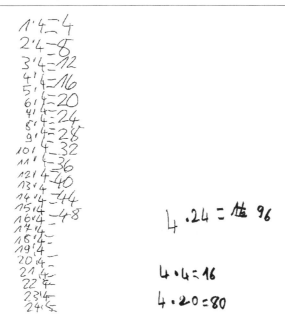

Abb. 4/2a und 4/2b: Sandrinas und Bettinas Strategie (aus Scherer 1997b, 39)

- Sandrina notierte die Aufgaben von 1·4 bis 24·4, ohne diese zunächst auszurechnen (Abb. 4/2a). Sie begann bei der leichtesten Aufgabe und berechnete nach und nach

die weiteren Ergebnisse, wobei sie in den Zeilen verrutschte und irgendwann diesen mühseligen Weg aufgab.
- Bettina rechnete *halbschriftlich*, nach der Strategie ›Schrittweise‹[143]. Sie rechnete zunächst im Kopf und notierte nur das Ergebnis. Auf Ermunterung der Lehrerin konnte sie ihren Weg auch verschriftlichen (Abb. 4/2b).
- Auch Jan berechnete zunächst die Ergebnisse des kleinen Einmaleins (Abb. 4/3). Leider unterlief ihm bei der Tabelle ein Fehler, der sich dann weiter durchzog (9/34, zwar später korrigiert, dann 10/38). Seiner Tabelle entnahm Jan dann die Zwischenergebnisse, um halbschriftlich das Ergebnis zu ermitteln: Er wollte die Aufgabe aufspalten in 10·4 + 10·4 + 4·4, notierte jedoch 38 + 38 + 4. Zusätzlich unterlief ihm ein Rechenfehler. Vom Ansatz her war sein Vorgehen recht geschickt, und hier zeigte sich, dass häufig Rechenfertigkeiten eingeschränkt sind, gute Fähigkeiten zur Strategie-Entwicklung und Problemlösung hingegen durchaus vorhanden sein können.

Abb. 4/3: Jans Strategie (aus Scherer 1997b, 40)

Man mag geneigt sein, den Kindern sofort eine halbschriftliche Strategie oder gar den schriftlichen Algorithmus zu erklären, zumal einige Lösungen fehlerhaft waren. So könnten die Kinder den Algorithmus wenigstens fehlerfrei durchführen, und der Rechenaufwand wäre viel geringer. Für den vorgeschlagenen Weg – den Kindern individuelle Strategien zu ermöglichen – spricht jedoch zweierlei: Man erhält Informationen über Fähigkeiten und auch Schwierigkeiten, die frühzeitig erkannt und behoben werden können (vgl. Kap. 3.1.1). Noch wesentlicher erscheint es, dass das Selbstvertrauen der

---

143 Bei diesem Aufgabentyp (Multiplikation einer zweistelligen mit einer einstelligen Zahl) ist nicht zu unterscheiden, ob Bettinas eigentliche Intention das Aufsplitten der Faktoren in ihre Stellenwerte war, entsprechend der bekannten Strategie ›Stellenwerte extra‹ bzgl. der Addition. Die Struktur des Malkreuzes war ihr nicht bekannt, so dass unklar bleibt, ob die Komplexität der stellenweisen Multiplikation (vgl. auch Abb. 1/22) bewältigt worden wäre.

Kinder hinsichtlich ihrer eigenen Leistungen gefördert werden kann, wie generell, wenn sie mit Problemen konfrontiert werden.

Die Entwicklung eigener Strategien sollte also erwünscht sein, allerdings mit dem Ziel der Optimierung, der Verwendung effektiver Strategien, d. h., an dieser Stelle kommt auch die Fachorientierung zum Tragen: Konventionelle Verfahren werden umso erfolgreicher verwendet, wenn sie mit den individuellen Strategien, dem Wissen und den Erfahrungen der Kinder verbunden werden. Im Sinne der Fachorientierung sollten die verschiedenen Wege zunächst verglichen werden, um diese dann im Zuge ›Fortschreitender Schematisierung‹ (Treffers 1983; vgl. auch Kap. 2.2) zu optimieren: So entdeckten bspw. Sandrina und Jan im anschließenden Gespräch, dass sie Aufgaben mit glatten 10er-Zahlen eigentlich auch im Kopf rechnen könnten – wie Bettina. Jans Fehler beim Zusammenfassen der Teilergebnisse konnte durch die Veranschaulichung am Punktfeld verdeutlicht werden (Abb. 4/4). Deutlich wurde hierbei auch für Jan die weitere Schematisierung seiner Strategie: Seine Zerlegung 10·4 (Schwarzes Punktfeld) + 10·4 (weißes Punktfeld) + 4·4 (schwarzes Punktfeld) kann zusammengefasst werden als 20·4 + 4·4, der ›Endform‹ der halbschriftlichen Strategie ›Schrittweise‹ (vgl. z. B. Wittmann/Müller 1992, 60 f.; Kap. 1.1.7.2).

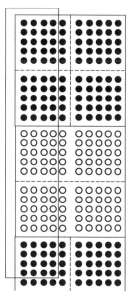

Abb. 4/4: Veranschaulichung verschiedener Strategien am Punktfeld

Für all dies ist die Fachkompetenz aufseiten der Lehrerin von zentraler Bedeutung (vgl. Kap. 3.1.7), denn wie will sie ohne hinreichende fachliche Souveränität den Kindern individuelle Wege ermöglichen, ohne diese zunächst einmal selbst zu kennen? Und wie soll sie ihnen helfen, Strategien zu optimieren und mit den konventionellen Verfahren zu verbinden (vgl. Lampert 1990)?

4.5 Offene & geschlossene Aufgaben

Wir haben in diesem Buch bereits unter verschiedenen Perspektiven Aufgaben und Aufgabenformate analysiert, und dabei die Bedeutung offenerer Aufgabenstellungen herausgestellt (vgl. z. B. Kap. 1.3 oder 3.1.3). Offene Aufgaben repräsentieren sicherlich im Sinne eines offenen Unterrichts das aktuelle Verständnis von Lernen und Lehren und bieten vielfältige Möglichkeiten für die konkrete unterrichtliche Gestaltung von Lernprozessen.

In Kap. 3.1.6 wurde das Problem heterogener Lerngruppen beleuchtet: Offene Aufgaben, etwa das Erfinden von Aufgaben, können hier in *quantitativer* Hinsicht durch die Anzahl der gefundenen Zahlensätze differenzieren. Das unterschiedliche Lerntempo der Schülerinnen und Schüler einer Klasse, auch in jahrgangsgemischten Klassen, kann bei einer solchen Aktivität in natürlicher Weise berücksichtigt werden. In *qualitativer* Hinsicht bieten sich Differenzierungsmöglichkeiten durch den Schwierigkeitsgrad der gefundenen Aufgaben, etwa beim Erfinden von Rechengeschichten, oder auch durch die gewählte Lösungsstrategie, wobei prinzipiell für einen Inhalt kein objektiver Schwierigkeitsgrad festgelegt werden kann (vgl. auch Bromme 1992). Verschiedene Faktoren sind für den Schwierigkeitsgrad verantwortlich und werden subjektiv von den Lernenden unterschiedlich wahrgenommen. Die subjektive Einschätzung der Schülerinnen und Schüler selbst kann dabei erheblich vom Schwierigkeitsgrad abweichen, den die Lehrerin angenommenen hat.

Das erfolgreiche Bewältigen offener Aufgabenstellungen ist oftmals nicht spontan gegeben. Den Umgang mit Offenheit müssen viele Kinder (und auch Lehrerinnen) erst erlernen: Manche Schülerinnen und Schüler versuchen bei offenen Problemstellungen, bspw. beim Erfinden von Aufgaben zu einem festen Ergebnis (z. B. das einführende Beispiel in Kap. 3.1.4) die Anforderungen minimal zu halten bzw. diesen auszuweichen. Da dies aber – wenn es dann bei einzelnen Schülern wiederholt vorzufinden ist – langfristig keine substanziellen Lernprozesse fördert, ist ein bewusstes Unterscheiden und Finden von leichten und schwierigen Aufgaben anzustreben (Van den Heuvel-Panhuizen 1996, 144 f.). Variationen zum einführenden Beispiel in Kap. 3.1.4 wären dann »Finde leichte Aufgaben mit dem Ergebnis 100!« und gleichzeitig »Finde schwierige Aufgaben mit dem Ergebnis 100!«. Dass es am Anfang schwer fallen mag, diese Entscheidung selbst zu treffen, ist verständlich. Die Schülerinnen und Schüler sollten explizit auch über den eingestuften Schwierigkeitsgrad reflektieren und begründen, warum sie bestimmte Aufgaben der einen oder anderen Kategorie zuordnen. Die selbstständige Wahl eines eigenen Bearbeitungsniveaus kann langfristig zum Ziel der Selbstorganisation eigener Lernprozesse beitragen (vgl. Böhm et al. 1990, 144) und den Umgang mit offeneren Situationen, wie sie in der Lebenswelt typisch sind, erleichtern und fördern (vgl. auch Scherer 2006a).

Neben dem Nutzen für den alltäglichen Unterricht stellt sich die Frage, ob und wie sie auch zur Leistungsbewertung eingesetzt werden können. In den nationalen und internationalen Vergleichsstudien (vgl. Kap. 3.1.2) werden offene Aufgaben häufig vermieden, da der erhöhte Auswertungsaufwand gescheut wird und oftmals auch nicht zu leisten ist. Geschlossene Aufgaben mit vermeintlich eindeutigen Antworten werden bevorzugt. Dass man aber dem Denken und den Leistungen der Kinder nicht unbedingt gerecht wird und nicht gerecht werden kann, zeigen verschiedene kritische Beiträge. Dabei liegt es an vielen Stellen am Auswertungsverfahren bzw. der jeweiligen Codierung. So forderte eine der VERA-Aufgaben zur Geometrie das Einzeichnen der verschiedenen Spiegelachsen eines Rechtecks. In den Auswertungshinweisen gab es jedoch keine Möglichkeiten, Teillösungen zu bewerten: Das Einzeichnen nur einer Spiegelachse oder einer/zwei korrekten zusammen mit einer/zwei falschen Achsen wird genauso bewertet wie ein Nichtbearbeiten der Aufgabe (vgl. Selter 2005). Van den Heuvel-Panhuizen (2006) betont, dass für das Erreichen von Bildungszielen, wie bspw. der Standards, entscheidend ist »dass die Aufgaben zur Leistungsmessung den Standards gerecht werden« (ebd., 14). Sie gibt hierzu konkrete Beispiele, von denen wir für den Bereich ›Größen und Messen‹ eine eher geschlossene und eine offene Problemstellung aufgreifen wollen (ebd., 15 f.).

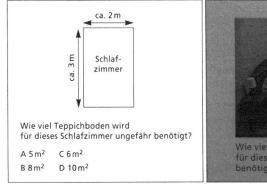

Abb. 4/5a und 4/5b: Zwei unterschiedliche Problemstellungen zum Flächeninhalt (van den Heuvel-Panhuizen 2006, 15)

Während die Aufgabe 4/5a im Multiple-Choice-Format lediglich überprüft, ob die Schüler den Flächeninhalt korrekt berechnen und etwa von der Umfangsberechnung unterscheiden können, geht Aufgabe 4/5b viel weiter: Neben den erforderlichen Berechnungen müssen sich die Schülerinnen und Schüler plausible Maße und Einheiten selbst verschaffen, bspw. Alltagswissen oder Schätzen (vgl. auch Kap. 1.3.4). »Insgesamt enthält [die] Aufgabe [...] viele Elemente, die wir Kindern im Bereich von Größen und Messen beibringen möchten. Darüber hinaus kann diese Aufgabe uns viel über den Entwicklungsstand der Kinder sagen. Das liegt hauptsächlich daran, dass es sich um eine offene Aufgabe handelt. Die Kinder sind gezwungen, ihren eigenen Lösungsweg zu finden und aus dem ihnen zur Verfügung stehenden Repertoire mathematischer Werkzeuge selbstständig eines auszuwählen« (Van den Heuvel-Panhuizen 2006, 15).

Diese Beispiele sollen verdeutlichen, dass verschiedene Aufgabentypen, das Spektrum zwischen offenen und geschlossenen Aufgaben, sowohl für Unterricht als auch für Leistungsmessungen ihre Berechtigung haben: Nicht alle Ziele des Mathematikunterrichts, etwa die Förderung von Basisfertigkeiten auf Schnelligkeit, können durch offene Aufgaben erreicht werden; und auch bei manchen Lernstandserhebungen ist eher das Überprüfen von Faktenwissen (wie bspw. in Abb. 4/5a) sinnvoll. Von zentraler Bedeutung ist die didaktische Reflexion durch die Lehrperson, die Frage, was eine bestimmte Aufgabe leisten und überprüfen kann und was eben nicht.

Wir werden der Frage nach der Möglichkeit der Gewährleistung sowohl individueller Freiräume als auch der Überprüfung von Leistungen im folgenden Abschnitt weiter nachgehen.

4.6 Individuelles Lernen & Leistungsbewertung

Es ist allgemeiner Konsens, dass Kindern im Unterricht Freiräume für Eigentätigkeiten ermöglicht werden müssen. Ein möglicher Hinderungsgrund ergibt sich aber für viele Lehrerinnen und Lehrer dann, wenn dieses individuelle Lernen mit seinen z. T. recht unterschiedlichen, weil individuellen Wegen beurteilt und bewertet werden muss.[144] »Immer weniger finden wir in Grundschulen einen Unterricht, der für alle Kinder zur gleichen Zeit das Gleiche anbietet [...] Dennoch ist die Leistungsbewertung nicht im gleichen Maße in den Veränderungsprozess einbezogen worden« (Brosch 1999, 31). Festzuhalten bleibt aber zunächst einmal, dass die Lehrerin zu individueller und differenzierter Leistungsbeurteilung verpflichtet ist, denn »Individuelle Kompetenzen und Defizite werden kontinuierlich und differenziert festgestellt. Flexible Zeitvorgaben bei Leistungsfeststellungen unterstützen die Schülerinnen und Schüler dabei, ihre Kompetenzen zu zeigen« (MSJK 2003, 87). Des Weiteren werden Formen der *ermutigenden Rückmeldung* praktiziert (ebd., 88), um die persönliche Leistungsentwicklung zu fördern.

Es wird schnell klar, dass es bei Beurteilungen, die individuelle Leistungen berücksichtigen wollen, nicht mehr um *inter*individuelle, sondern eher um *intra*individuelle Beurteilungen, d. h. eher um die Lern*entwicklung* geht. Gleichzeitig wechselt auch die Orientierung vom Produkt zum Prozess (vgl. auch Schipper 1998; MSJK 2003; Sundermann/Selter 2006a). Damit einher geht die aktuelle Diskussion um die Abschaffung von Zensuren, die viele Grundschullehrerinnen wünschen: Noten geben ihrer Meinung nach zu wenig Informationen über individuelle Leistungen und für individuelle Förderung, vielmehr können sie zum konkurrierenden Leistungsvergleich der Kinder untereinander beitragen (vgl. Schaub 1999, 47; auch Bartnitzky (Hg.) 2005, 18 ff.). Diese Diskussion

---

144 Ein ähnliches Spannungsfeld sei an dieser Stelle lediglich genannt und nicht weiter ausgeführt: »Angesichts verstärkter Forderungen nach sozialem Lernen, angesichts der Forderungen der Wirtschaft, in den Schulen Teamfähigkeit auszubilden, gewinnt Gruppenarbeit an Bedeutung. Wie kann gemeinsam erbrachte Leistung verstanden, beschrieben und bewertet werden?« (Winter 1999, 70).

läuft jedoch Gefahr, sich lediglich auf den Wechsel der Mitteilungsform zu konzentrieren und andere, wesentliche Aufgaben aus dem Blick zu verlieren, »die Verbesserung der pädagogischen Diagnostik und die Klärung einer pädagogisch wirkungsvollen Lern- und Leistungsbeurteilung« (Demmer 1999, 141). Es sollte also um vielschichtigere Aspekte wie z. B. förderungsdiagnostisches Handeln, Erhöhen der diagnostischen Kompetenz der Lehrerinnen und Lehrer, informative Rückmeldungen an das Kind (und auch an die Eltern) und andere Formen der Information gehen (vgl. z. B. Schaub 1999, 48). Die Erfahrungen mit veränderten, mehr individualisierenden Beurteilungen sind positiv: Festzustellen ist eine Reduktion der Versagensängste der Kinder, des Konkurrenzdenkens in der Klasse und ein erhöhtes Lernen um der Sache willen, eine Steigerung des Selbstvertrauens der Kinder und der Freude am Lernen (LSW 1999, 65 zit. in Wiemer 1999, 65). Die Formen der alltäglichen Leistungsfeststellung werden insgesamt vielfältiger (vgl. z.B. Forthaus/Schnitzler 2004; Hilf/Lack 2004; Ruwisch 2004; Sundermann/Selter 2006a/b) und versuchen einerseits bestehende Formen konstruktiv zu verändern (Beispiel Klassenarbeiten oder Umgang mit Parallelarbeiten) oder aber neue Formen zu etablieren, wie etwa Formen der Selbsteinschätzung durch die Kinder.

Die positiven Effekte scheinen eindeutig. Was häufig als Hinderungsgrund angeführt wird, ist der erhöhte Zeitaufwand bei Beurteilungen sowie die Durchführung und Realisierung entsprechender Test- und Prüfungsaufgaben. Der geschilderte Wechsel im Verständnis von Leistungsbeurteilung spiegelt sich aber schon in einigen Forschungen zu Tests bzw. allgemein zu Bewertungen wider, in denen einige der folgenden Tabus infrage gestellt wurden:
»1. Es gibt nur eine korrekte Antwort, aber verschiedene Lösungsstrategien.
2. Es gibt mehrere korrekte Antworten und auch verschiedene Lösungsstrategien.
3. Es gibt mehrere mögliche Antworten, die nicht immer eindeutig korrekt oder nicht korrekt sind und auch verschiedene Lösungsstrategien« (Van den Heuvel-Panhuizen 1992; Übers. GKr/PS).

Als Beispiel für eine derartige Testaufgabe verweisen wir auf das ›Eisbärproblem‹ in Kap. 3.1.1 sowie auf das Teppichproblem in Kap. 4.5, für das unterschiedliche Lösungsstrategien und Ergebnisse vorgestellt wurden, die trotz ihrer Verschiedenheit *alle* korrekt sein können.

Wir wollen nachfolgend exemplarisch aufzeigen, dass selbst in einem Modell des Mathematikunterrichts, der fast *ausschließlich* von individuellem Lernen geprägt ist, Leistungsbeurteilung möglich ist und zwar am Beispiel der Reisetagbücher (vgl. Gallin/Ruf 1990/1993 sowie Kap. 2.3.1.2), bei denen die Fächer Sprache und Mathematik verbunden werden: »Das Reisetagebuch ist […] mit einer Werkstatt vergleichbar, in welcher der Lernende in schriftlicher Auseinandersetzung mit dem Schulstoff am Aufbau seiner Fachkompetenz arbeitet. Nicht die Fachsprache, sondern die je individuelle, singuläre Sprache des Lernenden ist das Medium, in dem sich der Lernende im Reisetagebuch bewegt« (Gallin/Ruf 1993, 14). Zentrale Voraussetzung ist die Auswahl geeigneter Probleme durch die Lehrerin, zu denen die Schülerinnen und Schüler zunächst individuelle Lösungsstrategien entwickeln, die im Reisetagebuch niedergeschrieben werden. Im zweiten Schritt werden die unterschiedlichen Ideen und Lösungswege in der Gesamtgruppe ausgetauscht, um dann im dritten Schritt von der Lehrerin mit dem regulären Mathematikunterricht verbunden zu werden (vgl. Gallin/Ruf 1990).

Gibt es nun für solche offeneren Formen des Lernens auch offenere Formen der Beurteilung? »Lassen sich die individuellen Leistungen [...] in ein Bewertungssystem übersetzen, das sich traditionsgemäß fast ausschließlich auf Prüfungen abstützt, bei denen alle am gleichen Maßstab gemessen werden sollen?« (Gallin/Ruf 1993, 29). Hier könnte natürlich die Gefahr bestehen, ›das Kind mit dem Bade auszuschütten‹: Vor lauter Individualisierung und intrapersonaler Entwick-

	Mittelwert der Hakenzahl (Weg)						
	0	0.5	1	1.5	2	2.5	3
1	1.0	2.0	2.5	3.0	4.0	4.5	5.0
1.5	1.5	2.0	2.5	3.5	4.0	4.5	5.0
2	1.5	2.0	3.0	3.5	4.0	4.5	5.0
2.5	2.0	2.5	3.0	3.5	4.0	4.5	5.5
3	2.0	2.5	3.5	4.0	4.5	5.0	5.5
3.5	2.5	3.0	3.5	4.0	4.5	5.0	5.5
4	3.0	3.5	4.0	4.0	4.5	5.0	5.5
4.5	3.5	3.5	4.0	4.5	5.0	5.0	5.5
5	4.0	4.0	4.5	4.5	5.0	5.5	6.0
5.5	4.5	4.5	5.0	5.0	5.5	5.5	6.0
6	5.0	5.5	5.5	5.5	6.0	6.0	6.0

Mittelwert der Produktnoten

Tab. 4/1: Tabelle zum Ablesen der Zeugnisnote (aus Gallin/Ruf 1993, 32)

lung könnte die Zielorientierung *völlig* aus dem Blick geraten. Es muss sicherlich ein Übergang von einer *individualbezogenen* zur *lernzielorientierten* Norm erfolgen, denn ein Schüler, der zwar an sich selbst gemessen gute Fortschritte macht, jedoch meilenweit von den Zielen der Klasse entfernt ist, muss *beide* Bewertungsmaßstäbe erkennen. Gallin/Ruf schlagen ein Modell einer nicht linearen, zweidimensionalen Leistungsbewertung vor, in dem es einerseits um *lernwegorientiertes* Generieren des Wissens und andererseits um *lernzielorientiertes* Herstellen von Produkten geht (ebd., 31). Sie verteilen für die Lern*wege* ein oder zwei Haken entsprechend der Bewertung ›erfüllt‹ oder ›gut‹. Daneben gibt es auch die Wertung drei Haken für einen ›Wurf‹ (das sind originelle und ungewöhnliche Leistungen). Hierbei kann es sich durchaus auch um einen fruchtbaren Irrtum handeln. Insgesamt ergibt sich die Tabelle (Tab. 4/1), die die Verrechnung der beiden Noten[145] verdeutlicht. Dabei ist die Berechnung der Notenwerte in

---

145 Anders als im deutschen Notensystem handelt es sich in der Schweiz bei der 6 um die beste Note und entsprechend bei der 1 um die schlechteste.

den einzelnen Zellen der Tabelle nicht willkürlich gewählt, sondern auf der Basis eines mathematischen Verteilungsschlüssels (vgl. ebd.).

Wir wollen auf die obige Tabelle nicht im Detail eingehen, lediglich festhalten, dass die beiden Noten stark voneinander abweichen können und ein Ausgleich einer schlechten Note in einem Bereich durch den jeweils anderen Bereich möglich ist. Die Autoren versuchen »der individuellen Leistungsentwicklung gerecht zu werden, ohne überindividuelle Maßstäbe aus den Augen zu verlieren. Dass schließlich die Bewertung der Schülerleistung im Zeugnis auf eine einzige Zahl verkürzt wird, mag unter verschiedenen Gesichtspunkten unbefriedigend erscheinen. Wir sehen darin keine abschließende Lösung der Notenproblematik, wohl aber eine deutliche Verbesserung gegenüber dem linearen, eindimensionalen Bewertungssystem, das nur ungenügende Anreize für singuläres Gestalten und individuelle Leistungsfortschritte schafft« (Gallin/Ruf 1993, 32).

Literatur

Abele, A. (1991): Argumentationsfähigkeit von Grundschülern. Beiträge zum Mathematikunterricht, S. 121–124. Bad Salzdetfurth

Abele, A. (1992): Schülersprache – Lehrersprache. Zwei Fallstudien aus dem Mathematikunterricht. Mathematische Unterrichtspraxis, H. I, S. 1–8

Abele, A. et al. (1970): Überlegungen und Materialien zu einem neuen Lehrplan für den Mathematikunterricht in der Grundschule. Die Schulwarte, H. 9/10, S. 117–156

Aebli, H. (1966): Psychologische Didaktik. Stuttgart

Aebli, H. (1968): Über die geistige Entwicklung des Kindes. Stuttgart

Aebli, H. (1976): Grundformen des Lehrens. Eine allgemeine Didaktik auf kognitionspsychologischer Grundlage. Stuttgart

Aebli, H. (1985): Das operative Prinzip. mathematik lehren, H. 11, S. 4–6

Ahmed, A. (1987): Better Mathematics. A Curriculum Development Study. London

Ahmed, A. (1999): Children's activities and play: Connecting with and transforming into mathematical learning. In: M. Hejny/J. Novotná (Hg.), S. 179–180. Prague

Ahmed, A./Williams, H. (1997): Numbers & Measures. Oxfordshire

Anderson, J. (2002): Gender-related differences on open and closed assessment tasks. International Journal of Mathematical Education in Science and Technology, H. 4, S. 495–503

Andresen, U. (1985): So dumm sind sie nicht: Von der Würde der Kinder in der Schule. Weinheim

Anghileri, J. (1997): Uses of counting in multiplication and division. In: I. Thompson (Ed.), Teaching and learning early number, S. 41–51. Buckingham

Anthony, G. J./Walshaw, M. A. (2004): Zero: A ›None‹ Number? Teaching Children Mathematics, S. 38–42

Arnold, N. (1997): Computer im offenen Unterricht der Primarstufe. Grundschulunterricht, H. 4, S. 18–21

Artelt, C. et al. (2001): Lesekompetenz: Testkonzeption und Ergebnisse. In: J. Baumert et al. (Hg.), PISA 2000. Basiskompetenzen von Schülerinnen und Schülern im internationalen Vergleich, S. 69–137. Opladen

Aubrey, C. (1997): Children's early learning of number in school and out. In: I. Thompson (Ed.), Teaching and learning early number, S. 20–29. Buckingham

Backe-Neuwald, D. (1998): Über den Geometrieunterricht in der Grundschule. Ergebnisse einer schriftlichen Befragung von LehrerInnen und LehramtsanwärterInnen. Mathematische Unterrichtspraxis, H. I, S. 1–12

Baireuther, P. (1996a): Wie können Lehrer, die selbst nur totes Mathematikwissen (gelernt) haben, lebendigen Mathematikunterricht geben? In: R. Biehler et al. (Hg.), Mathematik allgemeinbildend unterrichten: Impulse für Lehrerbildung und Schule, S. 166–181. Köln

Baireuther, P. (1996b): Subjektive Erfahrungsbereiche in der Grundschulmathematik. In: K. P. Müller (Hg.), Beiträge zum Mathematikunterricht, S. 67–70. Hildesheim

Barber, M. et al. (2002): Freddy. Vampirisch gute Noten. Mathematik Klasse 2. Prospekt Lernsoftware 2003/2004. Leipzig

Bardy, P. (2002): Eine Aufgabe – viele Lösungswege. Grundschule, H. 3, S. 28–30

Baroody, A. J. (1987): Children's Mathematical Thinking. A Developmental Framework for Preschool, Primary and Special Education Teachers. New York

Baroody, A. J./Ginsburg, H. P. (1992): Children's Mathematical Learning: A Cognitive View. In: R. B. Davis et al. (Ed.), Constructivist Views on the Teaching and Learning of Mathematics, S. 51–64. Reston

Bartnitzky, H. et al. (2003): Bildungsansprüche von Grundschulkindern – Standards zeitgemäßer Grundschularbeit. Grundschulverband aktuell, H. 81, S. 1–24

Bartnitzky, H. et al. (2006, Hg.): Pädagogische Leistungskultur: Materialien für Klasse 3 und 4. Frankfurt/M.

Bauer, L. (1998): Schriftliches Rechnen nach Normalverfahren – wertloses Auslaufmodell oder überdauernde Relevanz? Journal für Mathematik-Didaktik, H. 2/3, S. 179–200

Bauersfeld, H. (1983a): Subjektive Erfahrungsbereiche als Grundlage einer Interaktionstheorie des Mathematiklernens und -lehrens. In: H. Bauersfeld et al. (Hg.), S. 1–56. Köln

Bauersfeld, H. (1983b): Kommunikationsverläufe im Mathematikunterricht. Diskutiert am Beispiel des ›Trichtermusters‹. In: K. Ehlich/J. Rehbein (Hg.), Kommunikation in Schule und Hochschule, S. 21–28. Tübingen

Bauersfeld, H. (1993): Mathematische Lehr-Lern-Prozesse bei Hochbegabten – Bemerkungen zu Theorie, Erfahrungen und möglicher Förderung. Journal für Mathematik-Didaktik, H. 3/4, S. 243–267

Bauersfeld, H./Voigt, J. (1986): Den Schüler abholen, wo er steht! Friedrich Jahresheft, H. IV: Lernen, Ereignis und Routine, S. 18–20

Baumann, R. (1998): Projekte im Mathematikunterricht – geht denn das? LOGIN, H. 2, S. 33–45

Baumert, J. et al. (2000, Hg.): TIMSS/III. Dritte Internationale Mathematik- und Naturwissenschaftsstudie. Mathematische und naturwissenschaftliche Bildung am Ende der Schullaufbahn. Band 1. Opladen

Baumert, J. et al. (2001, Hg.): PISA 2000. Basiskompetenzen von Schülerinnen und Schülern im internationalen Vergleich. Opladen

BBS, Freie und Hansestadt Hamburg, Behörde für Bildung und Sport (2003): Bildungsplan Grundschule. Rahmenplan Mathematik. Hamburg

Beck, U. (Hg.,1999): Zahlenreise 2. Berlin

Becker, J. M./Probst, H. (Hg., 1996): Ansichten vom Fahrrad. Marburg

Becker, J./Selter, Ch. (1996): Elementary School Practices. In: A. Bishop et al. (Ed.), International Handbook on Mathematics Education, S. 511–564, Dordrecht/NL

Becker-Mrotzek, M./Meißner, H. (1994): Forschungsprojekt Computer-Lernprogramme in der Grundschule. Abschlussbericht. Westfälische Wilhelms-Universität Münster

Becker-Mrotzek, M./Meißner, H. (1995): Kriterien für die Bewertung von Computer-Lernprogrammen. Grundschule, H. 10, S. 13–15

Bedürftig, Th./Koepsell, A. (1998): Schriftliche Subtraktion ohne ministerielle Vorschrift. Beitrag zur Renaturierung eines Unterrichtsabschnittes. Mathematische Unterrichtspraxis, H. I, S. 13–26

Bender, P. (1980): Analyse der Ergebnisse eines Sachrechentests am Ende des 4. Schuljahres. Teil 1-3. Sachunterricht und Mathematik in der Primarstufe, H. 4, 5 & 6, S. 141–147, 191–198, 226–233

Bender, P. (2004): Die etwas andere Sicht auf den mathematischen Teil der internationalen Vergleichsuntersuchungen PISA sowie TIMSS und IGLU. GDM-Mitteilungen, H. 78, S. 101–108

Bender, P. et al. (1997): Empfehlungen zur fachmathematischen Ausbildung der angehenden Primarstufen-Lehrerinnen und -Lehrer. In: P. Bardy (Hg.), Mathematische und mathematikdidaktische Ausbildung von Grundschullehrerinnen/-lehrern, S. 208–225. Weinheim

Bender, P. et al. (1999): Überlegungen zur fachmathematischen Ausbildung der angehenden Grundschullehrerinnen und -lehrer. Journal für Mathematik-Didaktik, H. 4, S. 301–310

Besuden, H. (1975): Geometrie mit Winkelplättchen. Stuttgart

Besuden, H. (1978): Cuisenaire-Stäbe als Hilfsmittel zur Förderung des induktiven Schließens. Der Mathematikunterricht, H. 4, S. 26–37

Besuden, H. (1985a): Motivierung im Mathematikunterricht durch problemhaltige Unterrichtsgestaltung. Der Mathematikunterricht, H. 3, S. 75–81

Besuden, H. (1985b): Kippfolgen mit einer Streichholzschachtel. mathematik lehren, H. 11, S. 46–49

Besuden, H. (1998): Arbeitsmappe. Verwendung von Arbeitsmitteln für die anschauliche Bruchrechnung. Osnabrück

Beutelspacher, A. (1993): Kann man mit Kindern Mathematik machen, bevor sie rechnen können? Didaktik der Mathematik, H. S. 265–278

Beutelspacher, A. (1996): »In Mathe war ich immer schlecht...«. Braunschweig

Bierach, B./Stelzer, J. (1992): Slalom nach oben. Forbes, H. 9, S. 31–32

Bird, M. (1991): Mathematics for young children. An active thinking approach. Routledge

Blum, W. et al. (2006, Hg.): Bildungsstandards Mathematik: konkret. Sekundarstufe I: Aufgabenbeispiele, Unterrichtsanregungen, Fortbildungsideen. Berlin

BMBF, Bundesministerium für Bildung und Forschung (2004): IT-Ausstattung der allgemein bildenden und berufsbildenden Schulen in Deutschland. Berlin

Bobrowski, S./Forthaus, R. (1998): Lernspiele im Mathematikunterricht. Berlin

Böhm, O. et al. (1990): Die Übung im Unterricht bei lernschwachen Schülern. Heidelberg

Bönig, D. (1995): Multiplikation und Division. Empirische Untersuchungen zum Operationsverständnis bei Grundschülern. Münster

Bönig, D. (2003): Schätzen – der Anfang guter Aufgaben. In: Ruwisch, S./A. Peter-Koop (Hg.), Gute Aufgaben im Mathematikunterricht der Grundschule, S. 102–110. Offenburg

Borovcnik, M. (1996): Fundamentale Ideen als Organisationsprinzip in der Mathematik-Didaktik. In: K. P. Müller (Hg.), Beiträge zum Mathematikunterricht, S. 106–109. Hildesheim

Brayer Ebby, C. (2000): Learning to teach mathematics differently: the interaction between coursework and fieldwork for preservice teachers. Journal of Mathematics Teacher Education, H. 1, S. 69–97

Brinkmann, E./Brügelmann, H. (2004): DEP – Didaktische Entwicklungs- und Prüfstelle für Lernsoftware Primarstufe. www.agprim.uni-siegen.de/dep/swmathe.htm (Zugriff: 2.12.2006)

Bromme, R. (1992): Der Lehrer als Experte. Zur Psychologie des professionellen Wissens. Bern

Bromme, R. et al. (1990): Aufgaben, Fehler und Aufgabensysteme. In: R. Bromme et al. (Hg.), Aufgaben als Anforderungen an Lehrer und Schüler, S. 1–30. Köln

Brosch, U. (1991): Shopping-Pädagogik: Liegt die Offene Unterricht im Zeitgeist-Trend oder bietet er noch immer eine Perspektive zur Veränderung von Schule? Päd-extra, H. 10, S. 38–40

Brosch, U. (1999): Schulen verändern sich. In: W. Böttcher et al. (Hg.), Leistungsbewertung in der Grundschule, S. 30–34. Weinheim

Bruder, R. (1999): Möglichkeiten und Grenzen von Kreativitätsentwicklung im gegenwärtigen Mathematikunterricht. In: M. Neubrand (Hg.), Beiträge zum Mathematikunterricht, S. 117–120. Hildesheim

Bruner, J. S. (1970): Der Prozeß der Erziehung. Düsseldorf

Bruner, J. S. (1974): Entwurf einer Unterrichtstheorie. Berlin

Brunnstein, K. (1985): Was kann der Computer? Friedrich Jahresheft III: Bildschirm: Faszination oder Information, H. S. 88–91

BSUK, Bayerisches Staatsministerium für Unterricht und Kultus (2000): Fachlehrpläne für die Grundschule. http://www.stmuk.bayern.de/km/schule/lehrplaene/ (Zugriff: 2.12.2006)

Büchter, A./Leuders, T. (2005): Mathematikaufgaben selbst entwickeln. Lernen fördern – Leistung überprüfen. Berlin

Büttner, Ch./Schwichtenberg, E. (2001, Hg.): Grundschule digital. Möglichkeiten und Grenzen der neuen Informationstechnologien. Weinheim

Carniel, D. et al. (2002): Räumliches Denken fördern. Erprobte Unterrichtseinheiten und Werkstätten zur Symmetrie und Raumgeometrie. Donauwörth

Christiani, R. (Hg., 1994): Auch die leistungsstarken Kinder fördern. Frankfurt/M.

Claussen, C. (1994): Arbeitsmittel ›auf dem Prüfstand‹. Grundschule, H. 11, S. 8–11

Clements, D. H./Sarama, J. (2000): Young Children's Ideas about Geometric Shapes. Teaching Children Mathematics, H. 8, S. 482–488

De Jong, O./Brinkmann, F. (1997): Guest Editorial: Teacher Thinking and Conceptual Change in Science and Mathematics Education. European Journal of Teacher Education, H. 2, S. 121–124

De Lange, J. (o. J.): Project Rekennet. http://www.fi.uu.nl/rekenweb/ (Zugriff: 2.12.2006)

De Moor, E. (1991): Geometry-instruction (age 4-14) in The Netherlands – the realistic approach –. In: L. Streefland (Ed.), Realistic Mathematics Education in Primary School: On the occasion of the opening of the Freudenthal Institute, S. 119–138. Utrecht

De Moor, E./Treffers, A. (2001): Der beste Taschenrechner steckt im Kopf. In: Selter, Ch./G. Walther (Hg.), Mathematik lernen und gesunder Menschenverstand, S. 124–136. Leipzig

De Moor, E./Van den Brink, J. (1997): Geometrie vom Kind und von der Umwelt aus. mathematik lehren, H. 83, S. 14–17

Demmer, M. (1999): Lernentwicklungsberichte. In: W. Böttcher et al. (Hg.), Leistungsbewertung in der Grundschule, S. 139–142. Weinheim

DER SPIEGEL (1997): Immer geradeaus. DER SPIEGEL, H. 13, S. 196 u. 198

Deschauer, S. (1992): Das zweite Rechenbuch von Adam Ries. Braunschweig

Devlin, K. (1998): Muster der Mathematik. Ordnungsgesetze des Geistes und der Natur. Heidelberg

Dewey, J. (1933): How we think. A restatement of the relation of reflective thinking to the educative process. Lexington

Dewey, J. (1970 (1913)): Interest and effort in education. New York

Dewey, J. (1976): Das Kind und die Fächer. Leicht gekürzte Übersetzung v. E. Ch. Wittmann (Orig.: ›The child and the curriculum‹. John Dewey, The Middle Works 1899-1924, vol. 2, ed. by J. A. Boydston, Carbondale. S. 272–291.

Dick, Th. (1988): The Continuing Calculator Controversy. Arithmetic Teacher, H. 8, S. 37–41

Dienes, Z. P. (1970): Methodik der modernen Mathematik. Freiburg

Doebeli, M./Kobel, L. (1999): Der Einstieg ins kleine 1x1. Multiplikative Strukturen anschaulich machen. Die Grundschulzeitschrift, H. 121, S. 41–43

Donaldson, M. (1991): Wie Kinder denken – Intelligenz und Schulversagen. München

Dröge, R. (1985): Was trägt das Schulbuch zur Ausbildung der Sachrechenkompetenz von Grundschülern bei? mathematica didactica, H. 4, S. 195–216

Dröge, R. (1995): Zehn Gebote für einen schülerorientierten Sachrechenunterricht. Sachunterricht und Mathematik in der Primarstufe, H. 9, S. 413–423

Duffin, J. (1997): The role of calculators. In: I. Thompson (Ed.), Teaching and learning early number, S. 133–141. Buckingham

Edelmann, W. (2000): Erfolgreicher Unterricht. Was wissen wir aus der Lernpsychologie? Pädagogik, H. 3, S. 6–9

Eggenberg, F./Hollenstein, A. (1998a/b/c): Materialien für offene Situationen im Mathematikunterricht. mosima 1/2/3. Zürich

Eichenberger, N./Stalder, R. (1999): Multiplikative Situationen im 1. Schuljahr: Eine Standortbestimmung. In: E. Hengartner (Hg.), S. 29–33. Zug

Elffers, J. (1978): Tangram. Das alte chinesische Formenspiel. Köln

Emmrich, A. (2004): Die Größe Gewicht – eine spezielle Problematik. In: Scherer, P./D. Bönig (Hg.), Mathematik für Kinder – Mathematik von Kindern, S. 50–62. Frankfurt/M.

Engel, G. et al. (1998): Lernen mit Neuen Medien. Grundlagen und Verfahren der Prüfung Neuer Medien. Bönen

Engelbrecht, A. (1997): Die didaktische Verpackung als überflüssige Unterrichtsbeilage. Grundschule, H. 7/8, S. 66

Erichson, Ch. (1991): Sachtexte lesen, mit denen man rechnen kann. Die Grundschulzeitschrift, H. 48, S. 22–25

Erichson, Ch. (1992): Von Lichtjahren, Pyramiden und einem regen Wurm. Hamburg

Erichson, Ch. (1998): Zum Umgang mit authentischen Texten beim Sachrechnen. Grundschulunterricht, H. 9, S. 5–8

Erichson, Ch. (1999): Authentizität als handlungsleitendes Prinzip. In: M. Neubrand (Hg.), Beiträge zum Mathematikunterricht, S. 161–164. Hildesheim

Erichson, Ch. (2003a): Von Giganten, Medaillen und einem regen Wurm. Geschichten, mit denen man rechnen muss. Hamburg

Erichson, Ch. (2003b): Simulation und Authentizität. Wie viel Realität braucht das Sachrechnen? In: Baum, M./H. Wielpütz (Hg.), Mathematik in der Grundschule. Ein Arbeitsbuch, S. 185–194. Seelze

Ernst, H. (1996): Psychotrends. Das Ich im 21. Jahrhundert. München

Fayol, M. (2006): Jetzt schlägt's zehn-drei! Sprache und Mathematik. Gehirn & Geist, H. 11, S. 64–68

Feibel, T. (o. J.): Rezension zur Software ›Gordis fantastisches Mathe-Abenteuer – Ein fesselndes interaktives Mathe-Lernspiel‹. http://www.feibel.de/nonflash/default.asp (=> Lernsoftware => Mathematik) (Zugriff: 26.9.2006)

Feiks, D. et al. (1988): Leitlinien einer Didaktik und Methodik des Kopfrechnens. mathematik lehren, H. 27, S. 4–10

Fiore, G. (1999): Math-Abused Students: Are We Prepared to Teach Them? The Mathematics Teacher, H. 5, S. 403–406

Flexer, R. J (1986): The power of five: the step before the power of ten. Arithmetic Teacher, H. 2, S. 5–9

Flindt, R. (2000): Biologie in Zahlen. Stuttgart

Floer, J. (1985a, Hg.): Arithmetik für Kinder. Materialien – Spiele – Übungsformen. Frankfurt/M.

Floer, J. (1985b): Spielen und Lernen im Mathematikunterricht – Zur möglichen Bedeutung des Spiels im mathematischen Lernprozeß. Der Mathematikunterricht, H. 3, S. 28–37

Floer, J. (1989/1990): Formenpuzzle – Tangram (Teil 1/2). Die Grundschulzeitschrift, H. 29/36

Floer, J. (1990): Taschenrechner in der Grundschule? Die Grundschulzeitschrift, H. 31, S. 26–28

Floer, J. (1995): Wie kommt das Rechnen in den Kopf? Veranschaulichen und Handeln im Mathematikunterricht. Die Grundschulzeitschrift, H. 82, S. 20–22 & 39

Floer, J. (1996): Mathematik-Werkstatt. Lernmaterialien zum Rechnen und Entdecken für Klassen 1 bis 4. Weinheim

Fragnière, N. et al. (1999): Arithmetische Fähigkeiten im Kindergartenalter. In: E. Hengartner (Hg.), Mit Kindern lernen. Standorte und Denkwege im Mathematikunterricht, S. 133–146. Zug

Franke, M. (1995/1996): Auch das ist Mathe! Vorschläge für projektorientiertes Unterrichten. Bd. 1/2. Köln

Franke, M. (1999): What children know about geometric figures. In: M. Hejny/J. Novotná (Ed.), S. 88–91. Prague

Franke, M. (2000): Didaktik der Geometrie. Heidelberg

Franke, M. (2003): Didaktik des Sachrechnens in der Grundschule. Heidelberg

Franke, M. et al. (1994): Taschenrechner für Grundschulkinder – Meinungen, Möglichkeiten, Grenzen (I & II). Sachunterricht und Mathematik in der Primarstufe, H. 3 & 4, S. 114–132 & 174–182

Franke, M. et al. (1998): Kinder bearbeiten Sachsituationen in Bild-Text-Darstellung. Journal für Mathematik-Didaktik, H. 2/3, S. 89–122

Frein, T./Möller, G. (2005): Nach PISA: weniger »Sitzenbleiben« in Deutschland und in NRW? SchulVerwaltung NRW, H. 1, S. 17–19

Freudenthal Insituut (1999–2006): Rekenweb. http://www.fi.uu.nl/rekenweb/en/ (Zugriff: 2.12.2006)

Freudenthal, H. (1973): Mathematik als pädagogische Aufgabe. Bd. 1. Stuttgart

Freudenthal, H. (1974): Die Stufen im Lernprozeß und die heterogene Lerngruppe im Hinblick auf die Middenschool. Neue Sammlung, H. 14, S. 161–172

Freudenthal, H. (1978): Vorrede zu einer Wissenschaft vom Mathematikunterricht. München

Freudenthal, H. (1981): Didaktik des Entdeckens und ›Nacherfindens‹. Grundschule, H. 3, S. 103

Freudenthal, H. (1991): Revisiting Mathematics Education. China Lectures. Dordrecht

Fromm, A. (1995): Der Einfluß des Kontextes bei Divisionsaufgaben. In: K. P. Müller (Hg.), Beiträge zum Mathematikunterricht, S. 178–181. Hildesheim

Fuson, K. C./Kwon, Y. (1992): Korean's children's single-digit addition ans subtraction: numbers structured by ten. Journal for Research in Mathematics Education, H. 2, S. 148-165

Gächter, A. A. (2004): Miniaturen und mehrschichtige Probleme. In: Heinze, A./S. Kuntze (Hg.), Beiträge zum Mathematikunterricht, S. 185–188. Hildesheim

Gallin, P./Ruf, U. (1990): Sprache und Mathematik in der Schule. Zürich

Gallin, P./Ruf, U. (1993): Sprache und Mathematik in der Schule. Ein Bericht aus der Praxis. Journal für Mathematik-Didaktik, H. 1, S. 3–33

Geissler, K. A. (1998): Alles nur ein Spiel. Spiele zum Lernen – eine Beleidigung für das Spiel. Pädagogik, H. 1, S. 29–30

Gellert, U. (2000): Verfremdung als Methode der Lehrerausbildung – Ein Beispiel zum mathematischen Anfangsunterricht. mathematica didactica, H. 1, S. 72–82

Gelman, R./Gallistel, C. R. (1978): The Child's Understanding of Numbers. Cambridge

Gerecke, W. (1984): Fußball-Geometrie. mathematik lehren, H. 4, S. 58–61

Gerster, H.-D. (1982): Schülerfehler bei schriftlichen Rechenverfahren – Diagnose und Therapie. Freiburg

Gerster, H.-D. (1994): Arithmetik im Anfangsunterricht. In: A. Abele/H. Kalmbach (Hg.), Handbuch zur Grundschulmathematik. 1. und 2. Schuljahr, S. 35–102. Bd. 1. Stuttgart

Gierlinger, W. (2001, Hg.): Zahlenzauber 2. München

Gimpel, M. (1992): Was ist und was soll Kopfgeometrie? Mathematik in der Schule, H. 5, S. 257–265

Ginsburg, H. P./Seo, K.-H. (1999): Mathematics in Children's Thinking. Mathematical Thinking and Learning, H. 2, S. 113–129

Ginsburg, H./Opper, S. (1991): Piagets Theorie der geistigen Entwicklung. Stuttgart

Gloor, R./Peter, M. (1999): Aufgaben zur Multiplikation und Division (3. Klasse): Vorwissen und Denkwege erkunden. In: E. Hengartner (Hg.), S. 41–49. Zug

Glumpler, E. (1986): Irfan rechnet anders: Ein Vergleich der schriftlichen Multiplikation und Division in türkischen und bundesdeutschen Mathematiklehrgängen. Sachunterricht und Mathematik in der Primarstufe, H. 8, S. 304–312

Gnirk, H. (1999): »2463millionenmal« oder: Drei Variationen zum Dividieren durch Null. Mathematische Unterrichtspraxis, H. IV, S. 20.21

Gnirk, H. et al. (1970): Strategiespiele für die Grundschule. Hannover

Gopnik, A. et al. (2003): Forschergeist in Windeln. Wie Ihr Kind die Welt begreift. München

Götze, D./Spiegel, H. (2006): Umspannwerk. Velber

Graeber, A. O. (1999): Forms of Knowing Mathematics: What Preservice Teachers Should Learn. Educational Studies in Mathematics, S. 189–208

Grassmann, M. (1999a): Nicht nur Zahlen – auch im Mathematikunterricht der Klasse 1 geometrische Inhalte berücksichtigen. Grundschulunterricht, H. 5, S. 26–29

Grassmann, M. (1999b): Taschenrechner – ein Arbeitsmittel für die Grundschule? Grundschulunterricht, H. 2, S. 8–11

Grassmann, M. (2000): Kinder wissen viel – zusammenfassende Ergebnisse einer mehrjährigen Untersuchung zu mathematischen Vorkenntnissen von Grundschulkindern. Hannover

Grassmann, M. (Hg., 2002): Primo Mathematik 2. CD-ROM. Hannover

Grassmann, M. et al. (1995): Arithmetische Kompetenz von Schulanfängern – Schlußfolgerungen für die Gestaltung des Anfangsunterrichts. Sachunterricht und Mathematik in der Primarstufe, H. 7, S. 302–303 & 314–321

Grassmann, M. et al. (1996): Untersuchungen zu informellen Lösungsstrategien von Grundschulkindern zu zentralen Inhalten des Mathematikunterrichts der Klasse 2 am Beginn des 2. Schuljahres. Sache–Wort–Zahl, H. 5, S. 44–49

Grassmann, M. et al. (2002): Mathematische Kompetenzen von Schulanfängern. Teil 1: Kinderleistungen – Lehrererwartungen. Potsdamer Studien zur Grundschulforschung, Vol. 30. Potsdam

Grassmann, M. et al. (2003): Mathematische Kompetenzen von Schulanfängern. Teil 2: Was können Kinder am Ende der Klasse 1? Potsdamer Studien zur Grundschulforschung, Vol. 31. Potsdam

Grassmann, M. et al. (2005): Kinder wissen viel – auch über die Größe Geld? Teil 1. Potsdamer Studien zur Grundschulforschung, Vol. 32. Potsdam

Gravemeijer, K. (1997): Instructional design for reform in mathematics education. In: Beishuizen, M. et al. (Hg.), The Role of Contexts and Models in the Development of Mathematical Strategies and Procedures, S. 13–34. Utrecht

Gravemeijer, K. (1999): How Emergent Models May Foster the Constitution of Formal Mathematics. Mathematical Thinking and Learning, H. 2, S. 155–177

Gravemeijer, K./Doorman, M. (1999): Context problems in realistic mathematics education: A calculus course as an example. Educational Studies in Mathematics, S. 111–129

Gronemeyer, M. (1996): Lernen mit beschränkter Haftung. Berlin

Groves, S. (1999): Calculators, Budgerigars and Milk Cartons: Linking School Mathematics to Young Children's Reality. In: M. Hejny/J. Novotná (Ed.), S. 7–12. Prague

Gruber, G./Wienholt, H. (1994): Circletraining zum Einmaleins. Grundschule, H. 5, S. 34–41

Grund, K.-H. (1992): Größenvorstellungen – eine wesentliche Voraussetzung beim Anwenden von Mathematik. Grundschule, H. 24, S. 42–44

Gutiérrez, A./Jaime, A. (1999): Primary Teachers' Understanding of the Concept of Altitude of a Triangle. Journal of Mathematics Teacher Education, H. 3, S. 253–275

Hack, S./Ruwisch, S. (2004): Der Mensch in Zahlen. Die Grundschulzeitschrift, H. 172, S. 38–51

Halász, G. et al. (2004): OECD-Lehrerstudie: Anwerbung, berufliche Entwicklung und Verbleib von qualifizierten Lehrerinnen und Lehrern. Länderbericht: Deutschland.

Hameyer, U./Heckt, D. H. (2005): Standards – kontrovers. Grundschule, H. 3, S. 8–9

Hancock, C. (1995): Das Erlernen der Datenanalyse durch anderweitige Beschäftigungen. Grundlagen von Datenkompetenz (»Data Literacy«) bei Schülerinnen und Schülern in den Klassen 1 bis 7. Computer und Unterricht, H. 17, S. 33–39

Hartmann, M./Loska, R. (2004): Übungsformate ausloten – Strukturen erkennen. Das Zauberdreieck erneut betrachtet. In: Krauthausen, G./P. Scherer (Hg.), Mit Kindern auf dem Weg zur Mathematik – Ein Arbeitsbuch zur Lehrerbildung. S. 57–66. Donauwörth

Hartmann, M./Loska, R. (2006): Rechenfiguren erkunden. In: Rathgeb-Schnierer, E./U. Roos (Hg.), Wie rechnen Matheprofis? Ideen und Erfahrungen zum offenen Mathematikunterricht, S. 101–112. München

Hasemann, K. (1998): Die frühe mathematische Kompetenz von Kindergartenkindern und Schulanfängern – Ergebnisse einer empirischen Untersuchung. In: M. Neubrand (Hg.), Beiträge zum Mathematikunterricht, S. 263–266. Hildesheim

Hasemann, K. (2001): »Zähl' doch mal!« – Die nummerische Kompetenz von Schulanfängern. Sache–Wort–Zahl, H. 35, S. 53–58

Hasemann, K. (2003): Anfangsunterricht Mathematik. Heidelberg

Hawkins, D. (1969): I-Thou-It. Mathematics Teaching, H. 46, S. 22–28

Heckhausen, H. (1974): Motive und ihre Entstehung. In: F. E. Weinert et al. (Hg.), Pädagogische Psychologie. Band 1, S. 133–171. Frankfurt/M.

Heckmann, K. (2005): Von Euro und Cent zu Stellenwerten. Zur Entwicklung des Dezimalbruchverständnisses. mathematica didactica, H. 2, S. 71–87

Hefendehl-Hebeker, L. (1982): Zur Einteilung des Teilens in Aufteilen und Verteilen. Mathematische Unterrichtspraxis, H. IV, S. 37–39

Hefendehl-Hebeker, L. (1998): Was gehört zu einem didaktisch sensiblen Mathematikverständnis? In: M. Neubrand (Hg.), Beiträge zum Mathematikunterricht, S. 267–270. Hildesheim

Hefendehl-Hebeker, L. (1999): Erleben, wie arithmetisches Wissen entsteht. In: C. Selter/G. Walther (Hg.), Mathematikdidaktik als design science. Festschrift für Erich Christian Wittmann, S. 105–111. Leipzig

Heinrich, D. (1997): Schulung der Raumvorstellung mit dem Programm ›Bauwas‹. In: Falk, J. et al. (Hg.), Lernen mit Neuen Medien in der Grundschule, S. 85–86. Soest

Hejny, M./Novotná, J. (1999, Ed.), SEMT 99. International Symposium Elementary Maths Teaching. August 22–27. Proceedings. Prague

Hembree, R. (1986): Research Gives Calculators a Green Light. Arithmetic Teacher, S. 18–21

Hembree, R./Dessart, D. J. (1986): Effects of Hand-held Calculators in Precollage Mathematics Education: A Meta-Analysis. Journal for Research in Mathematics Education, S. 83–89

Hengartner, E. (1992): Für ein Recht der Kinder auf eigenes Denken. Die neue Schulpraxis, H. 7/8, S. 15–27

Hengartner, E. (1999): Standorte und Denkwege erkunden: Beispiele forschenden Lernens im Fachdidaktikstudium. In: E. Hengartner (Hg.), S. 12–19. Zug

Hengartner, E. (Hg., 1999): Mit Kindern lernen. Standorte und Denkwege im Mathematikunterricht. Zug

Hengartner, E. et al. (1999): Zu zweit und auf eigenem Weg:»Wie oft schlägt mein Herz im Jahr?« (4. Klasse). In: E. Hengartner (Hg.), S. 82–84. Zug

Hengartner, E. et al. (2006): Lernumgebungen für Rechenschwache bis Hochbegabte. Natürliche Differenzierung im Mathematikunterricht. Zug

Hengartner, E./Röthlisberger, H. (1994): Rechenfähigkeit von Schulanfängern. In: H. Brügelmann et al. (Hg.), Am Rande der Schrift. Zwischen Sprachenvielfalt und Analphabetismus, S. 66–86. Konstanz

Hengartner, E./Röthlisberger, H. (1999): Standortbestimmung zum Einmaleins (2. Klasse): Die Suche nach geeigneten Aufgaben. In: E. Hengartner (Hg.), S. 36–40. Zug

Hengartner, E./Wieland, G. (2001): Eigene Versuche der Kinder fördern und verstehen lernen: Übungsbeispiele zum Sachrechnen. In: Selter, C./G. Walther (Hg.), Mathematik lernen und gesunder Menschenverstand, S. 83–90. Leipzig

Herfort, P. (1986): Geometrische Studien an Polyedern. mathematik lehren, H. 14, S. 56–60

Herget, W. (1998): Ganz genau und ungefähr – Eines der Spannungsfelder im Mathematikunterricht. In: Neubrand, M. (Hg.), Beiträge zum Mathematikunterricht, S. 295–298. Hildesheim

Herget, W. (2003): Riesenschuhe und barttragende Biertrinker. Mathematische Aufgaben aus der Zeitung. In: Ball, H. et al. (Hg.), Aufgaben. Lernen fördern – Selbstständigkeit entwickeln. Friedrich Jahresheft XXI, S. 26–29. Seelze

Herget, Wilfried/Scholz, Dietmar (1998): Die etwas andere Aufgabe – aus der Zeitung. Seelze

Herzog, R. (1999): Das Leben ist der Ernstfall. Die Jugend ist bereit, Verantwortung zu übernehmen – wenn man sie lässt. DIE ZEIT v. 10.6.99 (Nr. 24). S. 17. Hamburg

Heymann, H. W. (1996): Was Anstoß erregte… Zur aktuellen Diskussion um den Mathematikunterricht – Hintergründe und persönliche Eindrücke. nds, H. 3, S. 29–31

Hiebert, J. (2000): In my opinion: What can we expect from research. Teaching Children Mathematics, H. 7, S. 436–437

Higgins, J. L. (1988): One point of view: We get what we ask for. Arithmetic Teacher, H. 5, S. 2

Hinske, N. (1996): Eine Saat, die langsam wächst. Gesprächskultur und ihre Regeln. Forschung & Lehre, H. 4, S. 178–179

Hintze, B. (1999): Abiturienten heute? Selbstbewußt, aber für viele ist das Vergnügen zu wichtig. Rheinische Post v. 12.6.99. Düsseldorf

Hinze, N. (1999): Eltern for family Software-Preis Giga-Maus 1999. Eltern for family, H. 10, S. 111–124

Hoffmann, S./Spiegel, H. (2006a): Ein ›defekter‹ Taschenrechner. Grundschule, H. 1, S. 44–46

Hoffmann, S./Spiegel, H. (2006b): »Defekte« Tasten am Taschenrechner. Lösungswege von Kindern. Praxis Grundschule, H. 1, S. 10–14

Hollenstein, A. (1996): Schreibanlässe im Mathematikunterricht – Eine Unterrichtsform für den anwendungsorientierten Mathematikunterricht auf der Sekundarstufe. Bern

Hollenstein, A. (1997a): Kognitive Aspekte sozialen Lernens. In: K. P. Müller (Hg.), Beiträge zum Mathematikunterricht, S. 243–246. Hildesheim

Hollenstein, A. (1997b): Kognitive Aspekte sozialen Lernens. Arbeitspapier zur Tagung »Lernkultur im Wandel«/St. Gallen. Manuskript, Universität Bern

Hollenstein, A./Eggenberg, F. (1998): mosima – Grundlagen. Einführung, didaktischer Hintergrund, Erfahrungsberichte. Zürich

Holt, J. (1979): Wie Kinder lernen. Weinheim

Homann, G. (Hg., 1991): Mathematik – Lernspiele. Braunschweig

Hospesová, A. (1998): Arithmetische Kenntnisse der Kinder am Beginn des Schulbesuchs. In: M. Neubrand (Hg.), Beiträge zum Mathematikunterricht, S. 319–322. Hildesheim

Hubacher, E. et al. (1999): Erstklässler können anderes als die Schule erwartet: »Dein Götti gibt dir 30 Franken«. In: E. Hengartner (Hg.), S. 66–68. Zug

Hunting, R. P. (1997): Clinical Interview Methods in Mathematics Education Research and Practice. Journal of Mathematical Behavior, H. 2, S. 145–165

Ifrah, G. (1991): Universalgeschichte der Zahlen. Frankfurt/M.

Isaacs, A. C./Carroll, W. M. (1999): Strategies for Basic-Facts Instruction. Teaching Children Mathematics, H. 5, S. 508–515

Jablonka, E. (1998): Die Integration von Wissen als ein zentrales Problem in der Ausbildung von Primarstufenlehrerinnen. In: M. Neubrand (Hg.), Beiträge zum Mathematikunterricht, S. 327–330. Hildesheim

Jäger, J. (1985): Algebraische und kombinatorische Entdeckungen am Galton-Brett und Pascal-Dreieck. mathematik lehren, H. 12, S. 16–21

Jahnke, H. N. (1984): Anschauung und Begründung in der Schulmathematik. Beiträge zum Mathematikunterricht, S. 32–41. Bad Salzdetfurth

Jahnke, T./Meyerhöfer, W. (Hg., 2006): PISA & Co. Kritik eines Programms. Hildesheim

Jandl, E./Junge, N. (1999): fünfter sein. Weinheim

Jencks, S. M. et al. (1980): Why blame the kids? We teach mistakes! Arithmetic Teacher, H. 2, S. 38–42

Jerald, C. D. (2006): Love and Math. Center for Comprehensive School Reform and Improvement, Issue Brief, March 2006, 1–6

Joyner, J. M. (1990): Using Manipulatives Successfully. Arithmetic Teacher, S. 6–7

Junker, B. (1999): Räumliches Denken bei lernbeeinträchtigten Schülern. Die Grundschulzeitschrift, H. 121, S. 22–24

Kaufmann, S. (2006): Umgang mit unvollständigen Aufgaben. Fermi-Aufgaben in der Grundschule. Die Grundschulzeitschrift, H. 191, S. 16–19

Kirsch, A. (1976): Über Ziele der ›neuen Mathematik‹ in der Schule. Westermanns Pädagogische Beiträge, H. S. 155–164

Klauer, K. J. (1994): Diagnose- und Förderblätter 2, Rechenfertigkeiten 2. Schuljahr. Berlin

Kleine, M./Fischer, E. (2005): Welche Aufgaben passen zu dem Term? Möglichkeiten für den Einsatz von Rechengeschichten am Beispiel der Subtraktion und Division von Brüchen. mathematica didactica, H. 2, S. 88–103

Klieme, E. et al. (2001): Mathematische Grundbildung: Testkonzeption und Ergebnisse. In: Baumert, J. et al. (Hg.), PISA 2000. Basiskompetenzen von Schülerinnen und Schülern im internationalen Vergleich, S. 139–190. Opladen

Klieme, E. et al. (2003): Zur Entwicklung nationaler Bildungsstandards. Eine Expertise. Frankfurt/M.

KM, Kultusminister des Landes NRW (Hg., 1985): Richtlinien und Lehrpläne für die Grundschule in Nordrhein-Westfalen: Mathematik. Köln

KM, Kultusminister des Landes Nordrhein-Westfalen (Hg., 1955): Stoffpläne für Volksschulen des Landes NRW mit Auszügen aus den Richtlinien vom 8.3.1955. Düsseldorf

KMK (Hg., 2005a): Bildungsstandards im Fach Mathematik für den Primarbereich. Beschluss vom 15.10.2004. München

KMK (Hg., 2005b): Bildungsstandards der Kultusministerkonferenz. Erläuterungen zur Konzeption und Entwicklung. München

Knapstein, K. et al. (2005): Spiegel-Tangram. Velber

Knapstein, K./Spiegel, H. (1995): Testaufgaben zur Erhebung arithmetischer Vorkenntnisse zu Beginn des 1. Schuljahres. In: G. N. Müller/E. Ch. Wittmann (Hg.), Mit Kindern rechnen, S. 65–73. Frankfurt/M.

Kniep-Riehm, E.-M. (1996): Vögel im Frühling: Man kann mit ihnen rechnen. Sache–Wort–Zahl, H. 2, S. 15–18

Knollmann, K./Spiegel, H. (1999): Voneinander lernen. Erfahrungsbericht über die mathematische Einzelförderung eines lernbehinderten Schülers. Die Grundschulzeitschrift, H. 121, S. 14–17

Koch, U. et al. (2006): Das Projekt VERA: von der Evaluation zur Schul- und Unterrichtsentwicklung. SchulVerwaltung NRW, H. 10, S. 276–279

Köhler, E. (1999): Vom Fliesenlegen zu Pentominopuzzles. Grundschule, H. 6, S. 50–54

Köhler, S. (1998): Das Tangram. Geschichte – Arten – Didaktische Aspekte – Fallstudien. Mathematische Unterrichtspraxis, H. II, S. 3–12

Kösch, H. (1997): Raum begreifen – Raumvorstellung entwickeln. Geometrieunterricht in der Primarstufe: Rund um das Thema ›Bauen mit Würfeln‹. Computer und Unterricht, H. 27, S. 14–17

Kösch, H./Spiegel, H. (2001): Den Soma-Würfel interaktiv erfahren. Software für den Geometrieunterricht am Beispiel des Programms BAUWAS. In: Diekneite, J. et al. (Hg.), Grundschule zwischen Bilderbuch und Internet, S. 128–138. München

Krämer, W. (1992): So lügt man mit Statistik. Frankfurt/Main

Krauthausen, G. (1985): Nichtdezimale Positionssysteme – handlungsorientierte Einsichten. Lehrer Journal, H. 2, S. 65–68

Krauthausen, G. (1991): Software im Mathematikunterricht: Eine Betrachtung aus fachdidaktischer Sicht. Computer Bildung/Schulpraxis, H. 5/6, S. 36–41

Krauthausen, G. (1993): Kopfrechnen, halbschriftliches Rechnen, schriftliche Normalverfahren, Taschenrechner: Für eine Neubestimmung des Stellenwertes der vier Rechenmethoden. Journal für Mathematik-Didaktik, H. 3/4, S. 189–219

Krauthausen, G. (1994a): Von Futterprämien und kognitiven Werkzeugen. In: Krauthausen, G./Herrmann, V., Computereinsatz in der Grundschule?, S. 82–111. Stuttgart

Krauthausen, G. (1994b): Arithmetische Fähigkeiten von Schulanfängern: Eine Computersimulation als Forschungsinstrument und als Baustein eines Softwarekonzeptes für die Grundschule. Wiesbaden

Krauthausen, G. (1994c): Kognitives Werkzeug ›Computer‹ – Ein Simulationsprogramm als Beispiel eines alternativen Software-Konzeptes für die Grundschule. Computer und Unterricht, H. 15, S. 60–63

Krauthausen, G. (1995a): »A pendulum is to swing ...« – Ein Beitrag zu einem ›anderen‹ Software-Design für die Grundschule. Journal für Mathematik-Didaktik, H. 3/4, S. 263–298

Krauthausen, G. (1995b): Die ›Kraft der Fünf‹ und das denkende Rechnen – Zur Bedeutung tragfähiger Vorstellungsbilder im mathematischen Anfangsunterricht. In: G. N. Müller/E. C. Wittmann (Hg.), Mit Kindern rechnen, S. 87–108. Frankfurt/M.

Krauthausen, G. (1995c): Für die stärkere Betonung des halbschriftlichen Rechnens. Eine Chance zur Integration inhaltlicher und allgemeiner Lernziele. Grundschule, H. 5, S. 14–18

Krauthausen, G. (1995d): Zahlenmauern im 2. Schuljahr – ein substantielles Übungsformat. Grundschulunterricht, H. 10, S. 5–9

Krauthausen, G. (1997): Die nächste Welle? Neue Trends zum Computereinsatz im Grundschulalter. Grundschulunterricht, H. 4, S. 14–17

Krauthausen, G. (1998a/b): Blitzrechnen. Kopfrechnen im 1. & 2./3. & 4. Schuljahr. CD-ROM (dt./engl.) u. Begleitheft. Leipzig

Krauthausen, G. (1998c): Lernen – Lehren – Lehren lernen. Zur mathematik-didaktischen Lehrerbildung am Beispiel der Primarstufe. Leipzig

Krauthausen, G. (1998d): Allgemeine Lernziele im Mathematikunterricht. Die Grundschulzeitschrift, H. 119, S. 54–61

Krauthausen, G. (1999): HiQ-Software für das Mathematiklernen: Eine komplexe Entwicklungsaufgabe – dargestellt am Beispiel des Kopfrechenprogramms ›Blitzrechnen‹. In: Selter, C./G. Walther (Hg.), Mathematikdidaktik als design science, S. 128–136. Leipzig

Krauthausen, G. (2001): »Wann fängt das Beweisen an? Jedenfalls, ehe es einen Namen hat.«. In: Weiser, W./B. Wollring (Hg.), Beiträge zur Didaktik der Mathematik für die Primarstufe, S. 99–113. Hamburg

Krauthausen, G. (2003a): Entwicklung arithmetischer Fertigkeiten und Strategien – Kopfrechnen und halbschriftliches Rechnen. In: Fritz, A. et al. (Hg.), Rechenschwäche. Lernwege, Schwierigkeiten und Hilfen bei Dyskalkulie, S. 80–97. Weinheim

Krauthausen, G. (2003b): Gute Aufgaben für den Computereinsatz im Mathematikunterricht. In: Ruwisch, S./A. Peter-Koop (Hg.), Gute Aufgaben im Mathematikunterricht der Grundschule, S. 144–156. Offenburg

Krauthausen, G. (2004a): Blitzrechnen – ein fachdidaktisches (Software-)Konzept und seine Rezeption. In: Schweizerische Koordinationsstelle für Bildungsforschung: Beiträge des Jahreskongresses Schule und Familie – Perspektiven einer Differenz, Universität Bern 2003. Aarau

Krauthausen, G. (2004b): Zwischen Invention und Konvention – Überlegungen zur Rolle der Lehrerin. In: Scherer, P./D. Bönig (Hg.), Mathematik für Kinder – Mathematik von Kindern, S. 142–151. Frankfurt

Krauthausen, G. (2006): Zahlenforscher 1: Zahlenmauern (CD-ROM & Didaktische Handreichungen/pdf). Donauwörth

Krauthausen, G./Scherer, P. (2004): Lernbiografien von Studierenden im Fach Mathematik und Folgerungen für die Lehrerbildung. In: Krauthausen, G./P. Scherer (Hg.), Mit Kindern auf dem Weg zur Mathematik. Ein Arbeitsbuch zur Lehrerbildung, S. 74–82. Donauwörth

Krauthausen, G./Winkler, A. (2004): Geometrische Lösungen von Grundschulkindern zu einer anspruchsvollen Textaufgabe. In: Scherer, P./D. Bönig (Hg.), Mathematik für Kinder – Mathematik von Kindern, S. 294–304. Frankfurt/M.

Kroll, W. (1996): Würfel: Bausteine der Raumgeometrie. mathematik lehren, H. 77, S. 23–46

Krummheuer, G. (1995): Argumentieren und Lernen: argumentationstheoretische Analyse einer mathematischen Partnerarbeit im 2. Schuljahr. In: H.-G. Steiner/H.-J. Vollrath (Hg.), Neue problem- und praxisbezogene Forschungsansätze, S. 85–90. Köln

Krummheuer, G. (1997): Zum Begriff der ›Argumentation‹ im Rahmen einer Interaktionstheorie des Lernens und Lehrens von Mathematik. Zentralblatt für Didaktik der Mathematik, H. 1, S. 1–10

Kühnel, J. (1925): Neubau des Rechenunterrichts. Bd. 1. Leipzig

Kunsch, K./Kunsch, S. (2000): Der Mensch in Zahlen. Heidelberg

Kurina, F. et al. (1999): On children's everyday experience and geometrical imagination. In: M. Hejny/J. Novotná (Ed.), S. 72–76. Prague

Kurzweil, P. (1999): Das Vieweg Einheiten-Lexikon. Braunschweig

Kutzer, R. (1983, Hg.): Mathematik entdecken und verstehen, Lehrerband 1. Frankfurt

Lafrentz, H./Eichler, K.-P. (2004): Vorerfahrungen von Schulanfängern zum Vergleichen und Messen von Längen und Flächen. Grundschulunterricht, H. 7/8, S. 42–47

Lampert, M. (1990): Connecting Inventions with Conventions. In: L. P. Steffe/T. Wood (Ed.), Transforming Children's Mathematics Education, S. 253–265. Hillsdale

Leatham, K. R. et al. (2005): Getting Started with Open-Ended Assessment. Teaching Children Mathematics, H. 8, S. 413–419

Lehmann, E. (1999): Grundlagen von Projektarbeit. Der Mathematikunterricht, H. 6, S. 4–22

Leinhardt, G./Smith, D. A. (1985): Expertise in mathematics instruction: subject matter knowledge. Journal of Educational Psychology, S. 247–271

Leonard, G. B. (1973): Erziehung durch Faszination. Anschlag auf die ordentliche Schule. Reinbek

Lepper, M. R. et al. (1973): Undermining children's intrinsic interest with extrinsic rewards. Journal of Personality and Social Psychology, H. 1, S. 129–137

Leutner, D. (1995): Adaptivität und Adaptierbarkeit multimedialer Lehr- und Informationssysteme. In: L. J. Issing/P. Klimsa (Hg.), Information und Lernen mit Multimedia, S. 139–149. Weinheim

Lipowsky, F. (1999): Methodik der Vielfalt – Didaktik der Einfalt? Für eine qualitative Weiterentwicklung offener Lernsituationen. Grundschule, H. 7–8, S. 49–53

Lompscher, J. (1997): Selbständiges Lernen anleiten. Ein Widerspruch in sich? Friedrich Jahresheft: Lernmethoden, Lehrmethoden. Wege zur Selbständigkeit, H. S. 46–49

Lörcher, G. A./Rümmele, H. (1986): Mit Taschenrechnern rechnen, üben und spielen. Grundschule, H. 4, S. 36–39

Lorenz, J. H. (1987): Zahlenraumprobleme bei Schülern. Sachunterricht und Mathematik in der Primarstufe, H. 4, S. 171–177

Lorenz, J. H. (1992a): Anschauung und Veranschaulichungsmittel im Mathematikunterricht. Mentales visuelles Operieren und Rechenleistung. Göttingen

Lorenz, J. H. (1992b): Größen und Maße in der Grundschule. Grundschule, H. 11, S. 12–14

Lorenz, J. H. (1995a): Arithmetischen Strukturen auf der Spur. Funktion und Wirkungsweise von Veranschaulichungsmitteln. Die Grundschulzeitschrift, H. 82, S. 8–12

Lorenz, J. H. (1995b): Die mentale Repräsentation arithmetischer Beziehungen und das Problem des Zusammenhangs zwischen Anschauung und Mathematiklernen. In: H.-G. Steiner/H.-J. Vollrath (Hg.), Neue problem- und praxisbezogene Forschungsansätze, S. 91–96. Köln

Lorenz, J. H. (1995c): Probleme der schriftlichen Subtraktion. Grundschule, H. 5, S. 22–23

Lorenz, J. H. (1998): Arithmetische Entdeckungen mit dem Taschenrechner. Grundschule, H. 3, S. 22–29

Lorenz, J. H. (1999): Ein neuer Anfang auch mit Jugendlichen. Lernchancen, H. 7, S. 24–30

Lorenz, J. H. (2000): Aus Fehlern wird man ... Irrtümer in der Mathematikdidaktik des 20. Jahrhunderts. Grundschule, H. 1, S. 19–22

Lorenz, J. H. (2003): Lernschwache Rechner fördern. Berlin

Lorenz, J. H./Radatz, H. (1993): Handbuch des Förderns im Mathematikunterricht. Hannover

Loska, R./Hartmann, M. (2006): Erste Schritte in die Algebra mit dem Rechendreieck. Grundschule, H. 1, S. 36–38

Luyken, R. (1997): Der Blinde als Seher. Tony Blairs sozialistischer Bildungsminister David Blunkett verlangt von den Schülern mehr Disziplin und solides Kopfrechnen. DIE ZEIT v. 6.6.97 (Nr. 24). S. 36. Hamburg

MACH MIT (2006): http://ods.schule.de/bics/son/machmit/sw/bauwas/index.htm (Zugriff: 2.12.2006)

Maclellan, E. (1997): The importance of counting. In: I. Thompson (Ed.), Teaching and learning early number, S. 33–40. Buckingham

Maier, P. H. (1999): Das effekt-System – Herstellung und didaktische Einsatzmöglichkeiten. Der Mathematikunterricht, H. 3, S. 32–49

Malle, G. (1993): Didaktische Probleme der elementaren Algebra. Braunschweig

Matros, N. (1994): Das PC-Programm FELIX und der Mathematikunterricht in der Grundschule. In: R. Monnerjahn (Hg.), Computerunterstütztes Lernen an allgemeinbildenden Schulen, Teil III: Abschlussbericht des Modellversuchs CLiP, S. 121–168. Mainz

Meier, R. (1997): Grundschullehrerin werden zwischen Ausbildung und Studium. In: P. Bardy (Hg.), Mathematische und mathematikdidaktische Ausbildung von Grundschullehrerinnen/-lehrern, S. 15–37. Weinheim

Menne, J. (1999): Effektiv üben mit rechenschwachen Kindern. Die Grundschulzeitschrift, H. 121, S. 18–21

Menninger, K. (1990): Zahlwort und Ziffer. Eine Kulturgeschichte der Zahl. Göttingen

Menninger, K. (1992): Rechenkniffe: lustiges und vorteilhaftes Rechnen. Göttingen

Meschenmoser, H. (1997): BAUWAS. Konstruktionsprogramm für die Primar- und Sekundarstufe. Computer und Unterricht, H. 27, S. 51–52.

Michelsen, U. (1996): Wie ist Kreativität im Rahmen beruflicher Aus- und Weiterbildung zu fördern? In: G. P. Bunk et al. (Hg.), Kreativität in der beruflichen Bildung, S. 31–46. Köln

Milbrandt, U. (1997): Schülerfreundlich üben. Grundschulunterricht, H. 4, S. 34–35

Mitzlaff, H./Speck-Hamdan, A. (1998): Grundschule und neue Medien. In: Mitzlaff, H./A. Speck-Hamdan (Hg.), Grundschule und neue Medien, S. 10–34. Frankfurt/M.

Mitzlaff, H./Speck-Hamdan, A. (Hg., 1998): Grundschule und neue Medien. Frankfurt/M.

Mosel-Göbel, D. (1988): Algorithmusverständnis am Beispiel ausgewählter Verfahren der schriftlichen Subtraktion. Eine Fallstudienanalyse bei Grundschülern. Sachunterricht und Mathematik in der Primarstufe, H. 12, S. 554–559

Moser Opitz, E. (1999): Mathematischer Erstunterricht im heilpädagogischen Bereich: Anfragen und Überlegungen. Vierteljahresschrift für Heilpädgogik und ihre Nachbargebiete, H. 3, S. 293–307

Moser-Opitz, E. (2000): Zählen – Zahlbegriff – Rechnen. Theoretische Grundlagen und eine empirische Untersuchung zum mathematischen Erstunterricht in Sonderklassen. Bern

MSJK, Ministerium für Schule, Jugend und Kinder des Landes Nordrhein-Westfalen (Hg., 2003): Richtlinien und Lehrpläne zur Erprobung für die Grundschule in NRW. Düsseldorf

Müller, A. (1995): Sprache und Lernen: Zur Rolle der Sprache beim Lernen der Naturwissenschaften. Sachunterricht und Mathematik in der Primarstufe, H. 7, S. 286–290

Müller, G. N. (1990): Das kleine 1·1. Die Grundschulzeitschrift, H. 31, S. 13–16

Müller, G. N. (1991): Mit der Umwelt muß man rechnen. In: H. Gesing/R. E. Lob (Hg.), Umwelterziehung in der Primarstufe, S. 225–40. Heinsberg

Müller, G. N. (1997): Vom Einspluseins und Einmaleins zum pythagoreischen Zahlenfeld. mathematik lehren, H. 83, S. 10–13

Müller, G. N. et al. (1997): Schauen und Bauen. Geometrische Spiele mit Quadern. Leipzig

Müller, G./Wittmann, E. Ch. (1984): Der Mathematikunterricht in der Primarstufe. Braunschweig

Müller, G. N./Wittmann, E. Ch. (1995, Hg.): Mit Kindern rechnen. Frankfurt/M.

Müller, G. N./Wittmann, E. Ch. (1997/1998c): Die Denkschule – Teil 1/2. Leipzig

Müller, J. H. (2005): Entdeckend lernen mit Zahlenmauern in der Sekundarstufe. Praxis Mathematik, H. 2, S. 32–38

Müller, R. (2001): Fermiprobleme als Beitrag zu einer neuen Aufgabenkultur. Praxis der Naturwissenschaften – Physik in der Schule, H. 8, S. 2–7

Müller-Merbach, H. (1996): Gesprächskultur und Führungserfolg. Forschung & Lehre, H. 4, S. 184–186

Nelsen, R. B. (1993): Proofs without words. Exercises in visual thinking. Washington

Nelsen, R. B. (2000): Proofs without words II. More Exercises in visual thinking. Washington

Nestle, W. (1999): Auf die Beziehung kommt es an. Rechnen in Sachzusammenhängen. Lernchancen, H. 7, S. 48–54

Neubrand, J./Neubrand, M. (1999): Effekte multipler Lösungsmöglichkeiten: Beispiele aus einer japanischen Mathematikstunde. In: C. Selter/G. Walther (Hg.), Mathematikdidaktik als design science. Festschrift für Erich Christian Wittmann, S. 148–158. Leipzig

Neubrand, M./Möller, M. (1999): Einführung in die Arithmetik: ein Arbeitsbuch für Studierende des Lehramts der Primarstufe. Hildesheim

Neuhaus, K. (1995): Die Grundlagen der Kreativitätsuntersuchungen bei Dewey und Wallas. In: K. P. Müller (Hg.), Beiträge zum Mathematikunterricht, S. 348–351. Hildesheim

Neuhaus-Siemon, E. (1996): Reformpädagogik und offener Unterricht. Reformpädagogische Modelle als Vorbilder für die heutige Grundschule? Grundschule, H. 6, S. 19–23

Niess, M. L. (1993): Forecast: Changing mathematics curriculum and increasing pressure for higher-level thinking skills. Arithmetic Teacher, H. 2, S. 129–135

Nührenbörger, M. (2002): »Auch messen will gelernt sein ...« – Ansichten von Kindern der zweiten Klasse zum Messen mit dem Lineal. Sache–Wort–Zahl, H. 44, S. 48–54

Nührenbörger, M. (2006): Anfangsunterricht Mathematik in jahrgangsgemischten Lerngruppen. In: Grüßing, M./A. Peter-Koop (Hg.), Die Entwicklung mathematischen Denkens in Kindergarten und Grundschule: Beobachten – Fördern – Dokumentieren, S. 133–149. Offenbach

Nührenbörger, M./Pust, S. (2006): Mit Unterschieden rechnen. Lernumgebungen und Materialien für einen differenzierten Anfangsunterricht. Seelze

Oehl, W. (1962): Der Rechenunterricht in der Grundschule. Hannover

Oehl, W. (1965): Der Rechenunterricht in der Hauptschule. Hannover

Padberg, F. (1994): Schriftliche Subtraktion – Änderungen erforderlich! Mathematische Unterrichtspraxis, H. II., S. 24–34

Padberg, F. (1997): Einführung in die Mathematik I: Arithmetik. Heidelberg

Padberg, F. (1998): Freigabe des Verfahrens der schriftlichen Subtraktion: Pro. Die Grundschulzeitschrift, H. 119, S. 9

Padberg, F. (2005): Didaktik der Arithmetik für Lehrerausbildung und Lehrerfortbildung. München

Padberg, F. et al. (1995): Zahlbereiche. Eine elementare Einführung. Heidelberg

Penrose, R. (1994): Shadows of the mind. Oxford

Peter-Koop, A. (2000): »Sachaufgaben ohne Zahlen«. Grundschulunterricht, H. 3, S. 32–36

Peter-Koop, A. (2001): Authentische Zugänge zum Umgang mit Größen. Die Grundschulzeitschrift, H. 141, S. 6–11

Peter-Koop, A. (2003): »Wie viele Autos stehen in einem 3 km Stau?« – Modellbildungsprozesse beim Bearbeiten von Fermi-Problemen in Kleingruppen. In: Ruwisch, S./A. Peter-Koop (Hg.), Gute Aufgaben im Mathematikunterricht der Grundschule, S. 111–130. Offenburg

Peters, J. (1995): Zehn Gebote für eine gute CD-ROM. Page, H. 10, Buchmesse extra

Petersen, J. (1994): Computer-Based-Training und Interaktives Video. Chancen und Risiken eines neuen Lernmediums. In: J. Petersen/G.-B. Reinert (Hg.), Lehren und Lernen im Umfeld neuer Technologien – Reflexionen vor Ort, S. 184–206. Frankfurt/M.

Petersen, K. (1987): Probleme mit der Größe Gewicht. Mathematische Unterrichtspraxis, H. 4, S. 15–30

Piaget, J. (1969): Das Erwachen der Intelligenz beim Kinde. Stuttgart

Piaget, J. (1972): Psychologie der Intelligenz. Olten

Piaget, J./Inhelder, B. (1975): Die Entwicklung der physikalischen Mengenbegriffe beim Kinde. Stuttgart

Piechotta, G. (1995): Entdeckungsreise ins Land der Zahlenhäuser und Zahlenmauern. In: G. N. Müller/E. Ch. Wittmann (Hg.), Mit Kindern rechnen, S. 74–80. Frankfurt/M.

Pietsch, M./Krauthausen, G. (2005): Mathematisches Grundverständnis von Kindern am Ende der vierten Jahrgangsstufe. In: Freie und Hansestadt Hamburg (Hg.), KESS 4. Kompetenzen und Einstellungen von Schülerinnen und Schülern Jahrgangsstufe 4, S. 149–168. Hamburg

Plunkett, S. (1987): Wie weit müssen Schüler heute noch die schriftlichen Rechenverfahren beherrschen? mathematik lehren, H. 21, S. 43–46

Polya, G. (1995): Schule des Denkens. Vom Lösen mathematischer Probleme. Tübingen

Price, G. et al. (1991): Good Ideas for ... Algebra. Southampton

Probst, H. (1997): Unterrichtsstunden zum Thema Fahrrad. Manuskript, Universität Marburg

Radatz, H. (1980): Fehleranalysen im Mathematikunterricht. Braunschweig

Radatz, H. (1983): Untersuchungen zum Lösen eingekleideter Aufgaben. Journal für Mathematikdidaktik, H. 3, S. 205–217

Radatz, H. (1989): Lernschwierigkeiten und Fördermöglichkeiten im Mathematikunterricht. Die Grundschulzeitschrift, H. 24, S. 4–8

Radatz, H. (1991): Hilfreiche und weniger hilfreiche Arbeitsmittel im mathematischen Anfangsunterricht. Grundschule, H. 9, S. 46–49

Radatz, H. (1993a):»38 +7 = 7 jeger schiesen auf 50 Hasen, 2 sint schon tot ...« Kinder erfinden Rechengeschichten. In: H. Balhorn/H. Brügelmann (Hg.), Bedeutungen erfinden – im Kopf, mit Schrift und miteinander, S. 32–36. Faude

Radatz, H. (1993b): Ikonomanie. Oder: Wie sinnvoll sind die vielen Veranschaulichungen im Mathematikunterricht? Grundschulmagazin, H. 3, S. 4–6

Radatz, H. (1995a):»Sag mir, was soll es bedeuten?« Wie Schülerinnen und Schüler Veranschaulichungen verstehen. Die Grundschulzeitschrift, H. 82, S. 50–51

Radatz, H. (1995b): Leistungsstarke Grundschüler im Mathematikunterricht fördern. In: K. P. Müller (Hg.), Beiträge zum Mathematikunterricht, S. 376–379. Hildesheim

Radatz, H. et al. (1996/1998/1999): Handbuch für den Mathematikunterricht – 1./2./3. Schuljahr. Hannover

Radatz, H./Rickmeyer, K. (1991): Handbuch für den Geometrieunterricht an Grundschulen. Hannover

Radatz, H./Schipper, W. (1983): Handbuch für den Mathematikunterricht an Grundschulen. Hannover

Radatz, H./Schipper, W. (1997): Methodische Öffnung des Mathematikunterrichts. Der Fall der schriftlichen Subtraktion. Die Grundschulzeitschrift, H. 102, S. 52–53

Rasch, R. (2003): 42 Denk- und Sachaufgaben. Wie Kinder mathematische Aufgaben lösen und diskutieren. Seelze

Ratzka, N. (2003): Mathematische Fähigkeiten und Fertigkeiten am Ende der Grundschulzeit. Empirische Studien im Anschluss an TIMSS. Hildesheim

Reemer, A./Eichler, K.-P. (2005): Vorkenntnisse von Schulanfängern zu geometrischen Begriffen. Grundschulunterricht, H. 11, S. 37–42

Rehfus, W. D. (1995): Bildungsnot. Hat die Pädagogik versagt? Stuttgart

Reiter, A. et al. (2000, Hg.): Neue Medien in der Grundschule. Unterrichtserfahrungen und didaktische Beispiele. Wien

Revuz, A. (1980): Est-il impossible d'enseigner les mathématiques? Paris

Rickmeyer, K. (1997): Flächeninhalt und Geobrett. Praxis Grundschule, H. 2, S. 18–23

Rickmeyer, K. (2000): Dreiecke auf dem Geobrett. Mathematische Unterrichtspraxis, H. I, S. 20–30

Rinkens, H.-D./Hönisch, K. (Hg., 1998/1999): Welt der Zahl. 1./2. Schuljahr. Hannover

Röhr, M. (1992):»Alle Teller sind 4x6« – Ein Bericht über die ganzheitliche Einführung des Einmaleins. Die Grundschulzeitschrift, H. 6, S. 26–28

Röhr, M. (1995): Kooperatives Lernen im Mathematikunterricht der Primarstufe: Entwicklung und Evaluation eines fachdidaktischen Konzepts zur Förderung der Kooperationsfähigkeit von Schülern. Wiesbaden

Rosin, H. (1995): Zum Vorverständnis von geometrischen Sachverhalten bei Erstkläßlern. Grundschulunterricht, H. 6, S. 50–53

Ruf, U./Gallin, P. (1996): Ich mache das so! Wie machst du es? Das machen wir ab. Sprache und Mathematik 1.–3. Schuljahr. Zürich

Rumpf, H. (1971): Zum Problem der didaktischen Vereinfachung (1968). In: H. Rumpf (Hg.), Schulwissen – Probleme der Analyse von Unterrichtsinhalten, S. 68–82. Göttingen

Runesson, U. (1997): Learning by Exploration in Mathematics Courses: a programme for student teachers. European Journal of Teacher Education, H. 2, S. 161–169

Ruwisch, S. (2000): Alltägliche Situationen im Mathematikunterricht problematisieren. Mathematische Unterrichtspraxis, H. 2, S. 10–19

Ruwisch, S./Peter-Koop, A. (2003, Hg.): Gute Aufgaben im Mathematikunterricht der Grundschule. Offenburg

Sander, S. (2003): »Man kann ja nicht dahinter sehen«. Würfelgebäude – Bauen mit BAUWAS. Die Grundschulzeitschrift, H. 167, S. 34–37

SBW, Der Senator für Bildung und Wissenschaft (2001): Rahmenplan Primarstufe. Bremen

Schaub, H. (1999): Weder Noten- noch Berichtszeugnisse: Lernentwicklungsberichte. In: W. Böttcher et al. (Hg.), Leistungsbewertung in der Grundschule, S. 45–55. Weinheim

Scherer, P. (1995a): Entdeckendes Lernen im Mathematikunterricht der Schule für Lernbehinderte – Theoretische Grundlegung und evaluierte unterrichtspraktische Erprobung. Heidelberg

Scherer, P. (1995b): Ganzheitlicher Einstieg in neue Zahlenräume – auch für lernschwache Schüler?! In: G. N. Müller/E. C. Wittmann (Hg.), Mit Kindern rechnen, S. 151–164. Frankfurt/M.

Scherer, P. (1996a):»Das kann ich schon im Kopf« – Zum Einsatz von Arbeitsmitteln und Veranschaulichungen im Unterricht mit lernschwachen Schülern. Grundschulunterricht, H. 3, S. 24 & 53–56

Scherer, P. (1996b): Evaluation entdeckenden Lernens im Mathematikunterricht der Schule für Lernbehinderte: Quantitative oder qualitative Forschungsmethoden? Heilpädagogische Forschung, H. 2, S. 76–88

Scherer, P. (1996c): Zahlenketten – Entdeckendes Lernen im ersten Schuljahr. Die Grundschulzeitschrift, H. 96, S. 20–23

Scherer, P. (1996d): Das NIM-Spiel – Mathematisches Denken auch für Lernbehinderte? In: W. Baudisch/D. Schmetz (Hg.), Mathematik und Sachunterricht im Primar- und Sekundarbereich – Beispiele sonderpädagogischer Förderung, S. 88–98. Frankfurt/M.

Scherer, P. (1997a): Substantielle Aufgabenformate – jahrgangsübergreifende Beispiele für den Mathematikunterricht, Teil I – III. Grundschulunterricht, H. 1, 4 & 6, S. 34–38 & 36–38 & 54–56

Scherer, P. (1997b): Schülerorientierung UND Fachorientierung – notwendig und möglich! Mathematische Unterrichtspraxis, H. 1, S. 37–48

Scherer, P. (1998): Kinder mit Lernschwierigkeiten – »besondere« Kinder, »besonderer« Unterricht? In: A. Peter-Koop (Hg.), Das besondere Kind im Mathematikunterricht der Grundschule, S. 99–118. Offenburg

Scherer, P. (1999a): Lernschwierigkeiten im Mathematikunterricht. Schwierigkeiten mit der Mathematik oder mit dem Unterricht? Die Grundschulzeitschrift, H. 121, S. 8–12

Scherer, P. (1999b): Vorkenntnisse, Kompetenzen und Schwierigkeiten im 20er-Raum – Aufgaben für ein diagnostisches Interview. Die Grundschulzeitschrift, H. 121, S. 54–57

Scherer, P. (2002):»10 plus 10 ist auch 5 mal 4«. Flexibles Multiplizieren von Anfang an. Grundschulunterricht, H. 10, S. 37–39

Scherer, P. (2003a): Produktives Lernen für Kinder mit Lernschwächen: Fördern durch Fordern. Band 2: Addition und Subtraktion im Hunderterraum. Hamburg

Scherer, P. (2003b): Different students solving the same problems – the same students solving different problems. Tijdschrift voor nascholing en onderzoek van het reken-wiskunde-onderwijs, H. 2, S. 11–20

Scherer, P. (2004): Was »messen« Mathematikaufgaben? – Kritische Anmerkungen zu Aufgaben in den Vergleichsstudien. In: Bartnitzky, H./A. Speck-Hamdan (Hg.), Leistungen der Kinder wahrnehmen – würdigen – fördern, S. 270–280. Frankfurt/M.

Scherer, P. (2005a/b): Produktives Lernen für Kinder mit Lernschwächen: Fördern durch Fordern. Band 1/Band 3. Horneburg

Scherer, P. (2006a): Offene Aufgaben im Mathematikunterricht – Differenzierte Lernangebote und diagnostische Möglichkeiten. In: Rathgeb-Schnierer, E./U. Roos (Hg.), Wie rechnen Matheprofis? Erfahrungsberichte und Ideen zum offenen Unterricht, S. 159–166. München

Scherer, P. (2006b): Rechendreiecke – Vertiefende Übungen zum Einmaleins. Grundschule, H. 1, S. 40–43

Scherer, P. (2007): »Unschaffbar«. Unlösbare Aufgaben im Mathematikunterricht der Grundschule. Grundschulunterricht, H. 2, S. 20–23

Scherer, P./Hoffrogge, B. (2004): Informelle Rechenstrategien im Tausenderraum – Entwicklungen während eines Schuljahres. In: Scherer, P./D. Bönig (Hg.), Mathematik für Kinder – Mathematik von Kindern, S. 152–162. Frankfurt/M.

Scherer, P./Scheiding, M. (2006): Produktives Sachrechnen – Zum Umgang mit geöffneten Textaufgaben. Praxis Grundschule, H. 1, S. 28–31

Scherer, P./Selter, Ch. (1996): Zahlenketten – ein Unterrichtsbeispiel für natürliche Differenzierung. Mathematische Unterrichtspraxis, H. II, S. 21–28

Scherer, P./Steinbring, H. (2001): Strategien und Begründungen an Veranschaulichungen – Statische und dynamische Deutungen. In: Weiser, W./B. Wollring (Hg.), Beiträge zur Didaktik der Mathematik für die Primarstufe – Festschrift für Siegbert Schmidt, S. 188–201. Hamburg

Scherer, P./Steinbring, H. (2004a): Zahlen geschickt addieren. In: Müller, G. N. et al. (Hg.), Arithmetik als Prozess, S. 55–69. Seelze

Scherer, P./Steinbring, H. (2004b): Übergang von halbschriftlichen Rechenstrategien zu schriftlichen Algorithmen – Addition im Tausenderraum. In: Scherer, P./D. Bönig (Hg.), Mathematik für Kinder – Mathematik von Kindern, S. 163–173. Frankfurt/M.

Schipper, W. (1982): Stoffauswahl und Stoffanordnung im mathematischen Anfangsunterricht. Journal für Mathematikdidaktik, H. 2, S. 91–120

Schipper, W. (1990): Kopfrechnen: Mathematik im Kopf. Die Grundschulzeitschrift, H. 31, S. 22–25

Schipper, W. (1995): Auf den Spuren der Hundertertafel. Praxis Grundschule, H. 3, S. 19–26

Schipper, W. (1998): Prozeßorientierte Leistungsbewertung im Mathematikunterricht der Grundschule. Grundschulunterricht, H. 11, S. 21–24

Schipper, W. (2004): Leistungsheterogenität und Bildungsstandards. Grundschule, H. 10, S. 16–18 & 20

Schipper, W./Depenbrock, K. (1997): Förderung der rechnerischen Flexibilität mit Hilfe von Spielen. Grundschule, H. 10, S. 43–45

Schipper, W. et al. (2000): Handbuch für den Mathematikunterricht. 4. Schuljahr. Hannover

Schmidt, R. (1982a): Die Zählfähigkeit der Schulanfänger. Sachunterricht und Mathematik in der Primarstufe, H. 10, S. 371–376

Schmidt, R. (1982b): Ziffernkenntnis und Ziffernverständnis der Schulanfänger. Grundschule, H. 4, S. 166–167

Schmidt, R. (Hg., 1985): Denken und Rechnen 2. Braunschweig

Schmidt, S. (1983): Zur Bedeutung und Entwicklung der Zählkompetenz für die Zahlbegriffsentwicklung bei Vor- und Grundschulkindern. Zentralblatt für Didaktik der Mathematik, H. 2, S. 101–111

Schmidt, S. (1992): Was sollte den Grundschullehrerinnen und -lehrern an fachdidaktischem Wissen zum arithmetischen Anfangsunterricht vermittelt werden? Zentralblatt für Didaktik der Mathematik, H. 2, S. 50–62

Schmidt, S. (1993): Von den ›Zahl-Engrammen‹ zum ›number sense‹ – ein Rückblick auf empirische Untersuchungen wie Theorieentwürfe zur Zahlbegriffsentwicklung bei Vor- und Grundschulkindern (1923–1991). Vortrags-Manuskript 10.11.1993, Universität Dortmund.

Schmidt, S./Weiser, W. (1982): Zählen und Zahlverständnis von Schulanfängern. Journal für Mathematik-Didaktik, H. 3/4, S. 227–263

Schoemaker, G. (1984): Sieh dich ganz im Spiegel! Eine Anregung zum forschenden Unterrichten. mathematik lehren, H. 3, S. 18–24

Schoenfeld, A. H. (1988): When Good Teaching Leads to Bad Results: The Disasters of »Well Taught« Mathematics Courses. Educational Psychologist, H. 2, S. 145–166

Schoenfeld, A. H. (1991): On Mathematics as Sense-Making: An Informal Attack on the Unfortunate Divorce of Formal and Informal Mathematics. In: J. F. Voss et al. (Ed.), Informal Reasoning and Education, S. 311–343. Hillsdale

Scholz, G. (2001): Kind und Computer – Mehr Fragen als Antworten. In: C. Büttner/E. Schwichtenberg (Hg.), Grundschule digital. Möglichkeiten und Grenzen der neuen Informationstechnologien, S. 32–78. Weinheim

Schönwald, H. G. (1986): Das Pascal-Dreieck im 1. Schuljahr. Sachunterricht und Mathematik in der Primarstufe, H. 11, S. 421–425

Schönweiss, F. (1994): Der Weg ins pädagogische Computerzeitalter. Interface, H. 2, S. 47–49

Schönweiss, F. (1997): Computerlernen oder die Anbetung eines elektronischen Zauberstabs. Psychologie heute, H. 1, S. 66–69 & 71

Schor, B. J. (2002): PISA – Herausforderung und Chance zu schulischer Selbsterneuerung. Donauwörth

Schrader, F.-W./Helmke, A. (2001): Alltägliche Leistungsbeurteilung durch Lehrer. In: Weinert, F. E. (Hg.), Leistungsmessungen in Schulen, S. 45–58. Weinheim

Schreier, H. (1995): Unterricht ohne Liebe zur Sache ist leer. Grundschule, H. 6, S. 14–15

Schupp, H. (1985): Das Galton-Brett im stochastischen Anfangsunterricht. mathematik lehren, H. 12, S. 12–16

Schuppar, B. et al. (2004): Stellenwertsysteme. In: Müller, G. N. et al. (Hg.), Arithmetik als Prozess, S. 185–206. Seelze

Schütte, S. (1989): Was lernt man im Rechenunterricht (außer Rechnen)? mathematik lehren, H. 33, S. 10–14

Schütz, P. (1994): Forscherhefte und mathematische Konferenzen. Die Grundschulzeitschrift, H. 74, S. 20–22

Schwartze, H./Fricke, A. (1983): Grundriß des mathematischen Unterrichts. Bochum

Schwarz, B. (1997): Formen und Ursachen des Mißerfolgs und beruflichen Scheiterns von Lehrern. In: B. Schwarz/K. Prange (Hg.), Schlechte Lehrer/innen. Zu einem vernachlässigten Aspekt des Lehrberufs, S. 179–218. Weinheim

Schwarzkopf, R. (1999): Argumentationsprozesse im Mathematikunterricht. In: M. Neubrand (Hg.), Beiträge zum Mathematikunterricht, S. 461–464. Hildesheim

Schwarzkopf, R. (2000): Argumentationsprozesse im Mathematikunterricht. Theoretische Grundlagen und Fallstudien. Hildesheim

Schwätzer, U./Selter, Ch. (1998): Summen von Reihenfolgenzahlen – Vorgehensweisen von Viertklässlern bei einer arithmetisch substantiellen Aufgabenstellung. Journal für Mathematik-Didaktik, H. 2/3, S. 123–148

Schweiger, F. (1992a): Fundamentale Ideen. Eine geistesgeschichtliche Studie zur Mathematikdidaktik. Journal für Mathematik-Didaktik, H. 2/3, S. 199–214

Schweiger, F. (1992b): Zur mathematischen Ausbildung der Mathematiklehrer. Zentralblatt für Didaktik der Mathematik, H. 4, S. 161–164

Schweiger, F. (1996): Die Sprache der Mathematik aus linguistischer Sicht. In: K. P. Müller (Hg.), Beiträge zum Mathematikunterricht, S. 44–51. Hildesheim

Schwichtenberg, E. (2001): Mit dem PC in der Klasse – Erfahrungen und Probleme. In: C. Büttner/E. Schwichtenberg (Hg.), Grundschule digital. Möglichkeiten und Grenzen der neuen Informationstechnologien, S. 106–126. Weinheim

Schwippert, K. et al. (2003): Heterogenität und Chancengleichheit am Ende der vierten Jahrgangsstufe im internationalen Vergleich. In: Bos, W. et al. (Hg.), Erste Ergebnisse aus IGLU. Schülerleistungen am Ende der vierten Jahrgangsstufe im internationalen Vergleich, S. 265–302. Münster

Schwirtz, W./Begenat, J. (2000): Sind größere Kinder auch schwerer? Ein Statistikprojekt in Klasse 3. Sache-Wort-Zahl, H. 33, S. 45–51

Seeger, F./Steinbring, H. (1992, Ed.): The Dialogue between Theory and Practice in Mathematics Education: Overcoming the Broadcast Metaphor. IDM Bielefeld

Seeger, F./Steinbring, H. (1994): The Myth of Mathematics. In: P. Ernest (Ed.), Constructing Mathematical Knowledge: Epistemology and Mathematics Education, S. 151–169. London

Seleschnikow, S. I. (1981): Wieviel Monde hat ein Jahr? Köln

Selter, Ch. (1985): Warum wird die Mitte bevorzugt? Ein Unterrichtsversuch mit dem Galton-Brett im 4. Schuljahr. mathematik lehren, H. 12, S. 10–11

Selter, Ch. (1994): Eigenproduktionen im Arithmetikunterricht der Primarstufe: Grundsätzliche Überlegungen und Realisierungen in einem Unterrichtsversuch zum multiplikativen Rechnen im zweiten Schuljahr. Wiesbaden

Selter, Ch. (1995a): Entwicklung von Bewußtheit – eine zentrale Aufgaben der Grundschullehrerbildung. Journal für Mathematik-Didaktik, H. 1/2, S. 115–144

Selter, Ch. (1995b): Zur Fiktivität der ›Stunde Null‹ im arithmetischen Anfangsunterricht. Mathematische Unterrichtspraxis, H. 2, S. 11–19

Selter, Ch. (1996): Schreiben im Mathematikunterricht. Die Grundschulzeitschrift, H. 92, S. 16–19

Selter, Ch. (1997a): Editorial zum Themenheft »Genetischer Mathematikunterricht: Offenheit mit Konzept«. mathematik lehren, H. 83, S. 3

Selter, Ch. (1997b): Genetischer Mathematikunterricht: Offenheit mit Konzept. mathematik lehren, H. 83, S. 4–8

Selter, Ch. (1997c): Entdecken und Üben mit Rechendreiecken. Eine substantielle Übungsform für den Mathematikunterricht. Friedrich Jahresheft: Lernmethoden, Lehrmethoden. Wege zur Selbständigkeit, S. 88–90

Selter, Ch. (1999): Allgemeine Lernziele für die Lehrerbildung. In: C. Selter/G. Walther (Hg.), Mathematikdidaktik als design science. Festschrift für Erich Christian Wittmann, S. 206–216. Leipzig

Selter, Ch. (2005): VERA Mathematik 2004. VERbesserungsbedürftige Aufgaben! VERKapptes Auseleseinstrument? Grundschulverband aktuell, H. 89, S. 17–20

Selter, Ch./Scherer, P. (1996): Zahlenketten – Ein Unterrichtsbeispiel für Grundschüler und für Lehrerstudenten. mathematica didactica, H. 1, S. 54–66

Selter, Ch./Spiegel, H. (1997): Wie Kinder rechnen. Leipzig

Semmerling, R. (1993): Projektunterricht. In: D. H. Heckt/U. Sandfuchs (Hg.), Grundschule von A bis Z, S. 200–202. Braunschweig

Senftleben, H.-G. (1995): Kopfgeometrie im Mathematikunterricht der Grundschule. In: K. P. Müller (Hg.), Beiträge zum Mathematikunterricht, S. 440–444. Hildesheim

Senftleben, H.-G. (1996a): Das kleine Geobrett – ein nützliches Arbeitsmittel auch für einen offenen Geometrieunterricht. Grundschulunterricht, H. 7–8, S. 34–36

Senftleben, H.-G. (1996b): Erkundungen zur Kopfgeometrie (unter besonderer Beachtung der Einbeziehung kopfgeometrischer Aufgaben in den Mathematikunterricht der Grundschule). Journal für Mathematik-Didaktik, H. 1, S. 49–72

Senftleben, H.-G. (1996c): Grundschulkinder lösen kopfgeometrische Aufgaben. Grundschulunterricht, H. 1, S. 24–28

Senftleben, H.-G. (1996d): Kopfgeometrische Aufgaben in der Grundschule. In: K. P. Müller (Hg.), Beiträge zum Mathematikunterricht, S. 409–412. Hildesheim

Senftleben, H.-G. (2001a): Aufgabensammlung für das kleine Geobrett. Hamburg

Senftleben, H.-G. (2001b): Aufgabensammlung für das große Geobrett. Hamburg

Shuard, H. et al. (1991): Calculators, Children, and Mathematics. The Calculator-Aware Number Curriculum. London

Shulmann, L. S. (1986): Those who understand: Knowledge growth in teaching. Educational Researcher, H. 2, S. 4–14

Sill, H.-D. (2006): PISA und die Bildungsstandards. In: Jahnke, T./W. Meyerhöfer (Hg.), PISA & Co. Kritik eines Programms, S. 293–330. Hildesheim

Sorger, P. (1984): Die Schreibweise der schriftlichen Division mit Rest – ein so vertracktes und ach so typisch deutsches Problem! Grundschule, H. 4, S. 50–51

Spiegel, H. (1978): Das ›Würfelzahlenquadrat‹ – Ein Problemfeld für arithmetische und kombinatorische Aktivitäten im Grundschulmathematikunterricht. Didaktik der Mathematik, H. 4, S. 296–306

Spiegel, H. (1979): Zahlenkenntnisse von Kindern bei Schuleintritt (1) & (2). Sachunterricht und Mathematik in der Primarstufe, H. 6 & 7, S. 227–244 bzw. 275–278

Spiegel, H. (1988a): Vom Nutzen des Taschenrechners im Arithmetikunterricht der Grundschule. In: P. Bender (Hg.), Mathematikdidaktik. Theorie und Praxis. Festschrift für Heinrich Winter, S. 177–189. Berlin

Spiegel, H. (1988b): ›Intercity-Tempo‹ beim Tunnelbau – Sachmathematik mit dem Taschenrechner in Klasse 4. mathematik lehren, H. 30, S. 20–23

Spiegel, H. (1989): Vom Numerieren und Rechnen mit Nummern – Brief an eine Lehrerin. Sachunterricht und Mathematik in der Primarstufe, H. 7, S. 319–323

Spiegel, H. (1993): Rechnen auf eigenen Wegen – Addition dreistelliger Zahlen zu Beginn des 3. Schuljahres. Grundschulunterricht, H. 10, S. 6–7

Spiegel, H. (1995): Ist 1:0=1? Ein Brief und eine Antwort. Grundschule, H. 5, S. 8–9

Spiegel, H. (1996): Kinder in der Welt der Zahlen. Video, Reihe »Elternschule an der Uni«. Seelze

Spiegel, H. (2003): Mut zum Nachdenken haben. Ein Plädoyer für Knobelaufgaben im Mathematikunterricht der Grundschule. Die Grundschulzeitschrift, H. 163, S. 19–21

Spiegel, H./Fromm, A. (1996): Eigene Wege beim Dividieren – Bericht über eine Untersuchung zu Beginn des 3. Schuljahres. Trends und Perspektiven, S. 353–360. Reihe »Schriftenreihe Didaktik der Mathematik«. Bd. 23. Wien

Spiegel, H./Spiegel, J. (2003): PotzKlotz. Ein raumgeometrisches Spiel. Die Grundschulzeitschrift, H. 163, S. 50–55

Spiegel, H./Selter, Ch. (2003): Kinder & Mathematik. Was Erwachsene wissen sollten. Velber

Spitta, G. (1991): Sprachliches Lernen – Kommunikation miteinander oder Kommunikation mit der Kartei? Die Grundschulzeitschrift, H. 41, S. 7–12

Spitta, G. U. (1999): Aufsatzbeurteilung heute: Der Wechsel vom Defizitblick zur Könnensperspektive (I). Grundschulunterricht, H. 4, S. 23–27

Staub, F./Stern, E. (2002): The Nature of Teachers' Pedagogical Content Beliefs Matter for Students' Achievement Gains: Quasi-Experimental Evidence from Elementary Mathematics. Journal of Educational Psychology, H. 2, S. 344–355

Steele, D. F. (1999): Research into Practice: Learning Mathematical Language in the Zone of Proximal Development. Mathematics In School, H. 1, S. 38–42

Stehlíková, N. (1999): Some observed phenomena of pupils' abilities to structure and restructure mathematical knowledge during specific mathematical tasks. In: M. Hejny/J. Novotná (Ed.), S. 167–171. Prague

Steibl, H. (1997): Geometrie aus dem Zettelkasten. Das Faltquadrat als Arbeitsmittel für den Geometrieunterricht. Hildesheim

Steinbring, H. (1994a): Die Verwendung strukturierter Diagramme im Arithmetikunterricht der Grundschule: Zum Unterschied zwischen empirischer und theoretischer Mehrdeutigkeit mathematischer Zeichen. Mathematische Unterrichtspraxis, H. IV, S. 7–19

Steinbring, H. (1994b): Symbole, Referenzkontexte und die Konstruktion mathematischer Bedeutung – am Beispiel der negativen Zahlen im Unterricht. Journal für Mathematik-Didaktik, H. 3/4, S. 277–309

Steinbring, H. (1994c): Frosch, Känguruh und Zehnerübergang – epistemologische Probleme beim Verstehen von Rechenstrategien im Mathematikunterricht der Grundschule. In: H. Maier/J. Voigt (Hg.), Verstehen und Verständigung im Mathematikunterricht, S. 182–217. Köln

Steinbring, H. (1995): Zahlen sind nicht nur zum Rechnen da! Wie Kinder im Arithmetikunterricht strategisch-strukturelle Vorgehensweisen entwickeln. In: G. N. Müller/E. C. Wittmann (Hg.), Mit Kindern rechnen, S. 225–239. Frankfurt/M.

Steinbring, H. (1997a): »... zwei Fünfer sind ja Zehner...« – Kinder interpretieren Dezimalzahlen mit Hilfe von Rechengeld. In: E. Glumpler/S. Luchtenberg (Hg.), Jahrbuch Grundschulforschung. Band 1, S. 286–296. Weinheim

Steinbring, H. (1997b): Beziehungsreiches Üben – ein arithmetisches Problemfeld. mathematik lehren, H. 83 (Aug.), S. 59–63

Steinbring, H. (1997c): Kinder erschließen sich eigene Deutungen. Wie Veranschaulichungsmittel zum Verstehen mathematischer Begriffe führen können. Grundschule, H. 3, S. 16–18

Steinbring, H. (1999a): Offene Kommunikation mit geschlossener Mathematik? Grundschule, H. 3, S. 8–13

Steinbring, H. (1999b): Die künstlichen Objekte der Mathematikdidaktik und ihr theoretischer Charakter. In: C. Selter/G. Walther (Hg.), Mathematikdidaktik als design science. Festschrift für Erich Christian Wittmann, S. 226–233. Leipzig

Steinweg, A. S. (1996): Wie reagieren Vorschulkinder auf die 1+1-Tafel? In: K. P. Müller (Hg.), Beiträge zum Mathematikunterricht 1996, S. 417–420. Hildesheim

Steinweg, A. S. et al. (2004): Mit Zahlen spielen. In: Müller, G. N. et al. (Hg.), Arithmetik als Prozess, S. 21–34. Seelze

Strehl, R. (2000): Qualifikationsdefizite bei Studienanfängern im Lehramtsstudiengang für die Grundschule. In: M. Neubrand (Hg.), Beiträge zum Mathematikunterricht, S. 647–650. Hildesheim

Strehl, R. (2002): Zahlen und Rechenaufgaben in Kinderbildern aus dem 1. Schuljahr. Grundschulunterricht, H. 10, S. 2–6

Stucki, B. et al. (1999): Zahlaufbau bis zu einer Million verstehen: Standortbestimmung anfangs 4. Klasse. In: E. Hengartner (Hg.), S. 50–58. Zug

Sugarman, I. (1997): Teaching for strategies. In: I. Thompson (Ed.), Teaching and learning early number, S. 142–154. Buckingham

Suggate, J. et al. (1998): Mathematical Knowledge for Primary Teachers. London

Sundermann, B. (1999): Rechentagebücher und Rechenkonferenzen. Für Strukturen im offenen Unterricht. Grundschule, H. 1, S. 48–50

Sundermann, B./Selter, Ch. (1995): Halbschriftliche Addition und Subtraktion im Tausenderraum (II): Auf dem Weg vom ›Singulären‹ zum ›Regulären‹. Grundschulunterricht, H. 2, S. 30–32

Sundermann, B./Selter, Ch. (2006a): Beurteilen und Fördern im Mathematikunterricht. Gute Aufgaben, differenzierte Arbeiten, ermutigende Rückmeldungen. Berlin

Sundermann, B./Selter, Ch. (2006b): Mathematik. In: Bartnitzky, H. et al. (Hg.), Pädagogische Leistungskultur: Materialien für Klasse 3 und 4, Frankfurt/M., Heft 4

Thöne, B./Spiegel, H. (2003): ›Kisten stapeln‹. Raumvorstellung spielerisch fördern. Die Grundschulzeitschrift, H. 167, S. 12–19

Thornton, C. A./Smith, P. J. (1988): Action Research: Strategies for Learning Subtraction Facts. Arithmetic Teacher, S. 8–12

Threlfall, J. (2002): Flexible Mental Calculation. Educational Studies in Mathematics, S. 29–47

Tiedemann, J. (2000): Gender-related beliefs of teachers in elementary school mathematics. Educational Studies in Mathematics, S. 191–207

Tiedemann, J./Faber, G. (1994): Mädchen und Grundschulmathematik: Ergebnisse einer vierjährigen Längsschnittuntersuchung zu ausgewählten geschlechtsbezogenen Unterschieden in der Leistungsentwicklung. Zeitschrift für Entwicklungspsychologie und Pädagogische Psychologie, H. 2, S. 101–111

Toom, A. (1999): Communications. Word Problems: Applications or Mental Manipulatives. For the Learning of Mathematics, H. 1, S. 36–38

Treffers, A. (1983): Fortschreitende Schematisierung, ein natürlicher Weg zur schriftlichen Multiplikation und Division im 3. und 4. Schuljahr. mathematik lehren, H. 1, S. 16–20

Treffers, A. (1987): Three Dimensions. A Model of Goal and Theory Description in Mathematics Instruction – The Wiskobas Project. Dordrecht

Treffers, A. (1991): Didactical background of a mathematics program for primary education. In: L. Streefland (Ed.), Realistic Mathematics Education in Primary School, S. 21–56.

Treffers, A./De Moor, E. (1996): Realistischer Mathematikunterricht in den Niederlanden. Grundschulunterricht, H. 6, S. 16–19

Troßbach-Neuner, E. (1998): Wie alt ist die Frau des Kapitäns? Sachrechnen bei Kindern mit Förderbedarf. Förderschulmagazin, H. 12, S. 15–18

Valtin, R. (1996): Dem Kind in seinem Denken begegnen – Ein altes, kaum eingelöstes Postulat der Grundschuldidaktik. Zeitschrift für Pädagogik, H. S. 173–186

Van Ackeren, I./Klemm, K. (2000): TIMSS, PISA, LAU, MARKUS und so weiter – Ein aktueller Überblick über Typen und Varianten von Schulleistungsstudien. Pädagogik, H. 12, S. 10–15

Van de Walle, J. (1994): Elementary School Mathematics: Teaching Developmentally. White Plains

Van Delft, P./Botermans, J. (1977): Denkspiele der Welt. München

Van den Brink, J. (1984): Kinder experimentieren mit dem Taschenrechner. mathematik lehren, H. 7, S. 20–21

Van den Heuvel-Panhuizen, M. (1990): Realistic Arithmetic/Mathematics Instruction and Tests. In: K. Gravemeijer et al. (Ed.), Contexts Free Productions Tests and Geometry in Realistic Mathematics Education, S. 53–78. Utrecht

Van den Heuvel-Panhuizen, M. (1992): Three Taboos. Vortragshandout. Freudenthal Institute, Utrecht

Van den Heuvel-Panhuizen, M. (1994): Leistungsmessung im aktiv-entdeckenden Mathematikunterricht. In: H. Brügelmann et al. (Hg.), Am Rande der Schrift. Zwischen Sprachenvielfalt und Analphabetismus, S. 87–107. Konstanz

Van den Heuvel-Panhuizen, M. (1996): Assessment and realistic mathematics education. Utrecht

Van den Heuvel-Panhuizen, M. (1998): Realistic Mathematics Education: Work in progress. In: T. Breiteig/G. Brekke (Ed.), Theory into practice in mathematics Education, S. 10–35. Kristiansand

Van den Heuvel-Panhuizen, M. (2006): Wie groß muss der Teppich sein? Erfahrungen mit Bildungsstandards und Leistungsmessung aus den Niederlanden. Grundschule, H. 5, S. 14–17

Van den Heuvel-Panhuizen, M./Gravemeijer, K. P.E. (1991): Tests are not all bad. An attempt to change the appearance of written tests in mathematics instruction at primary school level. In: L. Streefland (Ed.), Realistic Mathematics Education in Primary School: On the occasion of the opening of the Freudenthal Institute, S. 139–155. Utrecht

Van den Heuvel-Panhuizen, M./Vermeer, H. J. (1999): Verschillen tussen meisjes en jongens bij het valk rekenen-wiskunde op de basisschool. Eindrapport MOOJ-onderzoek. Utrecht

van Lück, W. (1997): »Schulen ans Netz« – Warum eigentlich? Computer und Unterricht, H. 25, S. 14–18

Verboom, L. (1998a): Die »goldene Zahlenkette«. Grundschulunterricht, H. 9, S. 9–11

Verboom, L. (1998b): Produktives Üben mit ANNA-Zahlen und anderen Zahlenmustern. Die Grundschulzeitschrift, H. 119, S. 48–49

Verboom, L. (2002): Aufgabenformate zum multiplikativen Rechnen. Entdecken und Beschreiben von Auffälligkeiten und Lösungsstrategien. Praxis Grundschule, H. 2, S. 14–25

Voigt, J. (1984): Interaktionsmuster und Routinen im Mathematikunterricht. Theoretische Grundlagen und mikroethnographische Falluntersuchungen. Weinheim

Voigt, J. (1993): Unterschiedliche Deutungen bildlicher Darstellungen zwischen Lehrerin und Schülern. In: J. H. Lorenz (Hg.), Mathematik und Anschauung, S. 147–166. Köln

Voigt, J. (1994): Entwicklung mathematischer Themen und Normen im Unterricht. In: H. Maier/J. Voigt (Hg.), Verstehen und Verständigung, S. 77–111. Köln

Voigt, J. (1996): Offener Mathematikunterricht – Eine theoretisch-kritische Auseinandersetzung. In: K. P. Müller (Hg.), Beiträge zum Mathematikunterricht, S. 437–440. Hildesheim

Von Cube, F./Alshuth, D. (1993): Fordern statt Verwöhnen. München

Von der Groeben, A. (1997): Binnendifferenzierung. Die große Illusion, die große Überforderung oder die große Chance? Pädagogik, H. 12, S. 6–10

Von Glasersfeld, E. (1991, Hg.): Radical Constructivism in Mathematics Education. Dordrecht

Von Hentig, H. (1998): Kreativität. Hohe Erwartungen an einen schwachen Begriff. München

Von Kleist, H. (1978): Über die allmähliche Verfertigung der Gedanken beim Reden. In: H. Sembdner (Hg.), Heinrich von Kleist – Werke in einem Band, S. 810–814. München

Wagner, H. J./Born, C. (1994): Diagnostikum: Basisfähigkeiten im Zahlenraum 0 bis 20. Weinheim

Wahl, D. (1991): Handeln unter Druck. Der weite Weg vom Wissen zum Handeln bei Lehrern, Hochschullehrern und Erwachsenenbildnern. Weinheim

Wahl, D. (2005): Lernumgebungen erfolgreich gestalten. Vom trägen Wissen zum kompetenten Handeln. Bad Heilbrunn

Wallrabenstein, W. (1991): Offene Schule – Offener Unterricht. Ratgeber für Eltern und Lehrer. Reinbeck

Walther, G. (1978): Arithmogons – eine Anregung für den Rechenunterricht in der Primarstufe. Sachunterricht und Mathematik in der Primarstufe, H. 6, S. 325–328

Walther, G. (1982): Acquiring Mathematical Knowledge. Mathematics Teaching, H. 101, S. 10–12

Walther, G. (1984): Mathematical activity in an educational context: a guideline for primary mathematics teacher training. In: R. Morris (Hg.), Studies in mathematics education, S. 69–88. Paris:

Walther, G. (1985): Rechenketten als stufenübergreifendes Thema des Mathematikunterrichts. mathematik lehren, H. 11, S. 16–21

Walther, G. et al. (2003): Mathematische Kompetenzen am Ende der vierten Jahrgangsstufe. In: Bos, W. et al. (Hg.), Erste Ergebnisse aus IGLU. Schülerleistungen am Ende der vierten Jahrgangsstufe im internationalen Vergleich, S. 189–226. Münster

Walther, G. et al. (2004): Mathematische Kompetenzen am Ende der vierten Jahrgangsstufe in einigen Ländern der Bundesrepublik Deutschland. In: Bos, W. et al. (Hg.), IGLU. Einige Länder der Bundesrepublik Deutschland im nationalen und internationalen Vergleich, S. 117–140. Münster

Walther, G./Wittmann, E. Ch. (2004): Begründung der Arithmetik: Rechengesetze und Zahlbegriff. In: Müller, G. N. et al. (Hg.), Arithmetik als Prozess, S. 365–399. Seelze

Weigand, H.-G./Weth, T. (2002) Computer im Mathematikunterricht. Neue Wege zu alten Zielen. München

Weinert, F. E. (1999): Die fünf Irrtümer der Schulreformer. Psychologie Heute, H. 7, S. 28–34

Weizenbaum, J./Wendt, G. (2006): Wo sind sie, die Inseln der Vernunft im Cyberstrom? Auswege aus der programmierten Gesellschaft. Freiburg

Wember, F. B. (1987): Sonderpädagogik als Integrationswissenschaft und Interventionswissenschaft: Betrachtung zur Rezeption der operanten Lernpsychologie. Heilpädagogische Forschung, H. 3, S. 164–176

Wember, F. B. (2005): Mathematik unterrichten – eine subsidiäre Aktivität, nicht nur bei Kindern mit Lernschwierigkeiten. In: Scherer, P. (Hg.), Produktives Lernen für Kinder mit Lernschwächen: Fördern durch Fordern, Bd.1, S. 230 – 247

Wheeler, D. H. (Hg., 1970): Modelle für den Mathematikunterricht in der Grundschule. Stuttgart

White, P. et al. (2004): Professional Development: Mathematical Content versus Pedagogy. Mathematics Teacher Education and Development, S. 49–60

Whitney, H. (1985): Taking Responsibility in School Mathematics Education. The Journal of Mathematical Behavior, H. 3, S. 219–235

Wiegard, A. F. (1977): Vergleichende Darstellung schriftlicher Subtraktionsverfahren in Deutschland und den USA. Sachunterricht und Mathematik in der Primarstufe, H. 12, S. 608–611

Wieland, G. (1996): Offene Aufgaben- und Problemstellungen. Manuskript. Mathematikkommission Primarschule Deutschfreiburg

Wieland, G. (1997): Kinder sind fasziniert von grossen Zahlen. Ein neues Lehrwerk für das Rechnen. Freiburger Volkskalender, S. 57–60

Wielpütz, H. (1998a): Das besondere Kind im Mathematikunterricht – Anmerkungen aus der Sicht einer reflektierten Praxis, Beobachtung und Beratung. In: A. Peter-Koop (Hg.), Das besondere Kind im Mathematikunterricht der Grundschule, S. 41–58. Offenburg

Wielpütz, H. (1998b): Erst verstehen, dann verstanden werden. Grundschule, H. 3, S. 9–11

Wielpütz, H. (1999): Qualitätsentwicklung im Mathematikunterricht der Grundschule. Schul-Verwaltung NRW, H. 1, S. 14–16

Wiemer, H. (1999): Leistungserziehung ohne Noten. In: W. Böttcher et al. (Hg.), Leistungsbewertung in der Grundschule, S. 56–67. Weinheim

Wiesner, B. (1999): Das klickende Klassenzimmer. Wie Computer unsere Kinder schlau machen. Familie & Co Spezial Computer, H. 1, S. 20–28

Winter, F. (1999a): Eine neue Lernkultur braucht neue Formen der Leistungsbewertung! In: W. Böttcher et al. (Hg.), Leistungsbewertung in der Grundschule, S. 68–79. Weinheim

Winter, H. (1971): Geometrisches Vorspiel im Mathematikunterricht der Grundschule. Der Mathematikunterricht, H. 5, S. 40–66

Winter, H. (1974): Steigerung arithmetischer Fähigkeiten im neuen Mathematikunterricht. Grundschule, H. 8 & 9, S. 416–427 & 470–477

Winter, H. (1975): Allgemeine Lernziele für den Mathematikunterricht? Zentralblatt für Didaktik der Mathematik, H. 3, S. 106–116

Winter, H. (1976): Was soll Geometrie in der Grundschule. Zentralblatt für Didaktik der Mathematik, H. 1, S. 14–18

Winter, H. (1977): Kreatives Denken im Sachrechnen. Grundschule, H. 3, S. 106–110

Winter, H. (1978): Zur Division mit Rest. Der Mathematikunterricht, H. 4, S. 38–65

Winter, H. (1982): Das Gleichheitszeichen im Mathematikunterricht der Primarstufe. mathematica didactica, H. 4, S. 185–211

Winter, H. (1983): Prämathematische Beweise der Teilbarkeitsregeln. mathematica didactica, H. 6, S. 177–187

Winter, H. (1984a): Begriff und Bedeutung des Übens im Mathematikunterricht. mathematik lehren, H. 2, S. 4–16

Winter, H. (1984b): Entdeckendes Lernen im Mathematikunterricht. Grundschule, H. 4, S. 26–29

Winter, H. (1985): Die Gauss-Aufgabe als Mittelwertaufgabe. mathematik lehren, H. 8, S. 20–24

Winter, H. (1985a): Sachrechnen in der Grundschule. Berlin

Winter, H. (1985b): Neunerregel und Abakus – schieben, denken, rechnen. mathematik lehren, H. 11, S. 22–26

Winter, H. (1986a): Zoll, Fuß und Elle – alte Körpermaße neu zu entdecken. mathematik lehren, H. 19, S. 6–9

Winter, H. (1986b): Von der Zeichenuhr zu den Platonischen Körpern. mathematik lehren, H. 17, S. 12–14

Winter, H. (1987): Mathematik entdecken. Frankfurt

Winter, H. (1989): Entdeckendes Lernen im Mathematikunterricht. Einblicke in die Ideengeschichte und ihre Bedeutung für die Pädagogik. Braunschweig

Winter, H. (1994): Modelle als Konstrukte zwischen lebensweltlichen Situationen und arithmetischen Begriffen. Grundschule, H. 3, S. 10–13

Winter, H. (1995): Mathematikunterricht und Allgemeinbildung. Mitteilungen der Gesellschaft für Didaktik der Mathematik, H. 61 (Dez. 95), S. 37–46

Winter, H. (1996): Praxishilfe Mathematik. Frankfurt

Winter, H. (1997): Problemorientierung des Sachrechnens in der Primarstufe als Möglichkeit, entdeckendes Lernen zu fördern. In: P. Bardy (Hg.), Mathematische und mathematikdidaktische Ausbildung von Grundschullehrerinnen/-lehrern, S. 57–92. Weinheim

Winter, H. (1998): Mathematik als unersetzbares Fach einer Allgemeinbildung. Mitteilungen der Mathematischen Gesellschaft Hamburg, S. 75–83

Winter, H. (1999b): Gestalt und Zahl – zur Anschauung im Mathematikunterricht, dargestellt am Beispiel der Pythagoreischen Zahlentripel. In: C. Selter/G. Walther (Hg.), Mathematikdidaktik als design science. Festschrift für Erich Christian Wittmann, S. 254–269. Leipzig

Winter, I. (2000): In-Sätzchen mit Rest. In: Reiter, A. et al. (Hg.), Neue Medien in der Grundschule. Unterrichtserfahrungen und didaktische Beispiele, S. 100–101. Wien

Wittmann, E. (1982): Mathematisches Denken bei Vor- und Grundschulkindern: eine Einführung in psychologisch-didaktische Experimente. Braunschweig

Wittmann, E. Ch. (1981): Grundfragen des Mathematikunterrichts. Braunschweig

Wittmann, E. Ch. (1985): Objekte – Operationen – Wirkungen: Das operative Prinzip in der Mathematikdidaktik. mathematik lehren, H. 11, S. 7–11

Wittmann, E. Ch. (1987): Elementargeometrie und Wirklichkeit. Einführung in geometrisches Denken. Braunschweig

Wittmann, E. Ch. (1990): Wider die Flut der ›bunten Hunde‹ und der ›grauen Päckchen‹: Die Konzeption des aktiv-entdeckenden Lernens und des produktiven Übens. In: E. Ch. Wittmann/G. N. Müller (Hg.), Handbuch produktiver Rechenübungen, Band 1, S. 152–166. Stuttgart

Wittmann, E. Ch. (1992): Üben im Lernprozeß. In: E. Ch. Wittmann/G. N. Müller (Hg.), Handbuch produktiver Rechenübungen, Band 2: Vom halbschriftlichen zum schriftlichen Rechnen, S. 175–182. Stuttgart

Wittmann, E. Ch. (1993): »Weniger ist mehr«: Anschauungsmittel im Mathematikunterricht der Grundschule. In: K. P. Müller (Hg.), Beiträge zum Mathematikunterricht, S. 394–397. Hildesheim

Wittmann, E. Ch. (1994): Legen und Überlegen. Wendeplättchen im aktiv-entdeckenden Rechenunterricht. Die Grundschulzeitschrift, H. 72, S. 44–46

Wittmann, E. Ch. (1995a): Aktiv-entdeckendes und soziales Lernen im Rechenunterricht – vom Kind und vom Fach aus. In: G. N. Müller/E. C. Wittmann (Hg.), Mit Kindern rechnen, S. 10–41. Frankfurt/M.

Wittmann, E. Ch. (1995b): Unterrichtsdesign und empirische Forschung. In: K. P. Müller (Hg.), Beiträge zum Mathematikunterricht, S. 528–531. Hildesheim

Wittmann, E. Ch. (1996): Offener Mathematikunterricht in der Grundschule – vom FACH aus. Grundschulunterricht, H. 6, S. 3–7

Wittmann, E. Ch. (1997a): Aktiv-entdeckendes und soziales Lernen als gesellschaftlicher Auftrag. Schulverwaltung NRW, H. 8, S. 133–136

Wittmann, E. Ch. (1997b): Vom Tangram zum Satz von Pythagoras. mathematik lehren, H. 83, S. 18–20

Wittmann, E. Ch. (1997c): Von Punktmustern zu quadratischen Gleichungen. mathematik lehren, H. 83, S. 50–53

Wittmann, E. Ch. (1997d): Zur schriftlichen Subtraktion. In: K. P. Müller (Hg.), Beiträge zum Mathematikunterricht, S. 553–556. Hildesheim

Wittmann, E. Ch. (1997e): Zur schriftlichen Subtraktion. Sache-Wort-Zahl, H. 10, S. 44–46

Wittmann, E. Ch. (1998a): Standard Number Representations in the Teaching of Arithmetic. Journal für Mathematik-Didaktik, H. 2/3, S. 149–178

Wittmann, E. Ch. (1998b): Freigabe des Verfahrens der schriftlichen Subtraktion: Contra. Die Grundschulzeitschrift, H. 119, S. 8–9

Wittmann, E. Ch. (1999a): Prozessziele als Invarianten des Mathematiklernens von der Grundschule bis zur Universität. Manuskript für einen Vortrag bei der Regionaltagung zur Stärkung des Mathematikunterrichts, Carl-Fuhlrott-Gymnasium, Wuppertal

Wittmann, E. Ch. (1999b): Konstruktion eines Geometriecurriculums ausgehend von Grundideen der Elementargeometrie. In: Henning, H. (Hg.), Mathematik lernen durch Handeln und Erfahrung. Festschrift zum 75. Geburtstag von Heinrich Besuden, S. 205–223. Oldenburg

Wittmann, E. Ch. (2001): Developing Mathematics Education in a Systemic Process. Educational Studies in Mathematics, H. 1, S. 1–20

Wittmann, E. Ch. et al. (1994/1996): Das Zahlenbuch. Mathematik im 1./3. Schuljahr. Lehrerband. Leipzig

Wittmann, E. Ch./Müller, G. N. (1988): Wann ist ein Beweis ein Beweis? In: P. Bender (Hg.), Mathematikdidaktik. Theorie und Praxis. Festschrift für Heinrich Winter, S. 237–257. Bielefeld

Wittmann, E. Ch./Müller, G. N. (1990/1992): Handbuch produktiver Rechenübungen. Band 1/2. Stuttgart

Wittmann, E. Ch./Müller, G. N. (2004a/b): Das Zahlenbuch 1/2. Leipzig

Wittmann, E. Ch./Müller, G. N. (2004c/d): Das Zahlenbuch 1/2. Lehrerband. Leipzig

Wittmann, E. Ch./Müller, G. N. (2005a/b): Das Zahlenbuch 3/4. Leipzig: Klett

Wittmann, E. Ch./Müller, G. N. (2006a): Das Zahlenbuch 3. Lehrerband. Leipzig

Wittmann, E. Ch./Müller, G. N. (2006b): Blitzrechnen 1–4, Basiskurs Zahlen. Leipzig: Klett

Wittmann, E. Ch./Ziegenbalg, J. (2004): Sich Zahl um Zahl hochhangeln. In: Müller, G. N. et al. (Hg.), Arithmetik als Prozess, S. 35–54. Seelze

Wittmann, G. (2003): Ebene Geometrie mit Geobrett und Tangram. mathematik lehren, H. 119, S. 8–11

Wittoch, M. (1985): Motivation im Mathematikunterricht lernschwacher Schüler. Der Mathematikunterricht, H. 3, S. 92–108

Wollring, B. (2006): Transparentkopieren. Lernumgebungen für die Grundschule an der Schnittstelle von Mathematik und Kunst. In: Rathgeb-Schnierer, E./U. Roos (Hg.), Wie rechnen Matheprofis? Ideen und Erfahrungen zum offenen Mathematikunterricht, S. 57–70. München

Woodward, J./Baxter, J. (1997): The Effects of an Innovative Approach to Mathematics on Academically Low-Achieving Students in Inclusive Settings. Exceptional Children, H. 3, S. 373–388

Zech, F. (2002): Grundkurs Mathematikdidaktik. Theoretische und praktische Anleitungen für das Lehren und Lernen von Mathematik. Weinheim

Zehnpfennig, H./Zehnpfennig, H. (1995): ›Neue‹ Schule in ›alten‹ Strukturen? Grundschulunterricht, H. 6, S. 5–7

Schlagwortregister

A

Addition 24, 101 f., 259 f.
Aktiv-entdeckend 3, 44, 111 ff., 119 ff.
Allgemeine Lernziele 60, 120 f., 150 ff., 214,
258 f.
Anstrengung 201, 221 f.
Anwendungsorientierung 78, 103 f., 299 ff.
Arbeitsmittel/Veranschaulichungen 142, 207,
213, 240 ff.
Argumentieren 156 f., 253 ff., 258 ff.
Assoziativgesetz 40
Aufteilen/verteilen 30 f.
Automatisierung 43 ff., 111

B

Baumdiagramm 29 f.
Belehrung 3, 112
Bewusstheit 159 f.
Bildungsstandards 189 ff.
Blitzrechnen 45 f., 111, 294
Bruchzahlen 7
Bündeln 16 f.

C

Computer 273 ff.

D

Darstellen 154 ff., 229
Denk- und Strategiespiele –> Spiel
Denkaufgaben 85 ff., 98 f., 116 ff.
Dezimalsystem 16 ff.
Dezimalzahlen 7, 107 f.
Diagnostik 209 ff.
Didaktische Prinzipien 132 ff.
Didaktische Stufenfolge 106
Didaktisches Rechteck 121
Differenzierung 110, 224 ff.
Distributivgesetz 35 ff., 41 f.

Disziplin 233 f.
Division 27 ff., 102

E

Eigene Wege 112 ff., 238, 306 ff.,
312 ff.
Eingekleidete Aufgaben 84 f., 99
Einmaleinstafeln 33 ff., 158
Einspluseins 24 ff., 109 ff.
Einstellungen/Haltungen 61, 170 f.,
217, 254 ff.

F

Fächerübergreifend 96, 150
Fachkompetenz 235 ff., 309
Fachwissenschaft 236 f.
Fähigkeiten 303 f.
Fehler 202 ff., 239
Fehleranalyse –> Diagnostik
Fertigkeiten 109 f., 303 f.
Förderung 212 ff.
Fortschreitende Schematisierung 144 ff.
Freiarbeit –> Offener Unterricht
Fundamentale Ideen 61 ff., 134 ff., 305 f.
Funktionale Aspekte der Geometrie 70 ff.

G

Ganzheitlich 24 ff., 31 ff., 112 ff., 228 f.
Geobrett 53 f.
Geometrische Formen 61 ff., 70 ff., 74
Gerade/ungerade 259 f.
Geschicktes Rechnen 40 ff., 263 ff., 304
Größen 65 ff., 74, 101 ff., 303
Größenvorstellungen 105 f., 182 f.
Gütekriterien –> Arbeitsmittel/Veransch.

H

Halbschriftliches Rechnen 46 ff., 51 ff., 185 f., 248 f., 253 f., 307 ff.
Heterogenität 170 ff., 177 ff., 213, 224 ff., 305

I

Inhaltlich-anschauliche Beweise 158 f., 258 ff.
Inhaltliche Lernziele 157 ff.
Intrinsisch/extrinsisch –> Motivation

K

Klammerregel 248
Kleinschrittig 112 ff.
Klinische Interviews –> Diagnostik
Kommutativgesetz 32, 40
Komplexität 143 f., 160 f.
Konstanzsätze 42, 110
Konstruktivismus 111 ff., 163 f.
Konventionen 144, 306 ff.
Konvex 62, 69
Koordinaten 64 f.
Kopfgeometrie 75 f., 188 f.
Kopfrechnen 43 ff., 51 ff., 263 ff., 269
Kraft der Fünf 26 f.
Kreativität 128, 152 f.
Kurze Reihen 32 f.

L

Lehren 1, 114 f.
Lehrerbildung 55, 172, 227, 236 f.
Leistungsbewertung 98, 312 ff.
Lernbiografie 1 ff., 112, 197, 220, 227
Lernen 1, 112 ff.
Lernschwierigkeiten 202 ff., 224 f.
Lernspiele –> Spiel
Lernumgebungen 122, 196 ff.

M

Malkreuz 42
Mathematikunterricht 6
Mathematisieren/Modellbildung 78 ff., 87, 98 f., 154

Mehrdeutigkeit, empirische 83 f., 251
Mehrdeutigkeit, theoretische 251 ff.
Mentale Bilder/mentales Operieren 26 f., 162, 245 ff.
Metakognition 153, 159, 167 f.
Meterquadrat 65 f.
Meterwürfel 67
Motivation 215 ff.
Multiplikation 27 ff., 66, 102, 148 f., 183 ff.
Muster 68, 74

N

Natürliche Differenzierung 141, 213, 226 ff.
Natürliche Zahlen 7 ff.
Negative Zahlen 7

O

Offene Aufgaben 309 ff.
Offener Unterricht 241 f.
Operationsverständnis 24 ff.
Operative Päckchen 110
Operatives Prinzip 145 ff.
Organisation von Lernprozessen 137 f., 166 ff., 175 ff.

P

Platonische Körper 62
Polyominos 63 f.
Problemlösen 152
Produktives Üben 110 f., 119 ff., 214
Professionalität 1
Projekte 91, 95 ff.
Punktfelder 36 f., 246, 309

R

Raumvorstellung 59, 74, 161 ff., 186 f.
Rechenbaum 86
Rechendreiecke 122
Rechengeschichten 88 f.
Rechenkonferenzen/Forscherhefte 155, 160, 168 f., 292 f., 313 f.

Rechenstrich 248, 254
Rechnen in Stellenwertsystemen 19 ff.
Repräsentationsebenen 117 f., 249, 254 f.
Rollenverständnis 170 f.
Routinen 23

S

Sachbilder 83 f., 251
Sachprobleme 89 f.
Sachstrukturiertes Üben 91 f., 124
Sachtexte 92 ff., 271
Schätzen 67 f., 99 ff., 180 ff.
Schriftliche Rechenverfahren 49 ff., 151,
206 f.
Schulbücher 99, 113 f., 176 f., 265 f.
Schülerorientierung/Fachorientierung 305 ff.
Selbstkontrolle 119 f., 279
Selbstvertrauen 166, 174, 203, 213
Software 76, 273 ff.
Soziales Lernen 161 ff., 226
Spiegeln 73, 148
Spiel 125 ff., 269
Spiralprinzip 138 f.
Sprache 59, 154 f., 164, 205
Standard-Repräsentanten 67, 80 f., 105 f.
Standortbestimmung –>Vorkenntnisse
Stellentafel 16, 103, 107 f., 149 f., 257 f.
Stellenwertsysteme 16 ff., 48, 51
Strukturorientierung 103, 299 ff.
Stufenzahlen 17 f.
Substanzielle Aufgabenformate 121, 129,
196 ff., 222 f.
Subtraktion 24 ff., 102
Symmetrie 69 ff., 302 f.

T

Tangram 68 ff.
Taschenrechner 51, 263 ff.

Testaufgaben 180 f., 183 f., 190 ff., 193 f.,
214 f., 309 ff.
Textaufgaben 77, 85 ff., 98 f., 115 ff., 206
Theoretische Begriffe 247 ff.

U

Überforderung/Unterforderung 176 f., 222,
233 f.
Übungstypen 122 ff.
Umwelterschließung 60, 76, 82

V

Vergleichsuntersuchungen 189 ff.
Vorkenntnisse 136 f. f., 175 ff., 305

W

Wahrnehmung 243 f.

Z

Zahlaspekte 8 ff., 101
Zahlbegriff 8 ff., 175
Zahlbereiche 7 f., 141
Zahldarstellungen 16, 257 f.
zählen 10 ff.
Zahlenketten 122, 171 ff., 222 ff., 230 ff.,
240, 302
Zahlenmauern 122, 140 f., 291 ff.
Zahlenräume 8, 112 f., 140 f.
Zahlenstrahl 252 f.
Zählprinzipien 12 ff.
Zahlwort 10 ff.
Zehnerübergang 24 ff.
Zone der nächsten Entwicklung 110,
139 ff., 203
Zwanzigerfeld 24 ff., 110 f.